工科大学物理实验

主　编　陈巧玲
副主编　游苏健　姚少波

清华大学出版社
北　京

内容简介

本书是福建理工大学大学物理教研室和物理实验中心，在长期教学实践的基础上，总结教学经验编写而成的。全书共分 8 章。第 1 章绪论，主要介绍物理实验的重要性、物理实验课的教学目的、实验教学要求以及实验报告的撰写格式等；第 2 章误差估算与数据处理，主要介绍实验误差和不确定度的基本概念和计算方法，以及有效数字的概念和常用实验数据处理的方法；第 3 章到第 7 章分别为力学、热学、电磁学、光学以及近代物理的基础实验；第 8 章为综合性、设计性实验。全书共编入 39 个实验。本书为立体化教材，多数实验项目配有两个实验教学视频，主要包含实验原理讲解和实验操作讲解两个方面内容，适合线上线下相结合的教学模式。

本书是一本适用于应用技术型高等学校工科类各专业学生的大学物理实验教材。本书也可作为普通高等院校理工科专业的大学物理实验课程的教材或教学参考书。

图书在版编目(CIP)数据

工科大学物理实验/陈巧玲主编. —北京：清华大学出版社，2021.1(2025.1 重印)
ISBN 978-7-302-57279-4

Ⅰ. ①工… Ⅱ. ①陈… Ⅲ. ①物理学－实验－高等学校－教材 Ⅳ. ①O4-33

中国版本图书馆 CIP 数据核字(2021)第 004987 号

责任编辑：朱红莲
封面设计：傅瑞学
责任校对：赵丽敏
责任印制：杨 艳

出版发行：清华大学出版社
网　　址：https://www.tup.com.cn，https://www.wqxuetang.com
地　　址：北京清华大学学研大厦 A 座　　**邮　　编**：100084
社 总 机：010-83470000　　**邮　　购**：010-62786544
投稿与读者服务：010-62776969，c-service@tup.tsinghua.edu.cn
质量反馈：010-62772015，zhiliang@tup.tsinghua.edu.cn
印 装 者：三河市人民印务有限公司
经　　销：全国新华书店
开　　本：185mm×260mm　　**印　　张**：17.25　　**字　　数**：419 千字
版　　次：2021 年 1 月第 1 版　　**印　　次**：2025 年 1 月第 6 次印刷
定　　价：51.00 元

产品编号：091103-01

前言

FOREWORD

本书是福建理工大学大学物理教研室和物理实验中心，在长期教学实践的基础上，总结教学经验编写而成的。全书共分 8 章，共编入 39 个实验。本书为立体化教材，多数实验项目配有两个实验教学视频，主要包含实验原理讲解和实验操作讲解两个方面内容，适合线上线下相结合的教学模式。立体化教材将实验课延伸到课堂之外，方便学生学习，帮助其更好地完成课前实验预习、课间实验以及课后复习实验三个环节。

本书适合作为应用技术型高等学校工科类各专业学生的大学物理实验教材。在编写过程中，作者充分考虑到应用型院校的特点和应用型本科人才培养目标，在实验项目的选择上也充分考虑后续工科不同专业特点，各专业可以根据专业人才培养要求，选择不同的实验项目。

本教材在基础物理实验中，加强了对实验步骤、数据记录表格以及数据处理要求等方面内容的编写，对指导刚接触大学基础实验的低年级学生进行实验、培养学生处理实验数据的能力有较好的帮助；在综合性实验中，随着实验难度的增加和实验要求的提高，实验数据处理则写得较为简明扼要，数据记录表格一般就不再给出，旨在有目标地训练学生的独立实验能力；设计性实验部分则一般只给出提供的实验仪器、简单实验原理和设计要求，让学生在教师的指导下独立完成实验。教材在每个实验的开篇都提供了一定的知识背景，篇尾的思考题能帮助学生更好地进行实验预习。

参加本教材编写工作的有陈巧玲、姚少波、郭绍忠、石梦静、白莹、陈丽、游苏健、张斌、潘佳、吴燕、吕少珍、高巍巍、蓝杰钦、宋耀东、宋云霞、陈静、林文硕、陆媚等。全书由陈巧玲组织编写、修订和统稿。

教材在编写过程中，广泛参考了兄弟院校的相关教材，吸收了其中优秀的思想和内容，在此表示衷心的感谢！

由于编写时间和水平所限，疏漏之处在所难免，因此，热诚欢迎专家及广大读者对本书进行批评并提出宝贵意见，以供我们再版时参考，使本书质量得到持续改进和提高。

编　者

2020 年 10 月

目录

CONTENTS

第1章

绪　论

1-1

1.1　物理实验的重要性

物理学是一门实验科学。在物理学的发展过程中，实验是决定性的因素。发现新的物理现象、寻找物理规律以及验证物理定律等，都只能依靠实验。离开了实验，物理理论就会苍白无力，就会成为"无源之水，无本之木"，不可能得到发展。

经典物理学的基本定律几乎全部是实验结果的总结与推广。在19世纪以前，没有纯粹的理论物理学家。所有物理学家，包括对物理理论的发展有重大贡献的牛顿、菲涅耳、麦克斯韦等，都亲自从事实验工作。近代物理的发展则是从所谓"两朵乌云"和"三大发现"开始的。前者是指当时经典物理学无法解释的两个实验结果，即黑体辐射实验和迈克耳孙-莫雷实验；后者是指在实验室中发现了X光、放射性和电子。由于物理学的发展越来越深入、越来越复杂，而人的精力有限，才有了以理论研究为主和以实验研究为主的分工，出现了"理论物理学家"。然而，即使理论物理学家也绝对不能离开物理实验。爱因斯坦无疑是最著名的理论物理学家，而他获得诺贝尔奖是因为他正确解释了光电效应的实验。他提出的相对论是以"光速不变"的假设为基础的，在经过长期大量的实验后，相对论才成为一个被人们普遍接受的理论。

牛顿对理论和实验的关系阐述得很明白。他在1672年给奥尔登堡的信中说："探求事物属性的准确方法是从实验中把它们推导出来。……考察我的理论的方法就在于考虑我所提出的实验是否确实证明了这个理论；或者提出新的实验去验证这个理论。"事实上，牛顿提出过许多理论，其中，万有引力定律被海王星的发现和哈雷彗星的准确观测等实践所证明；而他关于光的本性的学说却被杨氏干涉实验和许多衍射实验所推翻。

总之，物理学的理论来源于物理实验又必须最终由物理实验来验证。因此，要从事物理学的研究，必须掌握物理实验的基本功。正因为如此，我国物理学界的前辈们对物理实验都十分重视。创办复旦大学物理系的王福山先生亲自从一个弹簧开始筹措实验仪器设备，为建立物理教学实验室倾注了大量的心血；创办清华大学物理系的叶企孙先生对李政道这样优秀的学生，仍规定："理论课可以免上，只参加考试；但实验不能免，每个必做。"

物理实验不仅对于物理学的研究工作极其重要，对于物理学在其他学科的应用也十分重要。当代物理学的发展已使我们的世界发生了惊人的改变，而这些改变正是物理学在各行各业中应用的结果。电子物理、电子工程、光源工程、光科学信息工程等学科显然都是以物理学为基础的，当然有大量物理学的应用。在材料科学中，各种材料的物性测试、许多新材料的发现(如高温超导材料等)和新材料制备方法的研究(如离子束注入、激光蒸发等),都离不开物理的应用。在化学中,从光谱分析到量子化学,从放射性测量到激光分离同位素,也无不存在物理的应用。生物学的发展离不开各类显微镜(光学显微镜、电子显微镜、X光显微镜、原子力显微镜)的贡献;近代生命科学更离不开物理学,DNA的双螺旋结构就是美国遗传学家和英国物理学家共同建立,并被X光衍射实验所证实的,而对DNA的操纵、切割、重组也都需要实验物理学家的帮助。在医学中,从X光透视、B超诊断、CT诊断、核磁共振诊断到各种理疗手段,包括放射性治疗、激光治疗、γ刀等都是物理学的应用。物理学正在渗透到各个学科领域,而这种渗透无不与实验密切相关。显然,实验正是从物理基础理论到其他应用学科的桥梁。只有真正掌握了物理实验的基本功,才能顺利地把物理原理应用到其他学科,从而产生质的飞跃。

综上所述,要研究与发展物理学,要把物理理论应用到各行各业的实际中去,都必须重视物理实验,学好物理实验。

1.2 物理实验课的教学目的

物理实验既然那么重要,怎样才能通过物理实验课教学使学生掌握物理实验的基本功,达到培养高素质创新人才的目的呢?在培养具有创造性的工程技术人才中,物理实验教学过程必须十分重视实验知识、实验方法和实验技能的学习与训练,使学生了解科学实验的主要过程与基本方法,为今后的学习和工作奠定良好的实验基础。概括起来,物理实验课程要达到以下三个基本教学目的:

1) 通过对实验现象的观察、分析和对物理量的测量,加深对物理理论的理解和掌握,并在实践中提高发现问题、分析问题和解决问题的能力。

研究物理现象和验证物理规律是进行物理实验的根本目的。在实验的过程中要有意识地学习这种能力。一般的"验证性实验"虽然是教师安排好的,但学生应仔细体会其中的奥妙所在,不应只按所规定的步骤进行操作、记录数据、得出结果就算完成。要多问几个为什么,想一想不按规定的步骤去做会有什么问题,或者能否想出别的方法来达到同样的目的。在一定的条件下,经老师同意,还可以自己设计并完成实验。

进行物理实验是真正理解和掌握物理理论的重要手段。单从书本上得到的知识往往是不完整的、不具体的。只有通过实验,才能使抽象的概念和深奥的理论变成具体的知识和实际的经验,变为在解决实际问题中的有力工具。亲自动手,亲自体会,才能学到真正有血有肉的活生生的物理。

在实验中往往会遇到一些意想不到的问题。这些问题虽然可能不是实验研究的主要对象,但也不应轻易放过。这常常是提高分析问题、解决问题能力的好机会。要注意观察、及时记录、认真分析,有必要时可以进行深入研究。实际上,科学发展过程中的不少重要发现都是在意想不到的情况下"偶然"得到的。

2) 培养与提高学生的科学实验能力,其中包括:

(1) 自行阅读实验教材或查阅有关资料,作好实验前的准备。

(2) 借助教材或仪器说明书,正确使用仪器。

(3) 运用物理学理论对实验现象进行分析判断。

(4) 正确记录和处理实验数据，绘制曲线，分析实验结果，撰写合格的实验报告。

(5) 进行实验方案的设计、优化和仪器选择。

3) 培养和提高学生的科学实验素养。要求学生具有理论联系实际和实事求是的科学作风，积极创新的科学精神，严肃认真的工作态度，遵守纪律和爱护公共财产的优良品德。

这是在整个物理教学过程中都要贯彻的要求，而在物理实验教学中格外重要。因为物理学研究“物”之“理”，就是从“实事”中去求“是”，所以严肃认真的物理学工作者都坚持“实践是检验真理的唯一标准”。物理学中的“实践”主要就是物理实验，在物理实验课中最能培养实事求是、严谨踏实的科学态度。任何弄虚作假，篡改甚至伪造数据的行为都是绝对不能允许的。在物理实验课中，严格规定记录数据不准用铅笔，不能用涂改液，误记或错记数据的更改要写明理由并经指导教师认可等，都是为了帮助学生养成实事求是的良好习惯。实际上，实验结果是什么就是什么，没有“好”“坏”之分。与原来预想不一致的实验结果不仅不应随便舍弃，还应特别重视，因为它可能是某个新发现的开端。历史上许多新的物理理论都是由于旧理论无法解释某些实验现象而建立起来的。因此，实事求是的严谨态度与积极创新的科学作风是紧密联系的。在严谨的实验中才能发现真正的问题，而解决这些问题往往就需要坚韧不拔的毅力和积极创新的思维。实际上，只要认真做实验，一定会发现许多问题，其中有些问题是教师也未必能解决的。所以，实验室可以而且应当成为培养学生求实态度和创新精神的最好场所。

1.3　物理实验课程的教学要求

1. 课前预习

预习是上好实验课的基础和前提。预习的基本要求是仔细阅读教材，了解实验的目的和要求以及所用到的原理、方法和仪器设备。所有实验均可以上学校的在线精品课程网站，学习通，或者直接扫描教材中的二维码，进行实验预习。也可以在规定时间去实验室了解一下实验的仪器设备状况。另外有些实验还需要阅读一些参考书。通过预习，对将要做的实验应有一个初步的了解，并在此基础上按要求写好实验预习报告。预习报告的内容除包括实验名称、目的、仪器、实验涉及的物理量及主要计算公式，并对其作出必要的简单文字说明外，还应有实验主要内容、步骤、自行设计的实验数据表格、实验注意事项等。预习报告要求用作业纸认真撰写。预习报告中，实验数据表格要留有余地，以便有估计不到的情况发生时能够记录。直接测量的量和间接测量的量(由直接测量的量计算所得的量)在表中要清楚地分开，不应混淆。

2. 课堂实验

做实验时必须带上本次实验的预习报告。进入实验室应先做好实验登记，并将预习报告放在实验桌上以备教师检查。实验过程应注意以下几点：

(1) 遵守实验室规程，安全实验，并注意实验室卫生。实验室与教室的最大区别就是实验室中有大量的仪器设备和实验材料。在某些实验室中，有大功率电源、自来水水源、煤气、压缩空气以及放射性物质、激光、易燃易爆物品或其他有毒、有害物品等。因此，进入实验室前必须详细了解并严格遵守实验室的各项规章制度。这些规章制度是为保护人身安全和仪器设备安全而规定的，违反了就可能酿成事故，这是必须首先牢记的。做实验前要认真阅读与本实验有关的资料，在使用任何仪器前，必须先看注意事项或说明书；对于精密贵重的仪器或元件，要稳拿妥放，防止损坏。在电学实验中，接线完毕后，自己做一次检查，再请教师检查，确认正确无误后才能接通电源。在调节时，应先粗调后微调；在读数时，应先取大量程后再取小量程；实验完成后，应整理好仪器设备，关好水、电、煤气等，方可离开实验室。这些都是一个实验工作者应养成的良好习惯。

(2) 进行实验时，首先要记录主要仪器的型号、规格、精度等，然后再进行实验设备的布置、安装(或接线)与调试，最后按实验步骤认真进行实验。仪器的布置是否合理，直接影响到操作、读数是否方便。对仪器进行调试(水平、垂直、正常的工作电压、光照等)，使仪器达到最佳工作状态。调试过程必须细致、耐心，切忌急躁，如果调试中遇到困难不能解决，可以请教指导教师。实验时，要胆大心细、严肃认真、一丝不苟。实验应独立完成，如有两人或多人合做一个实验时，应注意团队精神和分工合作，人人动手，不要一人包办代替。在实验过程中要十分注意观察各种实验现象。不仅对主要的现象、预先估计到的现象，要认真观察、仔细测量、工整记录；对于一些次要的现象、预先没有估计到的现象，也要注意观察和如实记录，以便进行分析和讨论。

(3) 做好实验记录。实验记录是做实验的重要组成部分，应全面真实反映实验的全过程，包括实验的主要步骤(必要时写明为什么要采取这样的步骤)、观察与测量的条件和情况以及观察到的现象和测量到的数据。不仅要记录与预想一致的数据和现象，更要记录与预想不一致的数据和现象。记录应尽量清晰、详尽。数据记录必须真实，绝不可任意伪造或篡改。这是一个科学工作者的基本道德素养。

(4) 进行实验不确定度分析和直接测量物理量的数据处理。实验过程中应根据实验条件进行误差分析以便得到测量不确定度的合理评定，同时应在实验室中对各个直接测量物理量进行预处理，即进行测量数据的检验并剔除坏值，确定直接测量物理量的最佳值及标准偏差，A、B类不确定度等。

(5) 进行实验数据检查。一个好的实验结果必须是经过反复实验才能得到。对于已经测量的实验数据应认真进行自查。认为没有问题时，再将实验记录提交指导老师审查，并由指导老师签名盖章认可。在实验记录未获得指导老师审查认可盖章前，切勿拆除实验装置。

3. 书写实验报告

实验报告是实验成果的总结并用于交流的书面材料。撰写实验报告是实验工作的一个重要组成部分，应在实验结束后及时、认真撰写，并按时上交。上交时必须附上预习报告和获得指导老师审查认可盖章的课堂实验记录的原始数据。撰写实验报告属于科技应用写作范畴，要求按科学实验报告的规范格式书写，并做到文字简明通顺、表达清楚、字迹端正、图表规范、数据真实、结果正确。

实验报告的内容主要应含有以下三方面：

(1) 简要地阐明为什么和如何做实验

这部分应包括实验的目的、原理、实验电路图或光路图及实验数据表格、实验步骤和实验注意事项。尽量不要从教材、书本或其他地方照抄。

(2) 真实而全面地记录实验条件和实验过程中得到的全部信息

实验条件包括实验的环境(室温、气压等与实验有关的外部条件)、所用的仪器设备(名称、型号、主要规格和编号等)、实验对象(样品名称、来源及其编号等)以及其他有关器材等。实验过程中要随时记下观察到的现象、发现的问题和自己产生的想法。特别当实际情况和预期不同时,要记下有何不同,分析为何不同。记录实验数据要认真、仔细,不要把数据先记在草稿上再誊上去,更不要算好了再填上去;要培养清晰而整洁地记录原始数据的能力和习惯。

(3) 认真地分析和解释实验结果,得出实验结论

实验结果不是简单的测量结果,应包括测量不确定度的评定、对测量结果与期望值的关系的讨论,分析误差的主要原因和改进方法,还应包括对实验现象的分析与解释,对实验中有关问题的思考和对实验结果的评论等。

【附录】

实验报告参考格式

《工科大学物理实验》实验报告

实验名称:______________________________

实验报告者:__________ 班级:__________ 学号:__________ 实验时间:__________

1. 实验目的

2. 实验仪器设备(分项列出实验使用的主要仪器设备,包括名称、型号、规格、数量等。)

3. 实验原理(简明叙述,并附有必要的公式及电路图、光路图等。)

4. 实验内容和步骤(简明叙述,分项详细写出。)

5. 数据记录与处理(含实验数据表格、数据计算、作图及测量结果、不确定度、实验结论等。)

6. 分析讨论(包括对实验结果的误差分析,减少误差所采取的措施,对实验时出现或意识到的问题的讨论、实验改进建议和心得等。)

7. 回答思考与练习题

第2章

误差估算与数据处理

2-1

物理实验的目的是探寻和验证物理规律，而许多物理规律是用物理量之间的定量关系来表述的。在物理实验中可以获得大量的测量数据，这些数据必须经过认真地、正确地、有效地处理，才能得出合理的结论，从而把感性认识上升为理性认识，形成或验证物理规律。误差估算与数据处理是物理实验中极其重要的工作。本章将介绍一些最基本的误差估算与数据处理的方法，包括误差基础知识、不确定度评定、有效数字运算及实验数据处理等。

2.1 误差基础知识

2.1.1 测量

1. 测量的定义

在物理实验中，要用实验的方法研究各种物理规律，必然要对有关的物理量进行测量。所谓测量是借助专门的仪器或量具，通过一定的实验方法，将待测量与选作计量标准单位的同类量相比较，从而确定待测量是该计量单位的多少倍的过程。其倍数加上单位就是待测物理量的测量值。

2. 测量的分类

从不同的角度考虑，测量有不同的分类法。

1）按照测量结果获得方法的不同，分为直接测量和间接测量。

（1）直接测量。在测量中，利用测量仪器能够直接测出物理量的量值的测量过程称为直接测量，相应的被测量称为直接测量量。如，可以用长度测量仪器米尺、游标卡尺、螺旋测微计等测量物体的长度，用停表测单摆的摆动周期，用天平测物体的质量等。

（2）间接测量。某些物理量，由于不便进行直接测量，或没有可以直接测量的仪器，不能进行直接测量，可以通过测量另外一个或多个相关的直接测量量，再应用相应的函数关系，求出该物理量的值，这一类的测量称为间接测量。例如，要测量一个圆柱体的体积，就可先用直接测量的方法测量出圆柱体的直径 d 和高度 h，再用体积公式 $V=\pi d^2 h/4$ 求出圆柱体的体积。

实际上多数物理量是采用间接测量的。原因是：待测量不能直接测量，或直接测量相当复杂，或者直接测量准确度不高。

2）按照测量条件的不同，分为等精度测量与非等精度测量。

在相同的测量条件下，对同一对象的多次测量叫作等精度测量。若测量的条件发生变化，同一对象测量结果的误差就不相同，这样的测量称为非等精度测量。例如，在相同的环境中，由同一个人在同一台仪器上，采用同样的方法对同一物理量进行多次测量，就是等精度测量。显然，等精度测量的可靠程度是相同的。仪器的不同，方法的差异，测量条件的改变以及测量者素质的参差不齐都会造成测量结果的不同，这样的测量结果就不是等精度的。事实上，环境、条件甚至被测物本身总是在不断变化的，但只要其变化对实验的影响小到可以忽略，就可认为是等精度测量。为了减小实验结果的误差，在实验中都要对被测的物理量进行多次等精度测量。这是实验测量的一个基本原则。

2.1.2 误差分类和误差处理

1. 真值与测量误差

任何一个物理量在确定的条件下，都存在着一个客观值。这个客观值称为真值，记为 X。测量的目的就是为了得到被测物理量的真值。但由于受到测量方法、测量仪器、测量条件以及观测者水平等多种因素的限制，只能获得该物理量的近似值。被测量的真值在实际测量中常用理论值、国际计量大会通过的公认值或高一级别的“标准”仪器的测量值来代替。对可多次测量的物理量，常用已修正过的算术平均值代替真值。

在具体测量时，由于测量误差的存在，测量值与客观真值总会有一定的差异。测量误差（绝对误差）被定义为测量值 x 与真值 X 之差，用 ε 表示

$$\varepsilon = x - X \tag{2-1-1}$$

误差存在于一切科学实验的过程之中，不可能被完全消除。

作为科学实验的结果，不仅要知道测量所得到的值，还要知道误差的范围并了解产生误差的原因，以便将来进行新的科学实验时能够尽可能地减小误差。

2. 误差的分类和处理方法

根据误差产生的原因及特点，传统的误差理论一般将误差分为系统误差、随机误差和粗大误差三类。

1）系统误差。系统误差是指在重复的测量中，保持恒定或以可预知的方式变化的测量误差分量。系统误差的来源可归结为以下几个方面：

(1) 仪器误差。由于仪器或测量工具的不完善或缺陷所造成的误差。如米尺、温度计等仪器的刻度不均匀，物理天平的不等臂等。这种误差，有的可以借助于误差修正曲线来校正，有的可以通过某种特定的方法来消除。

(2) 调整误差。由于仪器在使用中未调整到规定的状态而产生的误差。如游标卡尺、螺旋测微计等仪器的零点未校正，天平未调整到水平等。在实验测量前应严格遵守仪器调节的步骤，将仪器调节到最佳状态，最大限度地减小或消除调整误差的影响。

(3) 方法（理论）误差。由理论公式本身的近似性、测量方法的不完善，或由于实验条件不能达到理论公式所规定的条件而引起的实验误差。

如单摆周期的公式用到 $\sin\theta \approx \theta$ 的近似条件，在测重力加速度时，随着摆角的增大，误差也随之增大。

(4) 环境误差。由于测量时仪器所处的环境不能满足所要求的标准状态而引起的误差。如温度发生变化时，由米尺与被测物的膨胀系数不同所引起的测量误差；温度变化引

起电阻的阻值发生变化，从而给测量结果带来的误差。对测量结果进行适当的修正或控制环境的状态可减小或消除这种误差。

(5) 人员误差。它主要是由于实验人员的反应速度和固有的习惯而产生的。如，实验人员由于不熟练，在按停表时总是过早或过迟地按下；判读指针式仪表时，总是偏左或偏右而引起的读数误差。人员的误差应尽量克服。

系统误差可根据产生的原因采取一定的方法来减小，如将仪器进行校正、改变实验方法、对测量结果引入修正量等，但不可能绝对地“消除”。

2) 随机误差。随机误差是重复测量中以不可预知的方式变化的测量误差。这里的重复测量指的是等精度条件下的测量。

随机误差主要是由测量过程中的一系列随机因素而引起的。如，待测量本身随环境条件的涨落变化，测量对象本身的不确定性等。随机误差的特点是具有随机性，在任意一次测量之前无法预知它的大小和方向。但多次测量得到的随机误差表现出一定的统计规律性，服从某种统计分布规律。鉴于此，下面对随机误差的估算进行深入的讨论。

(1) 随机误差的统计分布规律。随机误差是一种随机变量，服从某种统计分布规律。随机误差的常用分布有二项式分布、正态分布、泊松分布、均匀分布、指数分布等。在物理实验中，等精度测量的次数足够多时，随机误差服从正态分布(又称高斯分布)。在实际的实验测量中，一般情况下测量的次数都不够多，误差的分布更接近 t 分布(又称学生分布)。

(2) 可用算术平均值表示测量结果的最佳值。在相同条件下(即等精度)，对某一物理量进行的一组 n 次测量的值 $x_1, x_2, \cdots, x_n$ 的总和除以测量次数 n 所得的值，就是算术平均值，记为 $\bar{x}$，即

$$\bar{x} = \frac{1}{n}\sum_{i=1}^{n} x_i \tag{2-1-2}$$

对这组测量来讲，$\bar{x}$ 被认为是最接近真值的，故又称为测量的最佳值或近真值。它与真值的关系为

$$\lim_{n \to \infty} \bar{x} = X \tag{2-1-3}$$

上述关系表明，测量次数的增加对于提高算术平均值的可靠性是有利的。但是实际上不是测量次数越多就越好。因为增加测量次数必定延长测量时间，给保持稳定的测量条件增加困难，还有可能引起大的观测误差。另外，增加测量次数对系统误差的减小不起作用，所以在实际的实验测量(尤其是学生课堂实验)中，测量的次数不必过多。一般在科学研究中，取 10～20 次，而在物理教学实验中，通常取 6～10 次。

(3) 测量结果的随机误差的正态分布和标准误差 σ。如前所述，随机误差的特点是具有随机性，但多次测量得到的随机误差服从某种统计分布律，而最典型的分布就是正态分布。

随机误差的正态分布曲线如图 2-1-1 所示。图中，ε 为绝对误差，σ 为标准误差，$f(\varepsilon)$为概率密度函数(表示在 ε 附近单位区间内，被测量误差出现的概率)。

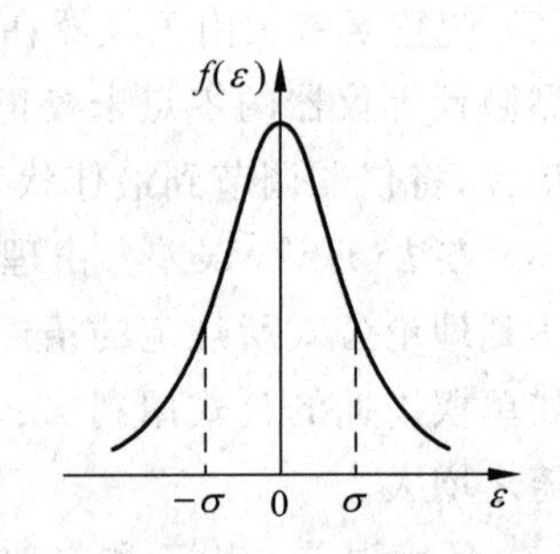

图 2-1-1　随机误差的正态分布曲线

由概率论知识可知，服从正态分布的随机误差的概率密度函数为

$$f(\varepsilon)=\frac{1}{\sigma\sqrt{2\pi}}\mathrm{e}^{-\varepsilon^2/2\sigma^2} \tag{2-1-4}$$

其中,标准误差 σ 可表示为

$$\sigma=\lim_{n\to\infty}\sqrt{\frac{1}{n}\sum_{i=1}^{n}(x_i-X)^2}=\lim_{n\to\infty}\sqrt{\frac{1}{n}\sum_{i=1}^{n}\varepsilon_i^2} \tag{2-1-5}$$

由图 2-1-1 可见,正态分布的随机误差具有以下特点:

- 单峰性:绝对值小的误差出现的概率比绝对值大的误差出现的概率大;
- 对称性:绝对值相等的正负误差出现的概率相同;
- 有界性:在实际测量中,超过一定限度(如 $\pm 3\sigma$)的绝对值的误差一般不会出现;
- 抵偿性:当测量次数非常多时,由于正负误差相互抵消,故所有误差的代数和趋于零。即 $\lim\limits_{n\to\infty}\frac{1}{n}\sum\limits_{i=1}^{n}\varepsilon_i=0$。因此,通过多次测量求算术平均值可以减小随机误差。

(4) 标准误差 σ 的统计意义。由式(2-1-4)表示的正态分布的随机误差的概率密度函数和概率论知识可以求出:

- $\int_{-\infty}^{\infty}f(\varepsilon)\mathrm{d}\varepsilon=1$(满足归一化条件)。表明当 $n\to\infty$ 时,任何一次测量值与真值之差(测量误差)落在区间 $(-\infty,\infty)$ 内的概率为 1(100%)。
- $\int_{-\sigma}^{\sigma}f(\varepsilon)\mathrm{d}\varepsilon=P(\sigma)=0.683$。即任何一次测量数据的误差落在区间 $(-\sigma,\sigma)$ 内的概率为 0.683(68.3%),或者说在所测的所有测量数据中,有 68.3%的数据的测量误差落在区间 $(-\sigma,\sigma)$ 内。其中,P 称作置信概率,$(-\sigma,\sigma)$ 称为 68.3%的置信概率所对应的置信区间。
- $\int_{-2\sigma}^{2\sigma}f(\varepsilon)\mathrm{d}\varepsilon=P(2\sigma)=0.954$,$\int_{-3\sigma}^{3\sigma}f(\varepsilon)\mathrm{d}\varepsilon=P(3\sigma)=0.997$。即测量误差落在区间 $(-2\sigma,2\sigma)$ 内的置信概率为 0.954,测量误差落在区间 $(-3\sigma,3\sigma)$ 内的置信概率为 0.997。

由此可知,σ 是个统计特征值,它表明了在一定条件下等精度测量结果随机误差的概率分布情况。当测量次数无限多时,测量误差的绝对值大于 3σ 的概率仅为 0.3%,对于有限次数的测量,这种可能性更是微乎其微,于是可以认为测量误差的绝对值大于 3σ 的测量值是不可信的,应予以剔除。这是著名的 3σ 判据,在分析多次测量数据时很有用处。

(5) 标准偏差 S_x。在有限次数测量的情况下,可以用算术平均值近似替代真值,每次测量的误差也可用测量值与算术平均值的差来估算。这种用算术平均值代替真值算出的误差称为偏差或残差,用 ν_i 表示

$$\nu_i=x_i-\bar{x} \tag{2-1-6}$$

显然,误差 ε 与偏差 ν_i 是有区别的,但是,测量次数 n 越大,偏差与误差的相差就越小。在有限次数测量的情况下,都用偏差来估算误差。

由于真值无法知道,因而误差无法计算。同样,标准误差 σ 也无法计算。但在测量次数 n 有限的情况下,偏差 ν_i 是可以计算的,可以用 ν_i 来计算标准误差 σ,称为标准偏差,用符号 S_x 表示。由误差理论可得,标准偏差

$$S_x=\sqrt{\frac{(x_1-\bar{x})^2+(x_2-\bar{x})^2+\cdots+(x_n-\bar{x})^2}{n-1}}=\sqrt{\frac{\sum_{i=1}^{n}\nu_i^2}{n-1}} \tag{2-1-7}$$

标准偏差 S_x 的概率统计意义为，当测量次数足够多时，在一组等精度的重复测量值中，任一测量值与平均值的偏差落在区间$(-S_x, S_x)$内的概率为68.3%。式(2-1-7)亦称为贝塞尔公式。

(6) 平均值 $\bar{x}$ 的标准偏差 $S_{\bar{x}}$。平均值 $\bar{x}$ 也是一个随机变量，随 n 的增减而变化。但是，$\bar{x}$ 比每一次测量值 x_i 的误差更小，更接近真值。由误差理论可以证明，平均值 $\bar{x}$ 的标准偏差 $S_{\bar{x}}$ 为

$$S_{\bar{x}}=\frac{S_x}{\sqrt{n}}=\sqrt{\frac{\sum_{i=1}^{n}\nu_i^2}{n(n-1)}}=\sqrt{\frac{\sum_{i=1}^{n}(x_i-\bar{x})^2}{n(n-1)}} \tag{2-1-8}$$

即平均值的标准偏差 $S_{\bar{x}}$ 是 n 次测量标准偏差 S_x 的 $\frac{1}{\sqrt{n}}$ 倍，它表示真值 X 在$(\bar{x}-S_{\bar{x}}, \bar{x}+S_{\bar{x}})$范围内概率是68.3%。

3) 粗大误差。测量的误差如果明显超过规定的测量条件下的预期误差，则为粗大误差。

粗大误差产生的原因主要是实验者在实验操作、读数、记录、计算等过程中由于粗心或失误所造成的。含有粗大误差的测量值会明显歪曲客观事实，因而在数据处理时必须用适当的方法将其剔除。在实验过程中，应当避免出现粗大误差。

综上所述，系统误差、随机误差和粗大误差性质不同，来源不同，处理方法也是不同的。在实验中这些误差往往是并存的，共同影响着实验测量结果。

2.2 测量结果的不确定度评定

2.2.1 不确定度的概念①

测量中的误差是客观而普遍存在的，误差可以被减小，但不可能完全被消除(也没有必要这样做)。人们关心的是怎样把误差控制在允许的范围内。

如何评价测量结果的优劣是我们关心的另一个问题。测量结果的表述应当包含结果精确度，即误差的信息。但是由于真值的未知性，使得测量误差的大小与正负难以确定。因此，在对测量结果的质量进行定量评定时，往往只是给出误差以一定概率出现的范围，而这个用来定量评定测量结果质量的参数，即为测量不确定度。

测量不确定度，是“表征合理地赋予被测量之值的分散性，与测量结果相联系的参数”。测量结果不确定度是对被测量的真值所处量值范围的评定。不确定度反映了被测量的平均值附近的一个范围，真值以一定的概率落在其中。不确定度越小，标志着误差的可能值越小，测量的可信赖程度越高；不确定度越大，标志着误差的可能值越大，测量的可信赖程度越低。

① 20世纪70年代初，国际上已有越来越多的计量学者认识到使用“不确定度”代替“误差”更为科学。从此，不确定度这个术语逐渐在测量领域内被广泛应用。1978年国际计量局(BIPM)提出了实验不确定度表示建议书INC—1。1993年制定的《测量不确定度表示指南》得到了BIPM、OIML、ISO、IEC、IUPAC、IUPAP、IFCC七个国际组织的批准，由ISO出版，是国际组织的重要权威文献。我国也已于1999年颁布了与之兼容的《测量不确定度评定与表示》计量技术规范。至此，测量不确定度评定成为检测和校准实验室必不可少的工作之一。

2.2.2　不确定度的A类评定与B类评定

测量结果的不确定度来源于不同的因素。这些因素对测量结果形成若干不确定度的分量,测量结果的不确定度是由这些不确定度分量合成得到。

按照评定方法,不确定度分量可分为两类,A类不确定度和B类不确定度。

用对观测到的统计分析进行评定得出的标准不确定度称为A类不确定度,用 u_A 表示;用非统计分析方法来评定的标准不确定度称为B类不确定度,用 u_B 表示。

2.2.3　直接测量结果的不确定度评定

1. 直接测量结果的A类不确定度分量估算

A类不确定度是指可以用统计方法计算的不确定度。A类不确定度主要体现在用统计的方法处理随机误差。如前所述,多次测量得到的随机误差服从某种统计分布律,而最典型的分布就是正态分布,因而可以用统计方法计算出多次测量的数值的平均值的标准偏差,即为该测量量的A类不确定度分量。

设在相同的条件下,对某物理量 x 作足够多的 n 次独立测量的结果为 $x_1,x_2,x_3,\cdots,x_n$,于是平均值 $\bar{x}$ 作为 x 的最佳估计值,则平均值的标准偏差 $S_{\bar{x}}$ 就是该物理量的A类不确定度分量 $u_A(x)$。其统计意义在于:待测物理量的真值落入区间$(\bar{x}-S_{\bar{x}},\bar{x}+S_{\bar{x}})$内的概率是68.3%;落在区间$(\bar{x}-2S_{\bar{x}},\bar{x}+2S_{\bar{x}})$内的概率为95.4%;落在区间$(\bar{x}-3S_{\bar{x}},\bar{x}+3S_{\bar{x}})$内的概率为99.7%。

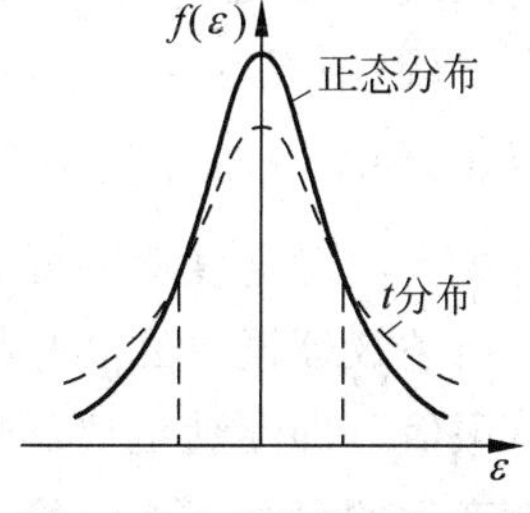

图2-2-1　正态分布与 t 分布的比较

对于实际测量,测量次数既不可能足够多,更不可能无限多。当测量次数减少时,概率密度分布曲线由正态分布曲线变得较平坦,变成了 t 分布,其图形如图2-2-1所示。

很显然,对于较少次数的测量,要保持同样的置信概率水平的方法就只有一个:将 $S_{\bar{x}}$ 乘上一个大于1的因子 t_p,使置信区间扩大。这样一来,A类不确定度分量就表示为

$$u_A(x)=t_p\cdot S_{\bar{x}}=t_p\sqrt{\frac{\sum_{i=1}^{n}(x_i-\bar{x})^2}{n(n-1)}} \tag{2-2-1}$$

式中的因子 t_p 的取值与测量次数和置信概率有关,因子 t_p 的数值可以根据测量次数和置信概率查表得到。表2-2-1给出了在不同置信概率水平下因子 t_p 与测量次数的关系。当测量次数较少或置信概率较高时,$t_p>1$;当测量次数 $n\geqslant10$ 且置信概率为68.3%时,$t_p\approx1$。在大学物理教学实验中,为了简便,我们约定置信概率为68.3%,即 $P=0.683$。

表2-2-1　不同置信概率水平下因子 t_p 与测量次数的关系表

P	n								
	2	3	4	5	6	7	8	9	10
0.683	1.84	1.32	1.20	1.14	1.11	1.09	1.08	1.07	1.06
0.954	4.30	3.18	2.78	2.57	2.45	2.36	2.31	2.26	2.23
0.997	9.92	5.84	4.60	4.03	3.71	3.50	3.36	3.25	3.17

2. 直接测量结果的B类不确定度分量估算

B类不确定度是指用非统计分析方法来评定的标准不确定度。它不是直接对多次测量的数值进行统计计算，而是用其他方法先估算极限误差的大小，然后再根据该项误差服从的分布规律确定出置信系数 c，进而求出所对应的标准偏差。

评定B类不确定度常用估算的方法。要做到估算适当，对初学者往往是很困难的，因为需要实验者确定误差服从的分布规律、估算极限误差以及实践经验等。考虑到本书的读者为大学一、二年级的学生，对大学物理实验中的B类不确定度的估算作简化处理。我们约定B类不确定度仅涉及测量时实验者的估读误差 $\Delta_{估}$ 和仪器的最大允差（仪器误差）$\Delta_{仪}$。由于 $\Delta_{估}$ 和 $\Delta_{仪}$ 是相互独立的，都不遵从统计规律，因此，B类不确定度分量 $u_B(x)$ 可用由仪器误差 $\Delta_{仪}$ 引起的仪器不确定度 $u_{B1}(x)$ 和由估读误差 $\Delta_{估}$ 引起的测量不确定度 $u_{B2}(x)$ 两部分合成，即

$$u_B(x)=\sqrt{u_{B1}^2(x)+u_{B2}^2(x)} \tag{2-2-2}$$

下面对两种B类不确定度 $u_{B1}(x)$ 和 $u_{B2}(x)$ 展开讨论。

1）仪器不确定度 $u_{B1}(x)$ 是由仪器误差 $\Delta_{仪}$ 引起的，通常可定义为

$$u_{B1}(x)=\frac{\Delta_{仪}}{c} \tag{2-2-3}$$

上式中，c 是一个与仪器不确定度 $u_{B1}(x)$ 的概率分布特性有关的常数，称为"置信因子"。仪器不确定度 $u_{B1}(x)$ 的概率分布通常有正态分布、均匀分布、三角形分布等。对于正态分布、均匀分布和三角形分布，置信因子 c 分别取 3、$\sqrt{3}$ 和 $\sqrt{6}$。如果只给出仪器误差，却没有关于不确定度概率分布的信息，则一般可用均匀分布处理，即 $u_{B1}(x)=\Delta_{仪}/\sqrt{3}$。

所谓仪器误差 $\Delta_{仪}$ 是指仪器的最大允差，是仪器说明书上所标明的"最大误差"或"不确定度限值"，即在满足仪器规定使用条件并正确使用仪器时，仪器的示值与被测量真值之间可能产生的最大误差的绝对值。在实验中它常被用来估计由测量仪器导致的误差范围，有助于我们从量级上把握测量仪器的准确度以及测量结果的可靠程度。

通常，仪器出厂时在仪器说明书或标牌上已注明仪器误差，但注明方式各不相同。最常采用的有以下几种形式：

(1) 在仪器上直接标出准确度来表示仪器的仪器误差。如：准确度为0.02mm的五十分度、测量范围0～130mm的游标卡尺最大允差 $\Delta_{仪}=\pm0.02\text{mm}$。测量范围为0～100mm的一级螺旋测微计的最大允差 $\Delta_{仪}=\pm0.004\text{mm}$。分光计的刻度盘上的圆游标的准确度为 $1'$，其最大允差 $\Delta_{仪}=1'$。

(2) 标出仪器的精度级别，用户自己算出仪器误差。如某指针式电表的精度级别定义为

$$\frac{电表的最大误差}{电表的满量程}=级别数\ \% \tag{2-2-4}$$

于是可得该指针式电表的仪器误差等于电表的满量程值乘以仪器的精度级别数，即

$$\Delta_{仪}=满量程\times级别数\ \% \tag{2-2-5}$$

如量程为10V的指针式电压表，其精度等级为1级，则其仪器误差 $\Delta_{仪}=10\text{V}\times1\%=0.1\text{V}$。

又如电阻箱的仪器误差等于示值乘以等级再加上零值电阻。由于电阻箱各挡的等级是不同的,因此在计算时应分别计算。例如常用的 ZX21 型电阻箱,其示值为 360.5Ω,零值电阻为 0.02Ω,则其仪器误差 $\Delta_{仪}=(300\times0.1\%+60\times0.2\%+0\times0.5\%+0.5\times5\%+0.02)\Omega\approx0.47\Omega$。

(3) 如果未注明仪器误差或仪器误差不清楚时,一般规定为:对于能连续读数(能对最小分度下一位进行估计)的仪器,取最小分度的一半作为仪器误差,如米尺、读数显微镜、物理天平、水银温度计等;对于不能连续读数的仪器,取最小分度作为仪器误差,如机械式秒表、数字式仪表等。

为了方便读者,考虑到大学物理实验的对象,根据上述原则和习惯,现将常用物理实验仪器的仪器误差列于表 2-2-2 供大家参考。

表 2-2-2 常用物理实验仪器的仪器误差

仪器名称	仪器误差 $\Delta_{仪}$	说明
毫米尺	0.5mm	最小分度值的 1/2
游标卡尺	0.05mm(1/20 分度) 0.02mm(1/50 分度)	最小分度值
千分尺(螺旋测微计)	0.004mm	测量范围为 0～100mm
读数显微镜	0.005mm	最小分度值的 1/2
水银温度计(最小分度值 1℃)	0.5℃(或 1℃)	最小分度值的 1/2(或最小分度值)
计时仪器	1s,0.1s,0.01s(各类机械表)	最小分度值
	$(5.8\times10^{-6}t+0.01\text{s})$(电子表)	t 为时间的测量值
物理天平	0.05g (感量 0.1g) 0.01g(感量 0.02g)	天平标尺最小分度值的 1/2
分光计	$1'$	最小分度值
电桥	$K\%\left(R+\frac{R_0}{10}\right)$	K 为仪器精度级别 R 为测量值,R_0 为基准值
电位差计	$K\%\left(V+\frac{U_0}{10}\right)$	K 为仪器精度级别 V 为测量值,U_0 为基准值
电阻箱	$K\%\cdot R$	K 为仪器精度级别 R 为测量值
指针式电表 (电流表,电压表)	$K\%\cdot N_m$	K 为仪器精度级别 N_m 为电表的满量程值
各类数字仪表	$K\%\cdot N_x+\xi\%\cdot N_m$ 或 $K\%\cdot N_x+n$ 或仪器最小读数单位	K 为仪器精度级别 N_x 为测量值,N_m 为仪表的满量程值 ξ 为误差绝对项系数 n 为仪器最小量化单位的 n 倍

2) 测量不确定度 $u_{B2}(x)$是由估读误差引起的。通常取仪器最小分度值 d 的 1/10 或 1/5,有时也取 1/2,视具体情况而定。特殊情况下,可取 $u_{B2}(x)=d$,甚至更大。例如用分度值为 1mm 的米尺测量物体长度时,在较好地消除视差的情况下,测量不确定度可取仪器分度值的 1/10,即 $u_{B2}(x)=\frac{1}{10}\times1\text{mm}=0.1\text{mm}$;用肉眼观察远处物体成像的方法粗测透镜的焦距,虽然所用钢尺的分度值只有 1mm,但此时测量不确定度 $u_{B2}(x)$可取数毫米,甚

至更大。

对于单次测量时，通常约定把 $u_{B2}(x)$ 取为仪器分度值的 1/10。

注意：在大多数大学物理实验中，当测量不确定度 $u_{B2}(x)$ 小于仪器不确定度 $u_{B1}(x)$ 的三分之一时，B 类不确定度 $u_B(x)$ 可直接取仪器不确定度 $u_{B1}(x)$。

3. 直接测量结果的不确定度及测量结果表示

1）直接测量结果的不确定度 U。在相同条件下，对物理量进行多次测量时，待测量的不确定度 U 由 A 类不确定度分量和 B 类不确定度分量合成而得。可由下式确定

$$U=\sqrt{u_A^2+u_B^2}=\sqrt{u_A^2+u_{B1}^2+u_{B2}^2} \tag{2-2-6}$$

或

$$U=\sqrt{u_A^2+u_{B1}^2}\quad\left(\text{当 } u_{B2}<\frac{1}{3}u_{B1}\text{ 时}\right) \tag{2-2-7}$$

对待测量进行单次测量时，待测量的不确定度 U 只包含 B 类不确定度。即

$$U=u_B=\sqrt{u_{B1}^2+u_{B2}^2} \tag{2-2-8}$$

或

$$U=u_{B1}\left(\text{当 } u_{B2}<\frac{1}{3}u_{B1}\right) \tag{2-2-9}$$

特别注意的是，对于单次测量，因待测量的不同，其不确定度的计算也有所不同。例如用温度计测量温度时，温度的不确定度合成公式为上述的式(2-2-8)；而在长度测量中，长度值是两个位置读数 x_1 和 x_2 之差，其不确定度合成公式为 $u_B(x)=\sqrt{u_{B2}^2(x_1)+u_{B2}^2(x_2)+u_{B1}^2(x)}$，这是因为 x_1 和 x_2 在读数时都有测量不确定度，因此在计算合成不确定度时都要算入。

应该指出的是，式(2-2-8)或式(2-2-9)并不说明单次测量的不确定度 U 比多次测量的 U 值小，只能说明这种估算比式(2-2-6)更为粗糙。

2）直接测量结果的表示。对物理量 x 进行测量，如果可确定的系统误差已经消除或修正，则测量结果可用下式表示

$$x=\bar{x}\pm U(\text{单位})\quad(\text{置信概率 } P=68.3\%) \tag{2-2-10}$$

上式所表示的概率意义是，被测量量 x 的真值落在区间$(\bar{x}-U,\bar{x}+U)$内的概率为 68.3%。

3）相对不确定度 E_x。不确定度“U”被称为绝对不确定度，它的大小还不能确切表示出测量结果接近真值的程度。如，以下两项测量结果(72.38±0.05)cm 和(3.15±0.02)cm 中，前者的绝对不确定度虽然大于后者，但前者的测量结果却比后者更逼近真值。所以，引入相对不确定度

$$E_x=\frac{U}{\bar{x}}\times 100\% \tag{2-2-11}$$

式中，U 是绝对不确定度，E_x 为相对不确定度(常以百分数表示)。

2.2.4 间接测量结果的不确定度评定

间接测量结果是由一个或几个直接测量值经过公式计算得到的。直接测量值的不确定度要传递给间接测量结果，并且遵循一定的传递和合成原则。

设间接测量量 N 与各直接测量量的函数关系为 $N=f(x,y,z,\cdots)$，其中 $x,y,z,\cdots$ 为相互独立的直接测量量。

1. 间接测量量的平均值

因 $\bar{x},\bar{y},\bar{z},\cdots$ 均代表各直接测量量的平均值，于是间接测量量 N 的平均值就应该是

$$\bar{N}=f(\bar{x},\bar{y},\bar{z},\cdots) \tag{2-2-12}$$

即间接测量量的平均值由各直接测量量的平均值代入函数表达式求得，它也是间接测量量的最佳值。

2. 间接测量结果的不确定度

设 $U_x,U_y,U_z,\cdots$ 分别为 $x,y,z,\cdots$ 相互独立的直接测量量的不确定度，则间接测量量 N 的不确定度为

$$U_N=\sqrt{\left(\frac{\partial f}{\partial x}\right)^2U_x^2+\left(\frac{\partial f}{\partial y}\right)^2U_y^2+\left(\frac{\partial f}{\partial z}\right)^2U_z^2+\cdots} \tag{2-2-13}$$

式中，偏导数 $\frac{\partial f}{\partial x},\frac{\partial f}{\partial y},\frac{\partial f}{\partial z},\cdots$ 称为传递系数。它的大小直接代表了各直接测量结果的不确定度对间接测量结果不确定度的贡献（权重）。

间接测量结果的相对不确定度 E_N 可表示为

$$E_N=\frac{U_N}{\bar{N}}=\sqrt{\left(\frac{\partial \ln f}{\partial x}\right)^2U_x^2+\left(\frac{\partial \ln f}{\partial y}\right)^2U_y^2+\left(\frac{\partial \ln f}{\partial z}\right)^2U_z^2+\cdots} \tag{2-2-14}$$

式中，$\ln f$ 表示对函数 f 取自然对数。

以上式(2-2-13)、式(2-2-14)仅仅是原理性的表达式，将其用于计算一个具体的间接测量量的不确定度和相对不确定度时，这样透过函数关系式参与的运算的计算量不小。为了方便读者，表 2-2-3 将常用函数不确定度公式列于其中，在具体计算时作为参考可使不确定度计算更为简化。

表 2-2-3　常用函数不确定度传递公式使用说明

间接测量结果的函数表达式	不确定度的传递公式	使用说明
$N=x\pm y$	$U_N=\sqrt{U_x^2+U_y^2}$	先直接求 U_N， 再用公式 $E_N=U_N/\bar{N}$ 求 E_N
$N=x\cdot y$ 或 $N=x/y$	$E_N=\frac{U_N}{\bar{N}}=\sqrt{\left(\frac{U_x}{\bar{x}}\right)^2+\left(\frac{U_y}{\bar{y}}\right)^2}$	宜先求相对不确定度 E_N， 再用公式 $U_N=E_N\cdot\bar{N}$ 求 U_N
$N=\frac{x^a\cdot y^b}{z^c}$	$E_N=\frac{U_N}{\bar{N}}=\sqrt{\left(a\frac{U_x}{\bar{x}}\right)^2+\left(b\frac{U_y}{\bar{y}}\right)^2+\left(c\frac{U_z}{\bar{z}}\right)^2}$	宜先求相对不确定度 E_N， 再用公式 $U_N=E_N\cdot\bar{N}$ 求 U_N
$N=Ax$ （A 为一常数）	$U_N=AU_x$；$E_N=\frac{U_N}{\bar{N}}=\frac{U_x}{\bar{x}}$	直接求 U_N， 再求 E_N
$N=\sqrt[n]{x}$	$E_N=\frac{U_N}{\bar{N}}=\frac{1}{n}\frac{U_x}{\bar{x}}$	宜先求相对不确定度 E_N， 再用公式 $U_N=E_N\cdot\bar{N}$ 求 U_N
$N=\sin x$	$U_N=U_x\cos x$	先直接求 U_N， 再用公式 $E_N=U_N/\bar{N}$ 求 E_N

3. 间接测量结果的表示

间接测量量 N 的测量结果可用下式表示

$$N=\overline{N}\pm U_N(\text{单位})\quad(\text{置信概率 }P=68.3\%)\tag{2-2-15}$$

2.3 测量值的有效数字及其运算规则

2.3.1 测量值的有效数字

1. 有效数字的概念

能够正确、有效地表示被测量实际情况的全部数字称为有效数字。测量结果的有效数字是由若干位可靠数字和一位可疑数字组成的。可靠数字是根据测量仪器上的刻度直接准确读出,可疑数字则由观察者从测量仪器上估读而得。在进行直接测量时,要弄清楚其测量范围(即量程)以及最小分度值。所谓最小分度值是指仪器、仪表的刻度最小量或读数精度。读取数值时要以一定的估读方式读取到最小分度的下一位。最小分度值以上的数字可以直接准确地读出,称为可靠数字;最小分度值以下的数字只能估计得到(且只能估读出一位数字),由于这个数字是估读的,是不准确的,我们称之为可疑数字。可疑数字虽不准确,但仍代表了物理量的一定大小,对测量值有一定的贡献,也反映了测量仪器的精度,具有一定的意义,因而是有效的。一个测量出的实验数据有几个有效数字,就称该测量值有几位有效数字。

现以毫米尺测量物体长度为例介绍如何确定物体长度的有效数字。如图 2-3-1 所示,以最小刻度为 1mm 的米尺测定某物的长度,读数可读作 4.26cm。其中,前两位"4"、"2"是从测量仪器(米尺)上直接准确读出的,称为可靠数字;后一位"6"则是由观察者主观估读的(观察者也可能估读为"5"或"7"),称为可疑数字。这三位数字都是有效数字。

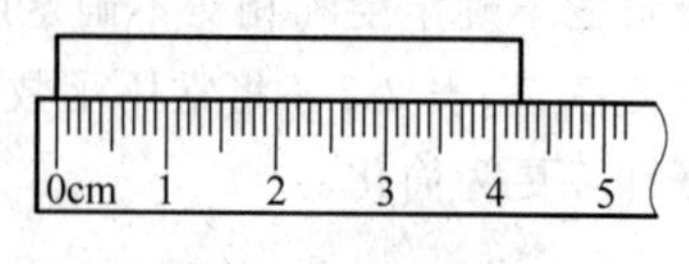

图 2-3-1 长度测量

对于直接测量结果的有效数字,其最后一位反映了测量的误差所在,体现了所用仪器的精度;对于间接测量结果(由计算所得的结果)的有效数字,其最后一位反映了测量的不确定度。可见,有效数字取多少位数字,是由测量的不确定度所确定的,这是处理一切有效数字问题的依据。

2. 有效数字的读数与记录

1) 读数时,必须真实地反映出仪器的测量精度。仪器上显示的所有数字,包括最后一位估读的数字,都是有效数字,必须全部记录,不得多记一位或少记一位。如上述的读数"4.26"应全部记录,不能记录为"4.2"(或"4.3"),也不能随意提高精度记录为"4.265"。

在实际的测量中,应根据仪器的特点进行估读。除了数字式仪表或游标卡尺之外,其他刻度或指针式仪表均需估读到最小分度的下一位,其估计值的大小应根据仪器的允差、刻线的密集程度及观察者眼睛的分辨能力而定,一般可估读到最小分度的 1/10、1/5 或 1/2。

2) 仪器的精度与有效数字。选用不同精度的仪器测量同一物理量时,测量值的有效数字位数不同。如,用米尺测量一块板的厚度,读数为 8.3mm,两位有效数字;用游标卡尺测量，读数为8.32mm，三位有效数字；用螺旋测微计测量，读数为8.317mm，可得到四位有效数字。仪器的精度越高，测量所得到的有效数字的位数越多。

3）测量的方法与有效数字。电子分析天平的读数可达0.01g。每一个小钢球的质量约为0.5g。单独测量一个小钢球的质量，读数为0.52g；若同时测量30个相同的小钢球的总质量，读数为15.38g，平均每个小钢球的质量则为0.5127g。有效数字的位数增加了，测量的精度也提高了。

又如，数字式停表的读数可达0.01s。摆长为1m的单摆的周期约为2s。单独测量单摆摆动1个周期的时间，读数为2.05s；若连续测量50个周期的时间，读数为102.42s，平均每个周期则为2.0484s。有效数字的位数增加了，测量的精度也提高了。

这种方法在实验中经常用到。

4）"0"与有效数字。出现在数字中间和末尾的"0"均为有效数字，数字前面的"0"不是有效数字。如图2-3-1中，若物体的长度刚好可估读为4.20cm，最后一位估读为"0"。这个"0"不能省去，因为这把米尺的最小刻度为1mm（精度为1mm），如果省去"0"，写成4.2cm，那么"2"就是估计得到的可疑数字，这把尺子就不是毫米尺，而是厘米尺（精度为1cm）了。如，用米尺测得木板的厚度为10.60cm，以"m"为单位，记录为0.1060m，前面的一个"0"不是有效数字，中间与后面的"0"都是有效数字。

5）单位换算与有效数字。进行单位换算时，有效数字的位数不变。如10.60cm，可记为0.1060m、106.0mm、$1.060\times10^{5}\mu m$等，都是四位有效数字。

6）记录实验数据宜采用科学计数法。在记录实验数据时，为了方便和不易出错，常用科学计数法。科学计数法就是把数据写成小数乘以10的n次幂的形式，且小数点前面取一位大于0的整数，同时要保留有效数字位数。例如将数据0.0561m写成5.61×10^{-2}m。科学计数法的好处有：能方便地表达出数据有效数字的位数；单位改变时，只是乘幂次数改变，其他不变；表示很大或很小的数字时特别方便，也容易记忆。

2.3.2　有效数字的运算规则

间接测量值是由直接测量值通过函数关系公式计算得到的，也应该用有效数字表示，因此讨论有效数字的运算规则很有必要。有效数字的运算规则如下：

(1) 可靠数字与可靠数字运算，结果为可靠数字。

(2) 可疑数字与可靠数字（或可疑数字）运算，结果为可疑数字，进位者为可靠数字。

(3) 运算中间过程多取一位有效数字（可保留两位可疑数字）。

(4) 运算得到的最后的间接测量结果只保留一位可疑数字，其余可疑数字应予以修约。修约的原则是：4舍6入5凑偶。即被约去的数字中，第一位大于（或等于）6的进1，小于（或等于）4的舍去；第一位为5的，如果前一位是偶数则舍去，为奇数的进1。如：

376.625：修约到十分之一位，为376.6；246.6373：修约到百分之一位，为246.64；

125.753：修约到十分之一位，为125.8；125.853：修约到十分之一位，为125.8。

由以上运算规则，可得到以下运算结论：

(1) 加减法运算。所得结果有效数字的末位与参加运算各数中绝对误差最大的有效数字的末位对齐。

例：$60.4+122.25=182.65\approx182.6$，　$50.36-48.108=2.252\approx2.25$

运算结果，分别取 182.6 和 2.25（尾数均舍去）。

(2) 乘除法运算。所得结果的有效数字的位数一般与诸因子中有效数字位数最少者相同。

例：$2.005\times30.4=60.9520\approx61.0$（尾数 5 凑偶），　$37743\div217=173.9\approx174$（尾数入）

(3) 乘方、开方运算。乘方、开方运算中，最后结果的有效数字位数与自变量的有效数字位数相同。

例：$4.405^2=19.40$，$\sqrt{4.405}=2.099$

(4) 对数运算。自然对数的有效数字位数与真数有效数字位数相同；而以 10 为底的对数，其尾数的有效数字位数与真数的有效数字位数相同。

例：$\ln5.374=1.682$（取 4 位有效），　$\lg21.308=1.32854$（取 6 位有效）

(5) 常数 π、e、系数、指数（如 4/3，1/2）等非测量值的有效数字可以认为是无限的，计算时需要取几位就取几位。一般比参加运算各数中有效数字位数最多的还多一位。

2.3.3 确定测量结果有效数字的方法

2.3.2 节中讨论的间接测量值的有效数字位数的确定仅仅是一种粗略的估计。在大学物理实验中，用不确定度来决定测量值的有效数字是总的原则和依据，即测量结果的有效数字的取位是由不确定度最终来决定的。方法是，测量结果（无论是直接测量量还是间接测量量）的最末一位一定要与不确定度的末位对齐。因为测量结果的最末一位一定是误差所在的一位。测量结果的修约原则是：4 舍 6 入 5 凑偶。

例如：经计算所得的某物体长度测量的平均值为 $\overline{L}=3.548\,25\text{m}$，若不确定度 $U_L=0.0003\text{m}$，则测量的结果表示为 $L=\overline{L}\pm U_L=(3.5482\pm0.0003)\text{m}$；若不确定度 $U_L=0.002\text{m}$，则测量的结果表示为 $L=(3.548\pm0.002)\text{m}$；若不确定度 $U_L=0.05\text{m}$，则测量的结果表示为 $L=(3.55\pm0.05)\text{m}$；若不确定度 $U_L=0.1\text{m}$，则测量的结果表示为 $L=(3.5\pm0.1)\text{m}$。

测量结果的不确定度一般只取 1 位有效数字（特殊情况下，不确定度的有效数字可取 2 位，即测量值的末两位有效数字都是不确定的）。在计算间接测量结果的不确定度的运算过程中，那些参与运算的直接测量量的不确定度一般要取 2 位有效数字。计算的中间结果的有效数字位数也应适当多取一位，以免过早舍入，造成不合理的结果。

同时，为保证不确定度的置信率水平不致降低，不确定度值截取时采取“只入不舍”的原则，即宁大勿小。

例如：不确定度 $U=0.3411\text{mm}$，若截取 2 位有效数字，就是 $U=0.35\text{mm}$；若截取 1 位有效数字，就是 $U=0.4\text{mm}$。

1. 直接测量结果有效数字位数的确定

(1) 读取仪器、仪表指示值的有效数字时，一定估读到最小分度下一位。如果指示值正好为整数时，其后应加零至最小分度下一位。

(2) 计算直接测量量的算术平均值，其位数与原始数据的位数相同即可，不必增加位数。

(3) 计算出测量结果的不确定度，截取适当的有效数字位数（视情况取 1～2 位，不超过 2 位）。

(4) 根据测量结果的不确定度最终决定测量值(平均值)的有效数字位数(平均值的最末一位与不确定度的末位对齐)。

2. 间接测量结果有效数字位数的确定

(1) 按有效数字运算法则,由各直接测量量的平均值,根据函数关系计算出间接测量量的平均值。

(2) 由各直接测量量的平均值及其不确定度计算出间接测量结果的不确定度,截取适当的有效数字位数(视情况取1～2位,不超过2位)。

(3) 根据间接测量结果的不确定度,最终决定间接测量量(平均值)的有效数字位数(平均值的最末一位与不确定度的末位对齐)。

2.3.4　计算实例

1. 直接测量结果的不确定度计算

【例2.3.1】 用一级千分尺对一小球直径测量8次,测量读数用 D_i' 表示,测得千分尺的零点读数为+0.008mm,如表2-3-1所示。写出小球直径的测量结果表示。

表2-3-1　小球直径的测量数据　　mm

测量次数 i	D_i'	D_i	ν_i
1	2.127	2.119	0.001
2	2.130	2.122	0.004
3	2.121	2.113	−0.005
4	2.126	2.118	0.000
5	2.123	2.115	−0.003
6	2.127	2.119	0.001
7	2.124	2.116	−0.002
8	2.128	2.120	0.002

解:(1) 修正零点误差后的小球直径用 D_i 表示,填入表2-3-1。

小球直径的算术平均值 $\overline{D}=\frac{1}{n}\sum_{i=1}^{n}D_i=\frac{1}{8}\sum_{i=1}^{8}D_i=2.118\text{mm}$

(2) A类不确定度分量的估算

先算出每次小球直径测量值的偏差 $\nu_i=D_i-\overline{D}$,填入表2-3-1;

再算出小球直径的A类不确定度为

$$u_A(D)=t_p\cdot\sqrt{\frac{\sum_{i=1}^{n}(D_i-\overline{D})^2}{n(n-1)}}=1.08\times\sqrt{\frac{\sum_{i=1}^{8}\nu_i^2}{8(8-1)}}=1.08\times\sqrt{\frac{0.00006}{8\times7}}\text{mm}$$

$$=0.0012\text{mm}$$

(置信概率 $P=0.683$,由表2-2-1查得 $t_p=1.08$)

(3) B类不确定度分量的估算

由表2-2-2可查,一级千分尺在测量范围0～100mm内的仪器误差为 $\Delta_{仪}=0.004\text{mm}$,设仪器误差为平均分布,则小球直径的B类不确定度为

$$u_B(D)=\frac{\Delta_{仪}}{\sqrt{3}}=\frac{0.004}{\sqrt{3}}\text{mm}=0.0023\text{mm}$$

（千分尺由估读引起的测量不确定度 u_{B2} 可忽略不计）

(4) 测量结果的总不确定度为

$$U_D=\sqrt{u_A^2(D)+u_B^2(D)}=\sqrt{0.0012^2+0.0023^2}\text{mm}=0.0026\text{mm}$$

(5) 相对不确定度为

$$E_D=\frac{U_D}{\overline{D}}\times 100\%=\frac{0.0026}{2.118}\times 100\%=0.12\%（E_D \text{ 取 2 位有效数字}）$$

(6) 小球直径的测量结果表示

$$D=\overline{D}\pm U_D=(2.118\pm 0.003)\text{mm}\quad（置信概率 P=0.683）$$

在上述计算过程中，D 为最终测量结果，则在测量结果表示中，U_D 只取 1 位有效数字，即 $U_D=0.003$mm。小球直径的平均值 $\overline{D}$ 的最末一位与不确定度 U_D 的末位对齐。

2. 间接测量结果的不确定度计算

【例 2.3.2】 用流体静力称衡法测一铜块的密度。假设铜块在空气中重量为 m_1g（空气浮力可以忽略不计）；将铜块完全浸没在密度为 ρ_0 的纯水中，其视重为 m_2g。用天平称出 m_1 和 m_2，根据公式 $\rho=\frac{m_1}{m_1-m_2}\rho_0$ 便可算得该铜块的密度 ρ。现已测得 $m_1=(89.08\pm 0.02)$g（$P=0.683$），$m_2=(79.09\pm 0.02)$g（$P=0.683$），$\rho_0=(0.9997\pm 0.0003)\text{g/cm}^3$（$P=0.683$）。计算铜块密度的测量结果。

解：(1) 铜块密度的最佳值（平均值）

$$\overline{\rho}=\frac{\overline{m}_1}{\overline{m}_1-\overline{m}_2}\rho_0=\frac{89.08}{89.08-79.09}\times 0.9997\text{g/cm}^3=8.9142\text{g/cm}^3$$

(2) 利用式(2-2-13)求铜块密度的不确定度 U_ρ

$$\frac{\partial\rho}{\partial m_1}U_{m_1}=\frac{-m_2}{(m_1-m_2)^2}\rho_0 U_{m_1}$$

$$=\frac{-79.09}{(89.08-79.09)^2}\times 0.9997\times 0.02\text{g/cm}^3\approx -1.58\times 10^{-2}\text{g/cm}^3$$

$$\frac{\partial\rho}{\partial m_2}U_{m_2}=\frac{m_1}{(m_1-m_2)^2}\rho_0 U_{m_2}$$

$$=\frac{89.08}{(89.08-79.09)^2}\times 0.9997\times 0.02\text{g/cm}^3\approx 1.79\times 10^{-2}\text{g/cm}^3$$

$$\frac{\partial\rho}{\partial\rho_0}U_{\rho_0}=\frac{m_1}{m_1-m_2}U_{\rho_0}$$

$$=\frac{89.08}{89.08-79.09}\times 0.0003\text{g/cm}^3\approx 0.27\times 10^{-2}\text{g/cm}^3$$

$$U_\rho=\sqrt{\left(\frac{\partial\rho}{\partial m_1}U_{m_1}\right)^2+\left(\frac{\partial\rho}{\partial m_2}U_{m_2}\right)^2+\left(\frac{\partial\rho}{\partial\rho_0}U_{\rho_0}\right)^2}$$

$$=\sqrt{(-1.58\times 10^{-2})^2+(1.79\times 10^{-2})^2+(0.27\times 10^{-2})^2}\text{g/cm}^3$$

$$=2.4\times10^{-2}\,\mathrm{g/cm^3}$$

(3) 铜块密度的测量结果为

$$\rho=\bar{\rho}\pm U_\rho=(8.914\pm0.024)\,\mathrm{g/cm^3}\quad(P=0.683)$$

(此处考虑到各测量数据,U_ρ 取 2 位有效数字)

若 U_ρ 取 1 位有效数字,则测量结果表示成

$$\rho=\bar{\rho}\pm U_\rho=(8.91\pm0.03)\,\mathrm{g/cm^3}\quad(P=0.683)$$

(4) 铜块密度的相对不确定度为

$$E_\rho=\frac{U_\rho}{\bar{\rho}}\times100\%=\frac{0.024}{8.914}\times100\%=0.27\%$$

【例 2.3.3】 用电子天平测得一个圆柱体的质量 $m=80.36\mathrm{g}$,电子天平的最小指示值为 0.01g,不确定度限值为 0.02g;用钢尺测量该圆柱体的高度 $H=H_2-H_1$,其中,$H_1=4.00\mathrm{cm}$,$H_2=19.32\mathrm{cm}$,钢尺的分度值为 0.1cm,估读 1/5 分度,不确定度限值为 0.01cm;用游标卡尺测量该圆柱体的直径 D,见表 2-3-2,游标卡尺的分度值为 0.002cm,不确定度限值为 0.002cm。

表 2-3-2　圆柱体直径的测量数据

D/cm					
	2.014	2.020	2.016	2.020	2.018
	2.018	2.020	2.022	2.016	2.020

试根据上述数据,计算该圆柱体的密度及其不确定度。

解:(1) 圆柱的质量 $m=80.36\mathrm{g}$,圆柱的质量的不确定度为

$$U_m=\sqrt{u_{\mathrm{B1}}^2(m)+u_{\mathrm{B2}}^2(m)}=\sqrt{(0.02/\sqrt{3})^2+(0.01)^2}\,\mathrm{g}=0.015\mathrm{g}$$

(单次测量,只要求出 B 类不确定度)

(2) 圆柱体的高 $H=H_2-H_1=19.32\mathrm{cm}-4.00\mathrm{cm}=15.32\mathrm{cm}$

圆柱体的高的 B 类仪器不确定度 $u_{\mathrm{B1}}(H)=\dfrac{\Delta_{\text{钢尺}}}{\sqrt{3}}=\dfrac{0.01}{\sqrt{3}}\mathrm{cm}=0.0023\mathrm{cm}$;

考虑到 H_1 和 H_2 各测一次存在的误差,圆柱体的高的 B 类测量不确定度 $u_{\mathrm{B2}}(H)$ 为

$$u_{\mathrm{B2}}(H)=\sqrt{u_{\mathrm{B2}}^2(H_2)+u_{\mathrm{B2}}^2(H_1)}=\sqrt{2u_{\mathrm{B2}}^2(H_2)},$$

其中,$u_{\mathrm{B2}}(H_2)=u_{\mathrm{B2}}(H_1)=0.1\times\dfrac{1}{5}\mathrm{cm}=0.02\mathrm{cm}$;

圆柱体的高的不确定度为

$$U_H=\sqrt{u_{\mathrm{B1}}^2(H)+u_{\mathrm{B2}}^2(H)}=\sqrt{(0.0023)^2+2\times(0.02)^2}\,\mathrm{cm}=0.029\mathrm{cm}$$

(3) 圆柱体的直径的平均值 $\bar{D}=\dfrac{1}{10}\sum\limits_{i=1}^{10}D_i=2.0184\mathrm{cm}$

$$u_{\mathrm{A}}(D)=t_p\cdot\sqrt{\sum(D_i-\bar{D})^2/(10\times(10-1))}=0.00078\mathrm{cm}$$

($n\geqslant10$,置信概率 $P=0.683$ 时,由表 2-2-1 取 $t_p\approx1$)

$$u_{\mathrm{B}}(D)=u_{\mathrm{B1}}(D)=\frac{\Delta_{\text{游标}}}{\sqrt{3}}=\frac{0.002}{\sqrt{3}}\mathrm{cm}=0.0012\mathrm{cm}$$

(游标卡尺由估读引起的测量不确定度 $u_{\mathrm{B2}}(D)$ 可忽略不计)

圆柱体的直径的不确定度为

$$U_D=\sqrt{u_A^2(D)+u_B^2(D)}=\sqrt{(0.00078)^2+(0.0012)^2}\text{cm}=0.0014\text{cm}$$

(4) 根据上述数据计算圆柱体材料的密度 ρ。

圆柱体材料的密度 ρ 的最佳值为

$$\bar{\rho}=\frac{\bar{m}}{\bar{V}}=\frac{4\bar{m}}{\pi\bar{D}^2\bar{H}}=\frac{4\times80.36}{3.1416\times(2.0184)^2\times15.32}\text{g/cm}^3=1.639\text{g/cm}^3$$

利用公式(2-2-14)或表 2-2-2 求密度 ρ 的相对不确定度为

$$E_\rho=\frac{U_\rho}{\bar{\rho}}=\sqrt{\left(\frac{U_m}{\bar{m}}\right)^2+\left(2\frac{U_D}{\bar{D}}\right)^2+\left(\frac{U_H}{\bar{H}}\right)^2}$$

$$=\sqrt{\left(\frac{0.015}{80.36}\right)^2+\left(2\times\frac{0.0014}{2.0184}\right)^2+\left(\frac{0.029}{15.32}\right)^2}=0.24\%$$

密度 ρ 的不确定度为

$$U_\rho=\frac{U_\rho}{\bar{\rho}}\times\bar{\rho}=E_\rho\times\bar{\rho}=0.24\%\times1.639\text{g/cm}^3=0.004\text{g/cm}^3$$

密度 ρ 的测量结果表示为

$$\rho=\bar{\rho}\pm U_\rho=(1.639\pm0.004)\text{g/cm}^3\quad(\text{置信概率 }P=0.683)$$

在上述计算过程中，各直接测量量的不确定度以及中间结果的有效数字都取 2 位，最后结果材料的密度 ρ 的不确定度则只取 1 位有效数字。

对于例 2.3.3，有兴趣的读者也可像例 2.3.2 一样采用式(2-2-13)求解密度 ρ 的不确定度。但经比较会发现，当间接测量量与直接测量量的函数关系为乘、除或幂函数关系时，用式(2-2-14)或表 2-2-2 先求密度 ρ 的相对不确定度再求其不确定度可以大大简化运算。表 2-2-2 就是按此思路制成的。读者参照此表，并根据表中说明栏内的步骤计算可以使得计算量减至最小，且不易出错。至于例 2.3.2，由于函数关系较复杂，还是采用式(2-2-13)按部就班地对不确定度进行计算为好。

2.4 实验数据处理的基本方法

实验得到的一系列数据往往是零碎而有误差的，要从这一系列数据中得到可靠的实验结果，找出各物理量之间的相互关系、变化规律，要靠实验数据的正确记录与合理的处理。所谓数据处理，就是对实验数据通过必要的整理分析和归纳计算，最后得到实验结论。常用的方法有列表法、图示法、图解法、逐差法和最小二乘法等。

2.4.1 列表法

在物理实验的测量和计算中，为便于整理、计算、作图或拟合，会将直接测量的原始数据和有关计算数据通过列表，简单而明确地表示出相关物理量之间的对应关系，以便于随时检查测量结果是否合理，进行数据的对比和分析，也有助于找出物理量之间的规律性的联系进而求出经验公式。

一个表格通常由表头、项目栏和数据栏组成。制作表格时应注意如下事项：

(1) 表头。表头即表格的名称，应尽可能反映出表格中所表达的信息。表格名称应放在表格的上方。若涉及多个表格,还应该给表格编号。

(2) 项目栏。项目栏用于描述和数据相关的物理量以及单位。项目栏要简单明了,要合理安排各待测物理量在表格中的位置。应明确实验中待测物理量测量的先后顺序;明确区分直接测量和间接测量;明确单次测量还是多次测量等。各待测物理量的单位,可在物理量后表示,如直径 D(cm)表示直径 D 的单位是 cm。如整个表格单位均相同,则可在表头中表格名称后加注。

(3) 数据栏。在物理量对应的列上列出物理量的测量数据,数据的有效数字必须正确。(数据后不要标单位)

(4) 必要时对表中各符号(特别是自定的符号)所代表的意义进行相应的说明。

【例 2.4.1】 研究某导体的电阻值 R 与温度 t 的关系。实验观测得出一组数据,如表 2-4-1 所示。

表 2-4-1 某导体的电阻值 R 与温度 t 的关系表

次数 i	1	2	3	4	5	6
温度 t/℃	10.0	29.0	42.3	61.6	75.5	85.7
电阻 R/Ω	10.41	10.95	11.26	11.86	12.20	12.61

2.4.2 图示法

物理量之间的关系既可以用解析函数关系表示,也可以用作图的方法来图示。图示法就是把一系列实验测量值按其对应关系在坐标纸上描点,并绘出一条光滑的曲线,以此曲线直观地显示各物理量的相互函数关系和变化规律。图示法是一种被广泛用来处理实验数据的很重要的方法。

1. 图示法的作用和特点

(1) 利用图示可以研究物理量之间的变化规律,找出对应的函数关系,求取经验公式。

(2) 图示法简明直观,易显示数据的极值点、转折点、周期性等。

(3) 作图连线对各数据点可起到平均的作用,从而减少随机误差。

(4) 由图线还可以帮助发现实验中的个别测量错误,并可通过图线进行系统误差分析。

(5) 可以从图线中求出实验需要的某些结果,例如求直线斜率和截距等。

(6) 从图上可直接读出没有进行观测的对应点(称内插法);此外,在一定条件下还可从图线的延伸部分读到测量数据范围外的点的值(称外推法)。

2. 作图的步骤和规则

(1) 作图一定要用标准坐标纸。根据所测的物理量,经过分析研究后确定应选用哪种坐标纸。常用坐标纸有:直角坐标纸、单对数坐标纸、双对数坐标纸、极坐标纸等。

(2) 坐标纸大小的确定。坐标纸大小,应能满足测得实验数据的有效数字的要求。原则上,实验数据中的可靠数字在图中也是可靠的,即坐标纸上的最小格对应于有效数字最后一位可靠数字。

(3) 选坐标轴。自变量为横坐标,因变量为纵坐标。每一坐标轴,要粗细适当,并画出方向,在轴的末端还要标明所代表的物理量的名称符号及单位。坐标轴不一定取图纸所印表格的边线,但应与纸上的线条重合。

(4) 定标尺及标度。在用直角坐标纸时，采用等间隔定标和整数定标，即对每个坐标轴在间隔相等的距离上用整数标度。定标要能体现实验数据的有效数字的位数。标度应以能迅速读出各点的坐标为原则，通常用1、2、5格代表一个单位(而不应用3、7或9格代表一个单位)。选取合适的横坐标与纵坐标标尺，尽量使图线占图纸的大部分区域，不要偏向一边或缩在一角。标度值不一定从零开始，在各坐标轴上可标5到10个标度值。两个坐标轴的比例可以不同。如果数据特别大或特别小，可以提出相乘因子，例如，提出$\times10^5$、$\times10^{-2}$放在坐标轴上最远端。

(5) 描点。根据实验数据，在图上用"×"或"+"等符号标出各实验数据点。符号的大小取2～3mm。绘出图线后，这些符号仍需保留在图上，不应擦掉。标注点要细而清晰。

在一张图纸上作多条曲线时，不同的数据应使用不同的符号来表示，并在图样的空白处注明符号所代表的内容。

在直线上求斜率时取点的符号应采用有别于这些数据点的符号，例如用"⊙"，并在其旁标以坐标值。(求斜率时所取点的位置应靠近直线的两端，为计算方便起见，可选取横坐标为整数。)

(6) 连线。根据实验数据点的分布情况，用直尺或曲线尺将各数据点连接成光滑曲线。由于存在误差，而实验图线具有"平均值"的含义，所以，各数据点不一定都要求通过曲线，但应使数据点大致均匀、对称地分布在曲线的两侧，且尽量靠近图线。在画线时，个别偏离过大的点应当舍去或重新测量核对。如果图线需延伸到测量范围以外时，则应按其趋势用虚线表示。拟合直线或曲线的线条务必匀、细、光滑、清晰。

(7) 图纸中上方或下方空白位置应写上图名、姓名、日期。

【例 2.4.2】 表2-4-1中数据表示某导体的电阻值R与温度t的关系，用图示法表示如图2-4-1所示。

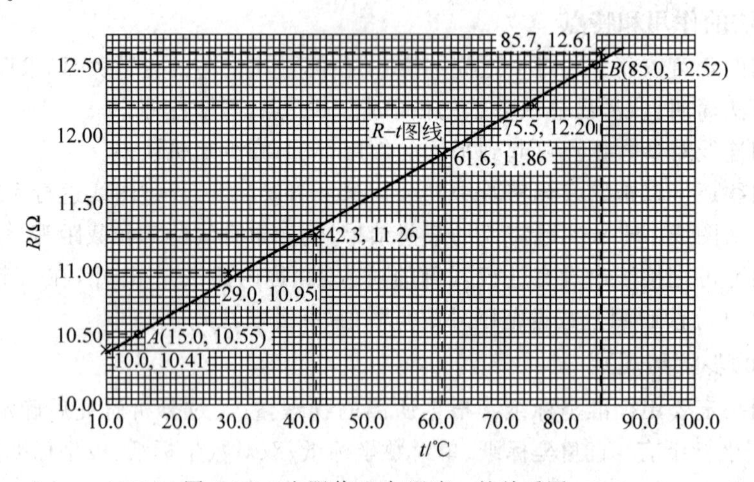

图2-4-1　电阻值R与温度t的关系图

解：取t为自变量(横坐标)，每一小格代表1℃(比例1∶1)；

以R为因变量(纵坐标)，每二小格代表0.1Ω(比例2∶1)。

(这样选取比例，目的使图线基本上占据整张坐标图纸，并能正确表达出测量量的有效数字。)

按作图规则画出电阻值 R 与温度 t 的关系图线(见图 2-4-1)。

从图线可以很直观地看出该导体的电阻值 R 与温度 t 的关系呈现线性关系。

2.4.3 图解法

根据已作好的图线,采用解析方法可得到与图线对应的函数关系——经验公式。这种由图线求经验公式的方法称为图解法。

在物理实验中,经常遇到的曲线是直线、抛物线、双曲线、指数曲线和对数曲线等。而其中以直线最为简单。

1. 直线图解

由实验图线判断两变量之间是否为线性关系是一目了然的。如图 2-4-1 所示,可以很直观地看出该导体的电阻值 R 与温度 t 的关系呈现线性关系。问题是如何根据已作好的图线,建立直线方程,写出对应的函数关系(经验公式)。下面介绍如何建立直线方程,求解经验公式。

设直线方程为 $y=ax+b$。在直角坐标纸上,x 为横轴,y 为纵轴。a 为此直线的斜率,b 为截距。要建立经验公式,需求出 a 和 b。

求斜率 a:在画好的直线上靠近两端选两点(x_1,y_1)和(x_2,y_2),并用符号"⊙"圈出,其横坐标最好是整数,但不能取原始实验数据。于是斜率 a 为

$$a=\frac{y_2-y_1}{x_2-x_1} \tag{2-4-1}$$

求截距 b:如果 x 轴的原点在坐标零点,则可直接从图线上读出纵轴截距 b。如果 x 轴的原点不在坐标零点,则可将已求出的 a 和(x_2,y_2)代入直线方程,求出截距 b 为

$$b=y_2-ax_2=y_2-\frac{y_2-y_1}{x_2-x_1}x_2 \tag{2-4-2}$$

利用描点作直线求斜率和截距仅是一种粗略的方法,严格的方法应该用最小二乘法线性拟合,后面将予以介绍。

【例 2.4.3】 用图解法求图 2-4-1 中的图线所表示的某导体的电阻值 R 与温度 t 的函数关系式(经验公式)。

解:由画出的图 2-4-1 中的图线知道,该图线为一直线,因此该导体的电阻值 R 与温度 t 的关系呈现线性关系。

设可用直线方程 $R=at+b$ 表示这种关系。下面用式(2-4-1)和式(2-4-2)求参数 a 和 b。

如图 2-4-1 所示,在直线上靠近两端点选取两点 $A(15.0,10.55)$和 $B(85.0,12.52)$,

则直线斜率 $a=\dfrac{y_2-y_1}{x_2-x_1}=\dfrac{(12.52-10.55)\Omega}{(85.0-15.0)℃}=0.0281\Omega/℃$

截距 b 为 $b=y_2-ax_2=(12.52-0.0281\times85.0)\Omega=10.13\Omega$

由此得直线方程为 $R=(0.0281t+10.13)\Omega$

由物理知识知道:一般导体电阻与温度关系为 $R_t=R_0(1+\alpha t)$(其中 α 为导体电阻的温度系数,R_0 为温度为 0℃时导体的电阻)。对比直线方程可得,$b=R_0$,$a=R_0\alpha$。

所以可求出导体电阻的温度系数 $\alpha=\dfrac{a}{R_0}=\dfrac{a}{b}=\dfrac{0.0281}{10.13}=2.77\times10^{-3}(1/℃)$

由此得到该导体电阻与温度关系的经验公式为 $R_t=10.13\times(1+2.77\times10^{-3}t)\Omega$。

2. 曲线改直

许多物理量之间并不都具有线性的函数关系，由曲线图直接建立经验公式一般比较困难。非线性关系的曲线可以通过适当的变量替换或坐标变换改为直线，使之具有线性关系，再利用建立直线方程的方法来解决问题。这种方法称为曲线改直。

曲线改直后，有利于作图。同时，求解直线的截距和斜率也较方便。而直线方程中的两个参数所包含的物理量通常是我们所要求解的。

【例 2.4.4】 测定刚体（塔轮）的转动惯量实验中，将绳线的一端绕在半径为 r 的塔轮边缘上，另一端挂质量为 m 的砝码。利用砝码的重量带动刚体塔轮绕其中心轴转动，测出砝码从一定高度 h 下落的时间 t，通过理论计算得出 m 与 t 满足以下非线性关系式

$$m=\frac{2hJ}{gr^2}\cdot\frac{1}{t^2}+\frac{M_\mu}{gr}=K\cdot\frac{1}{t^2}+C\quad 其中，\quad K=\frac{2hJ}{gr^2},C=\frac{M_\mu}{gr}$$

式中，r、h、g 为定值，已测量。J 为塔轮的转动惯量，M_μ 为塔轮与绳线的摩擦力矩，它们也为定值，待测量。利用图解法求出 J 和 M_μ。

解：改变不同的 m，测出相应的 t。利用这一组数据可以用图解法在坐标纸上画线并求解 J 和 M_μ。由于 m 与 t 满足非线性关系式，根据方程画出的应是抛物线，由此曲线求解 J 和 M_μ 很困难。因此，我们可以将 $1/t^2$ 看作变量，替换原变量 t，这样得出的 m 与 $1/t^2$ 的函数关系就成为线性关系。以 $1/t^2$ 为横轴，m 为纵轴，可在直角坐标纸上画出一直线，实现了曲线改直。这样就可以简便地求出直线的斜率 K 和截距 C，进而利用公式 $K=\frac{2hJ}{gr^2}$ 和 $C=\frac{M_\mu}{gr}$ 分别求出 J 和 M_μ。

【例 2.4.5】 阻尼振动的振幅作指数衰减 $A=A_0\mathrm{e}^{-\beta t}$，式中 A_0、β 为常量，利用图解法求解阻尼系数 β。

解：由阻尼振动方程 $A=A_0\mathrm{e}^{-\beta t}$ 可知，振幅 A 与时间 t 成非线性函数关系。若将方程两边取对数，可变换成 $\ln A=-\beta t+\ln A_0$，$\ln A$ 为 t 的线性函数。以 $\ln A$ 为纵轴，t 为横轴，可画出一条直线，实现曲线改直。该直线的截距为 $\ln A_0$，斜率为 $-\beta$。通过直线图解求出斜率即可求出阻尼系数 β。

2.4.4 逐差法

逐差法是物理实验中处理数据常用的一种方法。凡是自变量与因变量成线性关系，自变量作等量变化，因变量也作等量变化时，便可采用逐差法求出因变量的平均增量。

人们通常会采用相邻差法来计算因变量的平均增量，在讨论用逐差法计算之前先来看看相邻差法存在何种缺点。所谓相邻差法就是用相邻测量数据相减求出增量后计算平均增量。这样会使中间测量数据两两抵消，只剩头、尾两个数据对平均值有贡献，这显然失去了利用多次测量求平均值的意义，是不科学的也是不公平的。以“拉伸法测量金属丝劲度系数”实验为例。根据胡克定律，在弹性限度内，金属丝所受的拉力 ΔF 与金属丝的伸长量 Δx 成正比，即 $\Delta F=k\Delta x$。求得平均值 $\overline{\Delta F}$ 和 $\overline{\Delta x}$，再由公式 $k=\overline{\Delta F}/\overline{\Delta x}$ 可求出金属丝劲度系数 k。在金属丝上等间隔加力 $F_1,F_2,F_3,\cdots,F_n$ 测得金属丝长度依次为 $x_1,x_2,x_3,\cdots,x_n$。

若用相邻差法可得 $\Delta F_i = F_{i+1} - F_i$ 时的金属丝长度伸长量 $\Delta x_i = x_{i+1} - x_i$。设所加质量每次增加 1kg，共测量 8 次，则 $\overline{\Delta F} = 1\text{kg}$，金属丝伸长量平均值为

$$\overline{\Delta x} = \overline{x_{i+1} - x_i} = \frac{(x_2 - x_1) + (x_3 - x_2) + \cdots + (x_n - x_{n-1})}{n-1}$$

$$= \frac{x_n - x_1}{n-1} = \frac{x_8 - x_1}{7}$$

可见，中间的测量值对 $\overline{\Delta x}$ 的计算没有贡献，只用到始末两次测量数据 x_1 和 x_n。如果始末两次测量误差较大，结果的误差也就随着较大，达不到通过多次测量减小随机误差的目的。

为了避免中间测量数据在数据处理中失去作用，以保持多次测量的优越性，可用逐差法处理数据。逐差法就是把这种自变量等间隔连续变化的数据按自变量的大小顺序排列后，分成前后两组（两组次数应相同），然后对应项相减求因变量增量的平均值。在上述例子中，将数据分成 x_1, x_2, x_3, x_4 和 x_5, x_6, x_7, x_8 两组。取对应项的差值 $(x_{m+i} - x_i)$ 可得 m 个 $(m = n/2 = 4)$ 数据，则用逐差法可求出每增加 4kg 砝码（$\overline{\Delta F} = 4\text{kg}$）金属丝伸长量 Δx 的平均值

$$\overline{\Delta x} = \overline{(x_{m+i} - x_i)} = \frac{(x_8 - x_4) + (x_7 - x_3) + (x_6 - x_2) + (x_5 - x_1)}{4}$$

这样各个数据全部用上了。相当于重复测量 $(x_{m+i} - x_i)$ 四次，充分利用数据，减少了随机误差影响。

在计算用逐差法得到的结果的不确定度时，可把对应项相减的差值 $(x_{m+i} - x_i)$ 当作一个新的物理量来处理，视作对 $(x_{m+i} - x_i)$ 进行多次测量。

逐差法的优点是计算简便，特别是在检查数据时，可随测随检，及时发现差错和数据规律；最重要的是可充分利用测得的所有数据，减少随机误差的影响；还可减少仪器的系统误差和扩大测量范围。

凡是自变量与因变量之间的函数关系为线性关系，且自变量作等量变化，因变量也会随之作等量变化，便可采用逐差法进行数据处理。对于非线性函数关系，也可通过变量替换变成线性函数后利用逐差法来处理数据。

2.4.5　最小二乘法与线性拟合

物理实验数据处理的目的就是通过实验数据找出各物理量之间的关系，通常可用函数或曲线来表示。利用前面所述的图解法、逐差法等方法可以直观地表示出物理量之间的对应关系，以求出经验公式，但比较粗糙。如何才能从实验数据中找到一个最佳函数形式拟合于实验的测量值，求出经验方程，或者说如何由实验数据拟合出一条最佳曲线。答案是采用最小二乘法。它能从一组等精度的测量中确定最佳值，能使估计曲线最好地拟合于测量点，是最科学、最准确的数据处理方法。

由于最小二乘法拟合曲线是以误差理论为依据的严谨方法，涉及许多概率论的知识，故计算较繁杂。又由于大学物理实验中常遇到的物理量之间的函数关系是线性关系，或能通过变量代换化为线性的，因此本书仅介绍如何用最小二乘法进行直线拟合。

1. 最小二乘法原理

基本原理：由理论或一组实验数据找出一条最佳的拟合曲线，使得各测量值与拟合曲线上对应点之差的平方和最小。由最小二乘法确定的变量之间的函数关系称为回归方程。

从实验数据求得经验方程实现曲线拟合的步骤通常是：

(1) 拟合前根据理论推断或从测量数据变化趋势推测出函数形式。

如果是线性关系则可表示为：$y=ax+b$(a、b 为待定系数)；

如果是指数关系，则可表示为：$y=Ae^{Bx}+C$(A、B、C 为待定系数)；

在函数关系不够清楚时，常用多项式的形式表示为

$$y=b_0+b_1x+b_2x^2+\cdots+b_nx^n,\quad b_0,b_1,b_2,\cdots,b_n \text{ 为待定系数}$$

(2) 依据最小二乘法原理，用测定的实验数据确定所设函数关系方程中的待定系数。

(3) 验证所得结果是否合理。若合理就可以实现方程回归；若不妥，需用其他函数重新试探。

2. 用最小二乘法进行直线拟合(一元线性回归)

若两变量 y 与 x 的关系是线性的，可设函数关系为一元线性方程

$$y=ax+b,\quad a、b \text{ 为待定系数} \tag{2-4-3}$$

根据所设方程可知拟合曲线为一直线。

对两变量 x 和 y 进行 n 次测量，测得的一组数据是：$x_1,x_2,x_3,\cdots,x_n$ 和 $y_1,y_2,y_3,\cdots,y_n$。

需要解决的问题是，根据最小二乘法原理，用测得的这组实验数据确定式(2-4-3)中的待定系数 a、b，并验证所得结果是否合理，完成直线拟合。

为了定量地描述拟合的直线与 n 次实验测量点的远近程度，引入函数 $S(a,b)$ 为

$$S(a,b)=\sum_{i=1}^{n}[y_i-(ax_i+b)]^2 \tag{2-4-4}$$

即函数 $S(a,b)$ 是 n 个实验测量点沿 y 轴方向到拟合直线距离的平方和。而根据最小二乘法原理，要求 $S(a,b)$ 最小，即各测量点与拟合的最佳直线距离最近。

根据 S 为极小值的条件 $\frac{\partial S}{\partial a}=0,\frac{\partial S}{\partial b}=0$，可得方程组

$$\begin{cases}\dfrac{\partial S}{\partial a}=\sum\limits_{i=1}^{n}(-2x_iy_i+2ax_i^2+2bx_i)=0\\[2ex]\dfrac{\partial S}{\partial b}=\sum\limits_{i=1}^{n}(-2y_i+2ax_i+2b)=0\end{cases} \tag{2-4-5}$$

有 $\bar{x}=\frac{1}{n}\sum\limits_{i=1}^{n}x_i,\bar{y}=\frac{1}{n}\sum\limits_{i=1}^{n}y_i,\overline{x^2}=\frac{1}{n}\sum\limits_{i=1}^{n}x_i^2,\overline{xy}=\frac{1}{n}\sum\limits_{i=1}^{n}x_iy_i$，则方程组(2-4-5)可变为

$$\begin{cases}\overline{xy}-b\bar{x}-a\overline{x^2}=0\\[1ex]b=\bar{y}-a\bar{x}\end{cases} \tag{2-4-6}$$

解方程组(2-4-6)，可确定待定系数 a、b 为

$$\begin{cases}a=\dfrac{\bar{x}\cdot\bar{y}-\overline{xy}}{\bar{x}^2-\overline{x^2}}\\[3ex]b=\bar{y}-\dfrac{\bar{x}\cdot\bar{y}-\overline{xy}}{\bar{x}^2-\overline{x^2}}\cdot\bar{x}\end{cases} \tag{2-4-7}$$

待定系数确定后，还必须计算相关系数 γ，以判断所得的结果是否合理。对于一元线性

回归，相关系数 γ 定义为

$$\gamma=\frac{\overline{xy}-\bar{x}\cdot\bar{y}}{\sqrt{(\overline{x^2}-\bar{x}^2)(\overline{y^2}-\bar{y}^2)}} \tag{2-4-8}$$

相关系数 γ 表示两变量之间的函数关系与线性函数的符合程度。γ 的值总在 0 和 ±1 之间。γ 的绝对值越接近于 1，说明实验数据越密集分布在求得的拟合直线的近旁，用线性函数进行回归比较合理。相反，如果 γ 的绝对值远小于 1 而接近于 0，说明实验数据对求得的拟合直线很分散，用线性回归不妥，需用其他函数重新试探。$\gamma>0$，拟合直线斜率为正，称为正相关；$\gamma<0$，拟合直线斜率为负，称为负相关。

【例 2.4.6】 用最小二乘法研究某导体的电阻值 R 与温度 t 的关系。实验观测的一组数据见表 2-4-2。

表 2-4-2　某导体的电阻值 R 与温度 t 的关系表

次数 i	1	2	3	4	5	6
温度 t/℃	10.0	29.0	42.3	61.6	75.5	85.7
电阻 R/Ω	10.41	10.95	11.26	11.86	12.20	12.61

用最小二乘法拟合直线(线性回归)求方程(经验公式)。

解：(1) 依据表 2-4-2 所列的实验测量数据，电阻值 R 与温度 t 的关系是线性的，可设函数关系为一元线性方程：$y=ax+b$。本例中，$y=R$，$x=t$，a、b 为待定系数。

(2) 列表求 x_i^2、y_i^2、x_iy_i，见表 2-4-3。

表 2-4-3　数据记录表

测量次数 i	$x_i(t_i)$	x_i^2	$y_i(R_i)$	y_i^2	x_iy_i
1	10.0	100	10.41	108.4	104
2	29.0	841	10.95	119.9	318
3	42.3	1.79×10^3	11.26	126.8	476
4	61.6	3.79×10^3	11.86	140.6	731
5	76.5	5.85×10^3	12.20	148.8	933
6	85.7	7.34×10^3	12.61	159.0	1081
Σ	305.1	1.96×10^4	69.29	803.5	3643
平均值	50.9	3.27×10^3	11.55	133.9	607

(3) 确定待定系数 a、b

$$a=\frac{\bar{x}\cdot\bar{y}-\overline{xy}}{\bar{x}^2-\overline{x^2}}=\frac{50.9\times11.55-607}{(50.9)^2-3.27\times10^3}\Omega/℃=0.028\Omega/℃$$

$$b=\bar{y}-a\bar{x}=(11.55-0.028\times50.9)\Omega=10.12\Omega$$

(4) 计算相关系数 γ 为

$$\gamma=\frac{\overline{xy}-\bar{x}\cdot\bar{y}}{\sqrt{(\overline{x^2}-\bar{x}^2)(\overline{y^2}-\bar{y}^2)}}=\frac{607-50.9\times11.55}{\sqrt{(3.27\times10^3-50.9^2)(133.9-11.55^2)}}\approx1$$

说明实验数据较密集分布在求得的拟合直线的近旁，用线性函数进行回归比较合理。

(5) 所求的经验公式为 $R=(0.028t+10.12)\Omega$

比较：前面用图解法得求的经验公式为 $R=(0.0281t+10.13)\Omega$

练习题

1. 指出下列各量有几位有效数字。

(1) $l=0.00012\text{cm}$ (2) $T=1.00010\text{s}$

(3) $g=980.12305\text{cm/s}^2$ (4) $\lambda=339.223140\text{nm}$

(5) $E=2.74\times10^{21}\text{J}$ (6) $I=0.030\text{mA}$

2. 指出下列各数据的有效数字并把它们取成三位有效数字。

(1) 1.0752 (2) 0.86249 (3) 27.051

(4) 3.14159 (5) 0.002005 (6) 4.5253×10^6

3. 有 A、B、C、D 四个人用同一把千分尺测量同一钢球的直径，其结果分别为：

A. $(1.2833\pm0.0006)\text{cm}$ B. $(1.283\pm0.0006)\text{cm}$

C. $(1.28\pm0.0006)\text{cm}$ D. $(1.3\pm0.0006)\text{cm}$

问：哪一个结果正确？其他结果错在哪里？

4. 某物体质量的测量结果为 $m=(34.28\pm0.06)\text{g}$，相对不确定度 $E_m=0.18\%$，置信概率 $P=0.683$，指出下列解释中哪一种是正确的？

(1) 被测物质量是 34.22g 或 34.34g；

(2) 被测物质量是 34.22～34.34g 之间；

(3) 在 34.22～34.34g 范围里含被测物质量真值的概率约为 95.4%；

(4) 用 34.28g 表示被测物质量时，其测量误差的绝对值小于 0.06g 的概率约为 68.3%。

5. 用科学计数法正确写出下列完整表达式。

(1) $A=(17000\pm100)\text{km}$ (2) $B=(0.001730\pm0.0005)\text{m}$

(3) $C=(10.8000\pm0.2)\text{cm}$ (4) $D=(99.5\pm0.2)℃$

6. 根据有效数字运算规则改正下列错误：

(1) $216.5-1.32=215.18$ (2) $(0.0221)^2=0.00048841$

(3) $\dfrac{400\times1500}{12.60-11.6}=600000$ (4) $15\text{cm}=150\text{mm}=15000\mu\text{m}$

7. 根据有效数字运算规则计算以下各式：

(1) $98.754+1.3$ (2) $107.50-2.5$

(3) $27.6\div0.012$ (4) 121×10

(5) $\dfrac{76.00}{40.00-2.0}$ (6) $\dfrac{50.00\times(18.30-16.3)}{(103-3.0)(1.00+0.001)}$

(7) $\dfrac{100.0\times(5.6+4.412)}{(78.00-77.0)\times10.000}+110.0$ (8) $\dfrac{25^2+943.0}{479.0}$

8. 用千分尺(仪器误差为 0.004mm)测量一圆柱体直径 D，所得数据如下表：

测量次数 i	1	2	3	4	5	6
直径 D/mm	9.835	9.836	9.838	9.834	9.837	9.836

求圆柱体直径 D 的测量结果。

9. 一圆柱体通过测量得到质量 $m=(254.142\pm0.005)\text{g}$；直径 $D=(2.534\pm0.005)\text{cm}$；高 $h=(9.20\pm0.01)\text{cm}$。求其密度 ρ 的不确定度及测量结果，并分析直接测量值 m、D、h 的不确定度对间接测量量 ρ 的影响。

10. 指出下列情况属于随机误差还是系统误差：

(1) 视差
(2) 千分尺零位不准
(3) 天平零点漂移
(4) 电表的接入误差
(5) 电源电压不稳定引起的测量值起伏
(6) 忽略空气浮力对测量物体质量的影响

第3章

力学实验

实验1　固体密度的测量

密度是物质的基本特性之一，它与物质的纯度有关，因而密度的测定常常是做物质成分分析和鉴定的一种手段。密度的测量方法很多，常用的有直接称衡法、流体静力称衡法、比重瓶法、密度计法等。本实验仅介绍直接称衡法和流体静力称衡法。在测定固体密度时必须测量质量，在实验室中，测量质量主要使用天平。

【实验目的】

1. 掌握物理天平、游标卡尺、螺旋测微计的正确使用方法；
2. 掌握测量物体密度的基本方法——直接称衡法和流体静力称衡法；
3. 掌握实验数据的处理方法。

【实验仪器】

物理天平，游标卡尺，螺旋测微计，待测物体（金属圆柱体、玻璃块），烧杯，温度计等。

实验 1-1

【实验原理】

根据密度的定义

$$\rho=\frac{m}{V} \tag{1-1}$$

密度的测定，可归结为物体质量和体积的测定。

1. 直接称衡法

形状简单规则的固体，可用直接称衡法测定其密度：用天平测出物体的质量 m，用长度测量仪器（游标卡尺或螺旋测微计等）测量物体的有关尺寸，计算出体积 V，即可求出该物体的密度。

本实验的待测物体为一金属圆柱体，设圆柱体的质量为 m，横截面的直径为 D，长度为 L，则密度为

$$\rho=\frac{4m}{\pi D^2 L} \tag{1-2}$$

2. 流体静力称衡法

流体静力称衡法，是根据阿基米德定律，利用浮力测量固体的体积，然后通过计算求出

固体的密度。此法可用于不规则固体密度的测量。

假设体积为 V 的待测固体，用天平称得该固体在空气中质量为 m_1；将固体完全浸没在密度为 ρ_0 的液体中，天平称得其视质量为 m_2。则固体所受到的浮力为 $F=(m_1-m_2)g$。根据阿基米德定律：物体在液体中所受的浮力等于它所排开同体积液体的重量。即

$$F=(m_1-m_2)g=\rho_0 Vg \tag{1-3}$$

则固体的体积为

$$V=\frac{m_1-m_2}{\rho_0} \tag{1-4}$$

则固体的密度为

$$\rho=\frac{m_1}{V}=\frac{m_1}{m_1-m_2}\rho_0 \tag{1-5}$$

只要已知液体密度 ρ_0，用物理天平称出 m_1 和 m_2，待测固体的密度 ρ 便可算得。

【实验内容和步骤】

实验 1-2

1. 物理天平的调节

(1) 水平调节(调底座水平)；

(2) 零点调节(调横梁平衡)。

注：物理天平的具体调节方法见附录 A.1。

2. 用直接称衡法测定规则固体的密度

(1) 用物理天平称衡金属圆柱体质量，测量 1 次，记入表 1-1；

(2) 用游标卡尺测金属圆柱体的长度 5 次，取平均，将所测数据填入表 1-2；

(3) 用螺旋测微计测金属圆柱体的直径 5 次，取平均，将所测数据填入表 1-3。

注：①物理天平称衡的方法和步骤见附录 A.1，游标卡尺、螺旋测微计测量方法见附录 A.2；②应在圆柱的不同位置测量 5 次；③用游标卡尺测量前要先读出其零点读数(只要读一次)；④用螺旋测微计测量时，每次都要先读出其零点读数后再测量。

3. 用流体静力称衡法测定不规则固体的密度

(1) 将一不规则形状的玻璃块用细线挂在天平左盘的吊钩上，称出其在空气中的质量 m_1(测 1 次)；

(2) 在玻璃杯中倒大半杯水放在物理天平托盘上，调节托盘高度，使挂在天平左盘的吊钩上的玻璃块完全浸入水中(且不得与烧杯壁或杯底碰触)，称出它在水中的视质量 m_2(测 1 次)；

(3) 用温度计测出水的温度，并由附录 A.4 表 1-5 中查出该温度下水的密度 ρ_0。

将以上所测数据填入表 1-4。

【数据记录与处理】

1. 数据记录

表 1-1　物理天平测金属圆柱体质量

金属圆柱体质量 $m=$________ g，天平的最小分度值$=$________ g。

表 1-2　游标卡尺测金属圆柱体长度

游标卡尺零点读数 $L_0=$ ________ mm

测量次数 i	1	2	3	4	5	平均值
圆柱长度 L_i/mm						
偏差 ν_L/mm						—

注：① 表中圆柱长度 L_i 是测量读数减去游标卡尺零点读数的结果。

② 偏差 $\nu_L=L_i-\bar{L}$。

表 1-3　螺旋测微计(千分尺)测金属圆柱体直径

测量次数 i	1	2	3	4	5	平均值
千分尺零点读数 D_0/mm						—
圆柱直径测量读数 D_i'/mm						—
圆柱直径 D_i/mm						
偏差 ν_D/mm						—

注：① 表中圆柱直径 $D_i=D_i'-D_0$。

② 偏差 $\nu_D=D_i-\bar{D}$。

表 1-4　玻璃块密度的测定

水温 $t=$ ________ ℃，水的密度 $\rho_0=$ ________ g/cm^3，玻璃块在空气中的质量 $m_1=$ ________ g，玻璃块在水中的视质量 $m_2=$ ________ g。

2. 数据处理

(1) 利用所测数据分别求出金属圆柱和玻璃块的密度的平均值 $\bar{\rho}$，求出密度的不确定度 U_ρ 和相对不确定度 E_ρ，并表示出密度测量结果 $\rho=\bar{\rho}\pm U_\rho$(单位)(置信概率)。

(2) 进行必要的误差分析和讨论。

提示：① 依据各固体密度的公式，在求出各直接测量量(长度、直径、质量等)的平均值和不确定度的基础上，求出密度的平均值及其不确定度 U_ρ 和相对不确定度 E_ρ。

② 具体计算可参考附录 A.3 中的计算公式以及第 2 章误差估算与数据处理 2.3.4 节计算实例中的例题。

【注意事项】

各仪器使用注意事项见附录 A 中仪器简介，在实验前应认真阅读仪器简介。

【思考题】

1. 天平的使用规则中，哪些规定是为了保护刀口的？

2. 用流体静力称衡法测量浸入水中的物体的质量时，如物体浸入水中时表面附有气泡，对测量结果有无影响？

3. 实验中，当物体浸入水中时，若被测物体与杯壁或杯底碰触，对实验结果有无影响？

4. 实验中吊起物体为什么要用细线？用棉线好还是用尼龙线或细金属丝好？

5. 如何用流体静力称衡法测量密度比水小的固体物质的密度？

6. 如何用流体静力称衡法测量某种液体的密度？

7. 你还能举出一些测密度的方法吗？

附录A

A.1　物理天平简介

物理天平是根据“杠杆平衡时加在等力臂上的力相等”这一原理制成的。天平的主要技术参数有全称量、感量等。全称量是天平允许称量的最大质量；感量是天平的指针在标度尺零点位置偏转一个小格需要在天平盘中添加的质量，所以感量也叫作“分度值”。感量反映了天平的灵敏程度，感量越小天平越灵敏。物理天平的全称量为1000g，标称感量为100mg。

1）物理天平的构造。物理天平的构造如图1-1所示。在优质铝合金的横梁上有三个刀口 F_1、F_2、F，且 $F_1F=F_2F$。中间刀口F置于支柱顶端的玛瑙刀承上，作为横梁的支点。两端刀口上有挂钩 H_1、H_2，钩下各挂一称盘 P_1、P_2。横梁上有一可滑动的游码D，在横梁中点下方固定一根指针C。立柱上装有标尺S，根据指针C在标尺S上的示数来判断天平是否平衡。横梁两端各有一个平衡螺母 B_1、B_2，是空载时调平衡用的。立柱下方有一止动旋钮Q，用以升降横梁，天平不工作时，横梁是支托在托架上，使中间刀口与玛瑙刀承分开，以保护刀口。立柱左边有一液杯托盘G，用来托住不需称衡的物体，如烧杯等，平时可将其转在一边不用。底板上装有水准器，底板下装有三个底脚螺钉，后面的一个是固定脚，前面两个螺旋 L_1、L_2 用来调整天平的水平。

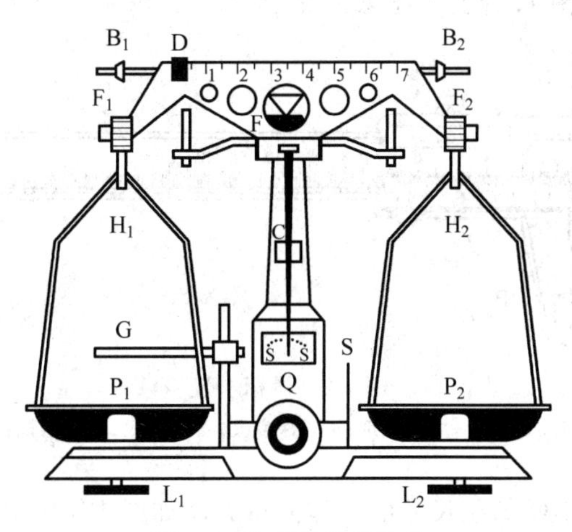

图1-1　物理天平的构造

2）物理天平的使用规则。

（1）先弄清天平的分度值和称量范围，确定该天平是否适用。

（2）水平调节：旋转底脚螺钉，使水准器水泡在中间。

（3）零点调节（调横梁平衡）：将游码D拨到刻度“0”处，再把称盘吊钩分别挂在横梁两端的刀口上；启动天平（转动手轮，升起横梁），观察指针摆动情况，如果指针在标尺中央作左右等幅摆动，则天平已平衡。否则，应旋转止动旋钮将横梁放下，再调节平衡螺母 B_1、B_2，然后再启动检查，反复数次直到平衡。

（4）称衡：将待称物体放在左称盘，用镊子夹取合适的砝码放在右称盘；然后启动天平，观察指针摆动情况，如果指针在标尺中央作左右等幅摆动，则天平已平衡。否则，止动天平（降下横梁）加减砝码，适当拨动游码，再启动天平观察指针偏转情况……直到天平平衡时为止。这时砝码和游码读数之和即为被称物体质量。

3）物理天平使用注意事项。

（1）称衡时，将待测物体放在左称盘中央，砝码放在右称盘中央。从称盘上取下砝码应立即放回盒中原位置。砝码不得直接用手拿取，一般用镊子夹取。

（2）为了保护刀口，必须记住：在取放物体、取放砝码、拨动游码、调整平衡螺母以及不使用天平时，都必须将天平止动，只准许在观察天平是否平衡时才将天平启动。天平启动、止动时动作要轻，止动时最好在天平指针接近标尺中间刻度时进行。

（3）每次称衡前都要重新进行天平的水平调节和零点调节。

（4）实验完毕，应将两边吊钩摘离刀口，天平放回原处。

A.2 游标卡尺、螺旋测微计简介

1）游标卡尺

（1）游标卡尺构造和测量方法。游标卡尺是一种测量长度的仪器。游标卡尺由主尺和附在主尺上能滑动的游标两部分构成，如图 1-2 所示。主尺 D 和游标 E 上有两副活动量爪，分别是外测量爪 A、B 和内测量爪 A′、B′，外测量爪通常用来测量长度和外径，内测量爪通常用来测量内径。深度尺 C 与游标尺连在一起，可以测槽和筒的深度。游标上部有一紧固螺钉 F，可将游标固定在尺身上的任意位置。

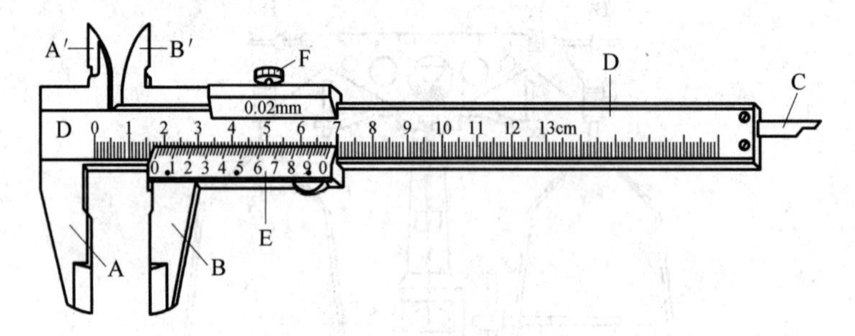

图 1-2 游标卡尺

A、B—外测量爪；A′、B′—内测量爪；C—深度尺；D—主尺；E—游标；F—紧固螺钉

游标卡尺测量工件不同部位尺寸的具体测量方法如图 1-3 所示。

（2）游标卡尺读数原理。不同精度游标卡尺的游标上分别有 10、20 或 50 个分格，根据分格的不同，游标卡尺可分为十分度游标卡尺、二十分度游标卡尺、五十分度游标卡尺等。

游标卡尺在构造上的主要特点是：游标上 n 个分度总长与主尺上 $n-1$ 个最小分度的总长相等。设 x 代表游标上一个分度的长度，y 代表主尺上最小分度的长度，则有

$$nx=(n-1)y$$

游标上每个分度的长度为

$$x=\frac{n-1}{n}y$$

于是主尺上最小分度与游标每个分度的长度差值为

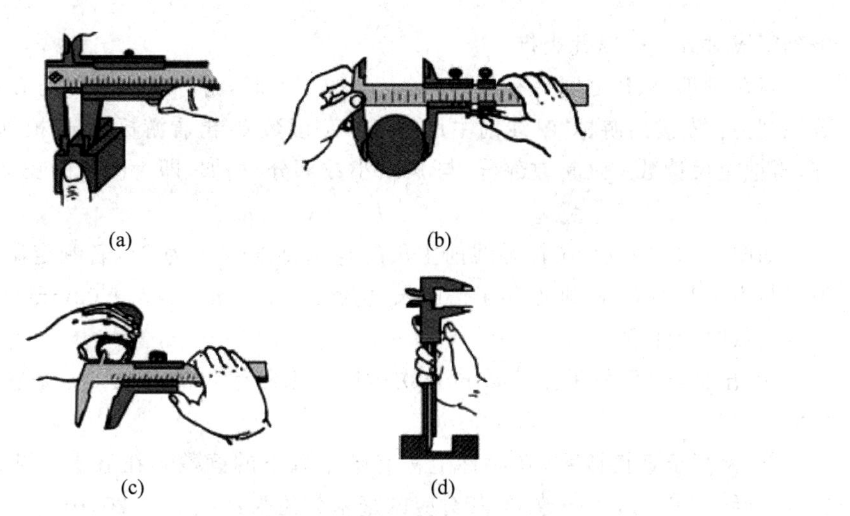

图 1-3　游标卡尺测量工件不同部位尺寸方法

(a) 测量工件宽度；(b) 测量工件外径；(c) 测量工件内径；(d) 测量工件深度

$$\delta = y - x = \frac{y}{n}$$

这差值 δ 叫作游标卡尺的最小读数值。它等于主尺的最小分度值除以游标上总格数。这样，游标上的第 m 条刻线与主尺上的某刻线对齐，则游标零刻线与主尺上左边相邻的刻线的距离就是

$$\Delta L = my - mx = m(y - x) = m\delta$$

若游标是五十分度游标(如图 1-4 所示)，即主尺上 49mm 与游标上 50 格相当。游标上每个分度是$\frac{49}{50}$mm。游标的最小读数值 $\delta = \frac{y}{n} = \frac{1}{50}\text{mm} = 0.02\text{mm}$。

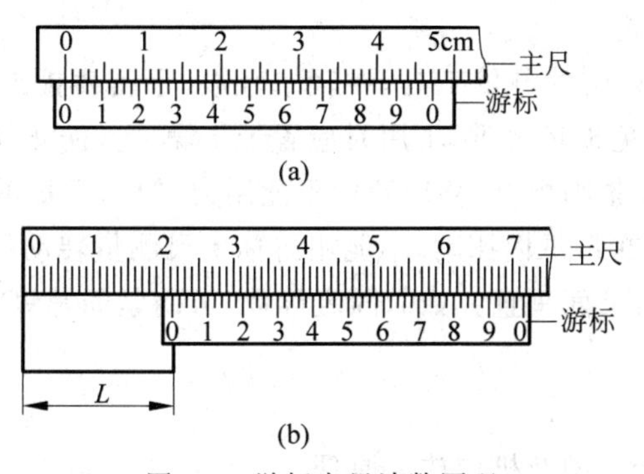

图 1-4　游标卡尺读数原理

当量爪 A、B 合拢时，游标上的“0”线与主尺上的“0”线对齐，这时，游标上第一条刻度线就在主尺上第一条刻度线左边 0.02mm 处，第二条刻度线在主尺第二条刻度线左边 0.04mm 处……第 n 条刻度线在主尺第 n 条刻度线左边 $n\times0.02$mm 处，如图 1-4(a)所示。反过来，若在量爪 A、B 之间夹有长为 0.02mm 厚的薄片，则游标就向右移动 0.02mm，游标上第一条刻度线就与主尺上的第一条刻度线对齐，而游标其他刻度线均不与主尺刻度线对齐。若薄片厚度为 0.04mm，则游标就向右移动 0.04mm，游标上第二条刻度线就与主尺上的第二

条刻度线对齐……以此类推。

当在量爪 A、B 之间夹有长为 L(mm)的工件时，游标就向右移动 L。因此，游标卡尺读数规则为：先读出游标“0”线前主尺的毫米刻度数 k，再看游标第 m 根刻线与主尺某刻线对齐，再把主尺读数 ky(整数部分)与 $m\delta$(小数部分)相加，即为测量的长度 L 值。即

$$L = ky + m\delta$$

如图 1-4(b)所示，游标零线前主尺的毫米刻度数 k 为 21，若判定游标上刻度 4 后第四根线与主尺某线对齐，则被测工件的长度为 $L=21\text{mm}+24\times0.02\text{mm}=21.48\text{mm}$。

读数时要注意：

ⓐ 五十分度游标最小读数 δ 为 0.02mm，游标卡尺的读数一定是它最小读数值 δ 的整数倍。

ⓑ 为便于直接读数，在游标上标有毫米以下的读数。在五十分度游标上对应的第 5，10，…刻线，刻有 1，2，…数字，其对应的毫米数值为：0.10，0.20，…。

ⓒ 游标卡尺如有零误差，则测量结果应减去零误差(零误差为负，相当于加上相同大小的零误差)，测量结果为

$$L = \text{整数部分} + \text{小数部分} - \text{零误差}$$

ⓓ 五十分度游标卡尺的测量范围为 0～130mm，仪器的最大允差 $\Delta_{仪}=\pm0.02\text{mm}$。

(3) 游标卡尺的使用。用软布将量爪擦干净，使其并拢，查看游标和主尺的零刻度线是否对齐。如果对齐就可以进行测量；如没有对齐则要记取零误差：游标的零刻度线在主尺零刻度线右侧的叫正零误差，在主尺零刻度线左侧的叫负零误差。

测量时，右手握住主尺，大拇指移动游标，左手拿待测外径(或内径)的物体，使待测物位于外测量爪之间，当与量爪紧紧相贴时，即可读数。

(4) 游标卡尺的保管。游标卡尺使用完毕，用软布擦拭干净。长期不用时应将它擦上黄油或机油，两量爪合拢(应保留一定的间隙)并拧紧紧固螺钉，放入卡尺盒内盖好。

(5) 注意事项。

ⓐ 游标卡尺是比较精密的测量工具，要轻拿轻放，不得碰撞或跌落地下。使用时不要用来测量粗糙的物体，以免损坏量爪，不用时应置于干燥地方防止锈蚀。

ⓑ 测量时，应先拧松紧固螺钉，移动游标不能用力过猛，两量爪与待测物的接触不宜过紧，不能使被夹紧的物体在量爪内挪动，不能用游标卡尺测量转动的物体。

ⓒ 读数时，视线应与尺面垂直。如需固定读数，可用紧固螺钉将游标固定在主尺上，防止滑动。

2) 螺旋测微计

(1) 螺旋测微计构造外型及机械放大原理。

螺旋测微计是依据螺旋放大的原理制成的，其外形如图 1-5 所示。主要部分为一个螺距为 0.5mm 的微动螺杆(螺杆在固定套筒内)在固定套筒内旋转，活动套筒靠摩擦作用与微动螺杆一起转动。活动套筒靠近固定套筒的一端的圆周上有 50 个等分刻度。当微动螺杆沿着旋转轴线方向前进或后退一段距离时，活动套筒跟随螺杆一起转动而旋转了一定的角度，因此，沿轴线方向的微小移动距离，就能用活动套筒上刻度的读数表示出来。由于微动螺杆的螺距是 0.5mm，所以，活动套筒每旋转一周，微动螺杆前进或后退 0.5mm，活动套筒每旋转一小格，微动螺杆前进或后退 0.5/50=0.01mm。可见，活动套筒圆周上的每一小

格表示 0.01mm，所以螺旋测微计可准确到 0.01mm。由于还能再估读一位，可读到毫米的千分位，所以又称千分尺。

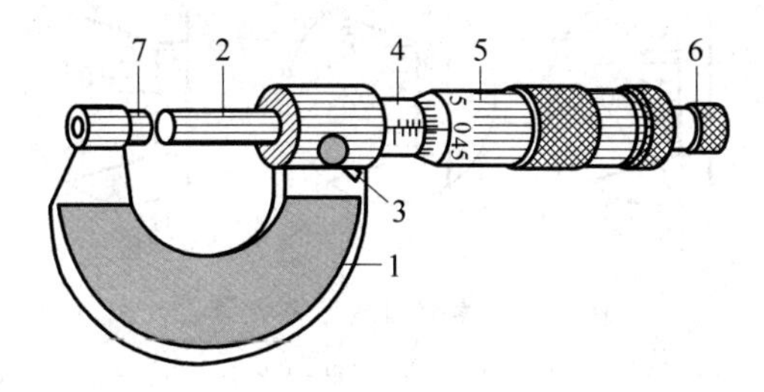

图 1-5 螺旋测微计

1—尺架；2—微动螺杆；3—锁紧手柄；4—固定套筒；5—活动套筒；6—棘轮；7—砧台

(2) 螺旋测微计(千分尺)读数规则。

为便于读数，在固定套筒上沿轴线方向刻有一长直细线作为活动套筒(亦称微分筒)读数的基准线。在基准线两侧分别刻有毫米分度线，一侧标示毫米数，另一侧则为半毫米刻度线(实际是两排毫米刻度线错开半毫米位置)。微分筒的棱边位置为毫米数或半毫米数的指示线。读数时，先看微分筒棱边主尺上的毫米数或半毫米数，再看主尺上基准线所对微分筒上的分格数(估读到微分筒最小分度的 1/10，即 0.001mm)，从而读出 0.5mm 以下的小数，然后将两者相加即为被测物体的长度。例如图 1-6 中，图(a)的读数为 4.180mm，图(b)的读数为 4.685mm，图(c)的读数为 1.978mm。

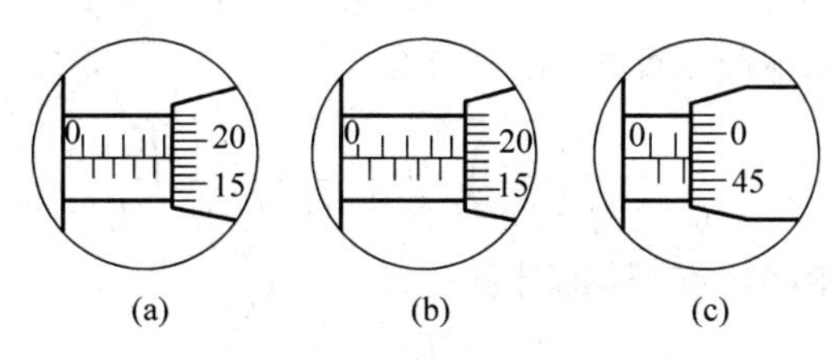

图 1-6 螺旋测微计的读数

(a) 4.180mm；(b) 4.685mm；(c) 1.978mm

(3) 螺旋测微计(千分尺)使用方法及注意事项。

螺旋测微计(千分尺)尾端的棘轮装置 6，其作用是防止砧台 7 与微动螺杆 2 把待测物夹得太紧，待测物受压变形引起测量误差，特别是防止待测物夹得太紧时损害螺旋测微计(千分尺)内的螺纹(保持千分尺的精密度的关键在于螺纹的精细均匀和准确)。所以，测量物体长度时，应先按反时针方向转动微分筒，使微动螺杆退出，再把待测物体放到两测量面之间然后轻轻旋动棘轮旋柄，使螺杆靠着摩擦力带动前进，当两测量面与被测物体相接触后的压力达到某一数值时，棘轮将滑动并发出“喀、喀”声音，微分筒不再转动，测微螺杆也停止前进，这时扳动锁紧装置使之锁紧螺杆，进行读数。

使用螺旋测微计(千分尺)应注意：

ⓐ 检查和记录零点读数，并对测量读数进行修正。在使用螺旋测微计时，应对测微计的零点进行检查。当微动螺杆与砧台端面接触时，直尺的零线应对准活动套筒的圆标尺上的零线。如两零线不重合，记录下螺旋测微计的初读数，即零点读数。零点读数可正可负，

如图 1-7 所示。修正时，将测量读数减去零点读数即为测量结果。

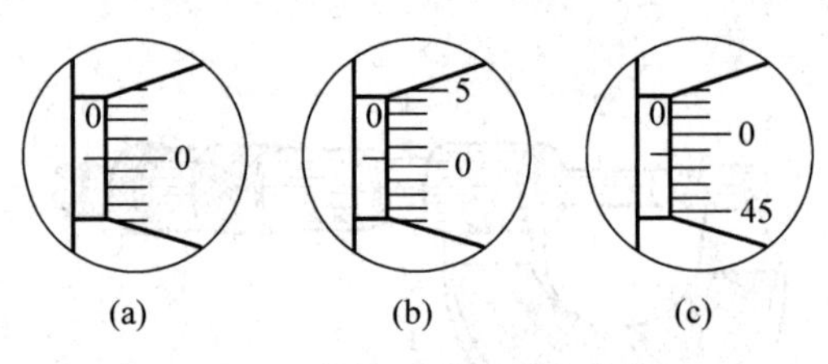

图 1-7　螺旋测微计零点读数

(a) 0.000mm；(b) +0.004mm；(c) −0.012mm

ⓑ 检查零点和夹紧待测物体时，只许轻轻旋动棘轮旋柄（千万不能用手直接去转动微分筒）一听到"喀、喀"声，就停止转动。

ⓒ 使用完毕，要使两侧面间留出间隙，以免热胀而损坏螺纹，并放回仪器盒内。

注：测量范围为 0～100mm 的一级螺旋测微计的最大允差 $\Delta_{仪}=\pm 0.004\text{mm}$。

A.3　密度的不确定度计算公式

(1) 直接称衡法。

（建议先求相对不确定度 E_ρ，再求不确定度 U_ρ）

金属圆柱密度的公式

$$\rho=\frac{4m}{\pi D^2 L}$$

金属圆柱密度的相对不确定度 E_ρ 的计算公式

$$E_\rho=\frac{U_\rho}{\bar{\rho}}=\sqrt{\left(\frac{U_m}{\bar{m}}\right)^2+\left(\frac{2U_D}{\bar{D}}\right)^2+\left(\frac{U_L}{\bar{L}}\right)^2}$$

金属圆柱密度 ρ 的不确定度 U_ρ 的计算公式

$$U_\rho=E_\rho\times\bar{\rho}$$

金属圆柱密度 ρ 的测量结果表示

$$\rho=\bar{\rho}\pm U_\rho\text{（单位）（置信概率）}$$

(2) 流体静力称衡法。

（建议先求不确定度 U_ρ，再求相对不确定度 E_ρ）

玻璃块的密度公式为

$$\rho=\frac{m_1}{m_1-m_2}\rho_0\text{（将其中水的密度 }\rho_0\text{ 看作常数）}$$

玻璃块密度 ρ 的不确定度 U_ρ 的计算公式

$$U_\rho=\sqrt{\left(\frac{\partial\rho}{\partial m_1}U_{m_1}\right)^2+\left(\frac{\partial\rho}{\partial m_2}U_{m_2}\right)^2}$$

其中，$\dfrac{\partial\rho}{\partial m_1}U_{m_1}=\dfrac{-m_2}{(m_1-m_2)^2}\rho_0U_{m_1}$，$\dfrac{\partial\rho}{\partial m_2}U_{m_2}=\dfrac{m_1}{(m_1-m_2)^2}\rho_0U_{m_2}$。

玻璃块密度 ρ 的相对不确定度 E_ρ 的计算公式

$$E_\rho=\frac{U_\rho}{\rho}$$

玻璃块密度 ρ 的测量结果表示

$$\rho=\bar{\rho}\pm U_{\rho}(\text{单位})(\text{置信概率})$$

A.4　不同温度下的纯水密度表(见表1-5)

表1-5　不同温度下的纯水密度表

t/℃	ρ_0/(g·cm^{-3})	t/℃	ρ_0/(g·cm^{-3})	t/℃	ρ_0/(g·cm^{-3})	t/℃	ρ_0/(g·cm^{-3})
0	0.99982	15	0.99913	22	0.99780	29	0.99597
4	1.00000	16	0.99897	23	0.99756	30	0.99567
6	0.99997	17	0.99880	24	0.99732	31	0.99537
8	0.99988	18	0.99862	25	0.99707	32	0.99505
10	0.99973	19	0.99843	26	0.99681	33	0.99473
12	0.99952	20	0.99823	27	0.99654	34	0.99440
14	0.99927	21	0.99802	28	0.99626	35	0.99406

实验2　在气垫导轨上测定物体的速度和加速度并验证牛顿第二定律

气垫技术是近代迅速发展起来的新技术，它可以减少磨损，提高机械效率，延长机械使用寿命，因而在许多部门得到广泛的应用，如气垫船、气垫轴承等。过去力学实验中一大难题是运动物体和支承面直接接触产生的摩擦力无法克服，严重影响了力学实验的准确度甚至使有些实验无法进行。自20世纪70年代以来，气垫装置被引进力学实验，才使这一难题得到突破。由于在导轨表面与运动物体间形成一层很薄的“气垫”或“气膜”，这气垫对运动物体具有向上漂浮作用，使它们脱离直接接触，从而大大减少接触摩擦力，极大地提高了实验的准确度，所以很多力学实验都是在气轨上进行，如测定速度、加速度、验证牛顿定律、动量定理、能量守恒定律、研究碰撞和简谐振动等。

【实验目的】

1. 熟悉气垫导轨和数字毫秒计的使用方法；
2. 学会测量滑块速度和加速度的方法；
3. 研究力、质量和加速度之间的关系，通过测滑块加速度验证牛顿第二定律。

【实验仪器】

气垫导轨及其附件，数字毫秒计，天平，游标卡尺，气源等。

【实验原理】

1. 实验装置介绍

本实验的主要实验装置是气垫导轨。它可分为导轨、滑块及光电转换测量装置等三个部分，具体结构及使用方法介绍见附录B。

气垫导轨是一种摩擦力很小的实验装置，它利用从导轨表面小孔喷出的压缩空气，在滑块与导轨之间形成很薄的空气膜，将滑块从导轨面上托起，使滑块与导轨不直接接触，滑块在滑动时只受空气层间的内摩擦力和周围空气的微弱影响，这样就极大地减少了力学实验中难以克服的摩擦力的影响，滑块的运动可以近似看成无摩擦运动，使实验结果的精确度大为提高。

实验装置的连接如图 2-1 所示。图中，在气垫导轨上 x_1、x_2 处装两光电门，光电门与数字毫秒计相连；滑块(滑块上可放置若干砝码片)放在一水平气垫导轨上，用一根跨过气垫导轨滑轮的细线与砝码盘(含砝码片)连接，组成一滑块系统。

本实验是通过在气垫导轨上测定滑块的速度和加速度，研究滑块系统受力、质量和加速度之间的关系，从而验证牛顿第二定律。

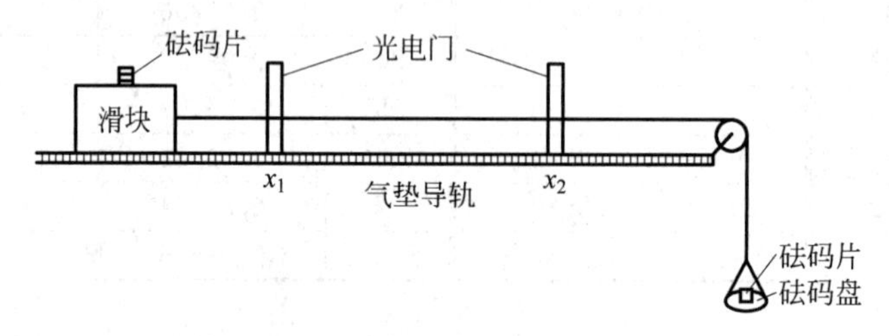

图 2-1　实验装置连接示意图

2. 验证牛顿第二定律

验证性实验是在已知某一理论的条件下进行的。所谓验证是指实验结果与理论结果的完全一致，这种一致实际上是实验装置、方法在误差范围内的一致。由于实验条件和实验水平的限制，有时可能使实验结果与理论结果之差超出实验误差的范围，因此验证性实验是属于难度很大的一类实验，要求具备较高的实验条件和实验水平。本实验通过直接测量牛顿第二定律所涉及的各物理量的值，并研究它们之间的定量关系，进行直接验证。

(1) 速度的测定。物体作一维运动时，平均速度表示为

$$\bar{v}=\frac{\Delta x}{\Delta t} \tag{2-1}$$

若时间间隔 Δt 或位移 Δx 取极限就得到物体在某位置或某一时刻的瞬时速度

$$v=\lim_{\Delta t\to 0}\frac{\Delta x}{\Delta t} \tag{2-2}$$

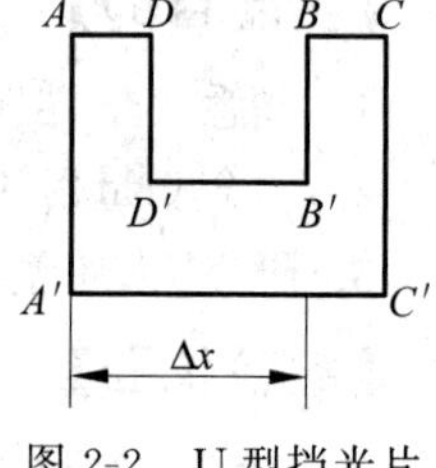

图 2-2　U 型挡光片

在实际测量中，可以对运动物体取一很小的 Δx，用其平均速度近似地代替瞬时速度。

实验时，滑块的运动速度的测量是通过在滑块上装上一个 U 型挡光片(见图 2-2)来实现。当滑块经过光电门时，挡光片第一次挡光(AA'或CC')，数字毫秒计开始计时，紧接着挡光片第二次挡光(BB'或DD')，计时立即停止，数字毫秒计上显示出两次挡光的时间间隔 Δt。U 型挡光片的$\Delta x=\overline{AB}=\overline{CD}$，约 1cm，相应的 Δt 也很小，因此，可将$\dfrac{\Delta x}{\Delta t}$之值当作滑块经过光电门所在点的瞬时速度。

(2) 加速度的测定。当滑块作匀加速直线运动时，其加速度 a 可用下式求得

$$a=\frac{v_2^2-v_1^2}{2(x_2-x_1)} \tag{2-3}$$

其中，v_1 和 v_2 分别为滑块经过前、后两光电门的瞬时速度，x_1 和 x_2 为与之相对应的光电门位置。v_1 和 v_2 可用前述方法测得，x_1 和 x_2 可由附着在气垫导轨上的米尺读出。

(3) 验证牛顿第二定律。牛顿第二定律是动力学的基本定律。其内容为：物体受外力作用时，所获得的加速度的大小与合外力的大小成正比，并与物体的质量成反比。

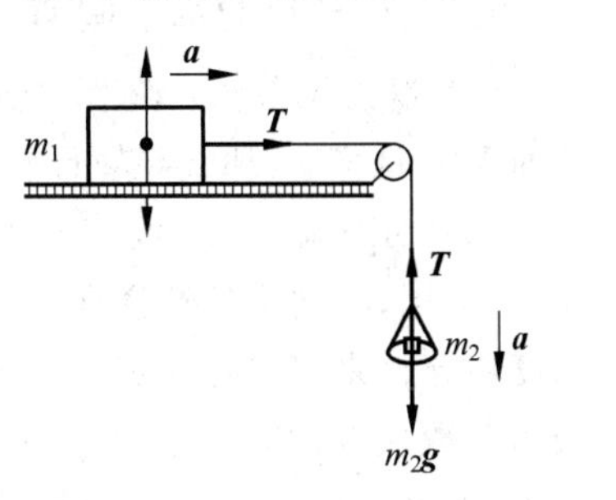

图 2-3　牛顿第二定律验证示意图

如图 2-3 所示，气垫导轨调平后，将在气轨上的滑块 m_1(可含砝码片)通过一跨过气垫导轨滑轮的细线与砝码盘 m_2(含砝码片)连接，组成一滑块系统。若忽略滑块与气垫导轨之间的滑动摩擦力以及细线、滑轮的质量，则可列出滑块系统的一组动力学方程

$$\begin{cases} m_2 g - T = m_2 a \\ T = m_1 a \end{cases} \tag{2-4}$$

解得

$$m_2 g = (m_1 + m_2) a \tag{2-5}$$

令 $M = m_1 + m_2$，即系统的总质量(滑块、砝码盘及砝码片的质量总和)；$F = m_2 g$，即系统受到的合外力(等于砝码盘及其盘中所装砝码片的总重量)；则式(2-5)化为

$$F = Ma \tag{2-6}$$

这就是牛顿第二定律的表达式，式中加速度 a 的数值可由式(2-3)计算求得。

“验证牛顿第二定律”实验所研究的是物体运动的加速度 a、物体所受外力 F、物体的质量 M 之间的关系。由于加速度 a 随力 F、物体的质量 M 的变化而同时发生变化，所以它们间的关系难以确定，实验中为了研究三者的关系采用了控制变量法。

所谓控制变量法，就是将具有某种相互联系的三个(或多个物理量)中的一个(或几个)加以控制，使之保持不变，研究另外两个物理量之间的关系；此后再控制另一个物理量，使之保持不变，研究剩余的两个物理量间的关系。

本实验中，保持系统的总质量 M 不变，改变合外力 F(改变 m_2)，测量出一组不同外力 F 下滑块的加速度值 a。以 F 为横坐标，a 为纵坐标，作 a-F 曲线，观测该图的特征。若所绘制的 a-F 曲线为过原点的直线，其斜率近似为$\frac{1}{M}$，即可验证：当物体的质量一定时，物体加速度的大小与所受合外力的大小成正比。

保持滑块系统所受的合外力 F 不变，改变系统的总质量 M(改变 m_1)，测量一组不同质量的滑块的加速度值 a，以$\frac{1}{M}$为横坐标，以 a 为纵坐标，作 a-$\frac{1}{M}$曲线，观测该图的特征。若所绘制的 a-$\frac{1}{M}$图为过原点的直线，其斜率近似为 F，即可验证：当物体所受的合外力一定时，物体所获得的加速度与物体的质量成反比。

从而，牛顿第二定律得以验证。

【实验内容和步骤】

1. 气垫导轨的水平调节

(1) 静态调节法：调节导轨一端的单脚螺钉，使滑块在导轨上保持不动或稍微左右摆动而无定向移动，那么导轨已粗调平。

(2) 动态调节法：调节两光电门的间距，使之约为 50cm。将数字毫秒计的工作状态选择在 S_2 挡，时间单位选择在 ms 挡(参阅附录 B.2)。在滑块上装好挡光片，使滑块以某一初速度在导轨来回滑行。观察计时器显示屏依次显示出的滑块经过两光电门的时间 Δt_1 和 Δt_2，若滑块经过第一个光电门的时间 Δt_1 总是略小于经过第二个光电门的时间 Δt_2(两者相差 2%以内)，就可认为导轨已调水平。

2. 验证牛顿第二定律

1) 验证：当物体的质量一定时，物体加速度的大小与所受合外力的大小成正比。

(1) 用天平称滑块质量 M、砝码盘质量 m_0；用游标卡尺测量 U 型挡光片的 Δx；由附着在气垫导轨上的米尺读出两光电门的位置 x_1 和 x_2，并作记录。

(2) 用一细线经导轨一端的滑轮将滑块和砝码盘相连，在砝码盘上加一个砝码片(砝码片的质量 m 为 5g)。

(3) 在滑块上加四个砝码片，将滑块移至远离滑轮的一端(使挡光片距第一光电门约 20cm 处，且每次都放在同一起始位置)，静置自由释放。滑块系统在合外力 F 作用下作初速度为零的匀加速直线运动。计数器上依次显示滑块经过两光电门的时间间隔 Δt_1 和 Δt_2，重复测量三次，记录数据到表 2-1。求出其平均值 $\overline{\Delta t_1}$ 和 $\overline{\Delta t_2}$，用式(2-1)分别计算出滑块经过两光电门的速度 v_1、v_2，再用式(2-3)计算加速度 a。

(4) 再将滑块上的四个砝码分四次从滑块上移至砝码盘中。重复上述步骤。

2) 验证：当物体所受的合外力一定时，物体所获得的加速度与物体的质量成反比。

保持滑块系统所受外力 $F=(m_0+m)g$ 不变(砝码盘中加一砝码片，并保持不变)，再将四个砝码片逐次加置在滑块上改变滑块的质量，参照实验内容 1)中的测定滑块加速度的步骤，测定不同系统质量时，相应的滑块运动的加速度。将测量的数据记录在表 2-2 中。

【数据记录与处理】

1. 数据记录

两光电门间距离 $x_2-x_1=$________m，两挡光片对应边的距离 $\Delta x=$________m，滑块质量 $M=$________kg，砝码盘质量 $m_0=$________kg，砝码片质量 $m=$________kg。

表 2-1 滑块系统总质量 $M_{系}$ 一定时，系统所受合外力与其加速度的对应关系

滑块系统质量 $M_{系}=M+m_0+5m=$ ________ kg

F/N	Δt_1/ms			$\overline{\Delta t_1}$/ms	Δt_2/ms			$\overline{\Delta t_2}$/ms	$v_1/(\mathrm{m\cdot s^{-1}})$	$v_2/(\mathrm{m\cdot s^{-1}})$	$a/(\mathrm{m\cdot s^{-2}})$
$(m_0+m)g=$											
$(m_0+2m)g=$											
$(m_0+3m)g=$											
$(m_0+4m)g=$											
$(m_0+5m)g=$											

表 2-2　滑块系统所受合外力一定时，系统质量与其加速度的对应关系

滑块系统所受合外力 $F=(m_0+m)g=$＿＿＿＿＿ N

$M_{系}$/kg	Δt_1/ms			$\overline{\Delta t_1}$/ms	Δt_2/ms			$\overline{\Delta t_2}$/ms	$v_1/(\mathrm{m\cdot s^{-1}})$	$v_2/(\mathrm{m\cdot s^{-1}})$	$a/(\mathrm{m\cdot s^{-2}})$
$(M+m_0+m)=$											
$(M+m_0+2m)=$											
$(M+m_0+3m)=$											
$(M+m_0+4m)=$											
$(M+m_0+5m)=$											

2. 数据处理

(1) 利用表 2-1 的数据，以 F 为横坐标，以 a 为纵坐标，在坐标纸上作 a-F 曲线，求出其斜率 k，并将 k 和 $1/M_{系}$ 比较，求出其相对误差 $E=\dfrac{|1/M_{系}-k|}{1/M_{系}}\times100\%$；

(2) 利用表 2-2 的数据，以 $1/M_{系}$ 为横坐标，以 a 为纵坐标，在坐标纸上作 a-$1/M_{系}$ 曲线，求出其斜率 k'，并将 k'和 F 比较，求出其相对误差 $E=\dfrac{|F-k'|}{F}\times100\%$；

(3) 得出实验结论。

【注意事项】

(1) 接通气源，用手测试导轨，若感到导轨两侧气孔明显有气流喷出，则通气状态良好，才能把装有挡光片的滑块轻置于导轨上。

(2) 不同实验组的滑块不要互换使用。

(3) 估计线的长度，使砝码盘落地前滑块能顺利通过两光电门。

【思考题】

1. 式(2-6)中的系统质量 M 包括哪几个物体的质量？作用在系统上的作用力 F 是什么力？

2. 在验证物体质量不变，物体的加速度与外力成正比时，为什么要把实验过程中用的砝码放在滑块上？

3. 分析实验情况与实验结果，我们忽略了一些什么力？它们使实验结果偏大还是偏小？$\left(\text{计算 } a_{理论}=\dfrac{F}{M}=\dfrac{m_2g}{m_1+m_2}\text{与实验测得 } a \text{ 比较。}\right)$

4. 气垫导轨上的滑轮的质量对实验有什么影响？

附录 B

B.1　气垫导轨简介

气垫导轨结构如图 2-4 所示，它可分为三个部分：导轨、滑块及光电测量系统。

(1) 导轨：导轨系用角铝合金制成三角形铝管，在铝管的两个向上的侧面上，钻有等距离、等大小的喷气小孔。导轨的一端封死，另一端装有进气嘴，当压缩空气经橡皮管从进气嘴进入腔体后，就从小孔喷出，托起滑块。为了避免碰伤，在导轨两端及滑块上都装有缓冲弹簧。导轨底部有三个脚螺旋分居导轨两端。双脚螺旋用来调节两侧线高度相等，单脚螺旋用来调节导轨水平。也可将不同厚度的垫块放在导轨单脚螺旋下，以得到不同的斜度。

在气轨封死的一端通过一小孔外有一个滑轮(见图 2-5)。

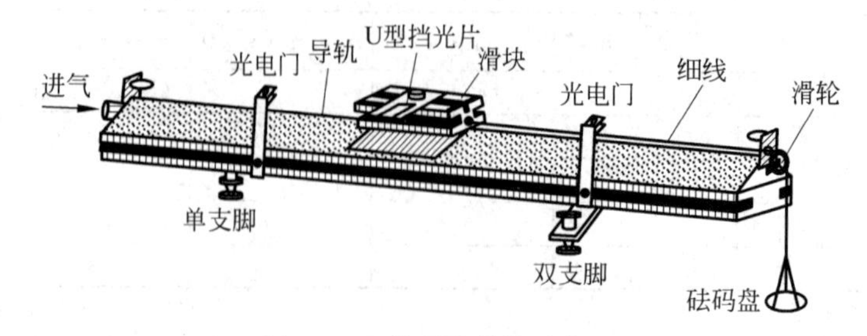

图 2-4　气垫导轨结构示意图

图 2-5　滑轮装置

(2) 滑块：滑块是在导轨上运动的物体，也是用角铝合金制成的。其内表面与导轨的两个侧面精确吻合。当导轨上表面的喷气小孔喷气时，在滑块与导轨间形成很薄的气垫，滑块就“漂浮”在气垫上，可自由滑动。根据实验需要，它上面可以加装遮光框、遮光杆、遮光片、加重块及缓冲弹簧等。

(3) 光电测量系统：由光电门与数字毫秒计组成。在导轨一侧的两个位置上安装可以移动的光电门。光电门上装有光源和光敏二极管，光源发出的可见光或红外线正好照在光敏二极管上。光敏二极管在受可见光或红外线光照射时电阻发生变化，从而获得一定的信号电压，用来控制数字毫秒计的计数和停止计数。光电信号通过触发器产生合适的脉冲信号，让频率计开始计时或停止计时。将数字毫秒计的工作状态选择在 S_2 挡时，其工作情况是这样的：当两个光电二极管都有光线照射时没有信号输出。如果任一个光电二极管的光被挡住，就会输出一个脉冲信号，数字毫秒计接收到脉冲信号就开始计时。此后如果任一个光电二极管(可以是原来的光电二极管，也可以是另外一个)的光又被挡住，就会发出第二个脉冲信号，输入到数字毫秒计，数字毫秒计就会停止计时，并显示这两次挡光之间的时间间隔。

可见，整个光电测量系统的基本作用就是测量两次挡光之间的时间间隔。这与停表的作用相似，第一次挡光相当于开动停表，第二次挡光相当于止动停表。

B.2　J0201-CHJ 型存储式数字毫秒计使用说明

存储式数字毫秒计是具有存储功能、时基精度高(微秒级)的测量时间间隔的数字计量仪器，可用来进行计数、计时。采用 MCS-51 单片机为核心，智能度高，数据存储和处理能力强，操作简便，小数点、单位和量程自动定位、换挡，且自动进行四舍五入智能化显示数据。除了具有计时器的功能外，与气垫导轨、自由落体实验仪等配合使用，还能测量速度、加速度、重力加速度、周期等物理量和碰撞等实验，并直接显示实验的速度和加速度的值。其面板如图 2-6 所示。

技术性能(5 位数砝管显示)：计数 0～99999，计时 0.00ms～99999s；

速度范围：0.00～999cm/s，加速度范围：0.00～999cm/s^2；

周期：0.00～99999s，时标周期：0.1ms；1ms；10ms；100ms；1s；光电门：2 个。

面板图说明如下。

(1) 数据显示窗口：显示测量数据、光电门故障信息。

(2) 单位显示：s，ms，cm/s，cm/s^2 或不显示(计数时不显示单位)。

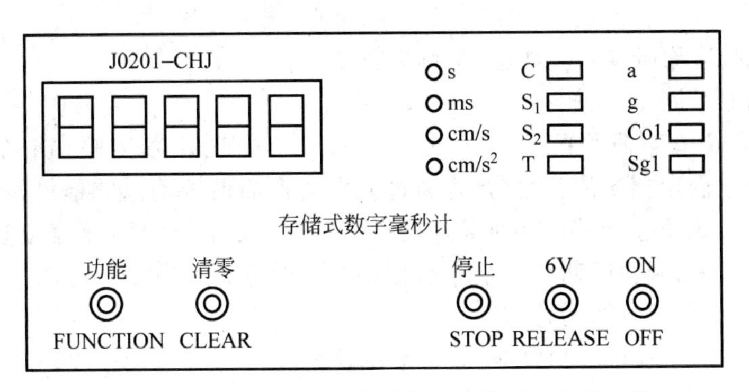

图 2-6　J0201-CHJ 型存储式数字毫秒计面板示意图

(3) 功能选择指示：C：计数，S_1：遮光计时，S_2：间隔计时，T：振子周期，a：加速度，g：重力加速度，Col：碰撞，Sgl：时标。

(4)【功能】键：功能选择。

(5)【清零】键：清除所有实验数据。

(6)【停止】：停止测量，进入循环显示数据或锁存显示数据。

操作使用说明如下。

(1) 实验准备工作和自检

ⓐ 将两个光电门插头插入 1 号、2 号光电门插座；

ⓑ 接上 220V 交流电源，打开电源开关；

ⓒ 开机后自动进入自检状态；

ⓓ 依次按【功能】键，选择自检功能。循环顺序如下：自检、C、S_1、S_2、T、a、g、Col、Sgl(0.1ms)、Sgl(1ms)、Sgl(10ms)、Sgl(100ms)、Sgl(1s)、自检。

(2) 光电门和显示器件的自检

开机或按【功能】键选择自检功能，进入自检状态：

当光电门无故障时，屏幕循环显示各显示器件；当光电门发生故障时(如接触不良、损坏等)，屏幕将显示该光电门的号码，不做循环显示工作，这时，必须先排除故障，程序才继续运行。

(3) "C"计数

用挡光片对任何一个光电遮光 1 次，屏幕显示即累加一个数。

按【停止】键，立即锁存原值，停止计数。

按【清零】键，清除所有实验数据，又可重新实验。

(4) "S_1"遮光计时

用挡光片对任何一个光电门依次遮光，屏幕依次显示出遮光次数和遮光时间。可连续做 1～255 次实验，但只存储前 10 个数据。

按【停止】键，进入循环显示存储的数据状态。

按【清零】键，清除所有实验数据，又可重新实验。

(5) "S_2"间隔计时

用挡光片对任何一个光电门依次挡光，屏幕依次显示出挡光间隔的次数和挡光间隔的时间。可连续做 1～255 次实验，但只存储前 10 个数据。

按【停止】键，进入循环显示存储的数据状态。先依次显示测量的间隔时间数据，再依次显示与之对应的速度数据，并反复循环。

按【清零】键,清除所有实验数据,又可重新实验。

(6)"T"测振子周期

用弹簧振子或单摆振子配合一个光电门和一个挡光片做实验(挡光片宽度不小于3mm)。在振子上固定挡光片,使挡光片通过光电门作简谐振动。屏幕仅显示振动次数,待完成了第 n(1~255 任选)个振动(即屏幕显示出 $n+1$)之后,立即按【停止】键。这时,屏幕便自动循环显示 n 个振动周期和 1 个 n 次振动时间的总和。当 $n>10$ 时只显示前 10 个振动周期和 1 个 n 次振动时间的总和。

按【清零】键,清除所有实验数据,又可重新做实验。

(7)"a"测加速度

配合气垫导轨、挡光片和两个光电门做运动体的加速度实验。运动体上的挡光片通过两个光电门之后自动进入循环显示:

ⓐ 挡光片通过第一个光电门(不是指 1 号光电门,是指实验的顺序)的时间;

ⓑ 挡光片通过第一个光电门至第二个光电门之间的间隔时间;

ⓒ 挡光片通过第二个光电门的时间;

ⓓ v_1:挡光片通过第一个光电门时的速度;

ⓔ v_2:挡光片通过第二个光电门时的速度;

ⓕ a:挡光片从第一个光电门到第二个光电门之间的运动加速度。

并反复循环显示上述 6 个数据。

按【清零】键,清除所有实验数据,又可重新做实验。

实验 3 金属杨氏弹性模量的测量

固体受外力作用时,各部分间相对位置发生的变化,称为固体的形变。形变分为弹性形变和非弹性形变两大类。当外力作用停止后,物体能完全恢复原状的形变,称弹性形变。若外力过大,以至在外力作用停止后,物体不能完全恢复原状,这种形变称为非弹性形变。

最常见的形变有伸长(缩短)、切变、弯曲、扭转等。形变常用弹性模量来表示。本实验要测定的杨氏弹性模量(弹性形变中的伸长形变)是表征固体力学性质的一个重要物理量,是进行工程设计、选定机械构件材料等经常用到的参数。

测量材料弹性模量的方法有多种,静态拉伸法和动力学法是最典型的两种常用方法。本实验采用的是静态拉伸法。

【实验目的】

1. 掌握用静态拉伸法测定金属的杨氏弹性模量和用逐差法处理数据的方法;
2. 学习用光杠杆测量微小长度变化的原理和方法;
3. 学习选用不同精密度的测长仪器。

【实验仪器】

杨氏模量测量仪,钢卷尺,游标卡尺,螺旋测微器等。

【实验原理】

实验 3-1

1. 拉伸法测钢丝的杨氏弹性模量原理

本实验研究弹性形变中的伸长形变。设粗细均匀的金属丝的长度为 L,截面积为 S,在

沿长度方向的力 F 作用下伸长 ΔL。单位截面上的作用力 F/S 称为应力(协强)，物体的相对伸长 $\Delta L/L$ 称为应变(协变)。根据胡克定律，在弹性限度内，固体的应力和应变成正比。即

$$\frac{F}{S}=E\,\frac{\Delta L}{L} \tag{3-1}$$

式中的比例系数 E 称为杨氏弹性模量(亦称杨氏模量)，单位为 $\mathrm{N\cdot m^{-2}}$，是表征材料抗应变能力的特征参数。其大小由材料性质决定，与温度也有关系，与几何形状无关，典型值在 $10^{10}\sim10^{11}\,\mathrm{N\cdot m^{-2}}$ 范围内。

通过测出式中各物理量，便可求得杨氏模量。其中 L、S 和 F 可用一般的方法测得，唯有 ΔL 是一个微小的变化量，用一般测长仪器难以测准。本实验采用光杆杠放大法，通过光路将微小变化量放大后，间接对其进行精确测量。对微小长度变化量的测量还有其他方法，如机械千分表、霍尔传感器等。

2. 杨氏弹性模量测量仪的构成

杨氏弹性模量测量仪主要由实验架、数字拉力计、光杆杠组件、望远镜组件以及游标卡尺等测长仪器构成，如图 3-1 所示。

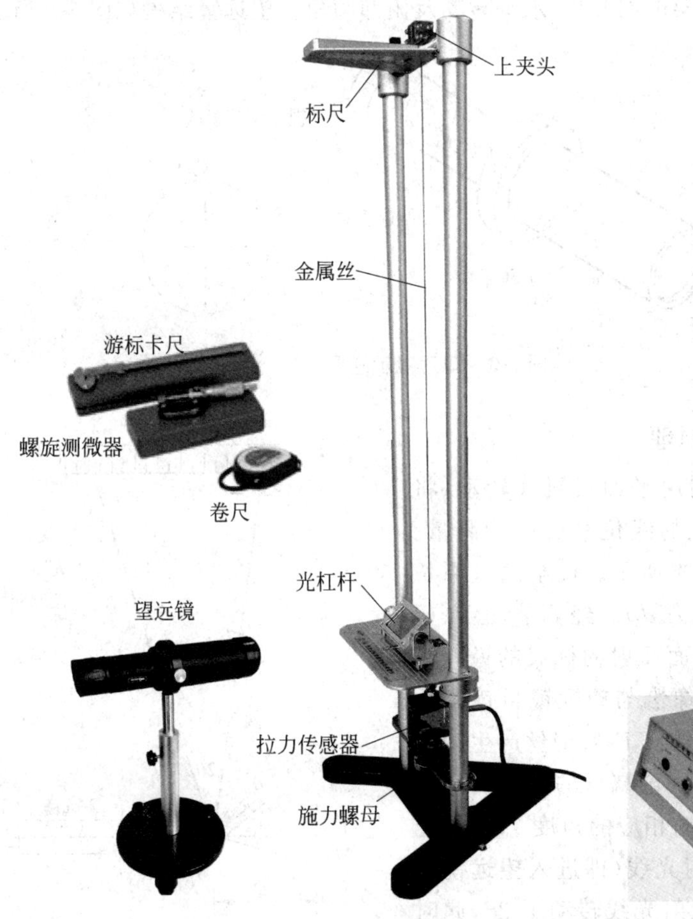

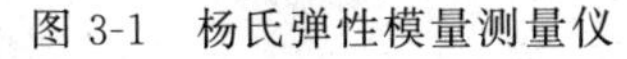
图 3-1　杨氏弹性模量测量仪

实验架是测量待测金属丝杨氏模量的主要平台。金属丝一端穿过横梁被上夹头夹紧，另一端被下夹头夹紧，并与拉力传感器相连，拉力传感器再经螺栓穿过下台板与施力螺母相连。施力螺母采用旋转加力方式。拉力传感器输出拉力信号通过数字拉力计显示金属丝受到的拉力值。

光杠杆组件包括光杠杆、标尺。光杠杆上有反射镜和与反射镜连动的动足等结构。光杠杆结构示意如图 3-2 所示。图中，a、b、c 分别为三个尖状足，a、b 为前足，c 为后足(或称动足)，实验中 a、b 不动，c 随着金属丝伸长或缩短而向下或向上移动，锁紧螺钉用于固定反射镜的角度。三个足构成一个三角形，两前足连线的高 D 称为光杠杆常数，可根据需求改变 D 的大小。

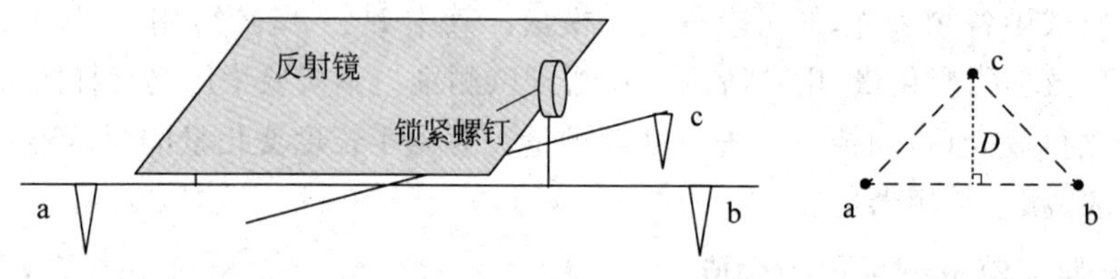

图 3-2　光杠杆结构示意图

望远镜组件包括望远镜、升降支架。望远镜含有目镜十字分划线(纵线和横线)，镜身可 360°转动。通过升降支架可调升降、水平转动及俯仰倾角。望远镜结构如图 3-3 所示。

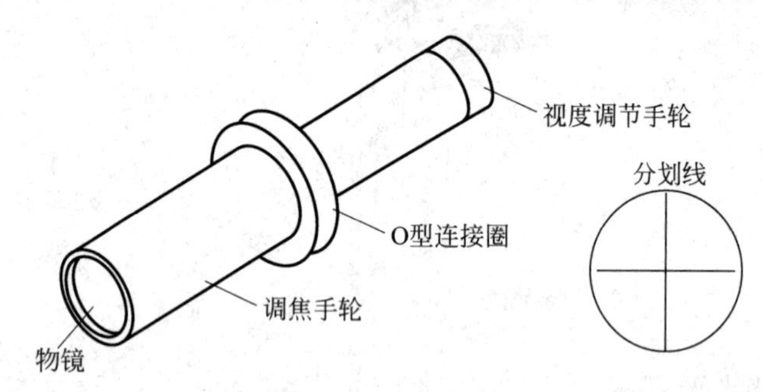

图 3-3　望远镜示意图

3. 光杠杆法工作原理

光杠杆法主要是利用平面反射镜转动，将微小角位移放大成较大的线位移后进行测量。光杠杆放大原理如图 3-4 所示。设金属丝原长为 L，截面积为 S(直径为 d)。经调节，会在望远镜中看到经由反射镜面反射的标尺的像。设开始时标尺刻度 x_1 的像恰与望远镜目镜中的黑色叉丝横线重合。加外力 F 后钢丝产生微小伸长 ΔL，光杠杆后足尖随金属丝的拉长而下落 ΔL，从而带动反射镜转动相应的角度 θ，根据光的反射定律可知，在出射光线(即进入望远镜的光线)不变的情况下，入射光线转动了 2θ，此时望远镜中看到标尺刻度为 x_2。

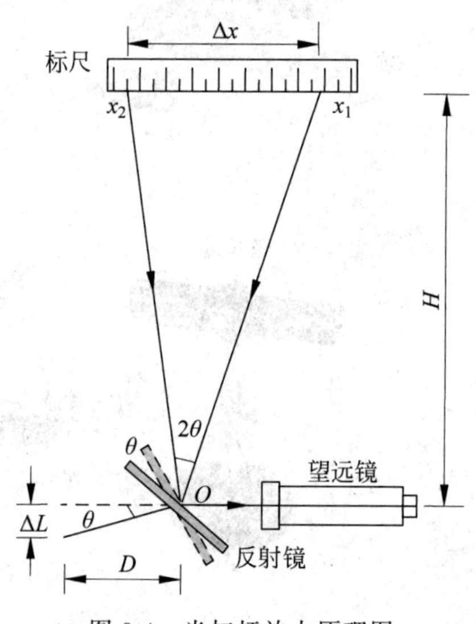

图 3-4　光杠杆放大原理图

由于 θ 角很小，由图 3-4 可知

$$\Delta L \approx D \cdot \theta, \quad \Delta x \approx H \cdot 2\theta$$

故有

$$\Delta x = \frac{2H}{D} \cdot \Delta L \tag{3-2}$$

式(3-2)中 H 是反射镜中心与标尺的垂直距离，D 是光杠杆后足到两前足连线的垂直距离。$2H/D$ 称作光杠杆的放大倍数。由于 $2H \gg D$，这样一来，便能把一微小位移 ΔL 放大成较大的容易测量的位移 Δx。将式(3-2)和 $S=\frac{1}{4}\pi d^2$ 代入式(3-1)，得出本实验所依据的公式

$$E = \frac{8FLH}{\pi d^2 D} \cdot \frac{1}{\Delta x} \tag{3-3}$$

根据实验，选择合适的长度测量仪器测出 L、H、D 和 d(L、H 用钢卷尺，D 用游标卡尺，d 用螺旋测微器)。通过改变数字拉力计的拉力值来改变拉力 F 的大小(F 可由实验中数字拉力计上显示的质量 m 求出，即 $F=mg$)，借助望远镜从标尺上读取 Δx 值，即可由式(3-3)求出杨氏模量 E。

【实验内容和步骤】

实验 3-2

1. 初调

(1) 将拉力传感器信号线接入数字拉力计信号接口，用背光源接线连接数字拉力计背光源接口和标尺背光源电源插孔。

(2) 打开数字拉力计电源开关，预热 10min。背光源应被点亮，标尺刻度清晰可见。数字拉力计面板上显示此时加到金属丝上的力。

(3) 旋转施力螺母，先使数字拉力计显示小于 2.50kg，然后施力由小到大(避免回转)，给金属丝施加一定的预拉力 m_0(3.00kg±0.02kg)，将金属丝原本存在弯折的地方拉直。

(4) 旋松光杠杆动足上的锁紧螺钉，调节光杠杆动足至适当长度(以动足尖能尽量贴近但不贴靠到金属丝，且放在金属丝正前方，同时两前足能置于台板上的同一凹槽中为宜)，然后锁紧螺钉。

(5) 将望远镜移近并正对实验架台板(望远镜前沿与平台板边缘的距离在 0～30cm 范围内均可)。调节望远镜使其正对反射镜中心，然后仔细调节反射镜的角度，直到从望远镜中能看到标尺背光源发出的明亮的光。

(6) 调节目镜视度调节手轮，使得十字分划线清晰可见。调节调焦手轮，使得视野中标尺的像清晰可见。转动望远镜镜身，使分划线横线与标尺刻度线平行后再次调节调焦手轮，使得视野中标尺的像清晰可见。

(7) 再次仔细调节反射镜的角度，使十字分划线横线对齐≤2.0cm 的刻度线(避免实验做到最后超出标尺量程)。水平移动支架，使十字分划线纵线对齐标尺中心。

2. 改变拉力，测量标尺读数变化量 Δx

(1) 点击数字拉力计上的“清零”按钮，记录此时对齐十字分划线横线的刻度值 x_1。

(2) 缓慢旋转施力螺母，逐渐增加金属丝的拉力，每隔 1.00(±0.02)kg 记录一次标尺的刻度 x_i^+，加力至最大值 7.00(±0.02)kg，数据记录后再加 0.50kg 左右(不超过 1.00kg，

且不记录数据）。然后反向旋转施力螺母至最大值7.00(±0.02)kg并记录数据，同样地，逐渐减小金属丝的拉力，每隔1.00(±0.02)kg记录一次标尺的刻度 x_i^-，直到拉力为0.00(±0.02)kg。将以上数据记录于表3-1中对应位置。

(3) 实验完成后，旋松施力螺母，使金属丝自由伸长，并关闭数字拉力计。

(4) 取加力和减力时对应于同一拉力值下两次标尺刻度读数，求出平均值

$$x_i=\frac{1}{2}(x_i^+ + x_i^-)。$$

(5) 将所测的标尺读数平均值 x_i 分成两组，利用逐差法处理数据，求出标尺读数变化量 $\Delta x_i=|x_{i+5}-x_i|$ 及其平均值 $\overline{\Delta x}$。

3. 测量钢丝直径 *d*、光杠杆常数 *D*、金属丝原长度 *L*、反射镜中心到标尺的垂直距离 *H*

(1)用螺旋测微器在金属丝的不同高度和方位测量直径 d 共7次（每次测量前先记下螺旋测微器的零点读数 d_0），将数据记录到表3-2中，并计算其平均值。

(2) 取下光杠杆，用三足尖在平板纸上压三个浅浅的痕迹，通过画细线的方式画出两前足连线的高（即光杠杆常数 D），然后用游标卡尺测量 D 的长度，并将数据记入表3-3。

(3) 用钢卷尺测量金属丝的原长 L，钢卷尺的始端放在金属丝上夹头的下表面，另一端对齐下夹头的上表面，将数据记入表3-3。

(4) 用钢卷尺测量反射镜中心到标尺的垂直距离 H，钢卷尺的始端放在标尺板上表面，另一端对齐反射镜中心，将数据记入表3-3。

【数据记录与处理】

1. 数据记录

表3-1　标尺读数变化量 Δx 的测量

拉力视值 m_i/kg	标尺读数/mm			拉力视值 m_i/kg	标尺读数/mm			标尺读数变化量/mm Δx_i	平均值 $\overline{\Delta x}$/mm	偏差 $\nu_i(\Delta x)$/mm
	加力时 x_i^+	减力时 x_i^-	平均值 x_i		加力时 x_i^+	减力时 x_i^-	平均值 x_i			
0.00				4.00						
1.00				5.00						
2.00				6.00						
3.00				7.00						

注：表中，偏差 $\nu_i(\Delta x)=\Delta x_i-\overline{\Delta x}$，用于计算 Δx 的A类不确定度 $u_A(\Delta x)$。

表3-2　金属丝直径 *d* 的测量　　mm

次数	项目				
	零点读数 d_0	测量读数 d_i'	钢丝直径 $d_i=d_i'-d_0$	平均值 $\overline{d}$	偏差 $\nu_i(d)$
1					
2					
3					

续表

次数	项　　目				
	零点读数 d_0	测量读数 d_i'	钢丝直径 $d_i=d_i'-d_0$	平均值 $\bar{d}$	偏差 $\nu_i(d)$
4					
5					
6					
7					

注：表中，偏差 $\nu_i(d)=d_i-\bar{d}$，用于计算 d 的 A 类不确定度 $u_A(d)$。

表 3-3　单次测量数据

光杠杆后足到两前足连线的垂直距离（光杠杆常数）D=________(mm)； 待测金属丝原长 L=________(mm)；镜面到标尺之间的距离 H=________(mm)。

2. 数据处理

(1) 计算各被测量量的平均值和不确定度。

(2) 计算杨氏模量 E 的平均值 $\bar{E}$ 及其不确定度 U_E 和相对不确定度 E_E，并正确表示测量结果。

提示：① 本实验中采用的是逐差法处理数据（表 3-1 中的 Δx 是所加拉力视值变化 4.00kg 对应的标尺读数变化量）。

② 计算杨氏模量 $\bar{E}=\dfrac{8\bar{F}\bar{L}\bar{H}}{\pi\bar{d}^2\bar{D}}\cdot\dfrac{1}{\overline{\Delta x}}$时，取 $\bar{F}=4.00\text{kg}\times g_{福州}(\text{N})$($g_{福州}=9.7905\text{m/s}^2$)。

③ 由于各直接测量量的具体测量方法以及测量仪器的不同，对不同测量量可采用不同的不确定度计算方法：

$U_F=0.04\text{kg}\times g_{福州}(\text{N})$，$U_D=\dfrac{\Delta_{游标}}{\sqrt{3}}=\dfrac{0.02}{\sqrt{3}}\text{mm}$，$U_H=5\text{mm}$，$U_L=3\text{mm}$（考虑到测量 H 和 L 的误差较大，可将误差限适当扩大）；

$$U_{\Delta x}=\sqrt{u_A^2(\Delta x)+u_B^2(\Delta x)}$$

其中，$u_B(\Delta x)=\dfrac{\Delta_{米尺}}{\sqrt{3}}=\dfrac{0.50}{\sqrt{3}}\text{mm}$，$u_A(\Delta x)=t_p\cdot\sqrt{\dfrac{\sum_{i=1}^{n}(\nu_i(\Delta x))^2}{n(n-1)}}$；

$$U_d=\sqrt{u_A^2(d)+u_B^2(d)}$$

其中，$u_B(d)=\dfrac{\Delta_{千分尺}}{\sqrt{3}}=\dfrac{0.004}{\sqrt{3}}\text{mm}$，$u_A(d)=t_p\cdot\sqrt{\dfrac{\sum_{i=1}^{n}(\nu_i(d))^2}{n(n-1)}}$。

④ 建议先求杨氏模量 E 的相对不确定度 E_E，再求不确定度 U_E。

$$E_E=\sqrt{\left(\frac{U_F}{\bar{F}}\right)^2+\left(\frac{U_H}{\bar{H}}\right)^2+\left(\frac{U_L}{\bar{L}}\right)^2+\left(2\frac{U_d}{\bar{d}}\right)^2+\left(\frac{U_D}{\bar{D}}\right)^2+\left(\frac{U_{\Delta x}}{\overline{\Delta x}}\right)^2};\quad U_E=\bar{E}\times E_E$$

$$E=\bar{E}\pm U_E$$

【注意事项】

1. 光杠杆及望远镜调节好后，测量标尺读数变化过程中不得再调整，并尽量保证实验桌不要有震动，以保证望远镜稳定，否则所测数据无效。

2. 加力和减力过程，施力螺母不能回旋，否则所测数据无效。

【思考题】

1. 本实验各个长度为何要用不同的仪器来测定？如何测量金属丝长度的变化？

2. 根据测量结果，指出本实验中哪个量的测量误差对结果影响最大？

3. 若用作图法求杨氏模量，怎样做？

附录 C

C.1 数字拉力计

电源：～220V/50Hz；

显示范围：0～±19.99kg(三位半数码显示)；

显示分辨力：0.01kg；

显示清零功能：短按“清零”按键显示清零；

背光源接口：用于给标尺背光源供电；

传感器接口：为拉力传感器提供工作电源，并接收来自拉力传感器的信号；

数字拉力计面板图如图 3-5 所示。

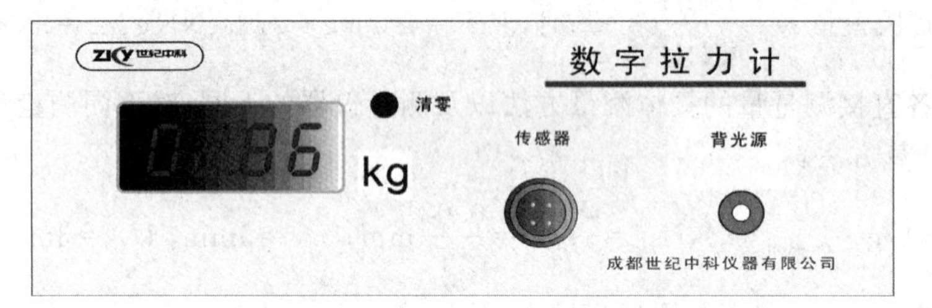

图 3-5 数字拉力计面板图

C.2 实验过程中需用到的测量工具及其相关参数、用途见表 3-4。

表 3-4 实验过程中需用到的测量工具及其相关参数、用途

量具名称	量程	分辨力	误差限	用于测量
标尺/mm	80.0	1	0.5	Δx
钢卷尺/mm	3000.0	1	0.8	L
游标卡尺/mm	150.00	0.02	0.02	D
螺旋测微器/mm	25.000	0.01	0.004	d
数字拉力计/kg	20.00	0.01	1%±1 个字	m

实验 4　恒力矩转动法测定物体转动惯量

转动惯量是刚体转动中惯性大小的量度，取决于刚体的总质量、质量分布、形状大小和转轴位置。对于形状简单，质量均匀分布的刚体，可以通过数学方法计算出它绕特定转轴的转动惯量，但对于形状比较复杂，或质量分布不均匀的刚体，用数学方法计算其转动惯量是非常困难的，因而大多采用实验方法来测定。转动惯量的测量，一般都是使刚体以一定形式运动，通过表征这种运动特征的物理量与转动惯量的关系，进行转换测量。常见的有恒力矩转动法和扭摆法两种。本实验采用恒力矩转动法。

【实验目的】

1. 学习用恒力矩转动法测定刚体转动惯量的原理和方法；
2. 验证刚体转动定律；
3. 学习用作图法处理数据。

【实验仪器】

刚体转动实验仪一套，停表(或数字毫秒计)，砝码，米尺等。

【实验仪器简介】

刚体转动实验仪结构及其各部分名称如图 4-1 所示。

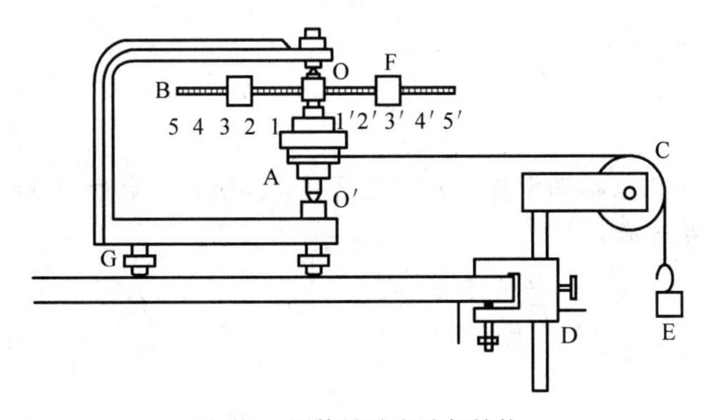

图 4-1　刚体转动实验仪结构

A—塔轮；B—细杆；C—滑轮；D—指针；E—砝码；F—移动块；OO′—转动轴；G—调平螺钉

塔轮 A 是一个具有多种不同半径 r 的转动体，它与两边对称伸出的细杆 B，及可移动的圆柱形钢柱 F 等共同组成一个可以绕固定轴 OO′转动的刚体系。塔轮上绕一细线，通过滑轮 C 与砝码 E 相连，当砝码下落时，通过细线对刚体系施加外力矩。

【实验原理】

根据转动定律，刚体系绕固定轴转动时，有

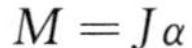

$$M = J\alpha \tag{4-1}$$

实验 4-1

其中，M 为刚体系所受合外力矩，J 为刚体系对固定轴的转动惯量，α 为刚体系的角加速度。

本实验中，塔轮 A、细杆 B 及可移动的圆柱形钢柱 F 等共同组成一个可以绕固定轴

OO′转动的刚体系。该刚体系所受合外力矩

$$M = Tr - M_{\mu} \tag{4-2}$$

其中，T 为细线的张力，r 为塔轮半径，M_{μ} 为摩擦力矩。

设砝码从静止开始，以匀加速度 a 下落高度 h，所用时间为 t，则

$$h = \frac{1}{2}at^2 \tag{4-3}$$

砝码 m 下落的动力学方程为

$$mg - T = ma \tag{4-4}$$

由式(4-1)～式(4-4)得

$$m(g-a)r - M_{\mu} = \frac{2hJ}{rt^2} \tag{4-5}$$

实验中，若保持 $g \gg a$，则有

$$mgr - M_{\mu} = \frac{2hJ}{rt^2} \tag{4-6}$$

讨论：(设 M_{μ} 为常数)

(1) 若保持 r、h 以及移动滑块 F 的位置不变，改变砝码质量 m，测出砝码下落高度 h 所用时间 t，以下关系式成立

$$m = \frac{2hJ}{gr^2} \cdot \frac{1}{t^2} + \frac{M_{\mu}}{gr} = K_1 \cdot \frac{1}{t^2} + C_1 \tag{4-7}$$

其中

$$K_1 = \frac{2hJ}{gr^2}, \quad C_1 = \frac{M_{\mu}}{gr} \tag{4-8}$$

(2) 若保持 h、m 以及移动滑块 F 的位置不变，改变塔轮半径 r，测出砝码下落高度 h 所用时间 t，以下关系式成立

$$r = \frac{2hJ}{mg} \cdot \frac{1}{t^2 r} + \frac{M_{\mu}}{mg} = K_2 \cdot \frac{1}{t^2 r} + C_2 \tag{4-9}$$

其中

$$K_2 = \frac{2hJ}{mg}, \quad C_2 = \frac{M_{\mu}}{mg} \tag{4-10}$$

用讨论中的方法(1)和方法(2)得到的实验数据，在直角坐标纸上作 m-$\frac{1}{t^2}$ 的关系图和 r-$\frac{1}{t^2 r}$ 的关系图，若可以各得到一直线，说明实验结果与式(4-7)、式(4-9)一致。而它们的基本原理是刚体转动定律，刚体转动定律得以验证。

利用所绘出的两条关系直线，求出相应的直线的斜率 K 和截距 C，就可以利用公式(4-8)或式(4-10)求出塔轮刚体系的转动惯量 J 和所受的摩擦力矩 M_{μ}。

【实验内容和步骤】

实验 4-2

1. 安装刚体转动实验仪并适当调节

装上塔轮，尽量减少摩擦，并在实验过程中维持摩擦力矩不变。

2. 保持 r、h 以及滑块 F 的位置不变,改变砝码质量 m,测出砝码下落高度 h 所用时间 t

(1) 将细线绕在塔轮半径 $r=2.5\text{cm}$ 处,两移动滑块 F 放在细杆的(5、5′)位置。调节固定螺丝升降滑轮高度,以保持细线与 OO′垂直。

(2) 将 m(m 为砝码与托盘质量之和)由指针 D 所指高度静止下落到地面,用停表测下落时间 t 三次求平均。改变 m,从 20.00g 开始每次增加一个 5.00g 砝码,直至 50.00g,重复上述测量(每次都从同一高度 h 静止下落到地面)。用米尺测量指针 D 与地面距离 h。将测量结果填入表 4-1。

3. 保持 h、m 以及滑块 F 的位置不变,改变塔轮半径 r,测出砝码下落高度 h 所用时间 t

(1) 选 $m=30.00\text{g}$,两移动滑块 F 放在细杆的(5、5′)位置。

(2) 将细线分别绕在塔轮半径 $r=1.0,1.5,2.0,2.5,3.0\text{cm}$ 等位置,将 m 由指针 D 所指高度静止下落到地面,用停表各测时间 t 三次求平均。将测量结果填入表 4-2(表格自拟)。

【注意事项】

(1) 尽量严格控制砝码下落计时起点的初速度为零。

(2) 固定螺丝不可旋得太紧,必要时在塔轮轴心与支架支点间滴油以减少摩擦。

(3) 挂砝码的绳选摩擦力小的细线。绕线尽量密排。每次改变 r 都要重新调整滑轮高度,并注意绕线与塔轮边缘相切,以保证细线与 OO′垂直。

【数据记录与处理】

1. 数据记录

表 4-1　m-$\frac{1}{t^2}$ 关系

$r=$____ cm,$h=$____ cm

时间 \ m/g(砝码+托盘)	第一次 t_1/s	第二次 t_2/s	第三次 t_3/s	平均值 $\bar{t}$/s	$\frac{1}{\bar{t}^2}$/s^{-2}

注:$m_{盘}=15.00\text{g}$,$g_{福州}=979.05\text{cm/s}^2$。

表 4-2　r-$\frac{1}{t^2 r}$ 关系(表格自拟)

2. 数据处理

（1）利用表 4-1 和表 4-2 的数据，在直角坐标纸上分别作 m-$\frac{1}{t^2}$，r-$\frac{1}{t^2 r}$关系曲线；

（2）分别求出两直线的斜率和截距；

（3）把两直线的斜率和截距分别代入式(4-8)和式(4-10)，求出塔轮刚体系的 J 和所受的摩擦力矩 M_μ；

（4）讨论分析所绘关系图，验证刚体转动定理成立。

【思考题】

1. 实验中，如何随时判断数据是否合理，哪些点时间 t 要特别注意测准。

2. 总结一下本实验中要求保证哪些实验条件，如何在实验中予以满足。

第4章

热学实验

实验5　固体线膨胀系数的测定及温度的PID调节

绝大多数物质具有热胀冷缩的特性，在一维情况下，固体受热后长度增加的现象称为线膨胀。在相同条件下，不同材料的固体，其线膨胀的程度各不相同，因此引入线膨胀系数来表征物质的膨胀特性。线膨胀系数是物质的基本物理参数之一，在道路、桥梁、建筑等工程设计，精密仪器仪表设计，材料的焊接、加工等各种领域，都必须予以充分的考虑。利用固体线膨胀系数测量仪和温控仪，可准确地测量固体的线膨胀系数。

【实验目的】

1. 测量金属的线膨胀系数；
2. 学习PID调节的原理，并通过实验了解参数设置对PID调节过程的影响。

【实验仪器】

金属线膨胀实验仪，PID温控实验仪，千分表。

【实验原理】

实验5-1

1. 线膨胀系数

线膨胀系数α是与温度T有关的物理量。当ΔT是一个不太大的变化量时，我们近似认为α是不变的。设温度为T_0时固体的长度为L_0，温度为T_1时固体的长度为L_1。实验指出，当温度变化范围不大时，固体的伸长量$\Delta L = L_1 - L_0$与温度变化量$\Delta T = T_1 - T_0$及固体的长度L_0成正比，即

$$\Delta L = \alpha L_0 \Delta T \tag{5-1}$$

式中的比例系数α称为固体的线膨胀系数。由式(5-1)知

$$\alpha = \frac{\Delta L}{L_0} \times \frac{1}{\Delta T} \tag{5-2}$$

可以将α理解为当温度升高1℃时，固体增加的长度与原长度之比。多数金属的线膨胀系数在$(0.8 \sim 2.5) \times 10^{-5}$℃$^{-1}$之间。由式(5-2)知，在$L_0$已知的情况下，固体线膨胀系数的测量实际归结为温度变化量ΔT与相应的长度变化量ΔL的测量。由于α数值较小，在ΔT不大的情况下，ΔL也很小，因此准确地控制T、测量T及ΔL是保证测量成功的关键。

2. PID调节原理

PID调节是自动控制系统中应用最为广泛的一种调节规律,自动控制系统框图如图5-1所示。

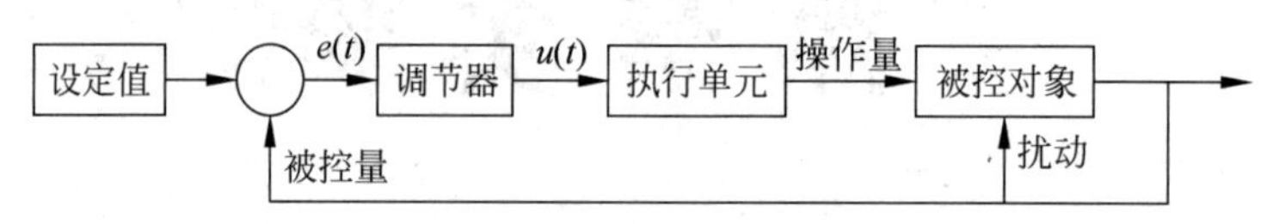

图5-1 自动控制系统框图

假如被控量与设定值之间有偏差 $e(t)$=设定值-被控量,调节器依据 $e(t)$ 及一定的调节规律输出调节信号 $u(t)$,执行单元按 $u(t)$ 输出操作量至被控对象,使被控量逼近直至最后等于设定值。调节器是自动控制系统的指挥机构。在温控系统中,调节器采用PID调节,执行单元是由可控硅控制加热电流的加热器,操作量是加热功率,被控对象是水箱中的水,被控量是水的温度。

PID调节器是按偏差的比例(proportional)、积分(integral)、微分(differential)进行调节的,其调节规律可表示为

$$u(t)=K_{\mathrm{P}}\left[e(t)+\frac{1}{T_{\mathrm{I}}}\int_{0}^{t}e(t)\mathrm{d}(t)+T_{\mathrm{D}}\frac{\mathrm{d}e(t)}{\mathrm{d}t}\right] \tag{5-3}$$

式(5-3)中第一项为比例调节,K_{P} 为比例系数。第二项为积分调节,T_{I} 为积分时间常数。第三项为微分调节,T_{D} 为微分时间常数。由式(5-3)可见,比例调节项输出与偏差成正比,它能迅速对偏差作出反应,并减小偏差,但它不能消除静态偏差。这是因为任何高于室温的稳态都需要一定的输入功率维持,而比例调节项只有偏差存在时才输出调节量。增加比例调节系数 K_{P} 可减小静态偏差,但在系统有热惯性和传感器滞后时,会使超调加大。

积分调节项输出与偏差对时间的积分成正比,只要系统存在偏差,积分调节作用就不断积累,输出调节量以消除偏差。积分调节作用缓慢,在时间上总是滞后于偏差信号的变化。增加积分作用(减小 T_{I})可加快消除静态偏差,但会使系统超调加大,增加动态偏差,积分作用太强甚至会使系统出现不稳定状态。

微分调节项输出与偏差对时间的变化率成正比。它阻碍温度的变化,能减小超调量,克服振荡。当系统受到扰动时,它能迅速作出反应,减小调整时间,提高系统的稳定性。

PID温度控制系统在调节过程中温度随时间的一般变化关系可用图5-2表示,控制效果可用稳定性,准确性和快速性评价。

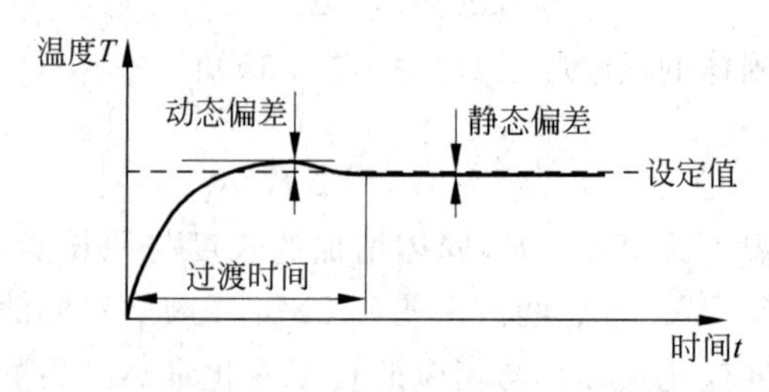

图5-2 PID调节系统过渡过程

若系统重新设定(或受到扰动)后经过一定的过渡过程能够达到新的平衡状态,则为稳定的调节过程；若被控量反复振荡,甚至振幅越来越大,则为不稳定调节过程。不稳定调节过程是有害而不能采用的。准确性可用被调量的动态偏差和静态偏差来衡量,二者越小,准确性越高。快速性可用过渡时间表示,过渡时间越短越好。实际控制系统中,上述三方面指标常常是互相制约,互相矛盾的,应结合具体要求综合考虑。

由图 5-2 可见,系统在达到设定值后一般并不能立即稳定在设定值,而是超过设定值后经一定的过渡过程才重新稳定。产生超调的原因可从系统惯性,传感器滞后和调节器特性等方面予以说明。系统在升温过程中,加热器温度总是高于被控对象温度。在达到设定值后,即使减小或切断加热功率,加热器存储的热量在一定时间内仍然会使系统升温,降温有类似的反向过程,这被称为系统的热惯性。传感器滞后是指由于传感器本身热传导特性或是由于传感器安装位置的原因,使传感器测量到的温度比系统实际的温度在时间上滞后,系统达到设定值后调节器无法立即作出反应,产生超调。对于实际的控制系统,必须依据系统特性合理整定 PID 参数,才能取得好的控制效果。

【实验内容和步骤】

实验 5-2

1. 检查仪器后面的水位管,将水箱水加到适当值

平常加水从仪器顶部的注水孔注入。若水箱排空后第 1 次加水,应该用软管从出水孔将水经水泵加入水箱,以便排出水泵内的空气,避免水泵空转(无循环水流出)或发出嗡鸣声。

2. 设定 PID 参数

若对 PID 调节原理及方法感兴趣,可在不同的升温区段有意改变 PID 参数组合,观察参数改变对调节过程的影响。

PID 温控实验仪将室温自动设置为 25℃。实验时,应根据实验室实际室温进行设置。

若只是把温控仪作为实验工具使用,则可按以下的经验方法设定 PID 其他参数：

$$K_{\mathrm{P}}=3(\Delta t)^{1/2},\quad T_{\mathrm{I}}=30,\quad T_{\mathrm{D}}=1/99$$

其中,Δt 为设定的实验温度 $t_{设}$ 与实验室室温 t_0 之差。

参数设置好后,用启控/停控键开始或停止温度调节。每一次改变温度时应改变实验参数 K_{P} 值。

3. 测量线膨胀系数

实验开始前检查金属棒是否固定良好,千分表安装位置是否合适。一旦开始升温及读数,避免再触动实验仪。

为保证实验安全,温控仪最高设置温度为 60℃。若决定测量 n 个温度点,则温度的设定值 $t_{设}$ 每次提高(60℃－室温)/n。为减小系统误差,按下启控键后,观察加热过程的温度变化。当温度在新的设定值达到稳定平衡后,记录 PID 温控实验仪上显示的稳定温度 T_i 及千分表读数 L_i 于表 5-1 中(将第 1 次温度与设定值达到平衡时的温度及千分表读数分别记为 T_0,L_0)。

【数据记录与处理】

1. 数据记录

表 5-1　金属棒温度变化量 ΔT 与长度变化量 ΔL 关系表

固体样品材料：________，室温 t_0 =________℃

次数 i	0	1	2	3	4	5	6	7
千分表读数 l_i/mm	l_0 =							
温度 T_i/℃	T_0 =							
$\Delta T_i = T_i - T_0$/℃	—							
$\Delta L_i = l_i - l_0$/mm	—							

2. 数据处理

(1) 根据 $\Delta L = \alpha L_0 \Delta T$，其中室温时固体样品长度 $L_0 = 500\text{mm}$，由表中数据用坐标纸拟合 ΔL-ΔT 关系图；

(2) 在拟合线上标注出 2 个点（非实验数据），求解斜率 K 以及固体线膨胀系数 $\alpha = K/L_0$。

【注意事项】

(1) 检查 PID 温控实验仪线路，可根据机壳背板示意图正确连接；

(2) 通电前，应保证水位指示在水位上限，若水位指示低于水位下限，严禁开启电源，必须先加水至水位上下限之间；

(3) 实验完成后，请将水完全排出，避免产生水垢。

附录 D

仪器简介

1. 金属线膨胀实验仪

金属线膨胀实验仪如图 5-3 所示。金属棒的一端用螺钉连接在固定端，滑动端装有轴承，金属棒可在此方向自由伸长。通过流经金属棒的水加热金属，金属的线膨胀量用千分表测量。支架都用隔热材料制作，金属棒外面包有绝热材料，以阻止热量向基座传递，保证测量准确。

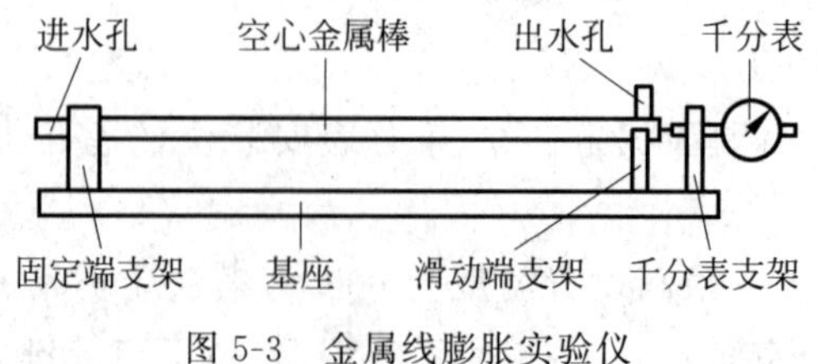

图 5-3　金属线膨胀实验仪

2. 开放式 PID 温控实验仪

温控实验仪包含水箱、水泵、加热器、控制及显示电路等部分。

本温控实验仪内置微处理器，带有液晶显示屏，具有操作菜单化，能根据实验对象选择PID参数以达到最佳控制，能显示温控过程的温度变化曲线和功率变化曲线及温度和功率的实时值，能存储温度及功率变化曲线，控制精度高等特点，温控实验仪面板如图5-4所示。

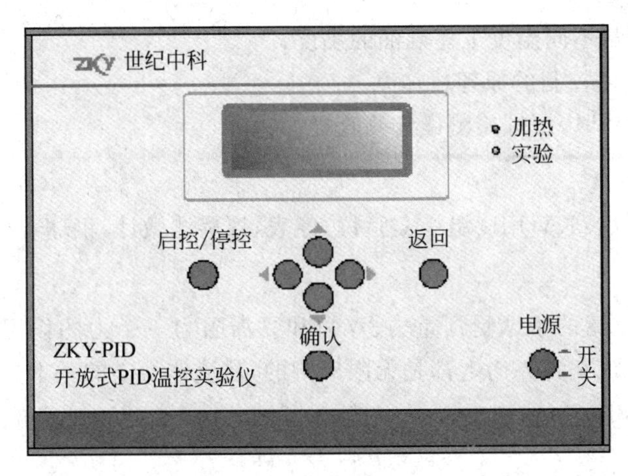

图 5-4　温控实验仪面板

开机后，水泵开始运转，显示屏显示操作菜单，可选择工作方式，输入序号及室温，设定实验温度及PID参数。使用左右键◀ ▶选择项目，上下键▼▲设置参数，按"确认"键进入下一屏，按"返回"键返回上一屏。

进入测量界面后，屏幕上方的数据栏从左至右依次显示序号、设定温度、初始温度、当前温度、当前功率和调节时间等参数。图形区以横坐标代表时间，纵坐标代表温度(功率)，并可用键改变温度坐标值。仪器每隔15s采集1次温度及加热功率值，并将采得的数据标示在图上。温度达到设定值并保持两分钟温度波动小于0.1℃，仪器自动判定达到平衡，并在图形区右边显示过渡时间 t_s、动态偏差 σ 和静态偏差 e。一次实验完成退出时，仪器自动将屏幕按设定的序号存储(共可存储10幅)，以供必要时分析，比较。

3. 千分表

千分表是用于精密测量位移量的量具。它利用齿条-齿轮传动机构将线位移转变为角位移，由表针的角度改变量读出线位移量。大表针转动1圈(小表针转动1格)，代表线位移0.2mm，最小分度值为0.001mm。

实验6　落球法测定液体在不同温度的黏度

当液体内各部分之间有相对运动时，接触面之间存在内摩擦力，阻碍液体的相对运动，这种性质称为液体的黏滞性，液体的内摩擦力称为黏滞力。黏滞力的大小与接触面面积以及接触面处的速度梯度成正比，比例系数 η 称为黏度(或黏滞系数)。

对液体黏滞性的研究在流体力学，化学化工，医疗，水利等领域都有广泛的应用，例如在用管道输送液体时要根据输送液体的流量，压力差，输送距离及液体黏度，设计输送管道的口径。测量液体黏度可用落球法，毛细管法，转筒法等方法，其中落球法适用于测量黏度较高的液体。黏度的大小取决于液体的性质与温度，温度升高，黏度将迅速减小。例如蓖麻油，在室温附近温度改变1℃，黏度值改变约10%。因此，测定液体在不同温度的黏度具有实际意义，通过精确控制液体温度可准确测量液体的黏度。

【实验目的】

1. 用落球法测量不同温度下蓖麻油的黏度；
2. 了解PID温度控制的原理；
3. 练习用停表计时，用螺旋测微计测直径。

【实验仪器】

变温黏度测量仪，ZKY-PID温控实验仪，停表，螺旋测微计，钢球若干。

【实验原理】

实验6-1

在静止液体中下落的小球受到重力、浮力和黏滞阻力三个力的作用。当小球的速度 v 很小，且液体可以看成在各方向上都是无限广阔的，从流体力学的基本方程斯托克斯公式导出黏滞阻力的表达式

$$F=3\pi\eta vd \tag{6-1}$$

其中 d 为小球直径。由于黏滞阻力与小球速度 v 成正比，小球在下落很短一段距离后(参见附录E的推导)，达到平衡，以 v_0 匀速下落，此时有

$$\frac{1}{6}\pi d^3(\rho-\rho_0)g=3\pi\eta v_0 d \tag{6-2}$$

其中，ρ 为小球密度，ρ_0 为液体密度。由式(6-2)可解出黏度 η 的表达式

$$\eta=\frac{(\rho-\rho_0)gd^2}{18v_0} \tag{6-3}$$

实验中，小球在直径为 D 的玻璃管中下落，液体在各方向无限广阔的条件不满足，此时黏滞阻力的表达式可加修正系数 $(1+2.4d/D)$，而式(6-3)可修正为

$$\eta=\frac{(\rho-\rho_0)gd^2}{18v_0(1+2.4d/D)} \tag{6-4}$$

当小球的密度较大，直径不是太小，而液体的黏度值又较小时，小球在液体中的平衡速度 v_0 会达到较大的值，奥西思-果尔斯公式反映出了液体运动状态对斯托克斯公式的影响

$$F=3\pi\eta v_0 d\left(1+\frac{3}{16}Re-\frac{19}{1080}Re^2+\cdots\right) \tag{6-5}$$

其中，Re 称为雷诺数，是表征液体运动状态的特征数。

$$Re=v_0 d\rho_0/\eta \tag{6-6}$$

当 $Re<0.1$ 时，可认为式(6-1)、式(6-4)成立。当 $0.1<Re<1$ 时，应考虑式(6-5)中一阶修正项的影响，当 $Re>1$ 时，还须考虑高阶修正项。考虑式(6-5)中一阶修正项的影响及玻璃管的影响后，黏度可表示为

$$\eta_1=\frac{(\rho-\rho_0)gd^2}{18v_0(1+2.4d/D)(1+3Re/16)}=\eta\frac{1}{1+3Re/16} \tag{6-7}$$

由于 $3Re/16$ 是远小于1的数，将 $1/(1+3Re/16)$ 按幂级数展开后近似为 $1-3Re/16$，

式(6-7)又可表示为

$$\eta_1 = \eta - \frac{3}{16} v_0 d \rho_0 \tag{6-8}$$

已知或测量得到 ρ、ρ_0、D、d、v 等参数后，由式(6-4)计算黏度 η，再由式(6-6)计算 Re，若需计算 Re 的一阶修正，则由式(6-8)计算经修正的黏度 η_1。

在国际单位制中，η 的单位是 Pa・s(帕斯卡・秒)，在厘米-克-秒制中，η 的单位是 P(泊)或 cP(厘泊)，它们之间的换算关系是

$$1\text{Pa} \cdot \text{s} = 10\text{P} = 1000\text{cP} \tag{6-9}$$

当液体黏度及小球密度一定时，雷诺数 $Re \propto d^3$。本实验的待测液体为蓖麻油，在测量其黏度时采用直径 1～2mm 的小球，这样可不考虑雷诺数修正或只考虑一阶雷诺数修正。

实验 6-2

【实验内容和步骤】

1. 检查仪器后面的水位管，将水箱水加到适当值

平常加水从仪器顶部的注水孔注入。若水箱排空后第 1 次加水，应该用软管从出水孔将水经水泵加入水箱，以便排出水泵内的空气，避免水泵空转(无循环水流出)或发出嗡鸣声。

2. 设定 PID 参数

若对 PID 调节原理及方法感兴趣，可在不同的升温区段有意改变 PID 参数组合，观察参数改变对调节过程的影响，探索最佳控制参数。若只是把温控仪作为实验工具使用，则保持仪器设定的初始值，也能达到较好的控制效果。

3. 测定小球直径

用螺旋测微计测定小钢球的直径 d，将数据记入表 6-1 中，求出平均值。

4. 测定小球在液体中下落速度并计算黏度

温控仪温度达到设定值后再等约 10min，使样品管中的待测液体温度与加热水温完全一致，才能测液体黏度。

用镊子夹住小球沿样品管中心轻轻放入液体，观察小球是否一直沿中心下落，若样品管倾斜，应调节其铅直。测量过程中，尽量避免对液体的扰动。

用停表测量小球落经一段距离的时间 t，并计算小球速度 v_0，用式(6-4)或式(6-8)计算黏度 η，记入表 6-2 中。

实验完成后，用磁铁将小球吸引至样品管口，用镊子夹入蓖麻油中保存，以备下次实验使用。

【数据记录与处理】

1. 数据记录

表 6-1 小球直径的测定

次数	1	2	3	4	5	6	7	8	平均值
$d/10^{-3}$m									

表 6-2　黏度的测定

温度/℃	时间/s						速度/$(m\cdot s^{-1})$	$\eta/(Pa\cdot s)$ 测量值	$\eta_0/(Pa\cdot s)$ 标准值
	1	2	3	4	5	平均			
20									0.986
25									
30									0.451
35									
40									0.231
45									
50									

注：钢球密度 $\rho\approx7.8\times10^3\,kg/m^3$，蓖麻油 20℃时密度 $\rho_0\approx0.95\times10^3\,kg/m^3$，量筒内径 $D=2.0\times10^{-2}\,m$。

2. 数据处理

(1) 根据表 6-2 中列出的部分温度下黏度的标准值，可将这些温度下黏度的测量值与标准值比较，并计算相对误差$\left(E=\frac{|\eta-\eta_0|}{\eta}\times100\%\right)$，分析误差产生的原因。

(2) 利用表 6-2 中 η 的测量值与对应的温度值，在坐标纸上作黏度随温度的变化关系图，并分析结果。

附录 E

E.1　仪器简介

1. 落球法变温黏度测量仪

变温黏度测量仪如图 6-1 所示。待测液体装在细长的样品管中，能使液体温度较快地与加热水温达到平衡，样品管壁上有刻度线，便于测量小球下落的距离。样品管外的加热水套连接到温控仪，通过热循环水加热样品。底座下有调节螺钉，用于调节样品管的铅直。

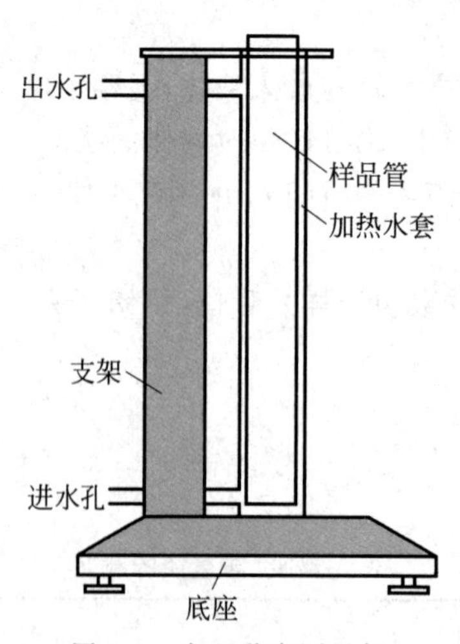

图 6-1　变温黏度测量仪

2. 开放式 PID 温控实验仪的使用方法

开放式 PID 温控实验仪的使用方法参见实验 5。

E.2　小球在达到平衡速度之前所经路程 L 的推导

由牛顿运动定律及黏滞阻力的表达式，可列出小球在达到平衡速度之前的运动方程

$$\frac{1}{6}\pi d^3\rho\frac{\mathrm{d}v}{\mathrm{d}t}=\frac{1}{6}\pi d^3(\rho-\rho_0)g-3\pi\eta dv \tag{6-10}$$

经整理后得

$$\frac{\mathrm{d}v}{\mathrm{d}t}+\frac{18\eta}{d^2\rho}v=\left(1-\frac{\rho_0}{\rho}\right)g \tag{6-11}$$

这是一阶线性微分方程，其通解为

$$v=\left(1-\frac{\rho_0}{\rho}\right)g\cdot\frac{d^2\rho}{18\eta}+C\mathrm{e}^{-\frac{18\eta}{d^2\rho}t} \tag{6-12}$$

设小球以零初速放入液体中，代入初始条件($t=0$，$v=0$)，定出常数 C 并整理后得

$$v=\frac{d^2g}{18\eta}(\rho-\rho_0)\cdot(1-\mathrm{e}^{-\frac{18\eta}{d^2\rho}t}) \tag{6-13}$$

随着时间增大，式(6-13)中的负指数项迅速趋近于 0，由此得平衡速度

$$v_0=\frac{d^2g}{18\eta}(\rho-\rho_0) \tag{6-14}$$

式(6-14)与正文中的式(6-3)是等价的，平衡速度与黏度成反比。设速度从 0 到 $99.9\%v_0$ 的这段时间为平衡时间 t_0，即令

$$\mathrm{e}^{-\frac{18\eta}{d^2\rho}t}=0.001 \tag{6-15}$$

由式(6-15)可计算平衡时间。

若钢球直径为 10^{-3}m，代入钢球的密度 ρ，蓖麻油的密度 ρ_0 及 40℃时蓖麻油的黏度 $\eta=0.231\mathrm{Pa}\cdot\mathrm{s}$，可得此时的平衡速度约为 $v_0=0.016\mathrm{m/s}$，平衡时间约为 $t_0=0.013\mathrm{s}$。

平衡距离 L 小于平衡速度与平衡时间的乘积，在我们的实验条件下，小于 1mm，基本可认为小球进入液体后就达到了平衡速度。

实验 7　气体比热容比的测定

所谓比热容比就是气体分子的比定压热容与比定容热容之比，用 γ 表示。比热容比是物性的重要参量，在研究物质结构、确定相变、鉴定物质纯度等方面起着重要的作用。测定比热容比的方法有多种，本实验将介绍一种较新颖的测量方法，通过测定物体在特定容器中的振动周期来计算 γ 值。

【实验目的】

1. 学习通过测定物体在特定容器中的振动周期来计算 γ 值的测量方法；
2. 通过观测热力学状态的变化，加深对热力学过程尤其是绝热过程的理解；
3. 加深对气体比热容比 γ 的理解。

【实验仪器】

DH 4602 气体比热容比测定仪，支撑架，精密玻璃容器，气泵，螺旋测微计，物理天

平等。

【实验原理】

气体由于受热过程不同,有不同的比热容。对应于气体受热的等容和等压过程,气体的比热容有比定容热容 C_V 和比定压热容 C_p。比定容热容是单位质量某种气体在保持体积不变的情况下,温度升高 1K 时所需的热量。而比定压热容,则是单位质量某种气体在保持压强不变的情况下,温度升高 1K 所需的热量。所谓比热容比就是气体分子的比定压热容与比定容热容之比,用 γ 表示。

显然,由于定压过程有对外做功,故而温度升高 1K 所需的热量大于定容过程,即 $C_p > C_V$。因此,比值 $\gamma = C_p/C_V > 1$。由气体运动论可以知道,γ 值与气体分子的自由度数 i 有关,对单原子气体(如氩)只有三个平动自由度,双原子气体(如氢)除上述 3 个平动自由度外还有 2 个转动自由度。对多原子气体,则具有 3 个转动自由度,比热容比 γ 与自由度 i 的关系为 $\gamma = \dfrac{i+2}{i}$。理论上得出:

单原子气体(Ar,He)　　$i=3$　　$\gamma=1.67$

双原子气体(N_2,H_2,O_2)　　$i=5$　　$\gamma=1.40$

多原子气体(CO_2,CH_4)　　$i=6$　　$\gamma=1.33$

且与温度无关。

一般来说,在实验中测定 γ 是比较困难的,本实验采用的是一种较新颖的方法,通过测定物体在特定容器中的振动周期来计算 γ 值。

测定气体比热容比的实验基本装置及其连接如图 7-1 所示,是由 DH 4602 气体比热容比测定仪、支撑架、精密玻璃容器和气泵等主要部分构成。

图 7-2 所示为其中的特制的精密玻璃容器结构示意图。将一钢珠 A 放在此玻璃烧瓶上部一精密的玻璃管 B 中,钢珠 A 的直径比玻璃管 B 的直径仅小 0.01~0.02mm,它能在玻璃管 B 中上下移动。在烧瓶的壁上开有一气体注入口 C,并插入一根细管,通过它各种气体可以注入到烧瓶中。

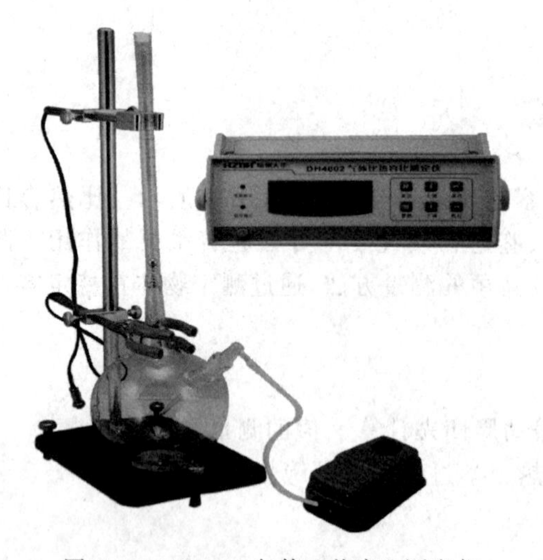

图 7-1　DH 4602 气体比热容比测定仪

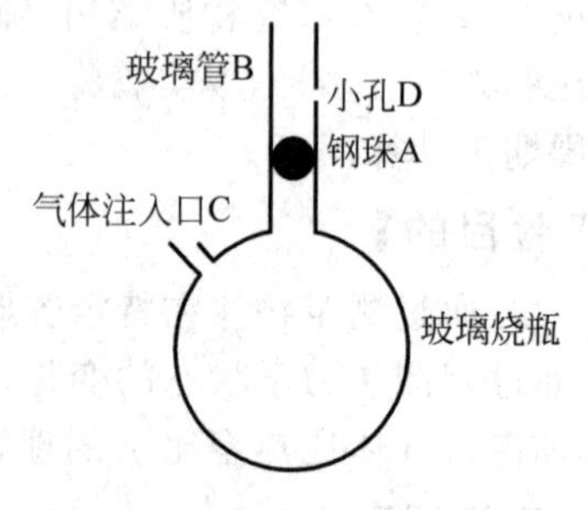

图 7-2　玻璃容器结构示意图

设钢珠A的质量为m，半径为r（直径为d），当瓶子内压力p满足下面条件时，钢珠A处于力平衡状态。这时$p=p_L+\frac{mg}{\pi r^2}$，式中p_L为大气压力。为了补偿由于空气阻尼引起振动钢珠A振幅的衰减，通过气体注入口C一直注入一股小气压的气流。在玻璃管B壁上有一出气的小孔D，当振动钢珠A处于小孔D下方的半个振动周期时，注入气体使容器的内压力增大，引起钢珠A向上移动，而当钢珠A处于小孔D上方的半个振动周期时，容器内的气体将通过小孔D流出，使钢珠下沉。以后重复上述过程，只要适当控制注入气体的流量，钢珠A能在玻璃管B的小孔D上下作简谐振动，振动周期可利用光电计时装置来测得。

若物体偏离平衡位置一个较小距离x，则容器内的压力变化Δp，物体的运动方程为

$$m\frac{\mathrm{d}^2x}{\mathrm{d}t^2}=\pi r^2\Delta p \tag{7-1}$$

因为物体振动过程相当快，所以可以看作绝热过程，绝热方程

$$pV^\gamma=常数 \tag{7-2}$$

将式(7-2)求导数得出

$$\Delta p=-\frac{p\gamma\Delta V}{V} \tag{7-3}$$

其中，$\Delta V=\pi r^2x$。

将式(7-3)代入式(7-1)得

$$\frac{\mathrm{d}^2x}{\mathrm{d}t^2}+\frac{\pi^2r^4p\gamma}{mV}x=0 \tag{7-4}$$

此式即为熟知的简谐振动方程，它的解为

$$\omega=\sqrt{\frac{\pi^2r^4p\gamma}{mV}}=\frac{2\pi}{T}$$

$$\gamma=\frac{4mV}{T^2pr^4}=\frac{64mV}{T^2pd^4} \tag{7-5}$$

式中各量均可方便测得，因而可算出γ值。振动周期用可预置测量次数的数字计时仪测量，振动钢珠直径采用螺旋测微计测出，质量用物理天平称量，烧瓶容积由实验室给出（本实验烧瓶容积约为1450mL），大气压强由气压表自行读出，并换算成Pa(N/m^2)（760mmHg=1.013×10^5Pa）。

【实验内容和步骤】

1. 实验仪器调整

接通电源，调节气泵上气量调节旋钮，使钢珠在玻璃管中以小孔为中心上下振动。

2. 振动周期测量

打开周期计时装置，先按“置数”开锁，按“上调”（或“下调”）使次数设置为50次，再按“置数”锁定；按下“执行”按钮后，即可自动记录振动50个周期所需的时间t。按“返回”键，再按“执行”键，开始测量第二组数据，重复测量5次，记录在表7-1中。

3. 钢珠直径测量

用螺旋测微计测出钢珠的直径 d，重复测量 5 次。数据填入表 7-2 中。

4. 钢珠质量测量

用物理天平测量钢珠的质量 m（测一次），并记录数据。

5. 大气压强测量

由气压表读出并记录数据。

【数据记录与处理】

1. 数据记录

大气压强 $p=$________ mmHg=________ Pa；　烧瓶容积 $V\approx$________ mL；
钢珠的质量 $m=$________ kg。

表 7-1　测量钢珠振动周期 T　　s

次数 i	1	2	3	4	5
振动 50 次所用时间 t_i					
振动周期 T_i					
振动周期平均值 $\overline{T}$					
$\nu_i(T)$					

注：偏差 $\nu_i(T)=T_i-\overline{T}$，用于计算 T 的 A 类不确定度 $u_A(T)$。

表 7-2　钢珠直径 d 的测量　　mm

数据＼次数	项目				
	零点读数 d_0	测量读数 d'_i	钢珠直径 $d_i=d'_i-d_0$	$\overline{d}$	$\nu_i(d)$
1					
2					
3					
4					
5					

注：偏差 $\nu_i(d)=d_i-\overline{d}$，用于计算 d 的 A 类不确定度 $u_A(d)$。

2. 数据处理

（1）由表 7-1 数据，计算钢珠振动周期 T 的平均值及其不确定度；

（2）由表 7-2 数据，求钢珠直径 d 的平均值及其不确定度；

（3）求出钢珠质量的平均值及其不确定度；

（4）在忽略容器体积 V、大气压 p 测量误差的情况下，估算空气的比热容比 γ 及其不确定度；

（5）正确表示各结果。

提示： ① $u_B(T)=\dfrac{\Delta_{仪}}{\sqrt{3}}$（数字计时仪的仪器误差 $\Delta_{仪}=0.005\text{s}$）；$u_B(d)=\dfrac{\Delta_{仪}}{\sqrt{3}}$（螺旋测微计

的仪器误差 $\Delta_{仪}=0.004\text{mm}$)；$U_m=u_B(m)=\frac{\Delta_{仪}}{\sqrt{3}}$(天平的仪器误差为天平标尺最小分度值的1/2)。

② 建议先求比热容比 γ 的相对不确定度 E_γ，再求其不确定度 U_γ。

【注意事项】

(1) 本实验装置主要由玻璃制成，且对玻璃管的要求特别高，振动钢珠的直径仅比玻璃管内径小 0.01mm 左右，因此振动钢珠表面不允许擦伤。平时它停留在玻璃管的下方(用弹簧托住)。若要将其取出，只需在它振动时，用手指将玻璃管壁上的小孔 D 堵住，稍稍加大气流量物体便会上浮到管子上方开口处，就可以方便地取出，或将此管由瓶上取下，将球倒出来。

(2) 气流过大或过小会造成钢珠不以玻璃管上小孔为中心的上下振动，调节时需要用手挡住玻璃管上方，以免气流过大将小球冲出管外造成钢珠或瓶子损坏。

(3) 若不计时或不停止计时，可能是光电门位置放置不正确，造成钢珠上下振动时未挡光，或者是外界光线过强，此时须适当挡光。

【思考题】

1. 注入气体量的多少对小球的运动情况有没有影响？

2. 在实际问题中，物体振动过程并不是理想的绝热过程，这时测得的值比实际值大还是小？为什么？

第5章

电磁学实验

实验8　用模拟法测绘静电场

电场的性质可以用电场强度或电势来描述。在一般情况下,用数学方法求解静电场比较复杂,往往要借助实验来确定电场的分布;同时由于直接测量和描绘静电场也比较困难,所以常用模拟法来研究和测绘静电场。

静电场的模拟可用于电子管、示波管或电子显微镜等电子束管内部电极形状的研制。

【实验目的】

1. 理解用模拟法测量的方法和条件;
2. 掌握用模拟法测量和研究二维静电场的分布;
3. 用电势比较法测量稳恒电流场的等势线。

【实验仪器】

GVZ-3型导电微晶静电场描绘仪,钢板尺,描图纸,对数坐标纸。

【实验原理】

1. 模拟法描绘静电场

模拟法在科学实验中有着极广泛的用途,其实质是使用一种易于实现、便于测量的物理状态或过程,模拟不易实现、不便测量的状态或过程。能够用以模拟的状态或过程与被模拟的状态或过程间,应有一一对应的两组物理量,且满足相似的数学形式及边界条件。

用实验的手段直接测量和描绘静电场比较困难。因为静电场中没有电流,不能使磁电式仪表的指针偏转,且静电式仪表放入静电场又会改变原来静电场的分布。而稳恒电流场与静电场有相对应的物理量与相同的数学形式,又易于实现测量,所以,可以用稳恒电流场来模拟静电场。

静电场与稳恒电流场在一定条件下具有相似的空间分布,且所遵守的规律在形式上也相似。对于静电场,其电场强度在无源区域满足高斯定理和环路定理

$$\oiint_S \boldsymbol{E} \cdot \mathrm{d}\boldsymbol{S} = 0, \quad \oint_L \boldsymbol{E} \cdot \mathrm{d}\boldsymbol{l} = 0$$

对于稳恒电流场,其电流密度矢量在无源区域也满足类似的关系

$$\oiint_S \boldsymbol{j} \cdot \mathrm{d}\boldsymbol{S} = 0, \quad \oint_L \boldsymbol{j} \cdot \mathrm{d}\boldsymbol{l} = 0$$

可见，电场强度 $\boldsymbol{E}$ 与电流密度矢量 $\boldsymbol{j}$ 在各自的区域中满足相同的数学规律，在相同的边界条件下具有相同的解析解。而且，在静电场与稳恒电流场中都可以引入物理量电势 V。因此，可以用稳恒电流场来模拟静电场。

在模拟条件下，只要保证电极形状一定，电极的电势不变，空间介质均匀，则在任何一个考察点，均应有 $V_{静电}=V_{稳恒}$ 及 $E_{静电}=E_{稳恒}$。

本实验主要模拟研究带等量异号电荷的同轴长圆柱体和长圆筒形导体间的静电场分布。

下面比较分析其静电场与模拟的稳恒电流场的分布特点。

(1) 同轴长圆柱体和长圆筒形导体间的静电场如图 8-1 所示，真空中，半径为 R_a 的长圆柱形导体 A 和内半径为 R_b 的长圆筒形导体 B 同轴放置。它们分别带有等量异号电荷，单位长度的电荷量为 $\pm\lambda$。在垂直于轴线的任一横截面上，电场的分布相同，都呈对称分布的辐射状。这是与轴线方向无关的二维分布，电场强度与横截面平行。由静电场的高斯定理可得，离轴线的垂直距离为 r 处，电场强度 E_r 的值为

$$E_r=\frac{\lambda}{2\pi\varepsilon_0 r}$$

电势分布为(以 R_b 为电势参考点)

$$V_r=\int_r^{R_b}\frac{\lambda}{2\pi\varepsilon_0 r}\mathrm{d}r=\frac{\lambda}{2\pi\varepsilon_0}\ln\frac{R_b}{r}$$

R_a 的电势(即 A、B 间的电压)为

$$V_a=\frac{\lambda}{2\pi\varepsilon_0}\ln\frac{R_b}{R_a}$$

则

$$V_r=V_a\frac{\ln\dfrac{R_b}{r}}{\ln\dfrac{R_b}{R_a}}\tag{8-1}$$

等势面为一簇同轴的圆柱面。电场强度

$$E_r=-\frac{\mathrm{d}V}{\mathrm{d}r}=\frac{V_a}{\ln\dfrac{R_b}{R_a}}\cdot\frac{1}{r}\tag{8-2}$$

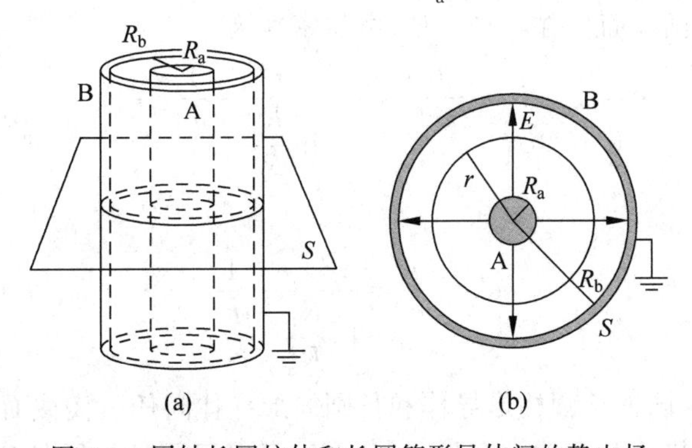

图 8-1　同轴长圆柱体和长圆筒形导体间的静电场

(2) 同轴长圆柱体和长圆筒形电极间的稳恒电流场，如图 8-2 所示，半径为 R_a 的长圆柱形导体 A 和内半径为 R_b 的长圆筒形导体 B 同轴放置，它们之间充满电导率为 σ 的不良导体。A、B 作为两个电极与电源相连接，在 A、B 间建立稳恒电流场，产生径向电流。在垂直于轴线的任一横截面上，电流的分布都相同，电流线都对称分布，呈辐射状。电极 A、B 之间的总电阻为

$$Z_{ab}=\int_{R_a}^{R_b}\frac{1}{\sigma\cdot 2\pi rL}\mathrm{d}r=\frac{1}{2\pi\sigma L}\ln\frac{R_b}{R_a}$$

L 为长导体的长度。半径为 r 处到电极 B 之间的电阻为

$$Z_{rb}=\int_{r}^{R_b}\frac{1}{\sigma\cdot 2\pi rL}\mathrm{d}r=\frac{1}{2\pi\sigma L}\ln\frac{R_b}{r}$$

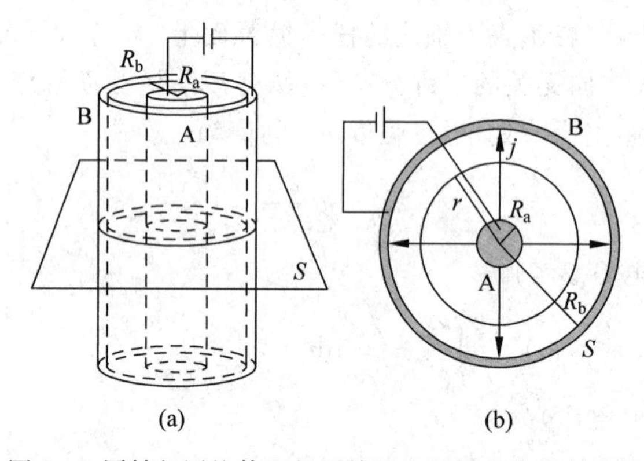

图 8-2　同轴长圆柱体和长圆筒形电极间的稳恒电流场

若 A、B 电极间的电压为 V_a（电极 B 接电源的负极，电势为 0），则两电极间的电流为

$$I=\frac{V_a}{Z_{ab}}=V_a\frac{2\pi\sigma L}{\ln\frac{R_b}{R_a}}$$

可得，r、R_b 之间的电压（即半径为 r 处的电势）为

$$V_r=IZ_{rb}=V_a\frac{\ln\frac{R_b}{r}}{\ln\frac{R_b}{R_a}} \tag{8-3}$$

等势面为一簇同轴的圆柱面。在半径 r 处，电流密度为

$$j=\frac{I}{2\pi rL}=V_a\frac{\sigma}{\ln\frac{R_b}{R_a}}\cdot\frac{1}{r}$$

电场强度为

$$E=\frac{j}{\sigma}=\frac{V_a}{\ln\frac{R_b}{R_a}}\cdot\frac{1}{r} \tag{8-4}$$

从以上分析可见，同轴长圆柱形导体和长圆筒形导体间任一横截面上，静电场与稳恒电流场的电场强度及电势分布函数完全相同。所以，可以用同轴长圆柱体和长圆筒形电极间

的稳恒电流场模拟长圆柱形导体和长圆筒形导体间的静电场。

2. 模拟条件

模拟方法的使用有一定的条件和范围，不能随意推广。模拟的条件可归纳为：

(1) 稳恒电流场中电极的几何形状应与被模拟的静电场中带电体的几何形状相同。

(2) 稳恒电流场中的导电介质是不良导体，且电导率分布均匀。只有满足 $\sigma_{电极} \gg \sigma_{介质}$，才能保证电流场中的电极的表面也近似是等势面。

(3) 模拟所用的电极系统与被模拟电极系统的边界条件相同。

3. 测绘方法

从实验测量来讲，测定电势的分布比测定电场强度的分布容易实现，所以，先测绘等势面(线)的分布，然后根据电场线与等势面处处正交的原理，描绘出电场线的分布。电场强度 E 在数值上等于电势梯度，方向指向电势降落的方向，因此可以由等势线的间距及电场线的疏密确定电场强度的大小，由电势降落的方向确定电场强度的方向。

【实验内容和步骤】

1. 描绘同轴长圆柱体和长圆筒形导体间的静电场分布

1) 选用相应的导电微晶电极板，将电极板上的内、外电极分别与专用稳压电源的正、负极连接；同步探针与专用稳压电源的电压表的正极(“探针测量”插座“+”极)连接。

2) 将“校准/测量”按键按下，选择“校正”挡，旋转“电压调节”旋钮，调节两个电极间的电压为 10V。再按下“测量”挡，准备测量。

3) 在电极架上层的相应位置夹好记录纸。

4) 测试等势线簇。移动同步探针的金属手柄座，使测试探针在电极架下层的导电微晶上移动，寻找电势相同的点。每寻找到一个点，就在上层的记录纸上用探针扎出相应点的位置。

要求：①每一电势值都要找出 10 个以上的点(视半径的大小而定)，同一电势值的各个点的位置在圆周上要尽量均匀分布；②相邻两条等势线间的电势差为 1V，共需寻找 9 条等势线。

5) 描绘等势线簇和电场线

(1) 在记录纸上，选择最小的等势线圆周上的 8 个探针扎出的孔，用几何的方法定出圆心(方法是：作几条两孔连线的垂直平分线，找出其交点的最佳位置，此位置即为圆心)。

(2) 用钢板尺测量具有同一电势值的各记录点到圆心的距离(等势点的半径 r)，填入表 8-1，求平均值 $\bar{r}$。

(3) 以各平均值为半径画出同心圆的等势线簇。

(4) 根据电场线与等势线处处垂直的原理，画出 8 条以上的电场线，并用箭头表示电场的方向。

2. 描绘一个劈尖电极和一个条形电极形成的静电场分布

1) 劈尖形电极和条形电极形状如图 8-3 所示，测试方法与前述相同。

要求：①每一电势值都要找出 10 个以上的点(视曲线的形状而定)，在同一条等势线上，曲率大的位置(弯曲较厉害的地方)应多找几个点，点的间距要密集些；在曲线平坦的位置，点的间距可稀疏些。在劈尖电极端点附近应多找几个等电势点；②相邻两条等势线间的电势差为1V，共需寻找9条等势线。

2）描绘等势线簇和电场线。

(1) 将同一电势值的点，用光滑的曲线连接成等势线。

(2) 根据电场线与等势线处处垂直的原理，画出8条电场线，并用箭头表示电场的方向。

3. 描绘聚焦电极的静电场分布

阴极射线示波管内聚焦电极的形状如图8-4所示。要求测出9条等势线，相邻两条等势线间的电势差1V。每条等势线的测量点应取得密些。画出等势线与电场线。方法与步骤参考上述1、2两点所述。

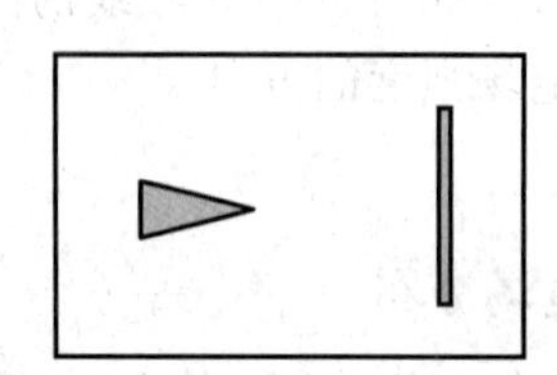

图8-3 劈尖形电极和条形电极形状

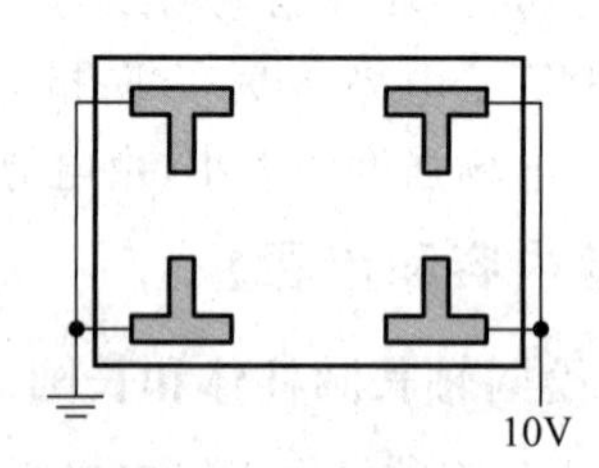

图8-4 聚焦电极形状

【数据记录与处理】

1. 数据记录

表8-1 描绘同轴长圆柱体和长圆筒形导体间的静电场分布

A电极半径 r_a = ________ mm，B电极内半径 r_b = ________ mm

相对电势 $\frac{V_r}{V_a}$	等势点的半径 r/mm											
	1	2	3	4	5	6	7	8	9	10	$\bar{r}$	$\ln\bar{r}$

注：表格所需的行数视测量的需要而定(画9条等势线表格需9行)。其他测量表格自行设计。

2. 数据处理

(1) 根据测绘所得的等势线与电场线的分布，分析哪些地方电场强度较强，哪些地方较弱。

(2) 计算同轴长圆柱体和长圆筒形导体间的静电场分布中，5V等势线的理论半径，与实验测量值进行比较，计算相对误差。

(3) 依据表 8-1 中数据，在对数坐标纸上作出相对电势$\frac{V_r}{V_a}$与 $\ln\bar{r}$ 的关系曲线，并与理论结果进行比较；再根据曲线的性质，说明同轴长圆柱体和长圆筒形导体间的静电场的等势线，是以内电极中心为圆心的同心圆。

【注意事项】

测量时，每次下探针应该从外向里或者从里向外沿一个方向移动；测量一个点时不要来回移动，因为探针能够小幅转动，向前或向后测量同一点会导致打孔出现偏差。

【思考题】

1. 测绘同轴圆柱形导体和圆筒形导体间静电场的实验中，描绘同心圆的等势线簇，要先确定同心圆的圆心，应如何确定？

2. 如果电源的电压 U_a 增加一倍，等势线和电场线的形状是否发生变化？电场强度和电势的分布是否发生变化？为什么？

3. 根据测绘的等势线和电力线的分布，如何分析哪些地方场强较强，哪些地方场强较弱？

附录 F

GVZ-3 型导电微晶静电场描绘仪简介

1. 主要技术参数

(1) 同心圆的外半径 7.5cm，内半径 0.50cm，其他电极距离为 8cm。同心圆电极采用极坐标，其他电极采用直角坐标。

(2) 微晶导电层的均匀性，实验值误差小于 2%。

(3) 电源输出范围：直流 7.00～13.00V，分辨率为 0.01V，配三位半数码管。

(4) 采用多圈电位器调节电压，调节细度 0.01V。

2. 静电场描绘仪构造

GVZ-3 型导电微晶静电场描绘仪由电极架、同步探针和专用稳压电源等三部分组成，如图 8-5 所示。

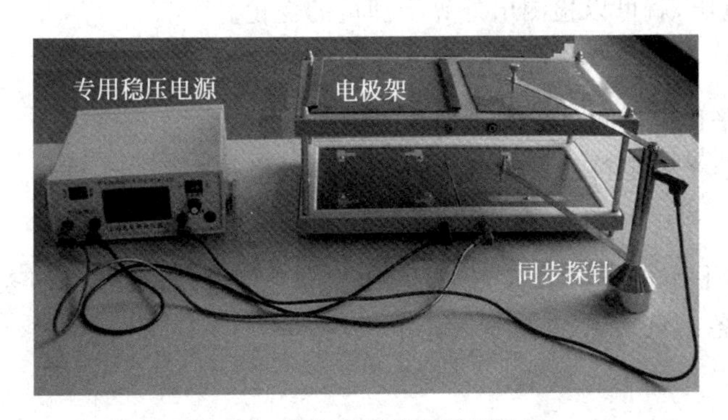

图 8-5　导电微晶静电场描绘仪

电极架采用双层式结构，上层用来放置描迹记录纸，下层为导电微晶和待测电极。电极已直接制作在导电微晶上，并将电极引线接到外接线柱上。

同步探针由两根相同的弹簧钢条安装在金属手柄两端组成。下探针用来探测模拟场中各点的电势，上探针则在记录纸上扎点以记录相应场点的位置。

专用稳压电源(见图 8-6)用来设置两电极间的电压，并显示测量电压。

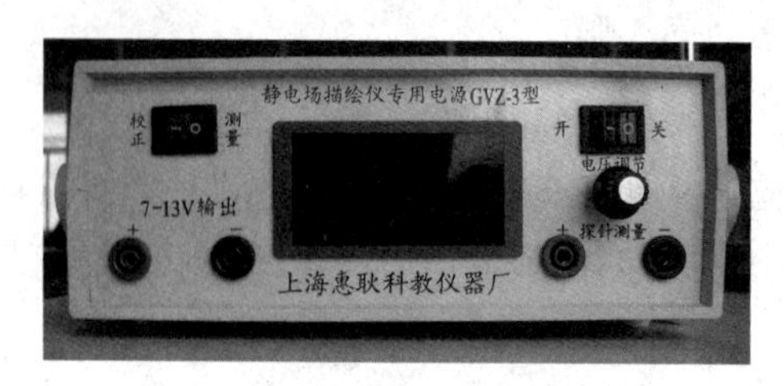

图 8-6　专用稳压电源

3. 使用方法

(1) 接线：专用稳压电源输出"＋"极(红色)连接电极架上的"＋"极(红色)，"－"极(黑色)连接电极架上的"－"极(黑色)。探针测量(电压表)的"＋"极(红色)与同步探针立柱上的接线插孔连接。

(2) 测量：开启专用稳压电源的开关，指示灯亮。将"校正/测量"按钮按下，选择"校正"挡，旋转"电压调节"旋钮，将两电极间的电压调节到所需电压值。再将"校正/测量"按钮按下，选择"测量"挡，电压表显示为 0V。移动同步探针的金属手柄座，使下探针在导电微晶上寻找所探测的等电势点，同时用上探针在记录纸上扎下一个对应的标记(针眼)。

实验 9　直流电桥电路及其应用

应用电桥电路测量电阻的阻值，是精确测量电阻的常用方法。

随着测量技术的发展，电桥的应用不再局限于平衡电桥的范围，非平衡电桥在非电量的测量中已得到广泛应用。将各种电阻型传感器接入电桥回路，当外界某物理量(如温度、压力、形变等)使传感器中的电阻发生微小变化时，可通过桥路的非平衡电压反映出来，因此，通过测量非平衡电压，就可以检测出外界物理量的变化。

【实验目的】

1. 掌握应用平衡电桥测电阻的原理和方法；
2. 掌握应用非平衡电桥测量非电量的基本原理和方法。

【实验仪器】

DHQJ-3 型非平衡电桥，DHW 型温度传感实验装置，数字式万用表，待测电阻(大于 100Ω、小于 100Ω 各 1 只)。

【实验原理】

1. 惠斯通电桥(二端电桥)测量电阻的阻值

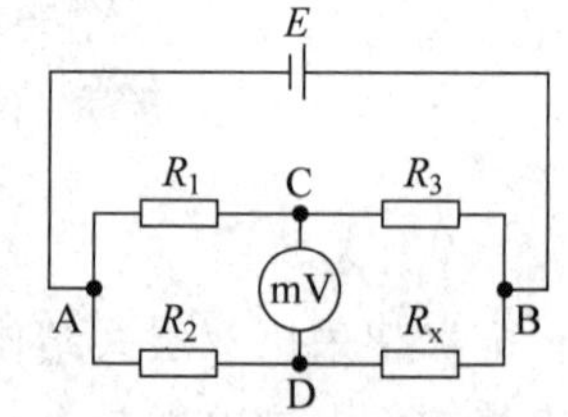

图 9-1　惠斯通电桥原理图

惠斯通电桥亦称为直流单臂电桥(单桥)，原理图如图 9-1 所示。其中，电阻 R_1、R_2、R_3、R_x 称为桥臂，C、D 之间连接监测仪表，可选用检流计、毫伏表等，称为"桥"。电桥平衡时，通

过桥支路的电流为零,或桥支路两端的电压值为零,可得

$$\frac{R_1}{R_2}=\frac{R_3}{R_x} \tag{9-1}$$

若已知其中3个电阻(如R_1、R_2、R_3)的电阻值,就可以计算出第4个电阻(待测电阻R_x)的电阻值

$$R_x=\frac{R_2}{R_1}R_3 \tag{9-2}$$

惠斯通电桥一般用来测量阻值较大(大于100Ω)的电阻。

2. 三端电桥测量法

测量阻值较小的电阻(如$10\Omega<R<100\Omega$),或电阻的引线较长时,如采用单桥,引线的电阻将带来较大的误差。采用三端电桥法可有效降低测量误差。

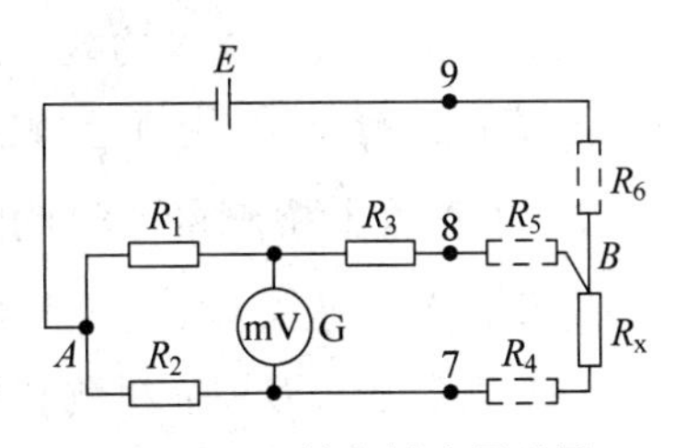

图9-2 三端电桥法原理图

三端电桥法原理图如图9-2所示。待测电阻R_x的一端引线接桥路(接线端7),另一端引线连到电阻R_3上(接线端8,称电势端),并从该端电阻的端部接出一根接线连到电源回路上(接线端9,称电流端)。这三端接线会出现一定的引线电阻R_4、R_5和接触电阻R_6,但由于接线方式与长度基本相同,R_4、R_5的阻值基本相同。在电桥平衡时,有

$$\frac{R_1}{R_2}=\frac{R_3+R_5}{R_x+R_4} \tag{9-3}$$

若取$\frac{R_2}{R_1}=1$,则

$$R_x=\frac{R_2}{R_1}(R_3+R_5)-R_4=R_3 \tag{9-4}$$

即R_4、R_5的作用相抵消。R_6因为串接在电源回路,对测量没有影响。

3. 非平衡电桥的应用

以应用非平衡电桥测量温度为例说明。

设热敏电阻R_t在某一起始温度t_0(℃)时的电阻值为R_{t0}。适当选取R_1、R_2、R_3,与R_{t0}构成平衡电桥,桥支路毫伏表的示数(称为桥支路的输出电压)应为零。如外界的温度变化引起热敏电阻的阻值发生变化,就使得电桥成为不平衡电桥,这时桥支路的输出电压则不为零。若测量出一系列输出电压随温度变化的函数关系,就可以根据非平衡电桥的输出电压的值,测量出相应的温度值。

平衡电桥(采用单桥)可采用下列四种桥路形式之一:

(1) 等臂电桥。当电桥的四个臂阻值相等,即$R_1=R_2=R_3=R_{t0}$时称为等臂电桥。

(2) 卧式电桥。若$R_1=R_3$,$R_2=R_{t0}$,但$R_1\neq R_2$,这种形式的桥路称为卧式电桥。

(3) 立式电桥。调节$R_1=R_2$,$R_3=R_{t0}$,但$R_1\neq R_3$,这时桥路构成立式电桥。

(4) 比例电桥。调节$R_1=KR_3$,$R_2=KR_{t0}$,但$R_1\neq R_2$,这时桥路构成比例电桥。K为倍率,为方便计算可选择整数。这种形式就是常用的电桥。

上述几种电桥工作方式各有特点：等臂电桥和卧式电桥的测量范围较小，但有较高的灵敏度；立式电桥的测量范围较大，但灵敏度比前两个电桥要低；比例电桥可以灵活地选用桥臂电阻，且测量范围大，线性较好，所以在实际使用中较为广泛。

【实验内容和步骤】

1. 使用前的准备

(1) 用随仪器配备的电源线将电桥连至220V交流电源，打开电源开关，数字式毫伏数码管亮，表示已接通电源。

(2) 若选择仪器本身的数字毫伏表作电压显示，将电桥输出转换开关按下"内接"，若选外接检流计进行测量，则将电桥输出转换开关按下"外接"，并按要求接好外接检流计。

2. 用直流电桥测量电阻的阻值

分别测量大于100Ω的电阻的阻值和小于100Ω的电阻的阻值。

(1) 用数字式万用表粗测待测电阻的阻值。根据测待电阻粗测阻值的大小，选择合适的电桥工作电压(见表9-4)。

(2) 被测电阻大于100Ω时选择单桥(二端电桥)进行测量，连接如图9-3所示。将端钮1、2、3用短导线连接，端钮8、9也用短导线连接，被测电阻 R_x 接至7、8两接线端钮。

被测电阻小于100Ω时选择三端电桥进行测量，连接如图9-4所示。将端钮1、2、3用短导线连接，被测电阻 R_x 接至7、8两接线端钮；用一根带鳄鱼夹的导线，夹住被测电阻 R_x 接在端钮8的一端的端部(见图9-5)。

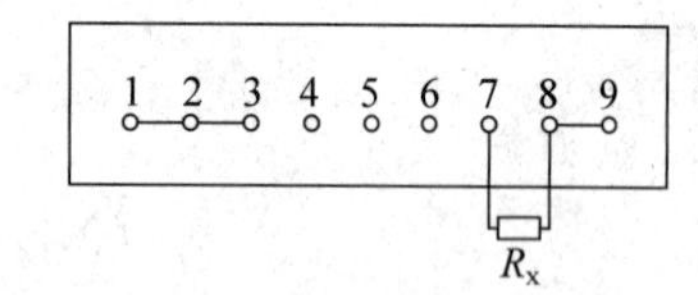

图9-3　单桥连接线图

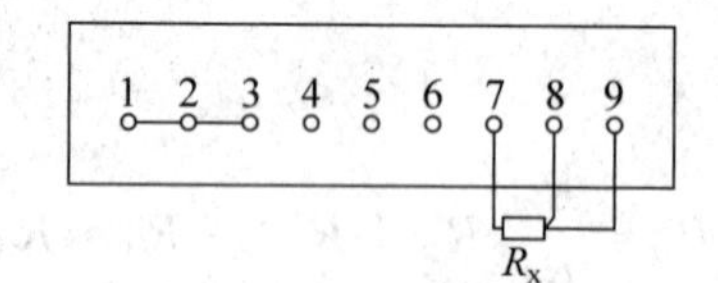

图9-4　三端电桥法连接线图

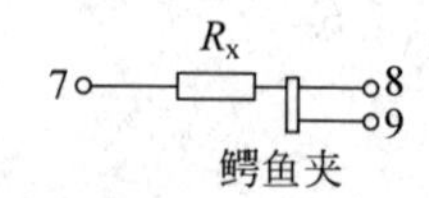

图9-5　三端电桥法被测电阻的接线法

(3) 根据被测电阻 R_x 的大小，选择合适的 R_1、R_2、R_3 值。R_1、R_2 可选择10Ω~11.11kΩ的任意值，为方便操作及计算，可选10Ω、100Ω、1kΩ、10kΩ等整数值。R_3 可选择接近于 $R_3=\frac{R_1}{R_2}\cdot R_x=KR_x$。

由于 R_1、R_2、R_3 电阻的步进值均为1Ω，R_3 的阻值可为几千欧姆，若 R_x 的数量级约为kΩ，可选择 $R_1=R_2$，即倍率 $K=\frac{R_1}{R_2}=1$；若 R_x 的数量级约为几百、几十欧姆，可选择 $K=\frac{R_2}{R_1}=0.1$ 或 0.01；若 R_x 的数量级约为几十kΩ或几百kΩ，可选择 $K=\frac{R_2}{R_1}=10$ 或 100。

三端电桥法可选择 $R_1=R_2$，$R_3\approx R_x$。

(4) 先后按下G、B按钮，调节 R_3 电阻，直至G指示为零，这时表示电桥已经平衡。如果灵敏度太低，可适当调高工作电源的电压。

注意：如预先未知 R_x 的大小，按下 G、B 按钮时应迅速观察数字毫伏表的示数，如较大，应立即松开 G、B，适当调节电阻 R_3，直到数字毫伏表示数为零。

(5) 被测电阻值 $R_x=\frac{R_2}{R_1}\cdot R_3$。

3. 测量温度、铜电阻、电压输出间的关系

1) 准备工作。

(1) 用数字式万用表粗测控制仪的铜电阻的阻值。根据粗测阻值的大小，选择合适的电桥工作电压。电桥输出开关选“内接”。将控制仪的“铜电阻”接线柱与非平衡电桥的测量端相接。

(2) 按照温控仪面板各插座的功能用实验连线与加热装置的相关插座连接好，将温控仪面板上的加热电流开关关闭。加热装置上盖盖严，以免影响控温效果。

在使用之前，先将温度控制实验仪底部的支撑架竖起，以便在测试时方便观察及操作。

(3) 检查无误后，将专用电源线插入电源插座，打开温控仪后面板上的电源开关，前面板的显示屏上“测量值”应显示当时的环境温度(室温)。

2) 用平衡电桥测量热电阻的阻值与温度的关系。

方法一：

(1) 测量室温时铜电阻的电阻值。取 $R_1=10R_2$，在室温下调节 R_3，使毫伏表示数为零，此时，$R_{t0}\approx 0.1R_3$，记下室温 t_0，R_{t0}。

(2) 设定加热温度(详细方法见附录 G)

利用设定键 S 和加数键(▲)或减数键(▼)来设定加热温度(大于室温 5℃)。然后打开加热电流开关，使铜电阻加热。

(3) 当温度达到稳定后，调节 R_3，使毫伏表示数为零，记下此时铜电阻的温度 t 与电阻值 $R_t(=R_3)$。

(4) 再设定加热温度提高 5℃，测定相应温度下的铜电阻值。此后每隔 5℃ 测一个数据，直到温度为 70℃ 为止。

方法二：

(1) 测量室温时铜电阻的电阻值。取 $R_1=10R_2$，在室温下调节 R_3，使毫伏表示数为零，此时，$R_{t0}\approx 0.1R_3$，记下室温(起始温度)t_0，R_{t0}。

(2) 设定加热温度。利用设定键 S 和加数键(▲)或减数键(▼)来设定加热的最高温度(如 70℃)。然后打开加热电流开关，使铜电阻加热。

(3) 调节 R_3 增加 10Ω(R_3 值可以取 10 的整数倍)，观察毫伏表示数的变化，当示数为零时，PV 屏显示的温度即为此时铜电阻的温度 t。记下此时铜电阻的温度 t 与电阻值 $R_t(=0.1R_3)$。

(4) 以后依次使 R_3 增大 10Ω，记录下每次 R_3 改变时电桥毫伏表示数恰为零时对应的 PV 屏显示的温度 t，记录相应的温度与电阻值。要求测量 10 个数据。

3) 用非平衡电桥测量电桥输出电压与温度的关系。

(1) 关闭加热电流开关，打开加热装置上的风扇开关，使加热装置内的温度快速下降

(使用风扇降温时,须将支撑杆向上抬升,使空气形成对流)。

(2) 选择四种桥路形式之一,设置电阻 R_1、R_2、R_3,测量过程中保持不变。

如:采用等臂电桥,使 R_1、R_2、R_3 都调到 R_{t0} 值。

采用卧式电桥,使 $R_1=R_3=100\Omega$,R_2 调到 R_{t0} 值。

采用立式电桥,使 $R_1=R_2=100\Omega$,R_3 调到 R_{t0} 值。

采用比例电桥,调节 $R_1=1000\Omega$,$R_2=100\Omega$,R_3 调到 $10R_{t0}$ 值。

(3) 设定加热温度。利用设定键 S 和加数键(▲)或减数键(▼)设定加热的最高温度(70℃)。然后打开加热电流开关,加热装置上的风扇开关断开,使铜电阻加热。

(4) 加热过程中,从温控仪 PV 屏显示室温开始,记录升温过程中一系列温度值 t℃及与之相应的非平衡电桥输出电压 U_o 的数值,每隔 5℃(温度值可以取整数)记录一组数据,至所设定的最高温度。(可以与方法二中的温度相对应记录非平衡电桥输出电压 U_o 的数值。)

4) 实验结束。实验完毕后,将温度设置为 000.0,同时将面板上的加热电流开关断开,打开风扇,使加热装置内的温度快速下降至室温。然后关闭电源,拔下电源插座。

【数据记录与处理】

1. 数据记录

表 9-1 电阻的测量(　　端电桥)

粗测电阻 $R_x=$　　Ω,$R_1=$　　Ω,$R_2=$　　Ω,室温=　　℃

R_3/Ω						平均值
R_x/Ω						

表 9-2 用平衡电桥测量铜电阻的阻值 R_t 与温度 t 的关系

桥路形式 $R_1=$　　Ω,$R_2=$　　Ω,室温 $t_0=$　　℃

t/℃										
R_3/Ω										
R_t/Ω										

表 9-3 用非平衡电桥测量电桥输出电压 U_o 与温度 t 的关系

桥路形式 $R_1=$　　Ω,$R_2=$　　Ω,$R_3=$　　Ω,$R_{t0}=$　　Ω,室温 $t_0=$　　℃

t/℃										
U_o/mV										

2. 数据处理

(1) 根据表 9-2 数据,在坐标纸上作铜电阻的阻值 R_t 与温度 t 的关系 R_t-t 曲线,分析两者函数关系;

(2) 根据表 9-3 数据，在坐标纸上作输出电压 U_o 与温度 t 的关系 U_o-t 曲线，分析结果与意义。

【注意事项】

(1) 除设置加热温度外，不得改动温控器内部任何参数。

(2) 电桥使用时，应避免将 R_1、R_2、R_3 同时调到零值附近测量，以防止出现较大工作电流，降低测量精度。

(3) 选择不同的桥路进行测量时，应注意选择合适的工作电流。

(4) 原则上，电桥平衡时电桥的毫伏表的示数应为零。由于 R_1、R_2、R_3 的步进值均为 1Ω，实际上可能无法调节使毫伏表的示数为零。如调不到零，则应调到最接近为零。

(5) 断电后方可清洁仪器。

【思考题】

1. 简述平衡电桥和非平衡电桥的区别。
2. 为什么不能用单臂电桥(惠斯通电桥)测量低值电阻？
3. 为什么用电桥测量电阻前，要先用万用表粗测电阻的阻值？

附录 G

G.1 DHQJ-3 型非平衡电桥

1) 仪器结构及接线端子图。仪器面板如图 9-6 所示。

图 9-6 仪器面板图

2) 主要技术参数。

(1) 仪器的使用条件。温度参考值：(20±2)℃；温度使用范围：5～35℃；相对湿度参考值：30%～70%；相对湿度使用范围：20%～80%；电源：单相交流 220V±10%，50Hz。

(2) 二端电桥、三端电桥参数。

A. 测量范围：二端电桥 100Ω～11.11MΩ；三端电桥 10Ω～11.11MΩ。

B. 桥臂电阻的调节范围：1Ω～11.11kΩ。

C. 允许误差及工作电压见表 9-4。

表 9-4 允许误差及工作电压

倍 率	量 程	精度/%	工作电压/V
×0.01	10Ω～111.1Ω	1	3
×0.1	100Ω～1.111kΩ	0.5	3
×1	1kΩ～11.11kΩ	0.2	3
×10	10kΩ～111.1kΩ	0.5	6
×100	100kΩ～1.111MΩ	2	9
×1000	1MΩ～11.11MΩ	5	9

(3) 开尔文电桥(双桥)。

A. 测量范围：10^{-5}～10^{2}Ω。

B. 桥臂电阻的调节范围：

R_1、R_2：100Ω、1kΩ、10kΩ，R_3：100Ω～11.11kΩ，步进值为1Ω。

C. 允许误差见表 9-5。

表 9-5 允许误差

标准电阻/Ω	测量范围/Ω			误差/% ($R_1=R_2=1$kΩ 时)
	$R_1=R_2=100\Omega$	$R_1=R_2=1\text{k}\Omega$	$R_1=R_2=10\text{k}\Omega$	
10	—	10～100	1～10	0.5
1	10～100	1～10	0.1～1	0.5
0.1	1～10	0.1～1	0.01～0.1	0.5
0.01	0.1～1	0.01～0.1	0.001～0.01	2
0.001	0.01～0.1	0.001～0.01	0.0001～0.001	5

(4) 非平衡电桥。

A. 桥臂电阻的调节范围：10Ω～11.11kΩ，步进值为1Ω。

B. 测量范围及精度见表 9-6。

表 9-6 测量范围及精度

桥路形式	测量范围	被测量的变化范围/%	测量电阻的精度/%
等臂电桥	10Ω～11.11kΩ	±2.5	0.5
卧式电桥	10Ω～11.11kΩ	±2.5	0.5
立式电桥	10Ω～11.11kΩ	+100，−75	1
比例电桥	10Ω～11.11kΩ	+100，−75	1

G.2　DHW-1 型温度传感实验装置

DHW-1 型温度传感实验装置是为配合 DHQJ 系列非平衡电桥测温实验而设计的专用加热装置,也可用于配合测量温度传感器温度特性曲线。本装置采用智能温度控制器控温,数字显示。采用低电压恒流加热方式,加热电流连续可调。

(1) 温控仪。温控仪前面板如图 9-7 所示。

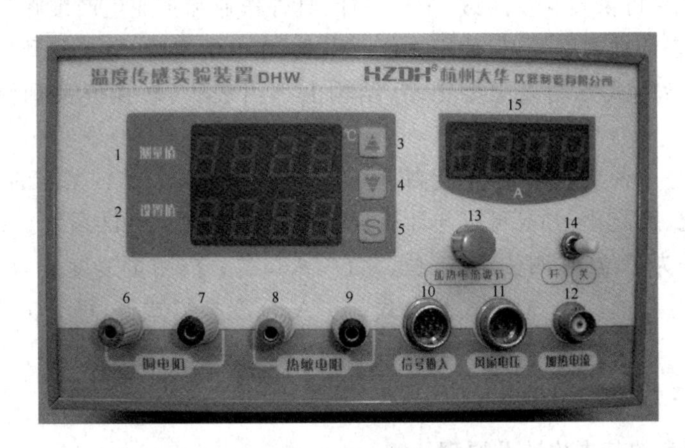

图 9-7　温控仪前面板图

1—测量值显示屏(绿色数码管),显示测量值;2—设定值显示屏(红色数码管),显示设定值;3—加数键(▲);4—减数键(▼);5—设定键(SET);6～7—铜电阻输出端子;8～9—热敏电阻输出端子;10—加热装置信号输入插座;11—风扇电压输出插座;12—加热电流输出插座;13—加热电流调节电位器;14—加热电流输出控制开关;15—加热电流显示屏

(2) 加热装置

加热装置外形及内部结构示意图如图 9-8 所示。

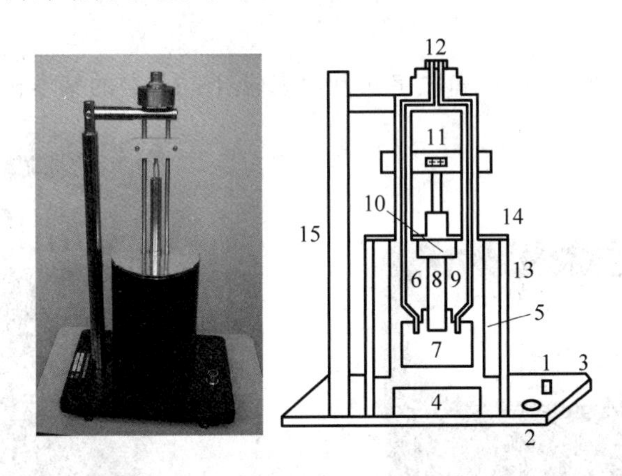

图 9-8　加热装置外形及内部结构示意图

1—风扇开关;2—风扇电压输入插座;3—底座;4—风扇;5—隔离圆筒;6—测温传感器;7—测试圆铜块;8—加热器;9—被测传感器;10—隔离块;11—加热电流输入插座;12—信号输出插座;13—隔热层;14—加热杯上盖;15—立柱

实验 10　万用电表的使用

万用电表(以下简称万用表)是应用最广泛的电学仪表之一。常用的万用表有指针式和数字式两种。它可以测量交流电压、直流电压、直流电流、电阻、电容、二极管和三极管参数等电学量。因此,它可供实验室测试、工程设计、野外作业和工业生产维修等使用。

指针式万用表的准确度低,但使用方便。因此,在电学实验、电工测量、电子测量等方面得到广泛应用。指针式万用表类型很多,结构上都由表头、转换开关和测量电路三部分组成。

数字万用表是一种功能齐全、精度高、性能稳定、灵敏度高、结构紧凑的仪表。它显示直观,能做到小型化、智能化,并且可以与计算机接口组成自动化测试系统。数字万用表按显示位数分,可以分为三位半、四位半、五位、六位、八位等;按测量速度分为高速和低速;按重量、体积分,可分为袖珍式、便携式和台式;按 A/D 变换方式分,可分为直接变换型和间接变换型。

【实验目的】

1. 了解万用表的基本构造及原理;
2. 学习用万用表测量电流、电压、电阻等物理量;
3. 学习用万用表检查电路的故障及检测二极管、三极管等。

【实验仪器】

指针式万用表(MF-500),数字式万用表(DT890B),干电池 2 节(新、旧各一),电阻 2 个(大、小各一),二极管一只,三极管二只(NPN 型、PNP 型各一),电容器 1 只($C>1\mu F$),直流稳压电源,单刀开关,导线。

【实验原理】

下面介绍指针式(见图 10-1)和数字式万用表(见图 10-2)的基本构造和工作原理。

图 10-1　指针式万用表

图 10-2　数字式万用表

1. 指针式万用表

(1) 基本构造。指针式万用表有一个共用表头(微安表),内部有多种不同的电路,表头与不同的电路配接就构成了多种功能多种量程的电表。其基本构造有如下三部分。

表头：这是指示部分,是万用表的核心部件,万用表的重要性能就取决于表头。

转换装置：一般由转换开关、表笔、插孔等组成,用于选择不同的测量功能及量程,也就是选择不同的测量电路。与此相对应,表盘上刻有各种功能相应的刻度。

测量电路：主要由分流电阻和分压电阻等元件组成。不同的测量电路其作用是把不同的被测量转换成表头指示的电学量,例如把被测的大电流通过分流电阻转换成表头能够承受的小电流。

(2) 基本原理。万用表的直流电流挡的分流电阻都是闭路抽头式,如图 10-3 所示。

万用表的直流电压挡则是以闭路抽头式的电流表为"等效表头",再串联分压电阻,如图 10-4 所示。

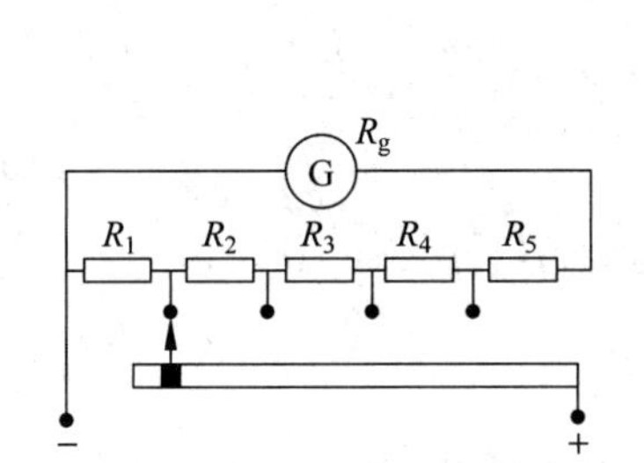

图 10-3　万用表直流电流挡

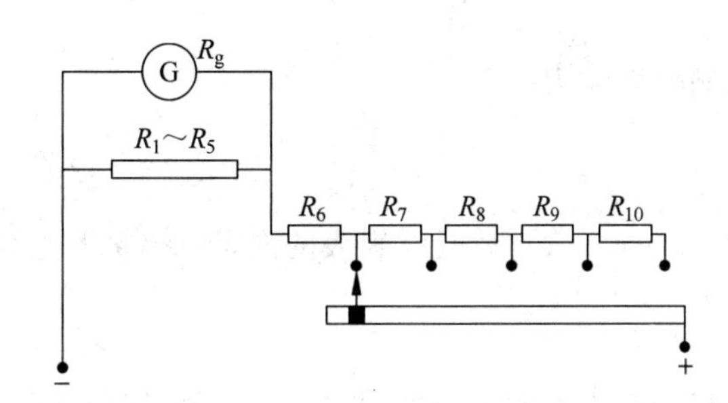

图 10-4　万用表直流电压挡

万用表的交流电压挡如图 10-5 所示。万用表的表头是磁电式表头,只适用于测量直流电压。若为交流信号,必须经过整流,变成直流后才可进行测量。

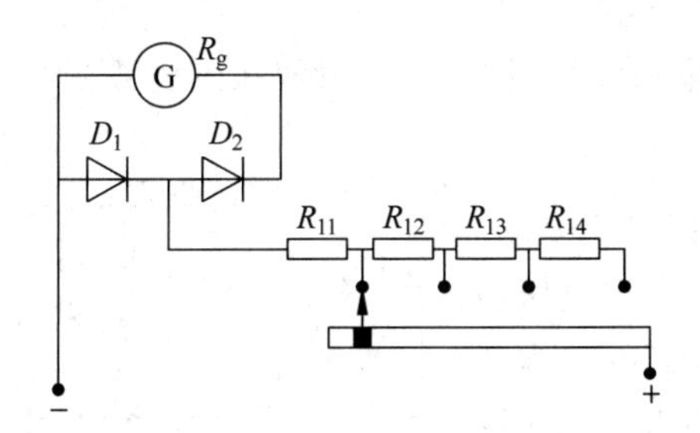

图 10-5　万用表交流电压挡

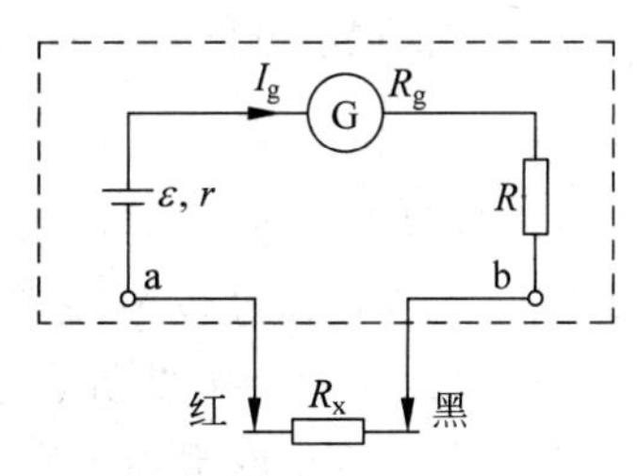

图 10-6　欧姆表原理图

万用表的电流挡和电压挡的工作原理在这里都不再赘述。下面仅对其欧姆挡(万用表的欧姆挡是一个多量程的欧姆表)的原理作简单的介绍。

欧姆挡的工作原理电路图如图 10-6 所示,其中,虚线框内为欧姆表,a、b 为两接线柱(表笔插孔)。表内电源(干电池)(电动势为 ε,内阻为 r)与限流电阻 R 及微安表头(表头内阻为 R_g,满偏电流为 I_g)相串联。测量时,将待测电阻 R_x 接在 a、b 上。由全电路欧姆定律可知,回路中的电流为

$$I_x=\frac{\varepsilon}{(r+R+R_g)+R_x} \tag{10-1}$$

由上式可以得出待测电阻与电流的关系式

$$R_x=\frac{\varepsilon}{I_x}-(r+R+R_g) \tag{10-2}$$

式(10-2)就是欧姆表的刻度公式。可以看出,对于给定的欧姆表电路,ε、r、R_g、R 是一定的,被测电阻 R_x 的阻值与表头指针偏转大小(即回路电流在表头中的读数 I_x)有一一对应的关系,此关系为非线性关系。把表头的标尺按与电流对应的电阻值进行刻度,则该表头就可以直接用来测量电阻。

当 a、b 两端用表笔短接,即 $R_x=0$ 时,指针满偏,此刻度阻值标为"0Ω";当 a、b 两端开路,即 $R_x=\infty$ 时,$I_x=0$,指针不动,指在表头的零位置,此刻度阻值标为"∞Ω";当 R_x 取其他各值时,指针所指的 I_x 与 R_x 都是一一对应的,只要在指针所指的这些位置上直接标出 R_x 的值就得到欧姆挡的刻度了。可见,欧姆表的标度与电流挡和电压挡的标度相反。

满偏电流为

$$I_g=\frac{\varepsilon}{r+R+R_g} \tag{10-3}$$

其中,$(r+R+R_g)$就是欧姆表的内阻。当被测电阻 $R_x=r+R+R_g$ 时,有

$$I_x=\frac{\varepsilon}{2(r+R+R_g)}=\frac{1}{2}I_g \tag{10-4}$$

此时指针正指刻度的中央,此刻度所示的阻值称欧姆表的中值电阻,用 $R_{中}$ 表示,有

$$R_{中}=r+R+R_g \tag{10-5}$$

即中值电阻等于欧姆表的内阻。

中值电阻是欧姆表的重要特征数值。从式(10-2)可知,欧姆表的刻度是不均匀的。当 $R_x \gg R_{中}$ 时,$I_x \approx 0$,指针的偏转随 R_x 的变化很不明显,测量误差大;同理,当 $R_x \ll R_{中}$ 时,$I_x \approx \frac{E}{R_{中}}=I_g$,测量误差也很大。因此为了提高电阻的测量精度,一般取在刻度弧线的 1/5~4/5 范围内进行测量。

上述原理是假定电池电动势 ε 和内阻 r 为恒定不变的。但是实际上,电池在使用过程中,内阻会不断增加,端电压会不断下降,这时,即使 $R_x=0$ 指针也不会指在"0Ω"处。为了消除这一误差,万用表的欧姆挡还装有"电阻调零"旋钮,实际上就是一个可变电阻器 R_0,它与 R 连用,如图 10-7 所示,其作用就是在 $R_x=0$ 时,即使 ε 下降也能将指针调到"0Ω"处。

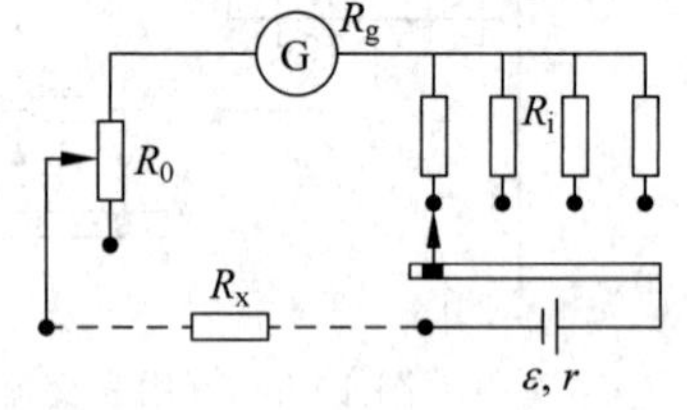

图 10-7　欧姆挡调零原理图

2. 数字式万用表

1) 基本原理

数字式万用表如图 10-2 所示,是根据模拟量与数字量之间的转换来完成测量的,它能用数字把测量结果显示出来。其原理方框图如图 10-8 所示,主要包括直流电压变换器、模-数转换器、计数器、显示器和逻辑控制电路等部件。直流电压变换器的作用是把被测量(如

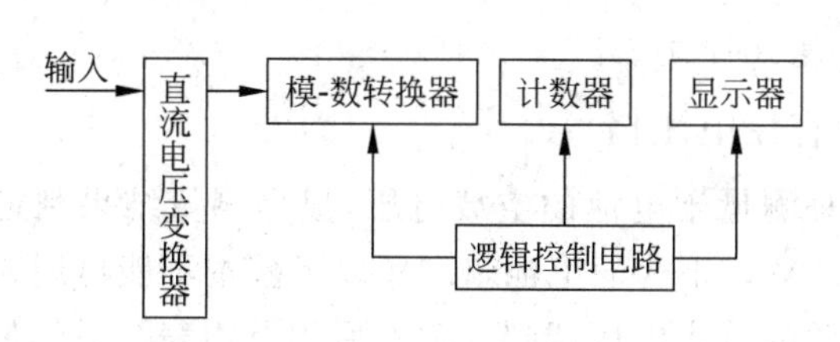

图 10-8 数字式万用表原理方框图

电流、电阻等)变换为电压；模-数转换器则是把电压转换为数字量；计数器可对数字量进行运算，再把结果经过译码系统送往显示器进行数字显示；逻辑控制电路主要对整机进行控制及协调各部件的工作，并能使其自动重复进行测量。

数字式万用表的核心部件是一块模数转换器(A/D 转换器)。多数数字式万用表输入的直流电压基本量程约为 200mV，高于 200mV 的测量都是通过电阻进行分压后进行的。所以 200mV 量程挡是它准确度最高的挡位，其他各挡直流电压的测量准确度，还要受电阻分压比的不确定度的影响。交流电压、直流电流、交流电流和电阻挡的测量，则和模拟式万用表一样，是通过电表改装和量程的扩展来实现的。

数字式万用表主要按显示的位数来分类，位数是指数字万用表完整地显示数字的最大位数。可以显示出 0～9 这十个数字，“一个整位”不足的称为“半位”。例如，能显示“999999”时称为“六位”，最大能显示“1999”的称为“三位半”。半位都是出现在最高位。目前常见的有 $3\frac{1}{2}$位(三位半)和 $4\frac{1}{2}$位(四位半)两种。所谓半位，是指第一位只能是 0(不显示)和 1 数字。以三位半万用表的 200mV 电压量程为例，最大测量值为 199.9mV(位)，其他以此类推。

2) 数字万用表的使用方法

(1) 接通电源，检查电池电压。按下电源开关 POWER 于“ON”，接通电源。这时如显示屏显示电池不足符号时，表明电池电压不足，需要更换电池，数字万用表一般使用 9V 集成电池。

(2) 输入端的选择和连接。数字万用表一般有四个输入端，分别为：“COM”、“V/Ω”、“200mA”和“10A”。其中“COM”是公共端(接黑表笔)，万用表作任何功能测量时，都要使用这一输入端。“V/Ω”输入端是用于电阻和电压测量的。“200mA”和“10A”输入端是分别用于小电流和大电流测量的。如图 10-2 所示。

(3) 测量前应先把万用表置于正确合理的功能和量程挡上。在测量交直流电流或电压前，应把量程开关预先置于该项目的最大量程处。注意：万用表处于电流或电阻挡时，一定不要去测量电压，如果无意中碰上一个电压源，也是危险的，可能会造成数字万用表不可恢复的损坏。

【实验内容和步骤】

1. 测量电阻(欧姆挡)

(1) 将指针式万用表“机械调零”以后，先选择合适的量程测量小电阻，量程选好后，先作“欧姆调零”后进行测量。然后改用大倍率的量程，重新进行“欧姆调零”，测量大电阻。

(2) 用数字式万用表对上述两个电阻再测量一次。

将测量结果记录在表 10-1 中。

2. 测量直流电压(直流电压挡)

(1) 选择合适的量程测量干电池的空载电压,根据测量结果判定干电池的新、旧。(略高于 1.5V 为新电池,1.5V 以下为旧电池,1.2V 以下基本不能再用。)

(2) 将直流稳压电源的输出电压调到 8V,然后用万用表合适的量程进行实际测量。

以上两次测量先使用指针式万用表,后使用数字式万用表。(表格自拟,将测量数据填入。)

3. 测量交流电压(交流电压挡)

用两种万用表的交流电压挡的合适量程测量实验桌上交流电源插座上的交流电压,注意,手不能接触表笔的金属部分。

4. 测量直流电流(直流电流挡)

(1) 按图 10-9 所示连接电路,并估算 ab 支路和 ac 支路上的电流。然后将指针式万用表选择合适的量程,先串接到 a、b 间测量小电阻支路上的电流,后改变量程串接到 a、c 间测量大电阻支路上的电流。

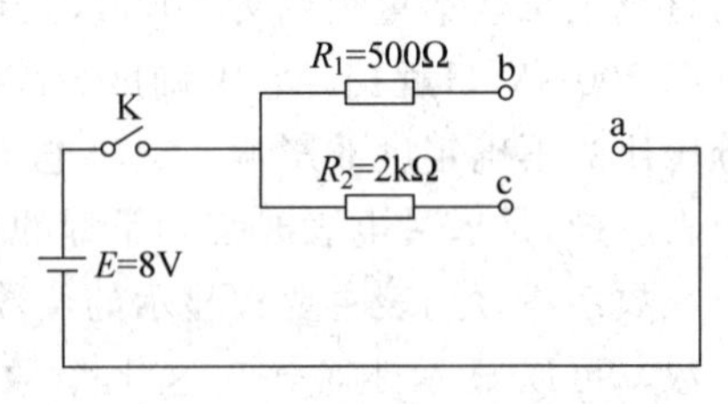

图 10-9　直流电流的测量

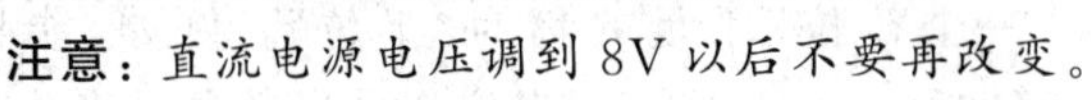
注意:直流电源电压调到 8V 以后不要再改变。

(表格自拟,将测量数据填入。)

(2) 以上测量用数字式万用表再做一次。数字万用表的黑表笔仍插在"COM"孔,红表笔改插到"mA"孔或"20A"孔(被测电流在 200mA 以下插"mA"孔,在 200mA～20A 之间插"20A"孔)。

5. 用电压法检查电路故障(直流电压挡)

用图 10-9 所示电路,将 a、b、c 三点连到一起,相邻两组的同学互设故障,然后用电压法检查电路的故障所在。方法是:将万用表的直流电压挡的量程调到大于或等于电源电压,先检查电源是否正常,若正常,再从正极开始沿电流方向顺序检查各段电路和节点,电压出现反常之处即为故障所在。

6. 判别二极管的极性及好坏

(1) 用指针式万用表判别(欧姆挡)

二极管具有单向导电性,反向电阻要比正向电阻大几百倍以上,甚至更大,二者相差越大越好,通常称之为正向导通,反向截止。

为避免电流过大,用万用表来判别中、小功率二极管的正、负极时,选用欧姆挡 $R\times1$K(1K=1000)倍率或 $R\times100$ 倍率(避免用 $R\times1$ 或 $R\times10$ 倍率)。用两支表笔分别接触二极管的两极,如果第一次测得两极间的电阻较小(约几百欧姆至几千欧姆之间),对调表笔后测得的电阻接近无穷大,则该二极管是好管子,电阻较小的那一次黑表笔接触的是二极管的正极(黑表笔为表内电池的正极)。应该指出的是,二极管是非线性元件,正向电流与正向电压不成正比,欧姆挡选用不同的倍率测得的正向电阻有所不同。

如果前、后两次测得的电阻都是无穷大,说明二极管内部断路;如果两次测得的电阻都几乎为零,则说明二极管内部短路(被击穿);如果两次测得的电阻差不多,则说明二极管没有单向导电性。这三种情况的管子都是坏的。

(2) 用数字式万用表判别("—▷|—"挡)

将数字式万用表的旋转开关打到"—▷|—"挡，二极管导通时屏上显示正向电压降的值，通常为零点几伏特，二极管截止时屏上显示过量状态"1"。导通时红表笔所接的是二极管的正极(数字万用表的红表笔是表内电池的正极，这一点与指针式万用表正好相反)。若两次测试均显示"000"，则二极管已被击穿；两次测试均显示过量状态"1"，则二极管内部断路。

7. 判别三极管的管型和极性，测量三极管的直流放大倍数 h_{FE} 值

1) 用指针式万用表判别和测量

(1) 判别管型和基极 b

三极管如图 10-10 所示。粗略地说，三极管的内部是两个 PN 结的组合。指针式万用表选择欧姆挡 $R\times1$K 倍率(或 $R\times100$ 倍率)，手拿管体，三个极向上，假定其中一个极(例如中间一极)是基极(b 极)，用红表笔接触假定基极，黑表笔分别与另外两极相接，如果两次测得的阻值都较小(指针偏转角度较大)，则说明三极管是 PNP 型的，且假定基极(红表笔所接)就是基极。为了验证判断正确与否，可交换表笔再测，若两次测得的阻值都接近无穷大(指针几乎不动)，则验证了前述判断肯定是正确的。

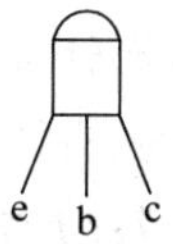

图 10-10　三极管

如果测试情况与上述正好相反，则说明三极管是 NPN 型的，假定基极也是正确的。

(2) 判别集电极 c 和发射极 e

通常用放大性能比较法来判别集电极 c 和发射极 e。具体方法是：对于 PNP 型三极管，除已知基极 b 外，假定另外两极中的一极是 c 极，用红表笔与其接触，黑表笔与第三极接触，并用湿手指捏住 b 极与假定 c 极(等于加一个偏置电阻)，观察指针的偏转；然后对调表笔，仍用湿手指捏住 b 极与假定 c 极，再观察指针的偏转。两次中指针偏转角度大的那一次的假定是正确的，红表笔所接的是 c 极，黑表笔所接的是 e 极。

对于 NPN 型的三极管，用黑表笔去接触假定 c 极，湿手指捏在基极与黑表笔之间，方法与上述相同，偏转角度大的那一次黑表笔所接的是 c 极。

现在一般常用的三极管，如果手拿管体，剖面正对自己，三个极向下，则三个极的排列顺序是 e、b、c，如图 10-10 所示。

(3) 测量三极管直流放大倍数 h_{FE} 值

先将转换开关旋至 ADJ 挡，进行电阻调零，然后再旋至 h_{FE} 挡，将三极管按照管型和极性的顺序插入相应的插孔内，从 h_{FE} 刻度上即可读出三极管直流放大倍数的大小。

以上判别管型、极性及测量直流放大倍数三步还可以并作一步做。就是转换开关旋至 R×10 挡，进行电阻调零后再旋至 h_{FE} 挡，将被测三极管直接插入测孔内，插对了就显示放大倍数，插错了就不显示或显示不正常。

2) 用数字式万用表判别和测量

用数字式万用表判别三极管的管型、极性和测量直流放大倍数时，不使用欧姆挡，而采用 PN 结挡"—▷|—"，可把一个三极管视为两个二极管的组合，应该怎么去判别和测量，请同学们自己好好想一想，动手去做，将测量结果填入表 10-2。

8. 测试电容器的性能

用指针式万用表来测试电容器的性能，是利用电容器充、放电的原理。使用欧姆挡，对中等容量的电容器(0.1～100μF)，可取 R×1K 倍率。先将电容器的两极短接一下，进行放电。然后再将两支表笔与电容器的两极相接。

(1) 如果指针摆动一定的角度(表内电池对电容器充电)，然后又较快地返回到"∞"处(充电完毕)，表明该电容器性能正常。

(2) 指针摆动一下后不能回到"∞"处，而是停止在某一刻度上，表明该电容器漏电，容量下降。若漏电电阻小，即漏电厉害，就不能再用。

(3) 若指针不动，仍停在"∞"处，表明该电容器内部断路，不能用。

(4) 若指针摆到"0"刻度附近不返回，表明该电容器内部已被击穿，不能用。

(5) 对于小容量的电容器，指针摆动很不明显，可反复地交换表笔，如果指针反复地微微摆动，则表明该电容器性能正常。

(6) 用数字式万用表测量电容量的大小，测量结果填入表 10-3。

转换开关旋至 Cx 挡，选择合适的量程，按下表内电源的开关，即打开，屏显会自动校零。先将被测电容器放电，然后将两极插入 Cx 的插孔内(不用表笔)，屏上显示的读数就是被测电容的大小。

【数据记录与处理】

表 10-1　测量电阻

		小电阻	大电阻
电阻箱示值/Ω			
选择欧姆挡量程/Ω			
测量值/Ω	指针式		
	数字式		

注：测量直流电流、直流电压的表格自拟。

表 10-2　测量三极管的 h_{FE} 值

	NPN 型	PNP 型
指针式表所测		
数字式表所测		

表 10-3　测量电容值

标称值/μF	
测量值/μF	

【注意事项】

(1) 首先要明确测量什么物理量，切勿用错功能挡，比如错用电流挡测电压，或错用欧姆挡测电流等。

(2) 无论测哪个物理量，都必须首先对电表进行"机械调零"，即调整表盖下部中央的调零螺丝，使表针正指零刻度。

(3) 选择合适的量程。先估计被测量程的大小，根据估计选择合适的量程。如果被测量的大小无法估计，应先选较大的量程进行测试，以防电表过载。若指针偏转过小，则将量程逐步减小,直至选择到指针偏转尽可能大的合适量程为止。

(4) 测量直流电压或直流电流时,注意正、负极不能接错,红表笔接高电势端,黑表接低电势端。执表笔的手切勿直接接触表笔的金属部分。测试时若无把握,应先采用跃接法,即在表笔接触测量点的同时注意观察指针的偏转,如有异常表笔立即跳离测量点,然后考虑更正方法。

(5) 使用欧姆挡测量电阻时,除了"机械调零"以外,还必须进行"欧姆调零"。将两表笔短接,调整"Ω"旋钮,使指针满偏,指在"0"Ω 刻度线上。若换用不同的量程(倍率),必须重新进行"欧姆调零"。(数字式万用表不必作机械调零和欧姆调零。)

(6) 万用表用毕后,应将转换开关打到交流电压最高挡,以保护电表。特别不能停在欧姆挡,以免两表笔不慎短路,致使表内电池长时间放电,损坏电池和电表。数字式万用表用毕后应将表内电源开关弹出,即断开。

【思考题】

1. 指针式万用表由哪几部分组成?使用时应注意哪些问题?使用欧姆挡电表黑表笔接内部电池哪一极?

2. 数字万用表使用时,黑测试表笔应插入什么位置?

3. 比较实验中两种不同电压量程挡测量同一电压所得结果,判断使用哪一挡更合理,想一想为什么。

实验 11　用惠斯通(单臂)电桥测中值电阻

测量电阻的方法很多,利用电桥测量电阻是常用的方法之一。它是在电桥平衡的条件下将标准电阻与待测电阻相比较,以确定待测电阻的阻值。由于它的准确度和灵敏度都比较高,所以在电磁测量技术中得到极其广泛的应用。

根据不同的用途,电桥有许多种类。交流电桥,主要用来测量电容、电感等元件。直流电桥,主要用来测量电阻或与电阻有函数关系的其他物理量,也可以用于非电量的电测法中,例如测量温度、压力等;还可通过接于桥臂的光敏或热敏电阻,应用于现代工业生产的自动控制中。不同种类的电桥尽管性能和结构各有特点,但它们的基本原理都相同。

【实验目的】

1. 掌握用惠斯通电桥测电阻的基本原理;

2. 学习用 QJ19 型单双臂电桥测中值电阻的方法。

【实验仪器】

QJ19 型单双臂电桥,检流计(2 个):J0409 表和 AC5/4 表。

不同数量级的待测色标电阻(2 个)。

【实验原理】

1. 惠斯通电桥测电阻

惠斯通电桥是通过将已知电阻和未知电阻相比较,而测得未知电阻的阻值,其线路原理如图 11-1 所示。

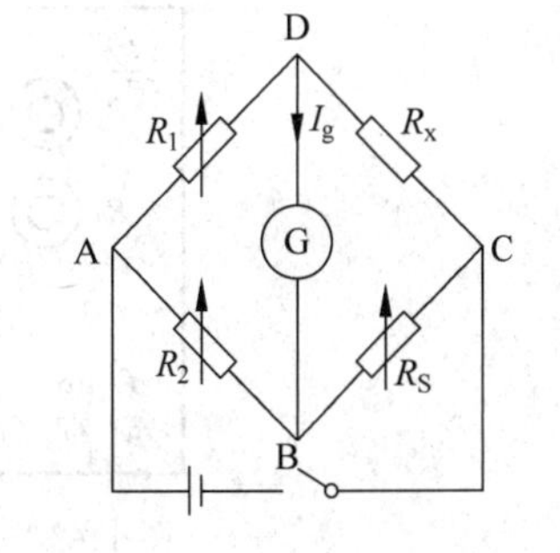

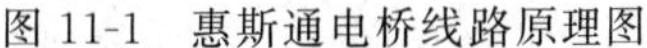

图 11-1　惠斯通电桥线路原理图

实验 11-1

4个电阻 R_1、R_2、R_x 和 R_S 联成一个四边形，每一条边称为电桥的一个单臂，接入检流计G的对角线称为“桥”。

接通电路，R_1、R_2、R_x、R_S 上通过电流分别为 I_1、I_2、I_x、I_S。调节各电阻阻值使电桥平衡($I_g=0$，检流计指针不偏转)，此时

$$\begin{cases} I_1R_1=I_2R_2 \\ I_xR_x=I_SR_S \end{cases} \tag{11-1}$$

则

$$\frac{I_1R_1}{I_xR_x}=\frac{I_2R_2}{I_SR_S} \tag{11-2}$$

又因为

$$\begin{cases} I_1=I_x \\ I_2=I_S \end{cases} \tag{11-3}$$

所以

$$\frac{R_1}{R_x}=\frac{R_2}{R_S} \tag{11-4}$$

即

$$R_x=\frac{R_1}{R_2}R_S \tag{11-5}$$

即待测电阻 R_x 等于 R_1/R_2 与 R_S 的乘积。通常将 R_1、R_2 称为比率臂，将 R_S 称为比较臂。R_1/R_2 称为倍率。

调节电桥平衡有两种方法：一种是保持比较臂 R_S(标准电阻)不变，调节比率臂的值；另一种是取比率臂 R_1/R_2 为一定值，调节比较臂 R_S。前一种方法准确度低，很少使用。本实验采用后一种方法。

2. 用QJ19型单双臂电桥测中值电阻

本实验室有两种QJ19型单双臂电桥，QJ19型单双臂电桥(Ⅰ)面板及接线示意图如图11-2所示，另外还有部分QJ19型单双臂电桥为另一厂家生产，其面板及接线见附录H.3中图11-3所示。我们主要介绍图11-2所示的QJ19型单双臂电桥(Ⅰ)。

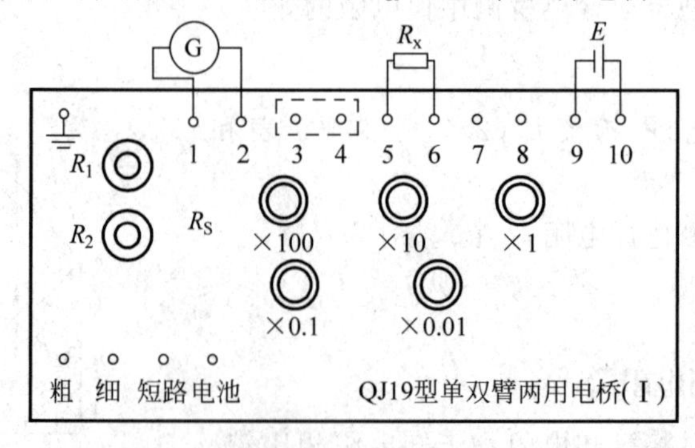

图11-2 QJ19型单双臂电桥(Ⅰ)面板及接线示意图

QJ19 型单双臂电桥(I)作为单臂电桥使用时，将 3、4 端钮短路，7、8 端钮不接(3、4 端钮和 7、8 端钮分别为双臂电桥的标准电阻端钮和未知电阻端钮)。检流计接到 1、2 端钮，未知电阻 R_x 接到 5、6 端钮，电源接到 9、10 端钮。当电桥平衡时，有 $R_x=\frac{R_1}{R_2}R_S$，式中 R_1、R_2、R_S 均可从仪器上读出，故 R_x 可求。

3. 电桥法测电阻的误差分析

电桥法测量电阻的误差主要来源于电桥各臂电阻的系统误差、电桥灵敏度导致的测量误差，以及存在于电桥测量系统中的寄生热电势和接触电势引起的误差。

电桥是否平衡，实验上是看检流计有无偏转。当我们认为电桥已到达平衡时，I_g 不可能绝对为零，只是 I_g 小到无法用检流计检测而已。为了定量的表示检流计不够灵敏带来的误差，我们引入电桥灵敏度 S 的概念

$$S=\frac{\Delta n}{\Delta R_x/R_x} \tag{11-6}$$

其中，ΔR_x 是当电桥平衡后把 R_x 改变一点的数量(实际上待测电阻 R_x 是不能改变的，常以改变标准电阻 R_S 的方法来测量电桥的相对灵敏度)，而 Δn 是因为 R_x 改变了 ΔR_x 电桥略失平衡引起的检流计偏转格数。灵敏度越大，说明电桥越灵敏，带来的误差也越小。应用基尔霍夫定律，可以推出电桥灵敏度为检流计灵敏度和线路灵敏度之积。因此，提高灵敏度的方法有：提高电源电压 E，选择灵敏度高、内阻低的检流计，适当减小桥臂电阻，尽量使电桥四臂阻值相等等方法。在实验中，上述方法应根据具体情况灵活应用。

在箱式电桥中，比率臂、比较臂等线路已被装入箱内，不可更改，故电桥测量系统中的寄生热电势和接触电势引起的误差均被包括在箱式电桥的级别误差内。在计算电阻测量误差时必须明确电桥的准确度等级。

QJ19 型单双臂电桥符合部颁标准 JB 1391—1974，其基本误差的允许极限(最大误差)为

$$\Delta R_x=K(a\%\cdot R_S+b\cdot \Delta R) \tag{11-7}$$

式中，K 为电桥的倍率(R_1/R_2 的值)；a 是电桥的准确度等级；R_S 为比较臂的示值；ΔR 为比较臂最小步进值(最小分度)；b 为固定系数：$a\geqslant 0.05$ 级时，b 为 0.2。

【实验内容和步骤】

实验 11-2

1. 按图 11-2 接好线路。

2. 确定 R_x 的数量级。本实验测定的 R_x 是色环电阻，其电阻值的数量级可通过电阻上的色标确定(色环电阻色标代表的数量级见表 11-2)。

3. 根据 R_x 的数量级，按照表 11-3 选择比率臂电阻 R_1、R_2 和电源电压值。

4. 按照顺序调节 R_S 的五个旋钮使电桥平衡。电桥是否平衡，可根据接于 1、2 端钮的检流计指针是否偏转来判断。

具体步骤是：

(1) 先把检流计 J0409 表接入 1、2 端钮，然后用跃按法，依次按面板上的“粗”“细”按钮进行粗调和细调，通过观察检流计指针是否偏转来判断电桥平衡；

(2) 再换 AC5/4 表接入 1、2 端钮，跃按面板上的“细”按钮进行精调，直至检流计指

针不再偏转，电桥平衡。记下平衡时 R_1、R_2 和 R_S 的值（R_S 的数值为五个旋钮读数的总和）。

5. 换一个阻值为不同数量级的待测电阻，按照上述步骤 2、3、4 再测一次。

【数据记录与处理】

1. 数据记录

表 11-1　惠斯通电桥测中值电阻

$a=$________，$b=$________

电阻序号	R_x 数量级（色环颜色）	电池电压 E/V	R_1/Ω	R_2/Ω	R_S/Ω	$\bar{R}_x=\frac{R_1}{R_2}R_S/\Omega$	$\Delta R_x=K\cdot(a\%\cdot R_S+b\cdot\Delta R)/\Omega$
1							
2							

2. 数据处理

(1) 计算待测电阻 R_x 及其不确定度 U_{R_x}；

(2) 表示出实验结果，并作必要的误差分析和讨论。

提示：每个电阻只测量一次，只需计算 B 类不确定度。故 R_x 的不确定度为 $U_{R_x}=\frac{\Delta R_x}{\sqrt{3}}$。

【注意事项】

(1) 电源电压绝对不可超过附表中对应电压值，以免损坏仪器。

(2) 对于指针式电源，分清电压和电流读数。

(3) AC5/4 检流计使用前调零，使用后开关打至“关”。

(4) 实验结束后，电源电压调至零。

【思考题】

1. 电桥达到平衡后，若互换电源和检流计的位置，电桥是否仍保持平衡？

2. 若待测电阻 R_x 的一个接头接触不良，电桥能否调至平衡？

附录 H

H.1　色环电阻色标代表的数量级表

表 11-2　色环电阻色标代表的数量级表

黑	棕	红	橙	黄	绿	蓝	紫	灰	白
0	1	2	3	4	5	6	7	8	9

H.2　QJ19 型单双臂电桥（Ⅰ）作单臂电桥使用时比率臂电阻和电池电压选择表

表 11-3　QJ19 型单双臂电桥(Ⅰ)作单臂电桥使用时比率臂电阻和电池电压选择表

被测电阻 R_x/Ω		比率臂电阻/Ω		电池电压/V	准确度 $a/\%$
从	到	R_1	R_2		
10	10^2	10^2	10^2	1.5	0.05
10^2	10^3	10^2	10^2	3	
10^3	10^4	10^3	10^2	6	
10^4	10^5	10^4	10^2	10	
10^5	10^6	10^4	10	20	0.5

H.3　QJ19 型单双臂电桥（Ⅱ）

QJ19 型单双臂电桥（Ⅱ）面板及接线示意图如图 11-3 所示。作为单臂电桥使用时，其比率臂电阻和电池电压的选择见表 11-4。

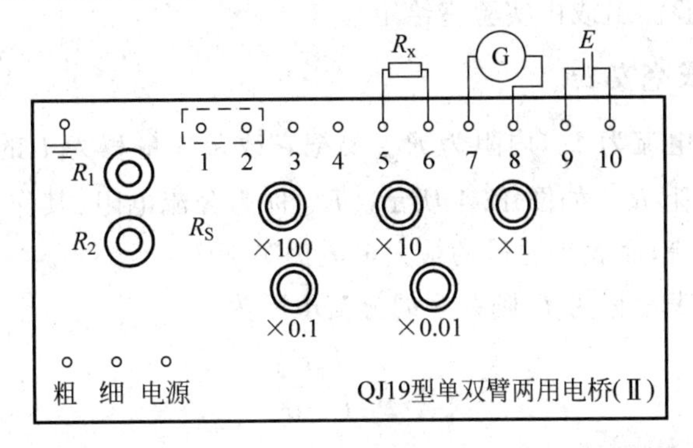

图 11-3　QJ19 型单双臂电桥（Ⅱ）面板及接线示意图

表 11-4　QJ19 型单双臂电桥（Ⅱ）作单臂电桥使用时比率臂电阻和电池电压选择表

被测电阻 R_x/Ω		比率臂电阻/Ω		电池电压/V	准确度 $a/\%$
从	到	R_1	R_2		
10^2	10^3	10^2	10^2	1.5	0.05
10^3	10^4	10^3	10^2	3	
10^4	10^5	10^4	10^2	6	
10^5	10^6	10^4	10	6	

实验 12　电表的改装和校正

电学实验中经常要用电表（电压表、电流表等）进行测量，常用的直流电流表和直流电压表都有一个共同的部分，常称为表头。表头通常是一只磁电式微安表，其满标度电流 I_g 很小，一般为几微安、几十微安、最高也只有几毫安。用它来测量较大的电流、电压，或电阻，必须对表头进行改装,以扩大量程。在生产和科学实验中实际使用的安培计、伏特计和万用表均是由表头改装而成的。改装后的电表,必须进行校正才能使用。

【实验目的】

1. 了解电表的基本结构,掌握将表头改装成各种电表的原理和方法;
2. 学会校准电表的方法,学会校准曲线的描绘和应用;
3. 了解欧姆表的测量原理和定标方法。

【实验仪器】

表头1只,稳压电源,毫安表1只,伏特表1只,电阻箱4只,滑动变阻器1只,导线若干。

【实验原理】

将给定的一个表头改装成电流表、电压表或欧姆表,必须知道表头的两个重要参数:

(1) 满标度电流 I_g(可由表盘上读出);

(2) 内阻 R_g(实验测出或由实验室给定)。

1. 将表头改装成毫安表

设表头的满标度电流为 I_g,内阻为 R_g,要把它改装成量程为 I 的毫安表,办法是在表头两端并联一个低电阻 R_S,如图12-1所示。R_S 称为分流电阻,其作用是使超过表头所允许的电流从它上面分流,而表头通过的最大电流仍等于 I_g。

若改装成的毫安表量程为 I,则并联的分流电阻为

$$R_S = \frac{I_g R_g}{I - I_g} \tag{12-1}$$

由表头和分流电阻组成的整体就是电流表(毫安表),其内阻为 $R_{内} = \frac{R_S R_g}{R_S + R_g}$。

若使用选择开关使表头能分别与不同阻值的分流电阻并联,便可制成多量程的电流表。实际上多量程电流表是在表头上同时串、并联电阻来实现的,如图12-2所示。

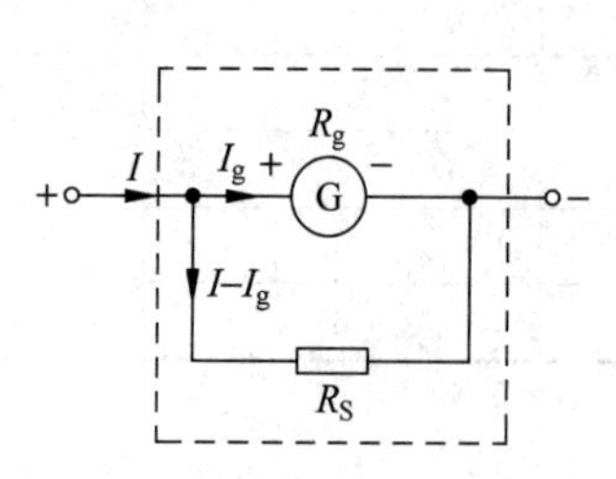

图12-1 毫安表电路示意图

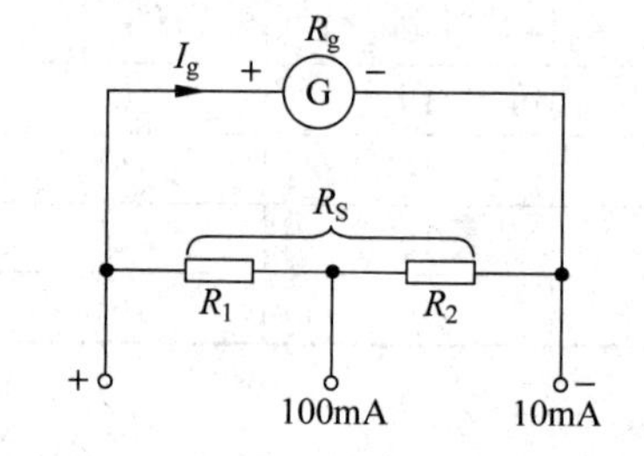

图12-2 两挡毫安表电路示意图

2. 将表头改装为电压表

要将表头(满标度电流为 I_g,内阻为 R_g)改装成量程为 U 的电压表,办法是在表头上串联一个高电阻 R_H,如图12-3所示;R_H 称为分压电阻,其作用是使超过表头所能承受的电

压($U-I_gR_g$)降落在它上面，而表头所降落的最大电压仍是U_g($U_g=I_gR_g$)。

如果改装成的电压表量程为U，则所串联的分压电阻为

$$R_H=\frac{U}{I_g}-R_g \tag{12-2}$$

由表头和分压电阻所组成的整体就是电压表(图12-3中虚框中)，其内阻为$R_内=R_g+R_H=\frac{U}{I_g}$。$\frac{1}{I_g}$称为每伏欧姆数，这是一个很重要的参数，当需要将表头改装成量程为U的电压表时，只要将U乘以每伏欧姆数然后减去表头内阻R_g，就可确定分压电阻R_H的大小。

若使用选择开关使表头能分别与阻值不同的分压电阻串联，便可制成多量程的电压表，图12-4表示两个量程的电压表内部分压电阻的两种连接法：共同分压电阻接法和独立分压电阻接法。

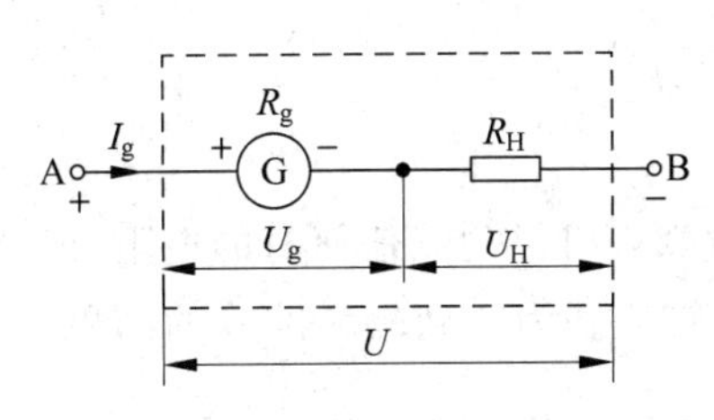

图12-3　电压表电路示意图

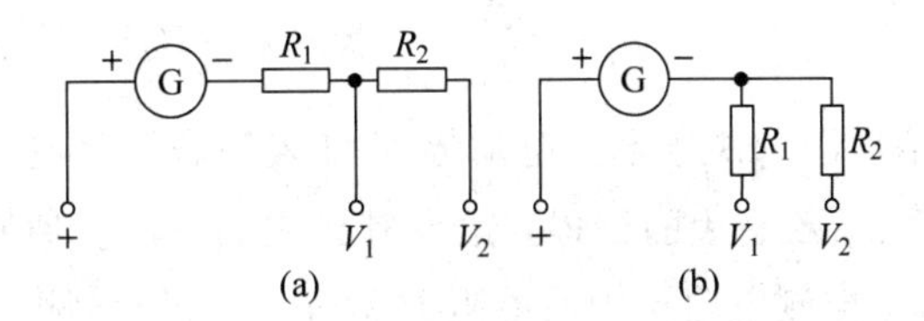

图12-4　两挡电压表电路示意图

(a)共同分压电阻接法；(b)独立分压电阻接法

3. 将表头改装为欧姆表

用来测量电阻大小的电表称为欧姆表。

1) 欧姆表的原理。将表头与可变电阻R_0、固定电阻R_i($R_0+R_i=R_\Omega$)、电池串联起来，就构成了一个简单的欧姆表，其电路如图12-5中实线部分所示。

当a、b间接上外电阻R_x时(图12-5中虚线部分)，设电路中电流为I，电池的端电压为E，则

$$I=\frac{E}{R_g+R_0+R_i+R_x} \tag{12-3}$$

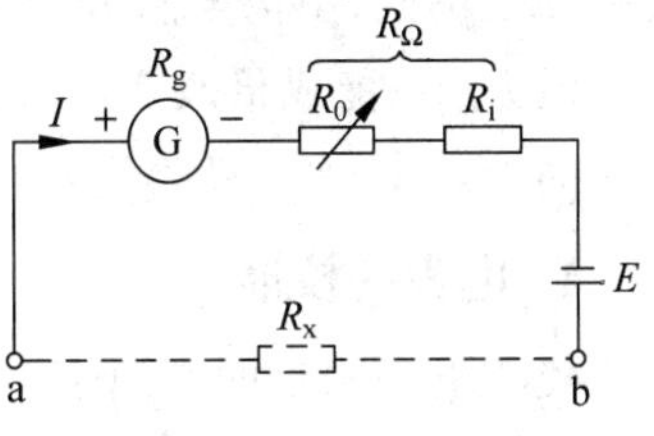

图12-5　欧姆表电路示意图

由式(12-3)可见：

(1) 当E、R_0、R_i、R_g一定时，待测电阻R_x与通过表头的电流有一一对应的关系，即接入不同的R_x，表头指针有不同的偏转值。如果表头的标度尺预先已按已知电阻刻度，就可以直接用来测量电阻。

(2) 虽然R_x与I有一一对应关系，R_x越大，I就越小，但R_x与I不成简单的反比关系，故欧姆表刻度是不均匀的。

(3) $R_x=0$(即a、b短路)时，电流I最大，即欧姆表的指针指在满标度处时，表示所测量的电阻R_x为0，为欧姆表的零点，这与电流表、电压表的零点正相反。此时，表头中电流I_g为

$$I_g=\frac{E}{R_g+R_0+R_i}=\frac{E}{R_g+R_\Omega} \tag{12-4}$$

由于电池的端电压 E 在使用过程中会有所改变，故欧姆表在使用前要先调“零”。由式(12-4)可知，要通过改变 R_Ω（调节可变电阻 R_0），使 a、b 短接时表头指针恰好指在欧姆表的零点（此时，表头指针偏转到满标位置）。R_0 相当于欧姆表的调零电阻，R_i 则是防止 R_0 调得过小表头被烧而串接的限流电阻。

(4) 当 $R_x=\infty$（即 a、b 间断路）时，$I=0$，指针在表头盘的左边零点处（表头的机械零位）。

(5) 当 $R_x=R_g+R_0+R_i$ 时，欧姆表的指针指在刻度盘的正中央，电路中电流为

$$I=\frac{E}{R_g+R_0+R_i+R_x}=\frac{E}{2(R_g+R_0+R_i)}=\frac{1}{2}I_g$$

故将欧姆表的内阻阻值称为欧姆表的中值电阻 $R_{中}$，为

$$R_{中}=R_g+R_0+R_i=\frac{E}{I_g} \tag{12-5}$$

中值电阻取决于电源电动势 E 和表头满标度电流 I_g。

2) 欧姆表的量程和改变其量程的方法。原则上欧姆表可以测试任何值的电阻，但事实上，若被测电阻比中值电阻 $R_{中}$ 过大或过小，测量误差较大。为得到较为准确的结果，一般宜在 $\frac{1}{5}R_{中}\sim 5R_{中}$ 这一范围内测量，为此，就以中值电阻 $R_{中}$ 表示欧姆表的量程。

为了改变欧姆表量程，也为了克服由于电池端电压降低而造成 $R_{中}$ 减小的缺点，实际上，将微安表头改装成欧姆表时，采用图 12-6 所示的电路。在 $R_\Omega+R_g\gg R_S$ 时

$$R_{中}=\frac{R_S(R_g+R_\Omega)}{R_S+R_g+R_\Omega}\approx R_S \tag{12-6}$$

式中，R_S 不同，中值电阻 $R_{中}$ 就不同，欧姆表量程也就改变了。但 R_S 只能成倍改变（一般按×10 的倍率改变），否则，不同的 $R_{中}$（即 R_S）就得有不同的刻度。

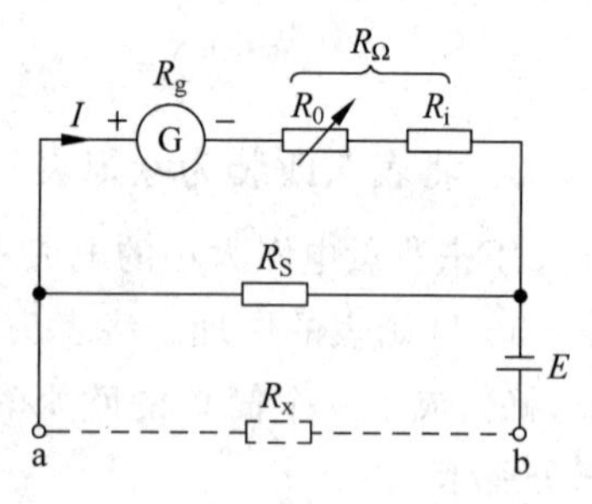

图 12-6　实际欧姆表电路示意图

4. 电表的校准

校准电表的目的有两个，一个是检验改装后电表是否达到所要求的级别；另一个是作出校准曲线，便于对改装后的电表准确读数。

本实验采用比较法进行校准，即分别用改装后的电表与其相应的标准表进行比较，从而达到校准的目的。

改装电流表并与标准表校准电路如图 12-7 所示。

1) 确定电表的级别。电表在改装过程中，由于带来的新的误差，所以改装后电表的级别一般都低于原表头的级别。改装后电表应达到的级别，应根据需要与可能来确定。

(1) 选择标准表。国家检定规程规定，当标准表的误差与被校准表的误差之比小于 1/3 时，则标准表的误差可以忽略。据此，应有 $\frac{K_{标}}{K_{改}}<\frac{1}{3}$（$K_{标}$、$K_{改}$ 分别为标准表和改装表的级别）。如果要求改装后的电表达到 2.5 级，显然标准表应在 0.8 级以上，故应选取 0.5 级电

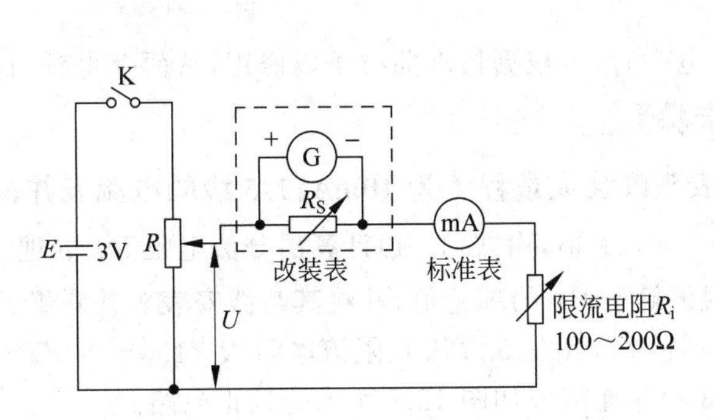

图 12-7　改装电流表并与标准表校准电路图

表作标准表。而 1.0 级表则不能满足要求。另外，标准表与改装表的量程要相当，不能相差过大。

(2) 改装后电表级别的确定。确定一个电表的级别，就是看该电表的误差是否处在电表级别所允许的误差范围之内。

假如选用了合适的标准表，标准表的误差就可以忽略，则改装表的误差为

$$\Delta I = I_{改} - I_{标} \tag{12-7}$$

$$\Delta V = V_{改} - V_{标} \tag{12-8}$$

式中，$I_{改}$，$V_{改}$ 为改装表的读数；$I_{标}$，$V_{标}$ 为相应标准表的读数。

将改装表的最大绝对误差 ΔI_{max}(ΔV_{max})除以电表量程的百分数，称为该改装表的标称误差。

$$标称误差 = \frac{最大绝对误差}{量程} \times 100\% \tag{12-9}$$

当标称误差不大于电表级别所允许的误差(例如电表的级别为 0.5 级，其标称误差≤0.5%)，则认为改装表达到了要求；若超过，则应适当调整分流电阻 R_S 或分压电阻 R_H 的值，最后使改装表达到要求。

2) 作校准曲线。改装表的校准曲线有两种：一种是定标曲线，另一种是误差分析曲线。

取标准表的读数为纵坐标，改装表的读数为横坐标，在坐标纸上作出 $I_{标}$-$I_{改}$ 曲线(通常是用线段把相邻的坐标点连成折线)，即为定标曲线。如图 12-8 所示。

取改装表的误差为纵坐标，改装表的读数为横坐标，在坐标纸上作出 ΔI-$I_{改}$ 曲线(通常是用线段把相邻的坐标点连成折线)，即为误差分析曲线。如图 12-9 所示。

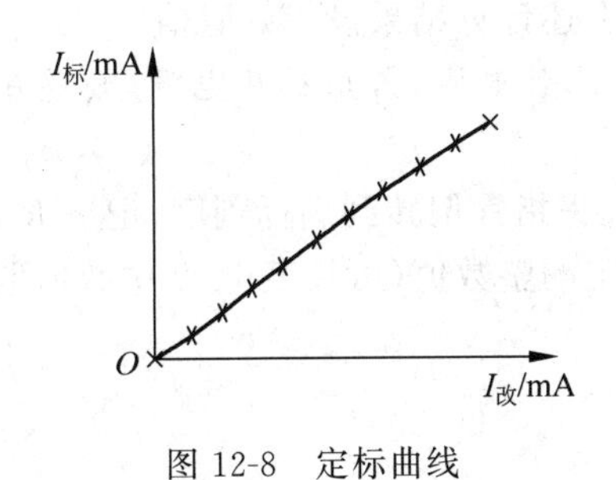

图 12-8　定标曲线

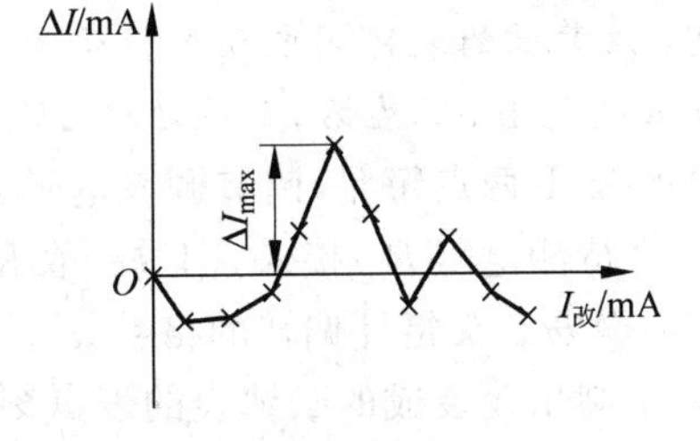

图 12-9　误差分析曲线

以后使用此改装电表时，可根据校准曲线予以修正，从而获得较高的准确度。

【实验内容和步骤】

1. 将所给微安表头改装成量程 I 为 10mA、2.5 级的电流表并校准之

1）根据给定的 I_g、R_g、I 值，由式(12-1)计算出分流电阻 R_S 的理论值并记录。

2）调节电阻箱阻值等于 R_S 的理论值，并将其与微安表头并联组成毫安表(改装表)，再将改装表与标准表(量程为 10mA、0.5 级)、限流电阻 R_i(100～200Ω)、滑变电阻器 R、稳压电源 E(电源电压取 3V)等连接成如图 12-7 所示的校正电路。

注：(1) 接好电路后，应仔细检查连接是否正确，特别要注意，微安表不可与电源直接短接。可请邻近同学检查，最后需经老师检查后方可通电。

(2) 第一次通电，应采取“点触”方法(电键 K 轻触接通立即断开)，同时观察微安表表头和标准表头的指针是否反向偏转或超过满偏。如有，应寻找原因，改正错误。

3）校准零点。未接通电源前，应检查微安表表头和标准表表头指针是否都指在零位，如不指在零位，应调整表盖上零点调节器使它指零。

4）调整改装表达到 10mA 量程。调节滑线变阻器 R 使输出电压 $U=0$，接通电源，先调节滑线变阻器 R，使标准表表头满偏(同时注意观察改装表指针，不要超过满偏标度)；再微调电阻 R_S，使改装表指针也刚好满偏(一般需反复调节 R 和 R_S，才能使两表都刚好满偏)，此时改装表即为量程为 10mA 的电流表。记下 R_S 的实验值。

5）校准刻度。调节滑线变阻器改变电流，使改装表中的指针由满偏逐渐指到零(下行)，在改装表的读数范围内选取若干等间隔变化的刻度(包括零刻度及满偏刻度)，同时记下与各改装表格数相对应的标准表格数。然后，反方向调节滑线变阻器，使改装表中的指针由零逐渐指到满偏(上行)，重复一遍。将数据记录到表 12-1 中。

注：实验室有两种微安表，满偏刻度分别为 25.0 格和 50.0 格。表 12-1 是针对 50.0 格表头设计的。用 25.0 格的表头的同学可参照表 12-1 自行设计。

6）绘制定标曲线和误差分析曲线。

2. 将微安表改装成中值电阻为 30Ω 的欧姆表，并绘制出欧姆表的表盘刻度尺

1）根据微安表头的 I_g、R_g 以及电源端电压 E 的变化范围(一般为 1.65～1.35V)，计算出 R_Ω 的上、下限阻值，由式(12-4)可得，$R_\Omega=R_0+R_i=\dfrac{E}{I_g}-R_g$；以算得的下限阻值为限流电阻 R_i($R_i=R_{\Omega下}$)，固定不变；调零电阻 R_0 的理论最大值 $R_{0\max}=R_{\Omega上}-R_{\Omega下}$(上、下限阻值之差)，$R_0$ 在 $R_{0\max}$ 与 0 之间可调，实验开始时取最大值；取 $R_S=R_中$(本实验中值电阻 $R_中$ 为 30Ω)。

2）按图 12-6 连接好欧姆表电路，并将各电阻按上述计算结果设置好阻值。

注：改装欧姆表可用电动势标示为 1.5V 的干电池作电源，若用稳压电源，则稳压电源电压务必调到 1.5V 左右，不得超过 2V。

3）将 a、b 两点短路，调节调零电阻 R_0，使微安表头指针偏转到满标刻度，记下 R_0 值。

4）将待测电阻 R_x 接入 a、b 端，取 R_x 为一组特定的整数值(可按表 12-2 中数值取)，记下相应的微安表头指针偏转的格数 d_i。

5）绘制出改装成的欧姆表的表盘刻度尺。

【数据记录与处理】

1. 将微安表头改装成量程为10mA、2.5级的电流表并校准之

1）数据记录

微安表级别________，$I_g=$________ mA，内阻 $R_g=$________ Ω；R_S：理论值________ Ω，实验值________ Ω。

标准表级别________，标准表量程________，改装表级别________，改装表量程________ mA。

表 12-1 将微安表头改装成量程为10mA、2.5级的电流表并校准之

改装表格数(格)		0.0	5.0	10.0	15.0	20.0	25.0	30.0	35.0	40.0	45.0	50.0
标准表格数(格)	下行											
	上行											
	平均值											
标准表读数 $I_{标}$/mA												
改装表读数 $I_{改}$/mA												
$\Delta I=I_{改}-I_{标}$												

2）数据处理

(1) 取下行和上行的相应标准表格数的平均值计算出标准表读数 $I_{标}$，由改装表格数算出改装表读数 $I_{改}$，并求出其与标准表读数 $I_{标}$ 的偏差 ΔI。

(2) 计算改装表的标准误差 $\frac{\Delta I_{max}}{I_{量程}}$，判断改装表是否达到2.5级的设计要求。

提示：判断 $\frac{\Delta I_{max}}{I_{量程}}$ 是否 $\leqslant 2.5\%$。

(3) 在坐标纸上绘制定标曲线和误差分析曲线。

提示：要注意取合适的坐标分度（体现有效数字），用线段把相邻的坐标点连成折线。

2. 将微安表改装成中值电阻为30Ω的欧姆表，并绘制出欧姆表的表盘刻度尺

1）数据记录

表 12-2 微安表改装成中值电阻为30Ω的欧姆表

$E=$________ V，$R_i=$________ Ω，$R_S=$________ Ω，$R_0=$________ Ω

R_x/Ω	0	5	10	20	30	50	100	200	500	2000	∞
d_i/格											

2）数据处理

根据表12-2实验数据，在实验报告纸上绘制出欧姆表表盘刻度尺（参见图12-10）。

提示：参考图12-10，先按照微安表头的表盘刻度尺画出内圈的刻度（有0～50.0格和0～25.0格两种，图中画的是50.0格的表头），再根据实验数据表12-2中的微安表头指针偏转格数 d_i（格）的数据，在内圈微安表头刻度尺的相应 d_i 格对应处画出外圈的主刻度，并标上与 d_i（格）相应的电阻值欧姆读数（0，5，10，20，…，500，2000，∞），然后再如图等分刻度。外圈的刻度尺即为改装的欧姆表表盘刻度尺。

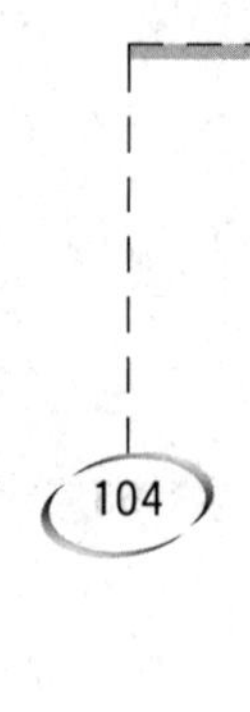

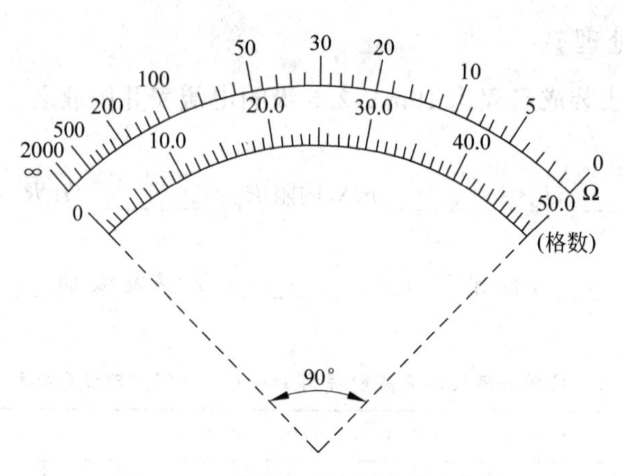

图 12-10　欧姆表表盘刻度尺示范图

【思考题】

1. 为什么校正电表时，要让电流从小到大，又从大到小各做一遍，然后取平均？两次的结果完全一致说明了什么？不一致又说明了什么？

2. 校准电流表时，如果发现改装表的读数相对于标准表的读数都偏高，试问改装表分流电阻应如何调节？

实验 13　晶体二极管伏安特性曲线的描绘

晶体二极管是只往一个方向传送电流的电子器件。它是诞生最早的半导体器件之一，在许多电路中起着重要的作用，应用非常广泛。晶体二极管种类很多，按照所用的半导体材料，可分为锗二极管和硅二极管；根据其用途的不同可分为检波二极管、整流二极管、稳压二极管、开关二极管、隔离二极管、肖特基二极管、发光二极管、硅功率开关二极管和旋转二极管等；按照管芯结构，又可分为点接触型二极管、面接触型二极管及平面型二极管。

【实验目的】

1. 测绘晶体二极管的伏安特性曲线。
2. 了解晶体二极管的单向导电性。

【实验仪器】

二极管 1 只，滑线变阻器 1 只，伏特表 1 只，毫安表 1 只，稳压电源，导线若干。

【实验原理】

实验 13-1

1. 线性电阻与晶体二极管的伏安特性

一个元件两端加上电压，元件内就有电流通过。若元件两端的电压与通过它的电流成比例，则伏安特性曲线为一条直线，这类元件称为线性元件；若元件两端的电压与电流不成正比，则其伏安特性曲线不是直线而是一条曲线，这类元件称为非线性元件。一般金属导体电阻为线性电阻，阻值始终为一定值，与外加电压的大小和方向无关。其伏安特性曲线为通过Ⅰ、Ⅲ象限的直线，如图 13-1 所示。常用的晶体二极管是非线性电阻，其阻值不仅与外加电压有关，而且还与方向有关，如图 13-2 所示。

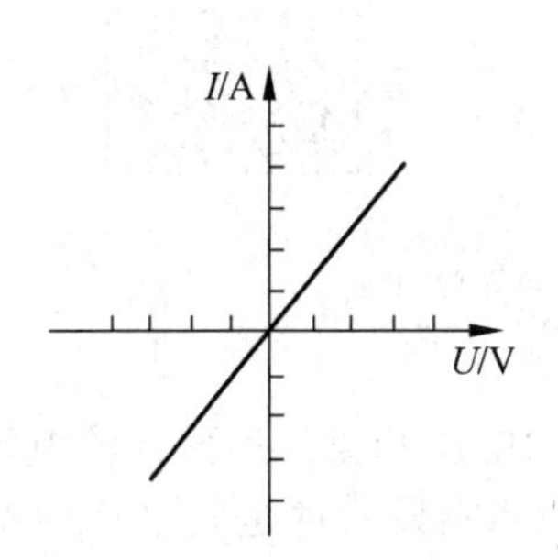

图 13-1 线性电阻伏安特性

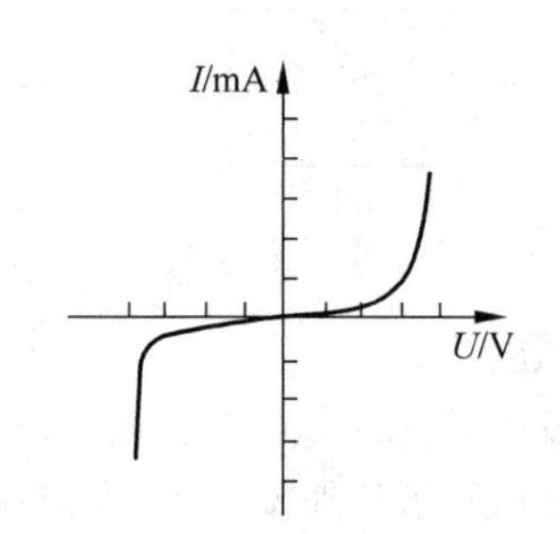

图 13-2 晶体二极管的伏安特性

2. 晶体二极管结构和导电性能

半导体的导电性能介于导体和绝缘体之间。若在纯净的半导体中适当掺入极微量的杂质,则半导体的导电能力就会有上百万倍的增加。加到半导体中的杂质可分成两种类型：一种杂质加到半导体中去后,在半导体中会产生许多带负电的电子,这种半导体叫电子型半导体（N 型半导体)；另一种杂质加到半导体中会产生许多缺少电子的空穴(空位),这种半导体叫空穴型半导体（P 型半导体)。

晶体二极管又叫半导体二极管,是由两种具有不同导电性能的 N 型半导体和 P 型半导体结合形成的 PN 结构成的。它有正、负两个电极,正极由 P 型半导体引出,负极由 N 型半导体引出,如图 13-3(a)所示。PN 结具有单向导电的特性,即在正常电压下电流只能从二极管的正极流入,负极流出,常用如图 13-3(b)所示的符号表示。

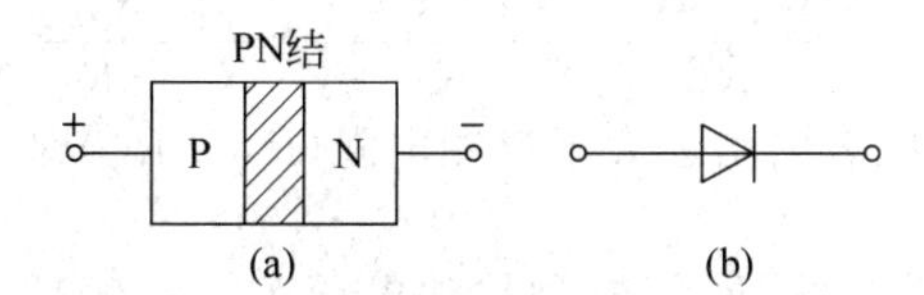

图 13-3 晶体二极管的 PN 结和表示符号

如图 13-4(a)所示,由于 P 区中空穴的浓度比 N 区大,空穴便由 P 区向 N 区扩散；同样,由于 N 区的电子浓度比 P 区大,电子便由 N 区向 P 区扩散。随着扩散的进行,P 区空穴减少,出现了一层带负电的粒子区(以⊖表示)；N 区的电子减少,出现了一层带正电的粒子区(以⊕表示)。结果在 P 型与 N 型半导体交界面的两侧附近,形成了带正、负电的薄层,称为 PN 结。这个带电薄层内的正、负电荷产生了一个电场,其方向恰好与载流子(电子、空穴)扩散运动的方向相反,使载流子的扩散受到内电场的阻力作用,所以这个带电薄层又称为阻挡层。当扩散作用与内电场作用相等时,P 区的空穴和 N 区的电子不再减少,阻挡层也不再增加,达到动态平衡,这时二极管中没有电流。

如图 13-4(b)所示,当 PN 结加上正向电压(P 区接正,N 区接负)时,外电场与内电场方向相反,因而削弱了内电场,使阻挡层变薄。这样,载流子就能顺利地通过 PN 结,形成比较大的电流。所以,PN 结在正向导电时电阻很小。

如图 13-4(c)所示,当 PN 结加上反向电压(P 区接负,N 区接正)时,外加电场与内场方向相同,因而加强了内电场的作用,使阻挡层变厚。这样,只有极少数载流子能够通过 PN 结,形成很小的反向电流。所以 PN 结的反向电阻很大。

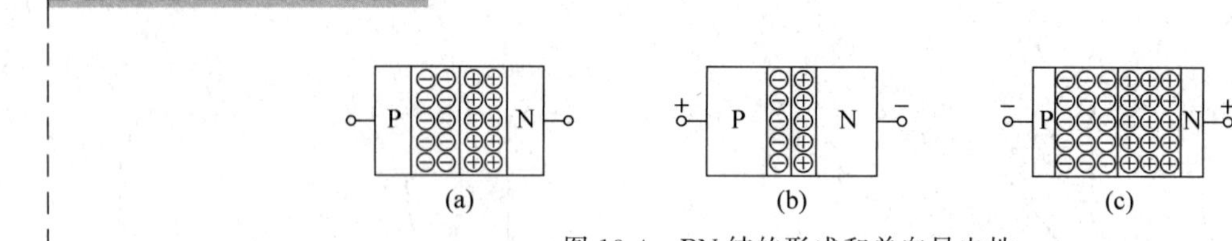

图 13-4　PN 结的形成和单向导电性

3. 电路连接

测绘伏安特性曲线，要求同时测量元件两端所加的电压和流经该元件的电流，电路有两种接法：一种是安培计外接，电压表内接，如图 13-5 所示；另一种是安培计内接，电压表外接，如图 13-6 所示。无论采用哪一种接法，都会产生接入误差。

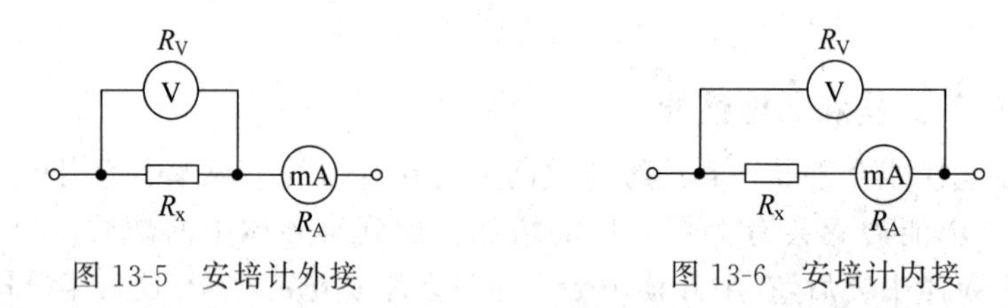

图 13-5　安培计外接　　图 13-6　安培计内接

(1) 安培计外接。如图 13-5 所示，安培计测出的是通过 R_x 和电压表的电流总和，如果电压表的内阻为 R_V，则

$$\frac{V}{I}=\frac{R_x R_V}{R_x+R_V}=R'_x,\quad R_x=\frac{V}{I-V/R_V}$$

在实验中，一般用 R'_x 来表示被测电阻 R_x，这样就引进系统误差，该误差为

$$E=\frac{R'_x-R_x}{R_x}=\frac{V/I-R_x}{R_x}=\frac{-R_x}{R_x+R_V}\tag{13-1}$$

由式(13-1)可见，当电压表内阻远大于待测电阻($R_V \gg R_x$)时，这种误差很小，甚至对测量不产生影响。

(2) 安培计内接。如图 13-6 所示，这种接法电压表指示值是 R_x 和电流表上电压降的总和，若安培计的内阻为 R_A，则

$$\frac{V}{I}=R_x+R_A,\quad R_x=\frac{V}{I}-R_A$$

在实验中，一般用 $\frac{V}{I}$ 来表示被测电阻 R_x，这同样也引进了系统误差，该误差为

$$E=\frac{\frac{V}{I}-R_x}{R_x}=\frac{R_A}{R_x}\tag{13-2}$$

由式(13-2)可见，当安培计的内阻远小于待测电阻时(即 $R_A \ll R_x$)这种误差就会很小。

实验中测晶体二极管正向伏安特性曲线，采用安培计外接法，如图 13-7 所示；测晶体二极管反向伏安特性曲线，采用安培计内接法，如图 13-8 所示。

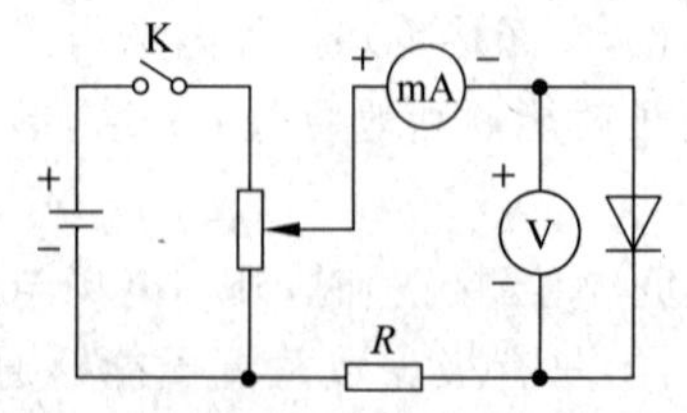

图 13-7　测晶体二极管正向伏安特性的电路

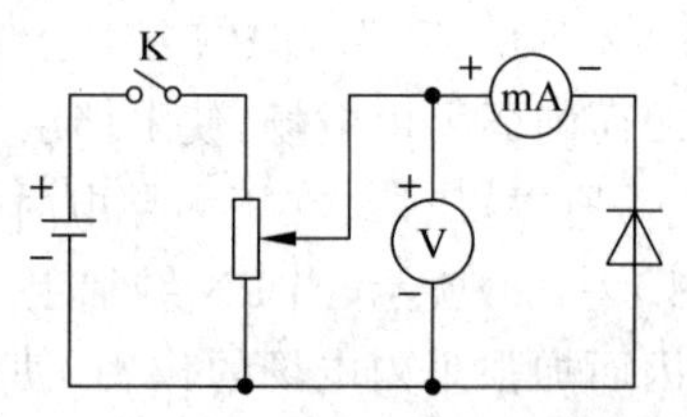

图 13-8　测晶体二极管反向伏安特性的电路

【实验内容和步骤】

测量之前，先记录所用晶体管的型号和主要参数(即最大正向电流和最大反向电压)，再判别晶体管的正、负极。

1. 测量晶体二极管正向特性

(1) 按图13-7连接好电路(电压表量限取2.5V)，(图中R是保护二极管的限流电阻)，取限流电阻阻值为20Ω，电源电压取4V。

(2) 接通电源，移动滑线变阻器，缓缓地增加电压，先仔细观察电流随电压变化情况，选择好电表量程，然后由零开始，取适当电压值(在电流变化大的地方电压间隔应取小些)，读出相应电流值，填入表13-1，直至电流表读数100mA。

实验13-2

2. 测量晶体二极管反向特性

(1) 按图13-8接好电路(电压表量限取10V)，取限流电阻阻值为20Ω，电源电压取10V。

(2) 接通电源，移动滑线变阻器，缓缓地增加电压，先仔细观察电流随电压变化情况，选择好电表量程，然后由零开始，取适当电压值(在电流变化大的地方电压间隔应取小些)，读出相应电流值，填入表13-2，直至电流表读数100mA。

3. 绘出二极管的伏安特性曲线

以电压为横轴，电流为纵轴，根据所测的数据，在同一张坐标纸上作图。

【注意事项】

(1) 晶体二极管的正向电压和反向电压，都不得超过规定值，否则都会损坏晶体管。

(2) 判断晶体二极管的正负极再接入电路，缓慢调节滑动变阻器，以免烧坏晶体管，损坏电流表。

(3) 稳压电源接红绿黑一组接线柱中的红色和黑色接线柱，红色接线柱为正极，黑色接线柱为负极。

(4) 最大误差=量程×级数%。

(5) 实验结束后，电源电压调至零。

【数据记录与处理】

1. 数据记录

(1) 晶体二极管正向伏安特性

记录：稳压二极管型号________，正向电流________，反向电压________，击穿电压________。

电压表级数________，量程________，伏特表仪器最大误差________。

电流表级数________，量程________，电流表仪器最大误差________。

表13-1 晶体二极管正向伏安特性

电压U/V	0	0.20	0.40	0.60	0.65	0.70	0.75	…	…	…
电流I/mA								…	…	100

(2) 晶体二极管反向伏安特性

记录：电压表级数________，量程________，仪器最大误差________。

毫安表级数________，量程________，仪器最大误差________。

表 13-2　晶体二极管反向伏安特性

电压 U/V	0	2.0	4.0	5.0	5.3	5.5	5.6	…	…	…
电流 I/mA								…	…	100

2. 数据处理

以电压为横轴，电流为纵轴，根据所测的数据在同一张坐标纸上作图，绘出二极管的伏安特性曲线。

提示：由于正、反向电压、电流值相差较大，作图时可选用不同单位；坐标纸上同一半轴每格所代表的正、反向电压和电流的数值必须相同，不同半轴每格代表数值可以不同。

【思考题】

1. 如何用万用表判断二极管的正负极性？
2. 非线性元件的电阻能否用万用表来测定？为什么？

实验 14　用电位差计测量电池电动势

电位差计是采用补偿的方法进行电学量测量的，是电学测量中较精密、应用广泛的测量仪器。可用来精确测量电动势、电压、电流及电阻等。在非电学参量(如温度、压力等)的电测法中以及自动控制中也常用到它。利用电位差计进行电学量测量的特点是，被测电路在测量时无电流通过，即不从测量对象中支取电流，因而不改变被测对象原来的状态或负载特性，克服了通常电表的分流或分压作用对被测电路的影响，测量结果较准确可靠，其准确度取决于标准电池、标准电阻和检流计等。

【实验目的】

1. 了解电位差计的工作原理和结构特点；
2. 学习箱式电位差计测量干电池的电动势的方法。

【实验仪器】

一号电池一节，灵敏检流计两个，UJ24 型箱式电位差计、稳压电源各一个，导线若干。

实验 14-1

【实验原理】

1. 补偿法原理

用伏特计测量电池电动势时，由于电池存在内阻，电池内部有电流通过时，其内阻产生压降，则测出的是电池的端电压，而不是电池的电动势。只有当通过电池内部的电流为零时，电池的端电压才等于电池的电动势。

为了使电池内部没有电流通过而测得电池的电动势，可采用补偿法。

电位差计测电池电动势就是采用补偿法原理，其原理线路图如图 14-1 所示。

电位差计由三个回路构成。工作电源 E、工作电流调节盘电阻 R_P(限流电阻)和阻值线

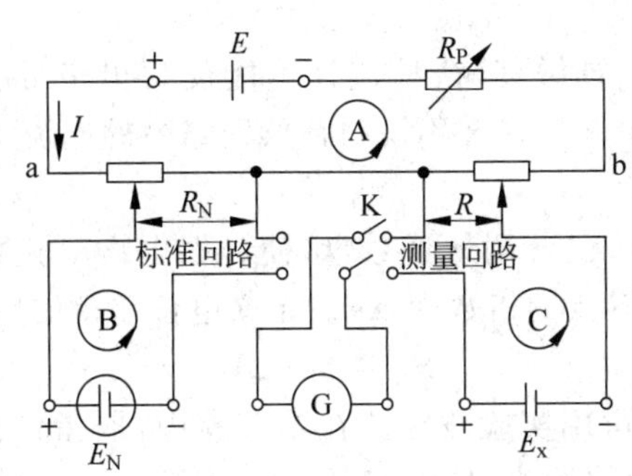

图 14-1　电位差计原理线路图

E_x—被测电池；E_N—标准电池；R—读数盘电阻；R_N—调定电阻；E—电源；
A—电源回路；B—标准回路；C—测量回路；I—工作电流；K—转换开关；
R_P—工作电流调节盘电阻

性可调的 ab 段电阻组成电源回路 A；当转换开关 K 接通标准回路时，标准电池 E_N、调定电阻 R_N 和检流计 G 构成标准回路 B；当转换开关 K 接通测量回路时，读数盘电阻 R、待测电池 E_x 和检流计 G 构成测量回路 C。A、B 回路用于工作电流 I 的调定(校正)，测量回路 C 用于测量待测电池电动势 E_x。

电位差补偿法测未知电池电动势的工作原理如下。

(1) 工作电流 I 的调定(校正)。先依据标准电池的电动势 E_N 值和要求的工作电流 I，调好调定电阻 R_N 值$\left(R_N=\dfrac{E_N}{I}\right)$；转换开关 K 接通标准回路 B；然后调节工作电流调节盘电阻 R_P，使调定电阻 R_N 上的电压降 IR_N 与标准电池的电动势 E_N 相等，E_N 被 R_N 上的电势差补偿(此时，检流计 G 指针指在“零”，标准回路 B 中无电流通过)。则回路 A 中有恒定的工作电流 I 为

$$I=\frac{E_N}{R_N} \tag{14-1}$$

(2) 测量未知电池电动势。转换开关 K 接通测量回路 C，调节读数盘电阻 R，当检流计指针指“零”时，测量回路 C 中无电流通过，此时，其读数盘电阻 R 上的电压 IR 与被测电池电动势 E_x 相等，E_x 被 R 上的电势差补偿。即

$$E_x=IR \tag{14-2}$$

将式(14-1)代入式(14-2)，得

$$E_x=\frac{R}{R_N}\cdot E_N \tag{14-3}$$

由式(14-3)可以看出应用补偿法测量电动势有以下优点：

(1) 被测电动势 E_x 的测量，只要测量 R 与 R_N 之比即可。测量结果之准确性是依赖于标准电池的电动势与测量回路电阻的精度，由于标准电池及电阻可得较高的准确性，在应用恰当灵敏度的检流计条件下，能保证测量精度。

(2) 当完全补偿时，电位差计相当于一个内阻无穷大的电压表，当测量电源的电动势时，由于不从被测电源取用电流，因此被测电源就不产生内压降，可直接测得电动势。

2. 电位差计灵敏度及其测量误差

(1) 电位差计的灵敏度 S_0。用电位差计测量电动势是靠检流计指零来判断的。但是

当检流计的电流小于检流计灵敏度时，检流计不能反映出来，或虽有反映，但因偏转小于0.2格，一般肉眼也察觉不出来。这并不说明补偿回路中的电流等于零。因此，电位差计也有灵敏度问题。

当电位差计达到平衡后，调节测量读数盘，使补偿电压变化某一微小的电位差值 ΔV，这时，检流计指针相应偏离零点的格数为 Δd。定义电位差计的灵敏度为

$$S_0=\Delta d/\Delta V \tag{14-4}$$

电位差计的灵敏度 S_0 可用实验测定。在本实验中，取指针向左偏转2格和指针向右偏转2格时对应的读数盘读数的差 $|E_+-E_-|$ 为 ΔV，则 $\Delta d=4$ 格，由此计算出 S_0。

(2) 测量误差。由式(14-4)可见，S_0 越大，电位差计的灵敏度就越高，对测量结果带来的误差就越小。因检流计指针偏转小于0.2格，一般肉眼察觉不出来，故由电位差计的灵敏度 S_0 造成的测量结果的误差为

$$\Delta V_x=\frac{0.2}{S_0} \tag{14-5}$$

在用箱式电位差计测电池电动势的实验中，其测量误差由仪器准确度等级 a 造成的误差和由灵敏度 S_0 造成的误差两者构成。

$$\Delta E_x=\bar{E}_x\cdot a\%+\Delta V_x \tag{14-6}$$

【实验仪器介绍】

UJ24型箱式电位差计面板布置如图14-2所示，共分为如下几个部分。

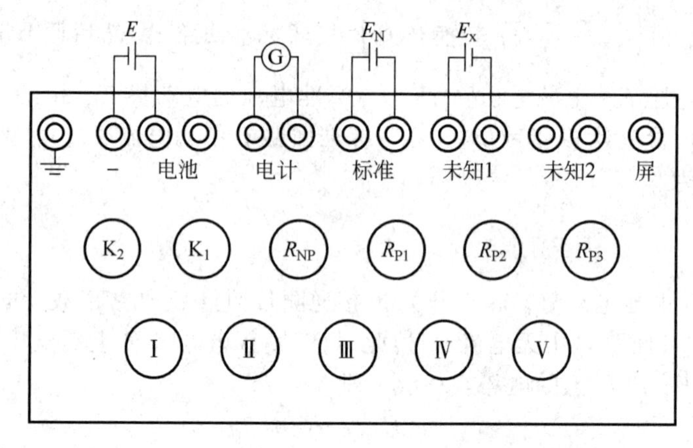

图14-2　UJ24型电位差计面板布置图

1. 工作电流调节部分（粗调 R_{P1}、中调 R_{P2}、细调 R_{P3}）

相当于图14-1中的工作电流调节盘电阻 R_P。

2. 标准电池的电动势补偿部分（温度补偿器 R_{NP}）

相当于图14-1中的调定电阻 R_N。在调节工作电流之前，应先考虑到标准电池的电动势受温度的影响。在 t℃时标准电池的电动势 E_N 可按下式计算（计算结果化整到 5×10^{-5} V）

$$E_N=E_0-4.06\times10^{-5}(t-20)-9.5\times10^{-7}(t-20)^2 \tag{14-7}$$

式中，E_N 为 t℃时标准电池的电动势；E_0 为20℃时标准电池的电动势。

计算后,把温度补偿器 R_{NP} 指在与经过计算后的 t℃时标准电池的电动势 E_N 相同数值的位置(R_{NP} 上显示的单位是“V”,读数即为 R_{NP} 上的电压降。UJ24 型箱式电位差计的工作电流设定为 0.01mA,相当于每 10kΩ 电阻上的电压为 1V)。这样,在当标准回路接通后,分别顺次调节电阻 R_{P1}、R_{P2}、R_{P3},直至检流计指针为零时,电源回路 A 中的工作电流就为恒定值 0.01mA。(温度补偿器 R_{NP} 补偿范围为 1.0180～1.0190V。)

3. 测量回路部分(测量读数盘Ⅰ、Ⅱ、Ⅲ、Ⅳ、Ⅴ)

相当于图 14-1 中的读数盘电阻 R。测量读数盘Ⅰ、Ⅱ、Ⅲ、Ⅳ、Ⅴ(读数盘电阻 R)上直接用“V”为单位,读数即为读数盘电阻 R 上的电压 U 值($U=IR$)。当测量回路接通,调节读数盘到检流计指针为零时,读数盘Ⅰ、Ⅱ、Ⅲ、Ⅳ、Ⅴ的读数即为待测未知电池的电动势 E_x。

4. 测量转换开关(K_1)

相当于图 14-1 中的转换开关 K。

K_1 是四刀五掷式开关,指示在“标准”位置时,接通标准回路。指示在“未知 1”或“未知 2”位置时,接通测量回路;并有二挡“断”的位置(指在“断”的位置时,电路未接通)。

5. 检流计开关(K_2)

K_2 是二刀八掷式开关,有“细”“中”“粗”“短路”“输出”等 5 挡,在“细”“中”“粗”“短路”之间还各有一挡“断”的位置。K_2 指示在“细”“中”“粗”挡位置时,是在测量时接通检流计;“短路”挡使检流计本身短路;“输出”挡使检流计短路,并同时接通测量回路,在“未知”端钮有对应于测量盘示值的电势输出。

6. 接线端钮组

接线端钮有 13 个。“电池”端钮,供接入工作电源(本实验用稳压电源)用。“电计”端钮,供接入检流计用。“标准”端钮,供接入标准电池用。“未知 1”和“未知 2”端钮,供接入被测的电池。“屏”和“⊥”端钮,供接屏蔽和接地用。

【实验内容和步骤】

用 UJ24 型箱式电位差计测一号电池的电动势,UJ24 型电位差计面板布置图如图 14-2 所示。

实验 14-2

1. 根据图 14-2 接好线路,调节工作电压

在使用电位差计前,将转换开关 K_1 和检流计开关 K_2 都指在“断”的位置,然后按面板分布接线,接入检流计、稳压电源、标准电池和待测一号电池等,调节稳压电源工作电压在 1.8～2.2V 范围内。

注意:①检流计在接入前先机械调零;②先接入灵敏度等级低的检流计,再换上高灵敏度检流计。

2. 工作电流 I 的校正(要求工作电流 $I=0.1$mA)

(1) 用温度计测量室温 t,依式(14-7)计算 t℃时标准电池的电动势 E_N。

(2) 将温度补偿器 R_{NP} 指在与经过计算后的电动势 E_N 相同数值的位置。

(3) 将测量转换开关 K_1 指向“标准”位置，检流计开关 K_2 指在“粗”一挡，顺次用工作电流调节盘电阻 R_{P1}、R_{P2}、R_{P3} 调节工作电流，使检流计指针指“零”；然后将检流计开关 K_2 指向“中”和“细”，再次用调节盘电阻调节工作电流，使检流计指针再次指“零”。

(4) 将灵敏度等级低的检流计换成灵敏度等级高的检流计，重复上述步骤，使检流计指针指“零”。此时，工作电流调节完成，大小为 0.1mA。

注意：调好后，不能再动调节盘电阻 R_{P1}、R_{P2}、R_{P3}。

3. 测量被测电池的电动势 E_x

(1) 将转换开关 K_1 和检流计开关 K_2 都重新指在“断”的位置；将灵敏度等级较低的检流计接入；预置测量读数盘的Ⅰ、Ⅱ、Ⅲ、Ⅳ、Ⅴ5 个旋钮的读数，使其示值为被测电池电动势的估计值(一号电池的电动势约为 1.5V)。

(2) 将测量转换开关 K_1 转至“未知 1”或“未知 2”位置(依据待测电池接入的位置)，将检流计开关 K_2 分别指在“粗”“中”和“细”各挡，依次微调测量读数盘的Ⅴ、Ⅳ、Ⅲ、Ⅱ、Ⅰ5 个旋钮，使检流计指针指“零”。

(3) 再将灵敏度等级低的检流计换成灵敏度等级高的检流计，重复上述步骤，使检流计指针指“零”，记录测量读数盘上面的读数(即为被测电动势的 E_x 的数值)。

4. 测定电位差计的灵敏度 S_0

(1) 微调测量读数盘的Ⅴ或Ⅳ旋钮，使检流计指针由零点向左偏转 2 格和向右偏转 2 格，记录对应的读数盘读数 E_+ 和读数盘读数 E_-。

(2) 计算两次读数的差 $|E_+ - E_-|$ 即为 ΔV，而 $\Delta d = 4$ 格，由式(14-4)可计算出 S_0。

【数据记录与处理】

1. 数据记录

$E_0 = 1.01860\text{V}$，$t =$ ________ ℃，电位差计级别 $a =$ ________，$E_N =$ ________ V。

表 14-1 用 UJ24 型箱式电位差计测一号电池电动势 V

测量读数盘端钮	Ⅰ	Ⅱ	Ⅲ	Ⅳ	Ⅴ
读数盘读数 E_x(检流计指针指零)					
读数盘读数 E_+(指针向左偏转 2 格)					
读数盘读数 E_-(指针向右偏转 2 格)					
$\Delta V = \|E_+ - E_-\|$					

2. 数据处理要求

(1) 由表 14-1 数据，求出被测一号电池的电动势 E_x 平均值及其不确定度。

(2) 正确写出实验结果 $E_x = \bar{E}_x \pm U_{E_x}$，并作必要的误差分析和讨论。

提示：由于实验结果 E_x 仅为单次测量，故其平均值即为单次测量值，而不确定度仅由 B 类不确定度决定，可根据式(14-6)计算。

【注意事项】

(1) 电路连接时注意电源与仪器的“＋”“－”极性。

(2) 检流计开关 K_2 顺次放在“粗”“中”“细”各挡逐次测量，以免过大电流冲击检流计而损坏。

(3) 在测量前必须注意测量读数盘的示值与被测电动势数值是否接近。

(4) 在测量过程中，应经常注意先校正工作电流，在校正工作电流时，测量转换开关 K_1 应指在“标准”位置。

【思考题】

1. 电位差计取代伏特计测电池的电动势的优点是什么？为什么？

2. 如果在实验中检流计总偏向一边不能补偿，试分析有哪几种可能的原因。如何排除？

3. 工作电流调节盘电阻 R_P 的作用是什么？

4. 在实验中，标准电池起什么作用？使用中应注意什么问题？

附录 I

标准电池简介。标准电池是电动势非常稳定的一种化学电池，其电动势可作为工业上和一般实验室里的标准电动势用。根据电解液的浓度可分为“饱和式”和“不饱和式”两种，根据准确等级可分为Ⅰ、Ⅱ 、Ⅲ三级。

1) 基本特性

(1) 适用环境条件：温度为 10～40℃，相对湿度不高于 80％的环境。

(2) 电动势值：温度为 20℃时，电动势值为 1.0186V(±0.02％)，其他温度下按式(14-7)确定其数值。

2) 使用注意事项

(1) 由于标准电池通入或流出的电流不允许超过 1μA，如果所取电流过大或错误地将标准电池短路，则标准电池将损坏。故严禁用伏特计或万用表直接测量标准电池端电压。

(2) 标准电池避免受太阳光及各种强光源照射和热源辐射。

(3) 标准电池必须水平放置，应避免摇晃和震动。

实验 15　霍尔效应实验

霍尔效应是导电材料中的电流与磁场相互作用而产生电动势的效应。1879 年美国约翰霍普金斯大学研究生霍尔在研究金属导电机制时发现了这种电磁现象。在导体、半导体中都存在霍尔效应，但导体中的不明显，所以霍尔效应在发现初期并没有很多的应用。半导体的霍尔效应要比导体强得多，故随着半导体材料和制造工艺的发展，霍尔效应得到广泛应用，如用于测量磁场和半导体中的载流子浓度、迁移率等参量，以及非电量检测，电动控制，电磁测量和计算装置等方面。

【实验目的】

1. 理解霍尔效应原理；

2. 研究霍尔元件特性；

3. 掌握利用霍尔效应测量磁感应强度 B 及磁场分布；

4. 学习用“对称交换测量法”消除霍尔元件的负效应产生的系统误差。

【实验仪器】

霍尔效应测量仪。

【实验原理】

实验 15-1

1. 霍尔效应

霍尔效应从本质上讲是运动的带电粒子在磁场中受洛伦兹力的作用而引起的偏转。如图 15-1 所示，将通有电流 I_S(称为控制电流或工作电流)的半导体薄片(霍尔片)置于磁场 $\boldsymbol{B}$ 中，磁场 $\boldsymbol{B}$ 垂直于电流 I_S。

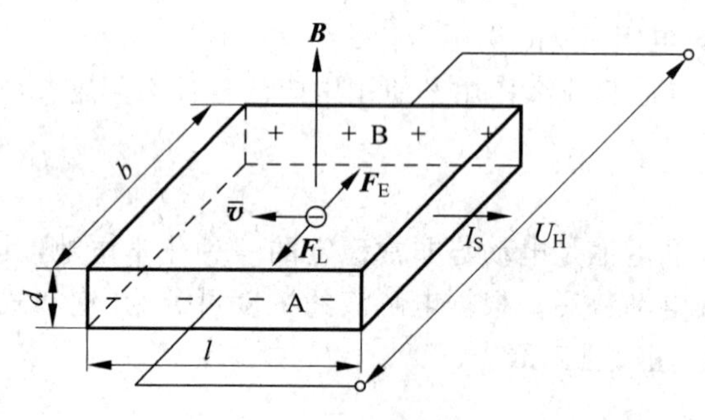

图 15-1　霍尔效应

假设载流子为电子(N 型半导体材料)，它沿着与电流 I_S 相反的方向运动，受洛伦兹力 $\boldsymbol{F}_L$ 的作用而向一侧(A 侧)移动，并使该侧形成负电荷积累，而相对的另一侧(B 侧)形成正电荷积累。与此同时，由于两侧正负电荷的积累，在霍尔片的横向平面形成电场，该电场使随后的电子受到一个电场力 $\boldsymbol{F}_E$ 的作用。$\boldsymbol{F}_L$ 和 $\boldsymbol{F}_E$ 方向相反，当达到大小相等时($F_L=F_E$)，电子积累处于动态平衡，电子不再向一侧偏转。这时在两端面 AB 之间建立的电场称为霍尔电场 E_H，相应的电势差称为霍尔电压 U_H。

电子在磁场中运动所受洛伦兹力大小为 $F_L=e\bar{v}B$，式中 e 为电子电量，$\bar{v}$ 为电子平均漂移速度，B 为磁感应强度。同时，电场作用于电子的力为 $F_H=eE_H=e\dfrac{U_H}{b}$，式中 b 为霍尔元件宽度。

当电子达到动态平衡时，可得

$$\bar{v}B=\frac{U_H}{b} \tag{15-1}$$

设载流子浓度为 n，则通过霍尔元件的工作电流为 $I_S=ne\bar{v}db$，即 $\bar{v}=\dfrac{I_S}{nedb}$，代入式(15-1)得

$$U_H=b\bar{v}B=\frac{1}{ne}\frac{I_SB}{d}=R_H\frac{I_SB}{d} \tag{15-2}$$

式中，$R_H=\frac{1}{ne}$称为霍尔系数，反映该材料霍尔效应的强弱。

在实际的应用中，通常把式(15-2)写成

$$U_H=K_H I_S B \tag{15-3}$$

式中，K_H 称为霍尔元件的灵敏度，其单位为 mV/(mA・T)，一般要求 K_H 愈大愈好。对于一定的霍尔元件，K_H 是一个常量，可通过实验方法测得。(注：式中 B 应与霍尔元件平面垂直。)

2. 实验仪器电路

霍尔效应实验电路如图 15-2 所示。

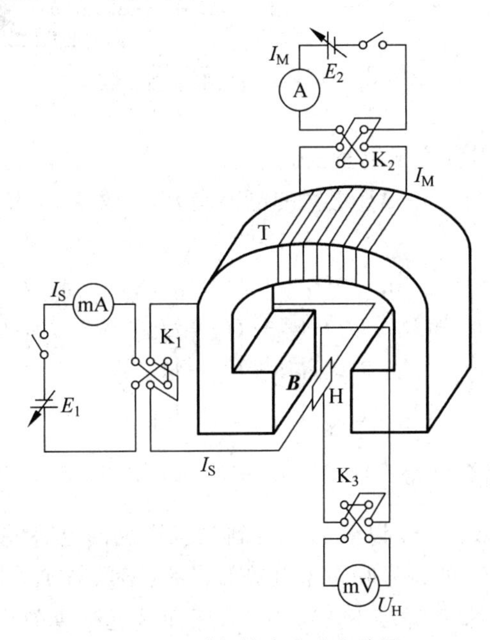

图 15-2　霍尔效应实验电路图

T 为电磁铁，I_M 为励磁电流，产生的磁场 $\boldsymbol{B}$ 大小与 I_M 成正比，I_M 大小由可调电源 E_2 控制。

H 为霍尔元件，置于电磁铁间隙中，其工作电流 I_S 大小由 E_1 控制。其产生的霍尔电压 U_H 由电压表测量。

三个双刀双掷开关 K_1、K_2、K_3，分别控制工作电流 I_S、励磁电流 I_M、霍尔电压 U_H 的通断和换向。

霍尔效应实验装置及接线如图 15-3 所示。

3. 实验系统误差的消除(对称交换测量法)

从测量原理看，根据式(15-3)，只要测量出电流 I_S 和霍尔电势 U_H，就可以测量出 B。但是在实际的测量过程中，不可避免地会产生一些副效应，如不等位电动势效应 U_0、爱廷豪森效应 U_E、能斯脱效应 U_N、里纪-勒杜克效应 U_R(见附录 J)。这些副效应所引起的附加电势会叠加在霍尔电势 U_H 上，形成测量系统误差。研究发现，除了爱廷豪森效应外，其他三种效应均可以通过改变工作电流 I_S 和外加磁场 $\boldsymbol{B}$(即相应的励磁电流 I_M)的方向来消除或

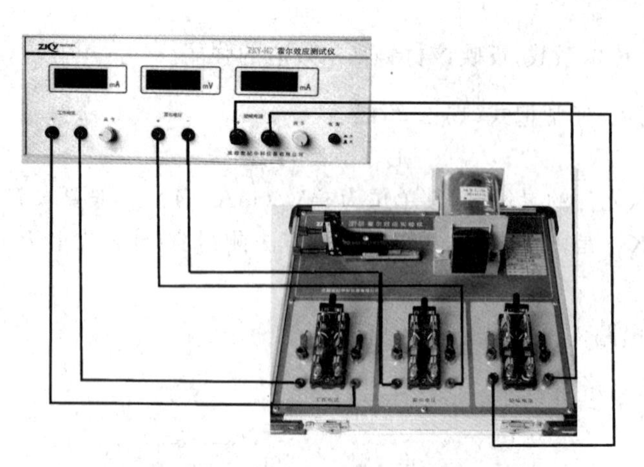

图 15-3　霍尔效应实验装置及接线

减小，这种测量方法称为对称交换测量法。

具体做法如下，设图 15-1 中 AB 之间的电势差为 U，改变 I_S 和 $\boldsymbol{B}$（即 I_M）的方向有 4 种组合：

当 $+I_M$，$+I_S$ 时，$U_1=U_H+U_0+U_E+U_N+U_R$

当 $+I_M$，$-I_S$ 时，$U_2=-U_H-U_0-U_E+U_N+U_R$

当 $-I_M$，$-I_S$ 时，$U_3=+U_H-U_0+U_E-U_N-U_R$

当 $-I_M$，$+I_S$ 时，$U_4=-U_H+U_0-U_E-U_N-U_R$

对以上 4 式作如下运算则得 $\frac{1}{4}(U_1-U_2+U_3-U_4)=U_H+U_E$。

可见，除由爱廷豪森效应 U_E 以外的其他副效应产生的电势差会全部消除。因爱廷豪森效应所产生的电势差 U_E 的符号和霍尔电势 U_H 的符号，与 I_S 及 B 的方向关系相同，故无法消除，但在非大电流、非强磁场下，$U_H \gg U_E$，因而爱廷豪森效应 U_E 也可以不计。一般情况下，当 U_H 较大时，U_1 与 U_3 同号，U_2 与 U_4 同号，两组数据反号，则有

$$\frac{1}{4}(|U_1|+|U_2|+|U_3|+|U_4|) \approx U_H \tag{15-4}$$

测量出 U_1，U_2，U_3，U_4，代入式(15-4)，就可以消除由副效应引入的误差。

实验 15-2

【实验内容和步骤】

1. 正确连接霍尔效应实验仪与测试仪

按仪器面板上的文字和符号提示将霍尔效应实验仪与测试仪正确连接，如图 15-3 所示。

(1)"霍尔效应测试仪"面板右下方为提供励磁电流 I_M 的恒流源输出端（0～1000mA），接"实验仪"上电磁铁线圈电流的输入端（将接线叉口与接线柱连接）。

(2)"测试仪"左下方为提供霍尔元件控制（工作）电流 I_S 的恒流源（1.50～10.00mA）输出端，接"实验仪"霍尔元件工作电流输入端（将插头插入插座）。

(3)"实验仪"上霍尔元件的霍尔电压 U_H 输出端，接"测试仪"中部下方的霍尔电压输入端。

(4) 将测试仪与 220V 交流电源接通。

(5) 记录本组霍尔效应实验仪铭牌上的电磁铁线圈常数 C。

2. 研究霍尔电压 U_H 与工作电流 I_S 的关系

(1) 移动二维标尺，使霍尔元件处于电磁铁间隙中心位置。

(2) 调节励磁电流 $I_M=600\text{mA}$。

(3) 调节 $I_S=0.50,1.00,\cdots,4.50\text{mA}$(数据采集间隔 0.50mA)，记录对应的霍尔电压 U_H 填入表 15-1(注：应用对称交换测量法)。

(4) 描绘 U_H-I_S 关系曲线。

(5) 求得霍尔元件所在位置的磁感应强度 B 的大小。

3. 研究霍尔电压 U_H 与励磁电流 I_M 的关系

(1) 移动二维标尺，使霍尔元件处于电磁铁间隙中心。

(2) 调节 $I_S=3.00\text{mA}$。

(3) 调节 $I_M=100,200,\cdots,1000\text{mA}$(间隔为 100mA)，分别测量霍尔电压 U_H 值填入表 15-2。

注：应用对称交换测量法。

(4) 绘出 U_H-I_M 曲线，分析 U_H-I_M 变化关系。

4. 测量电磁铁间隙中磁场沿水平方向的分布

(1) 调节 $I_M=600\text{mA}$，$I_S=3.00\text{mA}$。

(2) 沿水平方向移动二维标尺，将霍尔元件置于电磁铁间隙中的不同位置，测出各点 U_H，填入表 15-3。

注：①应用对称交换测量法；②表 15-3 中选点数量应根据实验情况。测量点的选择原则是，由于电磁铁间隙中段磁场较均匀，测量点间距可选择大些(如间距可取 5mm)，边缘附近磁场变化较大，测量点应取密集些(如间距取 1mm)；③测量应从磁场的中部开始向两端移动。

(3) 计算各点的磁感应强度 B。

(4) 绘出电磁铁间隙内磁场分布图(B-X 图)。

【数据记录与处理】

1. 数据记录

本组电磁铁线圈常数 C=________ mT/A。

表 15-1 研究霍尔电压 U_H 与工作电流 I_S 的关系

$I_M=600\text{mA}$

I_S/mA	U_1/mV	U_2/mV	U_3/mV	U_4/mV	$U_H=\dfrac{\lvert U_1\rvert+\lvert U_2\rvert+\lvert U_3\rvert+\lvert U_4\rvert}{4}$/mV
	$+I_M+I_S$	$-I_M+I_S$	$-I_M-I_S$	$+I_M-I_S$	
0.05					
1.00					
⋮					
4.50					

表 15-2 研究霍尔电压 U_H 与励磁电流 I_M 的关系

$I_S = 3.00\text{mA}$

I_M/mA	U_1/mV	U_2/mV	U_3/mV	U_4/mV	$U_H=\dfrac{\lvert U_1\rvert+\lvert U_2\rvert+\lvert U_3\rvert+\lvert U_4\rvert}{4}$/mV
	$+I_M+I_S$	$-I_M+I_S$	$-I_M-I_S$	$+I_M-I_S$	
100					
200					
300					
⋮					
1000					

表 15-3 测量电磁铁间隙中磁场沿水平方向的分布

$I_M = 600\text{mA}, I_S = 3.00\text{mA}$

X/mm	U_1/mV	U_2/mV	U_3/mV	U_4/mV	$U_H=\dfrac{\lvert U_1\rvert+\lvert U_2\rvert+\lvert U_3\rvert+\lvert U_4\rvert}{4}$/mV	B/T
	$+I_M+I_S$	$-I_M+I_S$	$-I_M-I_S$	$+I_M-I_S$		
−30						
−25						
⋮						
25						
30						

注：选点数量应根据实验情况。

2. 数据处理

(1) 根据表 15-1 数据，描绘 U_H-I_S 关系曲线，求得斜率 $K_1(K_1=U_H/I_S)$；求出霍尔元件所在电磁铁间隙中心位置的磁感应强度 B 的大小($B=CI_M$)；将 K_1 及 B 代入式(15-3)，求出霍尔元件的灵敏度 K_H。

(2) 根据表 15-2 数据，绘出 U_H-I_M 关系曲线，分析二者之间的关系。

(3) 根据表 15-3 表中所测得 U_H 值，由式(15-3)计算出各点的磁感应强度 B；绘出电磁铁间隙内磁场分布图(B-X 图)并分析。

【注意事项】

(1) 霍尔元件易碎，引线也易断，操作时应小心。通过霍尔片的电流不得超过其额定值。

(2) 二维移动标尺易发生折断、变形等损坏，操作时应小心。

(3) 霍尔电压 U_H 测量的条件是霍尔元件平面与磁感应强度 $\boldsymbol{B}$ 垂直，仪器在组装时已调整好，为防止搬运，移动中发生的形变、位移，实验前应将霍尔元件移至电磁铁气隙中心，调整霍尔元件方位，使其在 I_M，I_S 固定时，达到输出 U_H 最大。

(4) 励磁电流 I_M 与霍尔控制电流 I_S 的输入端不可接错。

(5) 为了不使电磁铁过热而受到损害，或影响测量精度，除在短时间内读取有关数据，通以励磁电流 I_M 外，其余时间最好断开励磁电流开关。

【思考题】

1. 什么是霍尔效应？利用霍尔效应测量磁场时，要测量哪些物理量？

2. 使用霍尔效应测量磁场时，如何消除其副效应的影响？

3. 用霍尔元件测量磁场时，霍尔元件放置的方位有什么要求？如何检查霍尔元件放置的方位已正确？如果方位不正确，会导致测量结果偏大还是偏小？

4. 用霍尔元件测量磁感应强度，如果霍尔元件的灵敏度 K_H 尚不知道，你能否测量出 K_H 值？

附录J

霍尔效应实验系统误差分析

1. 不等位电势 U_0

由于制作时，两个霍尔电势极不可能绝对对称地焊在霍尔片两侧、霍尔片电阻率不均匀、控制电流极的端面接触不良都可能造成图15-1中A、B两极不处在同一等位面上。此时虽未加磁场，但A、B间存在电势差 U_0，称不等位电势 $U_0=I_SR$，R 是两等位面间的电阻。由此可见，在 R 确定的情况下，U_0 与 I_S 的大小成正比，且其正负随 I_S 的方向而改变。

2. 爱廷豪森效应

当霍尔元件通以工作电流 I_S，由于霍尔片内的载流子速度服从统计分布，有快有慢。在达到动态平衡时，慢速与快速运动的载流子将在磁场和霍尔电场的共同作用下，沿图15-1中AB方向分别向相反的两侧偏转，这些载流子的动能将转化为热能，使两侧的温升不同，从而造成两侧出现温差（T_A-T_B）。另霍尔电极和元件两者材料不同，也会在电极和元件之间形成温差电偶。这些温差会在A、B间产生温差电动势 U_E，$U_E \propto I_SB$，称爱廷豪森效应。U_E 的大小和正负符号与 I_S、B 的大小和方向有关，跟 U_H 与 I、B 的关系相同，所以不能在测量中消除。

3. 能斯脱效应

由于控制电流的两个电极与霍尔元件的接触电阻不同，控制电流在两电极处将产生不同的焦耳热，引起两电极间的温差电动势。此电动势又产生温差电流（称为热电流）Q，热电流在磁场作用下将发生偏转，结果在 AB 方向上产生附加的电势差 U_N 且 $U_N \propto QB$，这一现象称为能斯脱效应。U_N 的符号只与 B 的方向有关。

4. 里纪-勒杜克效应

由于霍尔元件在 I_S 方向有温度梯度，引起载流子沿梯度方向扩散，从而产生热电流 Q 通过元件。在此过程中载流子受磁场 B 作用，在 B 方向引起类似爱廷豪森效应的温差 T_A-T_B。由此产生的电势差 $V_H \propto QB$，其符号与 B 的方向有关，与 I_S 的方向无关。

上述这些附效应所引起的附加电势会叠加在霍尔电势 U_H 上，形成测量系统误差。为了减少和消除以上效应引起的附加电势差，本实验采用对称交换测量法进行测量。

实验16　示波器的使用

示波器是常用的电子仪器之一。它可以将电压随时间的变化规律显示在荧光屏上，还可以用来显示两个相关的电学量之间的函数关系。通过适当的换能装置，还可以显示非电信号的波形。信号的波形显示出来之后，就可以很直观地观察分析它们的变化规律，并测量它们的幅度、频率、相位等参数。示波器是观察和测量电学量以及研究其他可转化为电压变化的非电学物理量的重要工具，广泛地应用在工业、科研、国防等领域。

【实验目的】

1. 了解示波器的基本结构和工作原理；
2. 学会示波器的基本使用方法。

【实验仪器】

示波器，函数信号发生器。

实验16-1

【实验原理】

1. 示波器的基本结构

示波器主要是由示波管、X 轴系统与 Y 轴系统等组成。示波器的结构框图如图16-1所示。

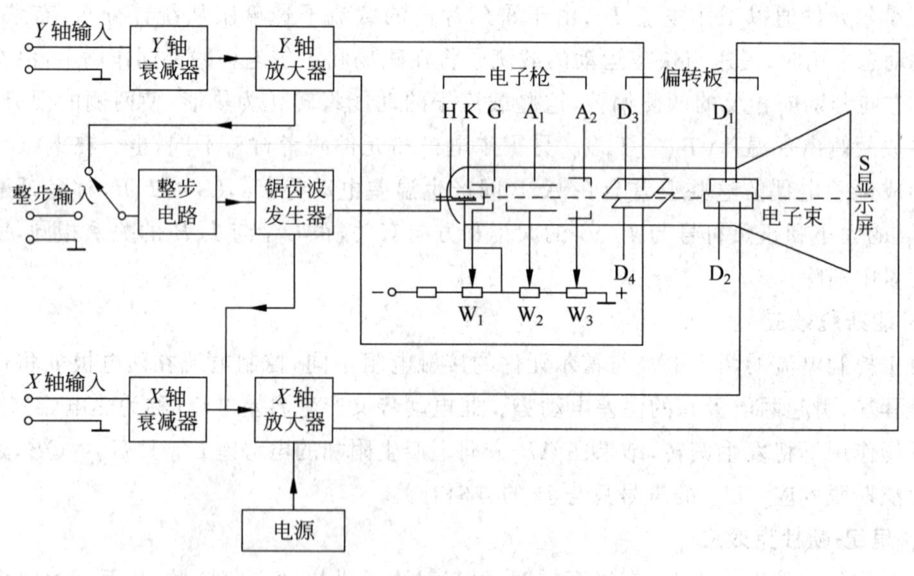

图16-1　示波器的结构框图

(1) 示波管

示波管由电子枪、偏转板、显示屏组成。

电子枪：由灯丝H、阴极K、控制栅极G、第一阳极 A_1、第二阳极 A_2 组成。灯丝通电发热，使阴极受热后发射大量电子并经栅极孔出射。这束发散的电子经圆筒状的第一阳极 A_1 和第二阳极 A_2 所产生的电场加速后会聚于荧光屏上一点，称为聚焦。

偏转板：水平（X 轴）偏转板由 D_3、D_4 组成，垂直（Y 轴）偏转板由 D_1、D_2 组成。偏转板加上电压后可改变电子束的运动方向，从而可改变电子束在荧光屏上产生的亮点的位置。电子束偏转的距离与偏转板两极板间所加电压成正比。

显示屏：在示波器底部玻璃内涂上一层荧光物质，高速电子打在上面就会发荧光，单位时间打在上面的电子越多，电子的速度越大光点的辉度就越大。

（2）X 轴与 Y 轴衰减器和放大器

示波管偏转板的灵敏度较低（约为 0.1～1mm/V），当输入信号电压不大时，荧光屏上的光点偏移很小而无法观测。因而要对信号电压放大后再加到偏转板上，为此在示波器中设置了 X 轴与 Y 轴放大器。当输入信号电压很大时，放大器无法正常工作，使输入信号发生畸变，甚至使仪器损坏，因此在放大器前级设置有衰减器。X 轴与 Y 轴衰减器和放大器配合使用，以满足对各种信号观测的要求。

（3）锯齿波发生器

锯齿波发生器能在示波器本机内产生一种随时间变化类似于锯齿状、频率调节范围很宽的电压波形，称为锯齿波，作为 X 轴偏转板的扫描电压。锯齿波频率的调节可由示波器面板上的旋钮控制。锯齿波电压较低，必须经 X 轴放大器放大后，再加到 X 轴偏转板上，使电子束产生水平扫描，即使显示屏上的水平坐标变成时间坐标，来展开 Y 轴输入的待测信号。

2. 示波器的示波原理

示波器能使一个随时间变化的电压波形显示在荧光屏上，是靠两对偏转板对电子束的控制作用来实现的。如果只在竖直偏转板（Y 轴）上加一正弦信号 U_y，则电子束产生的光点只作上下方向上的振动，电压频率较高时则形成一条竖直的亮线，如图 16-2 所示。如果只在水平偏转板上（X 轴）加上锯齿波电压（Y 轴竖直偏转板上不加任何电压），这时，电子束随水平偏转电压的变化只在水平方向上往复运动（称作扫描），就会在荧光屏上形成一水平扫描亮线，如图 16-3 所示。

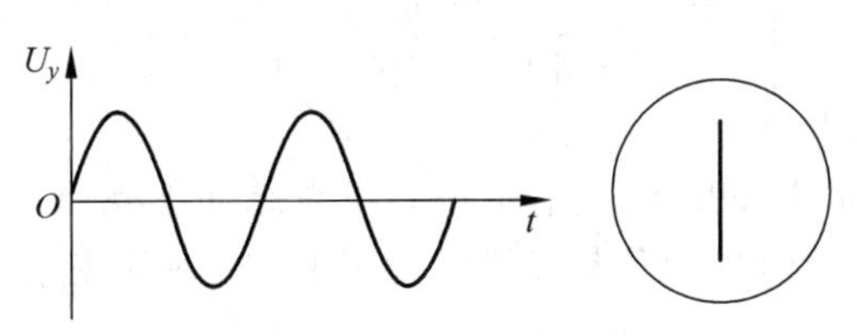

图 16-2　只在 Y 轴上加正弦电压时的波形

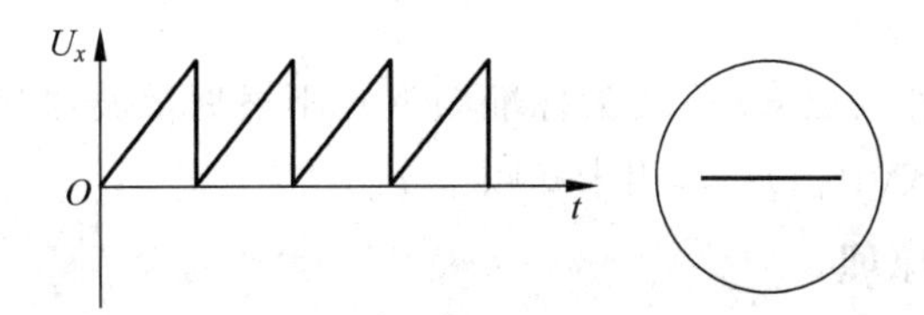

图 16-3　只在 X 轴上加锯齿波电压时的波形

要使 Y 轴上所加的正弦信号显示出波形，必须在竖直偏转板（Y 轴）上加上正弦电压信号的同时，在水平偏转板（X 轴）上加一锯齿波扫描电压，电子束就能同时受到竖直和水平两个方向的电场力的作用，光点的运动轨迹是 X 轴和 Y 轴运动的合成。当锯齿波电压和正弦波电压变化周期相同，或者前者是后者的整数倍时，在荧光屏上显示出一完整周期的正弦波电压波形图，即为 Y 轴上所加的待测信号的波形。如图 16-4 所示为示波器显示正弦波波形的原理图。

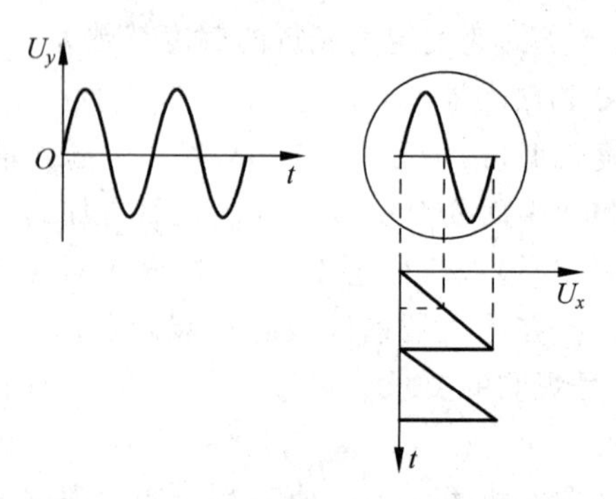

图 16-4　示波器显示正弦波原理

3. 李萨如图形及其应用

如果在示波器的 X 轴输入端和 Y 轴输入端同时加上频率相同或成整数比的两个正弦电压 $U_x=U_{xm}\sin(2\pi f_x t+\varphi_x)$ 和 $U_y=U_{ym}\sin(2\pi f_y t+\varphi_y)$，则显示屏上将显示出复杂的图形，称为李萨如图。其形状主要由两信号频率比(f_y/f_x)，相位差($\varphi_y-\varphi_x$)及 U_{xm}，U_{ym} 大小而定。图 16-5 为 f_y/f_x 为简单整数比的几种李萨如图。

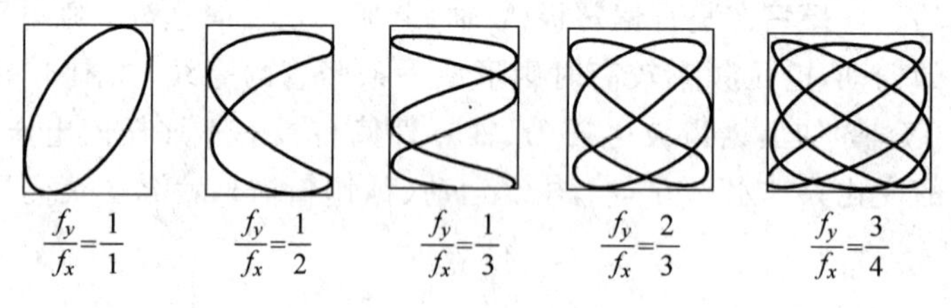

图 16-5　李萨如图

李萨如图可用于测量未知频率。由图 16-5 可总结如下规律：假想对李萨如图形作一条水平割线和一条垂直割线(这两条割线均应与图形有最多的相交点)，设水平割线与图形交点数为 n_x，垂直割线与图线交点线为 n_y，则有

$$\frac{n_x}{n_y}=\frac{f_y}{f_x} \tag{16-1}$$

如果式(16-1)中 f_y 为已知(称之为标准频率)，则根据示波器显示的李萨如图很容易确定 n_x 和 n_y，从而由式(16-1)计算出未知频率 f_x。

4. 示波器的测量原理

示波器除了能直观地显示波形外，其测量内容可归结为两类：电压的测量和时间的测量，而电压和时间的测量最后归结为显示屏上波形长度的测量。

(1) 电压的测量

方法一：根据示波器屏幕上的输出波形测量电压(手动测量)。

示波器屏幕上光点 Y 轴偏转距离 D_y 正比于输入电压 U_y，比例系数 k_y 称为电压偏转因数，有

$$U_y = k_y \times D_y \tag{16-2}$$

如图 16-6 所示，示波器屏幕在垂直方向均匀分成 8 个大格，每大格又等分成 5 个小格（每小格为 0.2 格）。Y 轴偏转距离 D_y 即信号波形在垂直方向上所占据的格数（单位用 div 表示，应估读到 0.1 格）；所谓的电压偏转因数 k_y 就是指屏幕垂直方向上一大格所代表的电压（即垂直挡级，单位为 V/div），可用示波器的垂直 SCALE（标度）旋钮设置并在屏幕下方读出。例如 k_y 为 2V/div 时，图 16-6 中的正弦信号电压的峰-峰值 $V_{p\text{-}p}$（从波峰到波谷的电压幅度）为 2V/div×5.2 div＝10.4V。

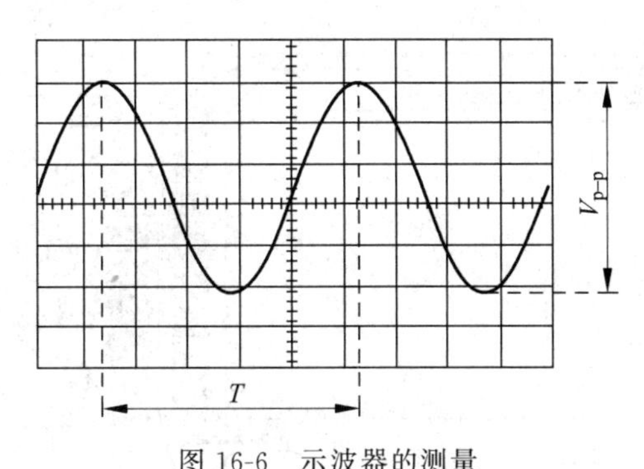

图 16-6　示波器的测量

方法二：数字示波器可利用的自动测量功能测量电压参数。（详见【实验仪器介绍】）

(2) 时间的测量

方法一：根据示波器屏幕上的输出波形测量时间

示波器屏上光点 X 轴偏转距离 D_x 正比于时间 t，比例系数 k_s 称为时基因数，有

$$t = k_s \times D_x \tag{16-3}$$

如图 16-6 所示，示波器屏幕在水平方向均匀分成 10 个大格，每大格又等分成 5 个小格（每小格为 0.2 格）。X 轴偏转距离 D_x 即信号波形在水平方向上所占据的格数；时基因数 k_s 就是指屏幕水平方向上一大格所代表的时间（即水平挡级，单位为 s/div），可用示波器的水平 SCALE 旋钮设置并在屏幕下方读出。例如 k_s 为 2s/div 时，则图 16-6 中的正弦信号的周期 T 为 2s/div×4.8div＝9.6s。

方法二：数字示波器可利用自动测量功能测量时间参数（自动测量）。（详见【实验仪器介绍】）

【实验仪器介绍】

示波器有多种型号，面板形状也各不相同，但其结构与功能大同小异。本书以 DS1104Z 型数字示波器为例，说明示波器面板上各个主要旋钮的功能（其他型号的数字示波器可参照具体说明书）。

1. 示波器面板

图 16-7 为 DS1104Z 型数字示波器正面面板图。

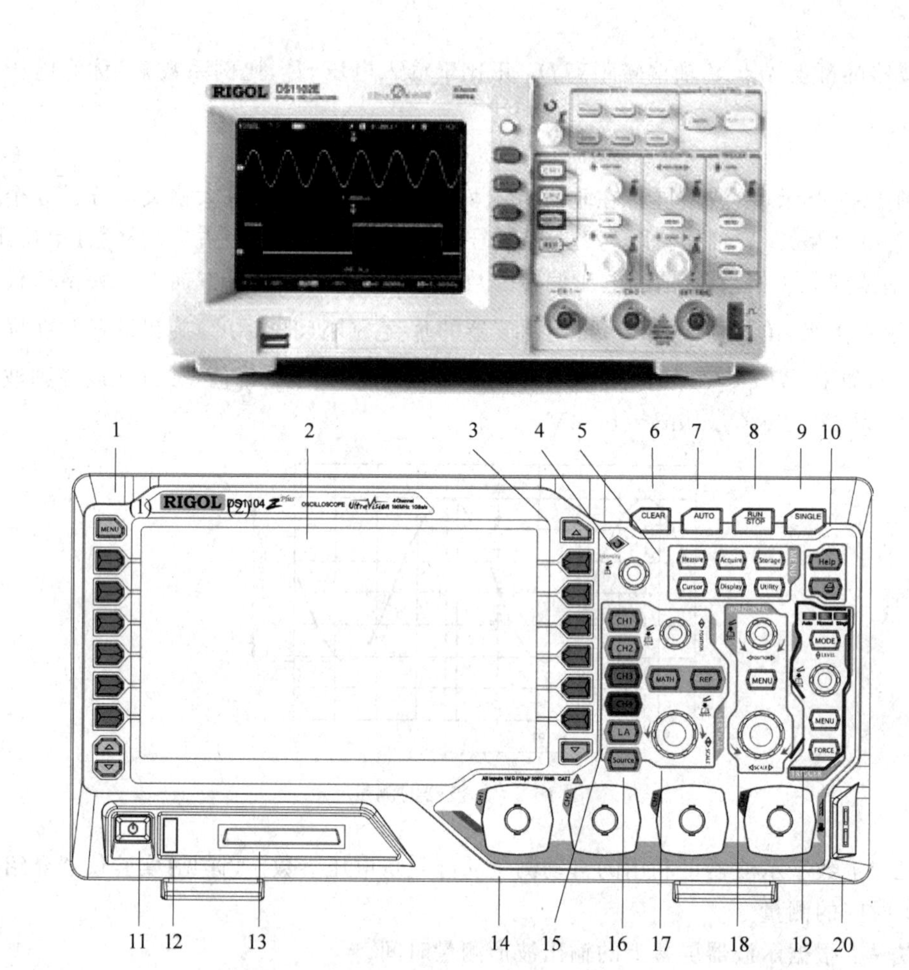

图 16-7　DS1104Z 型数字示波器正面面板图

1—测量菜单操作键；2—LCD；3—功能菜单操作键；4—多功能旋钮；5—常用操作键；6—全部消除键；7—波形自动显示；8—运行/停止控制键；9—单次触发控制键；10—内置帮助/打印键；11—电源键；12—USB Host 接口；13—数字通道输入；14—模拟通道输入；15—逻辑分析仪操作键；16—信号源操作键；17—垂直控制；18—水平控制；19—触发控制；20—探头补偿信号输出端/接地端

2. 示波器旋钮、按键的功能与初级操作

1）垂直控制区（VERTICAL）（见图 16-8）

（1）CH1、CH2、CH3、CH4模拟通道设置键。4 个通道标签用不同颜色标识，并且屏幕中的波形和通道输入连接器的颜色也与之对应。按下任一按键打开相应通道菜单，屏幕显示对应通道的操作菜单、标志、波形和挡级状态信息，再次按下关闭通道。

（2）MATH键。按MATH键可打开 A＋B、A－B、A×B、A/B、FFT、A&&B、A||B、A^B、!A、Intg、Diff、Sqrt、Lg、Ln、Exp 和 Abs 等多种运算。

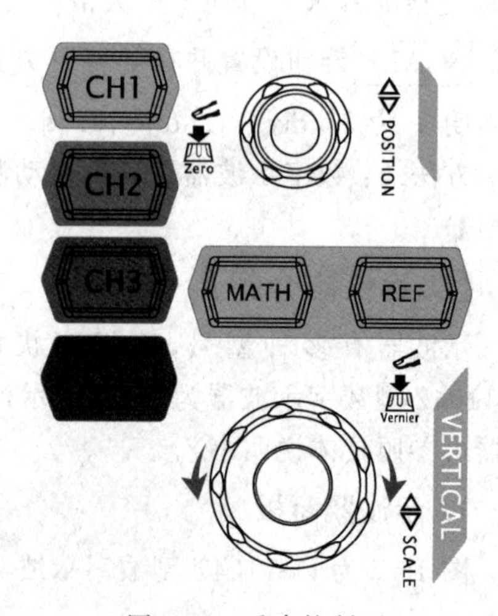

图 16-8　垂直控制区

按下MATH键还可以打开解码菜单，设置解码选项。

(3) REF键。按下 REF 键打开参考波形功能。可将实测波形和参考波形比较。

(4) 垂直◎ POSITION(位置)旋钮。当转动垂直◎ POSITION (位置)旋钮时，可修改波形的垂直位移。顺时针转动增大位移，逆时针转动减小位移。旋转过程中，波形会上下移动，同时屏幕左下角弹出的位移信息(如 POS:216.0mV)实时变化。按下该旋钮可快速将垂直位移归零。

(5) 垂直◎ SCALE(标度)旋钮。当转动垂直◎ SCALE(标度)旋钮时，可改变"V/div"垂直挡级。顺时针转动减小挡级，逆时针转动增大挡级。旋转过程中，波形显示幅度会增大或减小，同时屏幕下方的挡级信息(如 1=200mV)实时变化。按下该旋钮可快速切换垂直挡调节方式为"粗调"或"微调"。

(**注意**：DS1104Z 型数字示波器的 4 个通道复用同一组垂直 POSITION 和垂直 SCALE 旋钮。如需设置某一通道的垂直挡位和垂直位移，请首先按 CH1、CH2、CH3 或 CH4 键选中该通道，然后旋转垂直 POSITION 和垂直 SCALE 旋钮进行设置。)

2) 水平控制区(HORIZONTAL)(见图 16-9)

(1) 水平◎ POSITION(位置)旋钮。当转动水平◎ POSITION(位置)旋钮时，可修改波形的水平位移。旋转过程中，波形会左右移动，同时屏幕右上角的水平位移信息(如 D -200.000000ns)实时变化。按下该旋钮可快速复位水平位移(或延迟扫描位移)。

(2) 水平◎ SCALE(标度)旋钮。当转动水平◎ SCALE(标度)旋钮时，可改变"s/div"水平挡级。顺时针转动减小挡级，逆时针转动增大挡级。旋转过程中，波形被扩展或压缩显示，同时屏幕上方的挡级信息(如 H 500ns)实时变化。按下该旋钮可快速切换至延迟扫描状态。

(3) MENU键。按下MENU键，打开水平控制菜单。可开关延迟扫描功能或切换 Y-T、X-Y 显示模式。

3) 触发控制区(TRIGGRE)(见图 16-10)

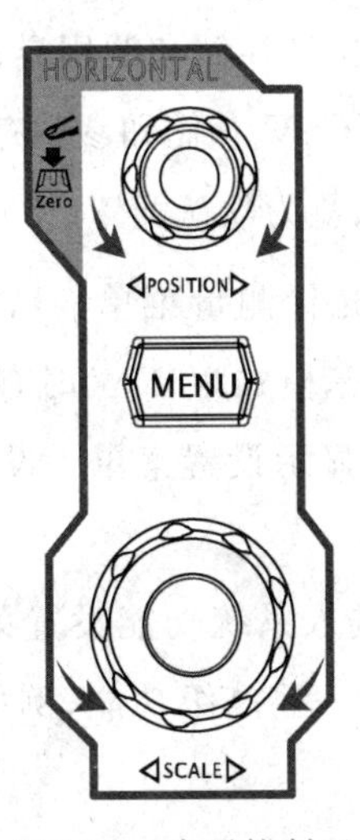

图 16-9　水平控制区

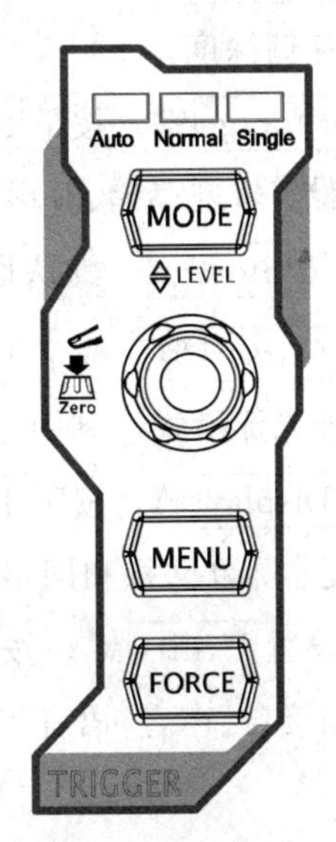

图 16-10　触发控制区

(1) MODE键。按下MODE键，切换触发方式为 Auto、Normal 或 Single，当前触发方式对应的状态背光灯会变亮。

(2) 触发 LEVEL 旋钮。转动触发 LEVEL 旋钮，可修改触发电平。顺时针转动增大电平，逆时针转动减小电平。旋转过程中，触发电平线上下移动，同时屏幕左下角的触发电平消息框中的值实时变化。按下该旋钮可快速将触发电平恢复至零点。

(3) MENU键。按下MENU键，打开触发操作菜单。本示波器提供丰富的触发类型。

(4) FORCE键。按下FORCE键，将强制产生一个触发信号。

4) MENU 控制区的功能菜单(见图 16-11)

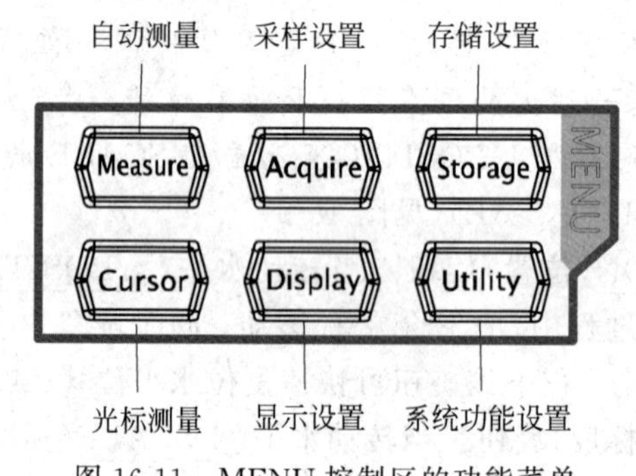

图 16-11　MENU 控制区的功能菜单

(1) 自动测量Measure键。按Measure键，进入测量设置菜单。可设置测量信源、打开或关闭频率计、全部测量、统计功能等。按下屏幕左侧的MENU，可打开 37 种波形参数测量菜单，然后按下相应的菜单软键快速实现“一键”测量，测量结果将出现在屏幕底部。

(2) 采样设置Acquire键。按下Acquire键，进入采样设置菜单。可设置示波器的获取方式、Sin(x)/x 和存储深度。

(3) 存储设置Storage键。按下Storage键，进入文件存储和调用界面。可存储的文件类型包括：图像存储、轨迹存储、波形存储、设置存储、CSV 存储和参数存储。支持内、外部存储和磁盘管理。按Storage→默认设置，示波器将恢复为默认配置。

(4) 光标测量Cursor键。按下Cursor键，进入光标测量菜单。示波器提供手动、追踪、自动和 XY 四种光标模式。其中，XY 模式仅在时基模式为“XY”时有效。

(5) 显示设置Display键。按下Display键，进入显示设置菜单。设置波形显示类型、余辉时间、波形亮度、屏幕网格和网格亮度。

(6) 系统功能设置Utility键。按下Utility键，进入系统功能设置菜单。设置系统相关功能或参数，例如接口、声音、语言等。此外，还支持一些高级功能，例如通过/失败测试、波形录制等。

5）常用按键

(1) 信号源操作Source键。按下Source键，进入信号源设置界面。可打开或关闭后面板[Source1]和 [Source2]连接器的输出、设置信号源输出信号的波形及参数、打开或关闭当前信号的状态显示。

(示波器内置 2 个信号源通道的输出端。当示波器中对应的源 1 输出或源 2 输出打开时，后面板[Source1]或[Source2]连接器输出当前设置的信号。)

(2) 全部清除CLEAR键。按下CLEAR键，清除屏幕上所有的波形。如果示波器处于“RUN”状态，则继续显示新波形。

(3) 波形自动显示AUTO键。按下AUTO键，启用波形自动设置功能。示波器将根据输入信号自动调整垂直挡位、水平时基以及触发方式，使波形显示达到最佳状态。

(4) 运行控制RUN/STOP键。按下RUN/STOP(运行/停止)按钮，示波器将运行或停止波形采样。运行(RUN)状态下，该键黄色背光灯点亮；停止(STOP)状态下，该键红色背光灯点亮。

图 16-12　多功能按钮

(5) 多功能旋钮(见图 16-12)。调节波形亮度：菜单操作时，该旋钮背光灯变亮，按下某个菜单软键后，转动该旋钮可选择该菜单下的子菜单，然后按下旋钮可选中当前选择的子菜单。该旋钮还可以用于修改参数、输入文件名等。

多功能：非操作时，转动该旋钮可调整波形显示的亮度。亮度可调节范围为 0～100%。顺时针转动增大波形亮度，逆时针转动减小波形亮度。按下旋钮将波形亮度恢复至 60%。也可按Display键，选择波形亮度菜单，使用该旋钮调节波形亮度。

6）衰减系数设置

示波器需要输入探头衰减系数，此衰减系数改变仪器的垂直挡位比例，从而使得测量结果正确反映被测信号的电平。

按面板上的CH1功能键，显示通道 CH1 的操作菜单(见图 16-13(a))，按下图上的菜单操作键“探头”，显示衰减系数菜单(见图 16-13(b))，再按下菜单操作键选择“10×”，则探头衰减系数已设置为 10×。(或旋转旋钮，将光标移至“10×”，按下旋钮，则探头衰减系数已设置为 10×。)

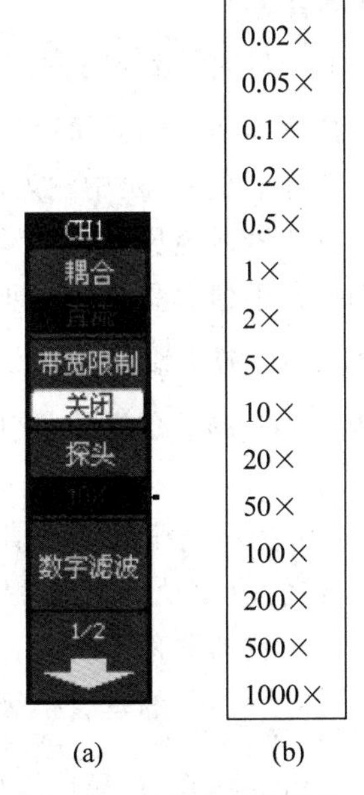

图 16-13　衰减系数设置

7）参数设置方法

DS1104Z 型数字示波器支持通过如下两种方法设置参数。

方法一：对于菜单上显示的参数，直接旋转多功能旋钮即可设置所需的数值。

方法二：对于菜单上显示的参数，按下多功能旋钮，弹出如图 16-14 所示的数字键盘。旋转旋钮选择所需的数值，按下旋钮输入该数值。输入全部数值后，旋转旋钮选择所需的单位，按下旋钮即可完成参数设置。

图 16-14 数字键盘

【实验内容和步骤】

1. 了解垂直控制系统、水平控制系统、探头补偿等旋钮、按键的作用与功能，用示波器观察正弦波、三角波电压波形

实验 16-2

(1) 分别按面板上的 CH1 和 CH2 功能键，在通道 CH1 和 CH2 的操作菜单中，将两通道的探头衰减系数都设定为 10×；

(2) 按下 Source 键，进入信号源设置界面；

(3) 将源 1 输出打开，设置源 1 信号。选择波形为正弦波；先设置信号“频率”，用数字键或调节旋钮输入频率值 1kHz；再设置信号“幅度”，用数字键或调节旋钮输入幅度值 1V (此时，输入示波器的信号幅度约为 1×10V)；

(4) 将源 2 输出打开，设置源 2 信号。选择波形为三角波；先设置信号“频率”，用数字键或调节旋钮输入频率值 100Hz；再设置信号“幅度”，用数字键或调节旋钮输入幅度值 2V (此时，输入示波器的信号幅度约为 2×10V)；

(5) 观察正弦波：按下示波器面板上的 CH1 按钮，选择通道 CH1；按下示波器 AUTO 按钮，示波器将自动设置使波形显示达到最佳；旋转示波器垂直 POSITION 旋钮、垂直 SCALE 旋钮、水平 POSITION 旋钮、水平 SCALE 旋钮，观察并记录示波器所显示的波形的变化情况；

(6) 观察三角波：按下示波器面板上的 CH2 按钮，选择通道 CH2，重复步骤(5)的调节与观察。

2. 电压测量与时间测量

1) 测量信号电压的峰峰值、有效值(均方根值)

选择通道 CH1 中输入的正弦波信号进行测量。保持信号频率 1kHz 不变，用示波器分别测量信号源电压幅值设置为 1V、2V、3V、4V、5V 的正弦波信号，测量其电压的实际峰峰值和均方根值。具体操作步骤如下：

(1) 在源 1 输出设置好信号的波形、频率、幅度；按下示波器面板上的 CH1 按钮选择通道 CH1；调节示波器，使屏幕上的正弦波波形显示达到测量最佳状态(波形峰谷差距值达最大)。

(2) 测量电压的峰峰值与均方根值。

方法一(手动测量)：根据示波器屏幕上的输出波形测量电压参数。

在示波器屏幕上，读出垂直方向上正弦信号从波峰到波谷所占据的格数“div”值，读出屏幕下方所显示的垂直挡级“V/div”的读数，将数据填入表 16-1，再根据式(16-2)求出正弦信号电压的峰峰值，最后算出均方根值$\left(\text{均方根值 } V_{\text{rms}}=\dfrac{\sqrt{2}}{4}V_{\text{p-p}}\right)$。

方法二(自动测量)：利用数字示波器的参数。

① 按下示波器面板上的[MEASURE]按钮显示自动测量菜单(见图 16-15)。

② 按下菜单操作键选择“信源选择”为“CH1”。

③ 按下菜单操作键选择测量类型：“电压测量”。窗口弹出电压测量菜单(见图 16-16)。按下菜单操作键选择“峰峰值”,在屏幕下方出现信号电压实际峰峰值的显示；按下菜单操作键选择“均方根值”,在屏幕下方出现均方根值的显示。(或旋转旋钮,将光标移至“峰峰值”“均方根值”,按下旋钮,在屏幕下方出现峰峰值和均方根值。)记录数据到表 16-1。

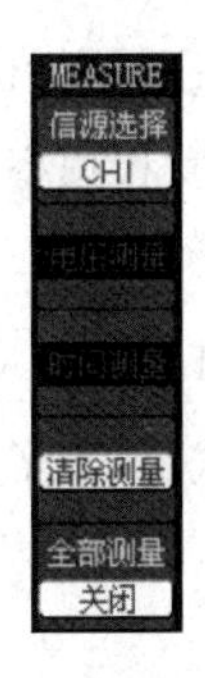

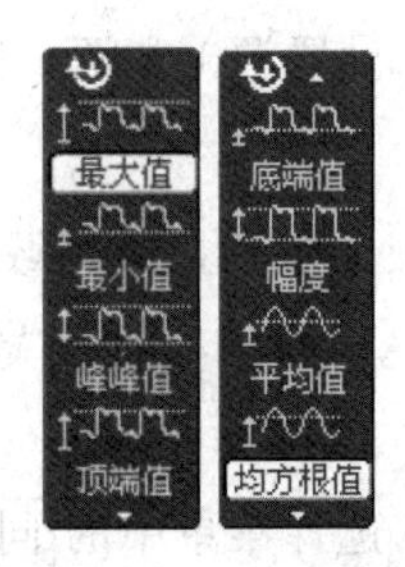

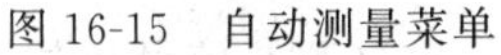

图 16-15　自动测量菜单　　　图 16-16　电压测量菜单

2) 测量信号的周期、频率

选择通道 CH2 中输入的三角波信号进行测量。输出信号的幅度保持 2V 不变,用示波器分别测量信号源频率设置为 100Hz、500Hz、1kHz、2kHz、5kHz 的三角波信号,测量其电压的实际周期和频率。具体操作步骤如下：

(1) 在源 2 输出设置好信号的波形、频率、幅度；按下示波器面板上的[CH2]按钮选择通道 CH2；调节示波器,使示波器屏幕上的三角波波形显示在屏幕上的宽度适当,达到测量最佳状态(显示波形为 3～5 个周期)。

(2) 测量信号的周期与频率。

方法一(手动测量)：根据示波器屏幕上的输出波形测量时间参数。

在示波器屏幕上,读出水平方向上三角波信号变化一个周期内波形所占据的格数“div”值,读出屏幕下方所显示的水平挡级“s/div”的读数(注意：信号频率不同,选择的水平挡级不同),将数据填入表 16-2,再根据式(16-3)求出信号的实际周期,最后求出信号的实际频率($f=1/T$)。

方法二(自动测量)：利用数字示波器自动测量功能测量时间参数。

① 按下示波器面板上的[MEASURE]按钮显示自动测量菜单,按下菜单操作键选择测量类型：“时间测量”,弹出时间测量菜单(见图 16-17)。

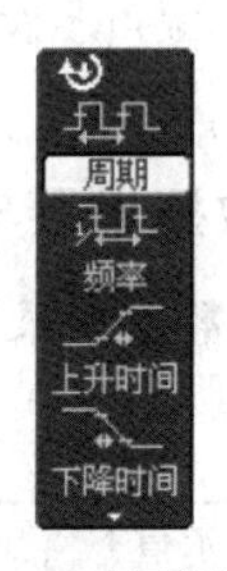

图 16-17　时间测量菜单

② 在时间测量菜单中,按下菜单操作键选择“周期”测量类型：屏幕下方出现信号实际周期的显示；按下菜单操作键选择“频率”,在屏幕下方出现信号实际频率的显示。(或旋转旋钮,

将光标移至“周期”“频率”；按下旋钮，在屏幕下方出现信号实际周期和频率的显示。）记录数据到表 16-2。

（注：电压参数与时间参数还可以用自动测量菜单（见图 16-15）中的“全部测量”功能测量：按下示波器面板上的 MEASURE 按钮显示自动测量菜单，按下菜单操作键选择测量类型：“全部测量（关闭）”，屏幕显示全部参数值。在屏幕左下角出现全部参数的界面时，再按下菜单操作键选择测量类型：“全部测量（打开）”，屏幕的参数值消失。）

3. 利用李萨如图形测量未知信号频率

1）调节源 1 和源 2 信号频率比为 1∶1，观察并记录在不同相位差时的李萨如图形

（1）按下 Source 键，设置源 1 和源 2 信号都为输出幅度和频率分别为 1V 和 1kHz 的正弦波。

（2）按下示波器面板上水平控制区域（HORIZONTAL）中的 MENU 按钮，调出 TIME（时基）菜单；按下菜单操作键选择时基菜单中的显示模式：“X-Y 方式”，示波器将显示出李萨如图形。

（3）按下 Source 键，选择菜单中的 同相位 。

（4）设置源 1 信号相位分别为 0°、45°、90°、135°、180°（源 2 信号相位不变），观察信号频率比为 1∶1、不同相位差时的李萨如图形，并作图记录于表 16-3。

注意：若李萨如图形不稳定，可调节示波器面板上触发控制区（TRIGGRE）中的 LEVEL 旋钮，使示波器显示稳定的李萨如图形。

2）观察并记录不同频率比的李萨如图形，利用李萨如图形测量未知信号频率

设输入通道 CH1（X 输入）的为待测信号，频率为 f_x；输入通道 CH2（Y 输入）的为标准信号，频率 $f_y=1\text{kHz}$。现在利用李萨如图形测量待测信号的频率 f_x。具体步骤如下：

（1）按下 Source 键，设置源 1 和源 2 信号都为输出幅度和频率分别为 1V 和 1kHz 的正弦波。

（2）选择显示模式：“X-Y 方式”，调节示波器，将显示出缓慢变化的 $f_y : f_x$ 为 1∶1 的李萨如图形。

（3）设置源 1 信号频率示值分别为 2kHz、3kHz 和 1.5kHz（源 2 信号频率保持 1kHz 不变），作图记录频率比 $f_y : f_x$ 分别为 1∶2，1∶3，2∶3 时的李萨如图形于表 16-4。（注：请用手机拍摄保存图形。）

（4）读出李萨如图形与水平割线及垂直割线的相交点数目 n_x 与 n_y，根据式（16-1）求出待测信号的频率 f_x，并与源 1 信号频率示值 f'_x 进行比较，算出相对误差。

【数据记录与处理】

1. 数据记录

表 16-1　正弦波的电压峰峰值、均方根值的测量

电压示值 $V_{p\text{-}p}$/(×10V)	1	2	3	4	5
垂直挡级/(V/div)					

续表

电压示值 $V_{p-p}/(\times 10V)$	1	2	3	4	5
垂直格数/div					
手动测量 V_{p-p}/V					
手动测量 V_{rms}/V					
自动测量 V_{p-p}/V					
自动测量 V_{rms}/V					

表 16-2　三角波的电压频率、周期的测量

频率示值/Hz	100	500	1×10^3	2×10^3	5×10^3
水平挡级/(s/div)					
水平格数/div					
手动测量 T/s					
手动测量 f/Hz					
自动测量 T/s					
自动测量 f/Hz					

表 16-3　信号频率比为 1∶1 时,不同相位差的李萨如图形

相位差	$0°$	$45°$	$90°$	$135°$	$180°$
李萨如图形					

表 16-4　利用李萨如图形测频率

标准信号频率 f_y/kHz	1	1	1	1
待测信号频率示值 f'_x/kHz	1	2	3	1.5
李萨如图形				
n_y/n_x				
待测信号频率 $f_x=f_y\dfrac{n_y}{n_x}/Hz$				
相对误差 $E=\left\|\dfrac{f_x-f'_x}{f_x}\right\|\times 100\%$				

2. 数据处理

在写正式实验报告时,应依据手机中的图像,将数据表中的各李萨如图形准确画在坐标纸上。

【思考题】

1. 若示波器一切正常,但开机后看不见水平扫描横亮线,会是哪些原因,实验中应怎样调出其波形？

2. 用示波器观察波形时，示波器上的波形移动不稳定，为什么？应调节哪几个旋钮使其稳定？

3. 观察李萨如图时，若两相互垂直的正弦信号频率相同，图上的波形还在不停地转动，为什么？

4. 如何使用示波器测量两个频率相同的正弦信号的相位差？

实验 17　声速的测定

声波是一种在弹性媒质中传播的机械波，它是纵波，其振动方向与传播方向相一致。频率低于 20kHz 的声波称为次声波；频率为 20Hz～20kHz 的声波可以被人听到，称为可闻声波；频率为 20kHz 以上的声波称为超声波。

声速是描述声波在媒质中传播特性的一个基本物理量，声波在媒质中的传播速度与媒质的特性及环境状态等因素有关。因而通过媒质中声速的测定，可以了解媒质的特性或状态变化，在现代检测中应用非常广泛。例如，测量氯气、蔗糖等气体或溶液的浓度、氯丁橡胶乳液的比重以及输油管中不同油品的分界面等，这些问题都可以通过测定这些物质中的声速来解决。可见，声速测量在工业生产上具有一定的实用意义。

本实验以在空气中由频率高于 20kHz 的声振动所激起的纵波为研究对象，介绍声速测量的基本方法。实验中采用压电陶瓷超声换能器来测定超声波在空气中的传播速度，这是非电量电测方法应用的一个例子。

【实验目的】

1. 了解超声换能器的工作原理和功能；
2. 熟悉测量仪和示波器的调节使用；
3. 学习不同方法测定声速的原理和技术；
4. 测定声波在空气和水中的传播速度。

【实验仪器】

双踪示波器，ZKY—SS 型声速测定实验仪（含信号源、两只压电陶瓷换能器和游标尺）。

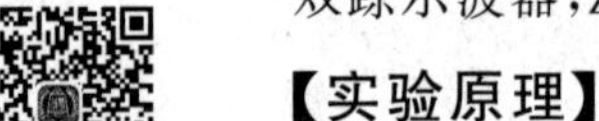

实验 17-1

【实验原理】

1. 声速测量的基本原理

(1) 在空气介质中的声速理论公式

假设空气为理想气体，则声波在空气中的传播可以近似为绝热过程，传播速度 v 可以表示为

$$v=\sqrt{\frac{RT\gamma}{\mu}}$$

式中：R 为摩尔气体常数（8.314J/(mol·K)）；γ 是比热容比；T 为空气的热力学温度；μ 为空气相对分子质量。

如果以摄氏度计算，将 0℃时声波在空气中的传播速度记为 v_0（$v_0=331.45\text{m/s}$），空气的温度为 t℃时，声速的理论值可以表示为

$$v=\sqrt{\frac{R\gamma}{\mu}(273.15+t)}=v_0\sqrt{1+\frac{t}{273.15}} \tag{17-1}$$

(2) 声速测量的基本方法。声速的测量方法可分为两类：

第一类方法是直接根据关系式 $v=L/t$，测出传播距离 L 和所需时间 t 后即可算出声速，称为“时差法”，这是工程应用中常用的方法。

第二类方法是利用波长频率关系式 $v=f\times\lambda$，测量出频率 f 和波长 λ 来计算出声速，测量波长时又可用“共振干涉法”或“相位比较法”。

2. 超声波的发射与接收

要将声波这一非电量用电的方法来进行测量，就必须用到声电转换仪器，本实验是用压电陶瓷超声换能器来实现超声波的发射和接收这两次转换的。

压电陶瓷超声换能器由压电陶瓷片和轻重两种金属组成。压电陶瓷片(如钛酸钡等)由一种多晶结构的压电材料组成，在一定温度下经极化处理后，具有压电转换效应。当压电材料受到与极化方向一致的应力 F 时，在极化方向上会产生一定的电场 E，它们之间有线性关系 $E=g\times F$，即将力转换为电，称为正压电效应；反之，当在压电材料的极化方向上加电压 U 时，材料的伸缩形变 S 与电压 U 也有线性关系 $S=d\times U$，即将电转换为力，称为逆压电效应。比例系数 g、d 称为压电常数，与材料性质有关。由于 E 与 F、S 与 U 之间有简单的线性关系，因此可以利用压电换能器的逆压电效应，将一定频率范围的正弦交流信号变成压电材料纵向的周期性伸缩，从而成为超声波的波源；同样，也可以利用它的正压电效应，将声压变化转换为电压的变化，用电学仪器来接收并显示信号。

压电陶瓷超声换能器结构如图 17-1 所示，在压电陶瓷片的前后表面粘贴上两块金属组成的夹心型振子，就构成了换能器。由于振子是以纵向长度的伸缩，直接带动头部金属作同样纵向长度伸缩，这样所发射的声波，方向性强，平面性好。每一只换能器都有其固有的谐振频率，换能器只有在其谐振频率才能有效地发射(或接收)。实验时用一个换能器作为发射器，另一个作为接收器，两换能器的表面互相平行，且谐振频率匹配。

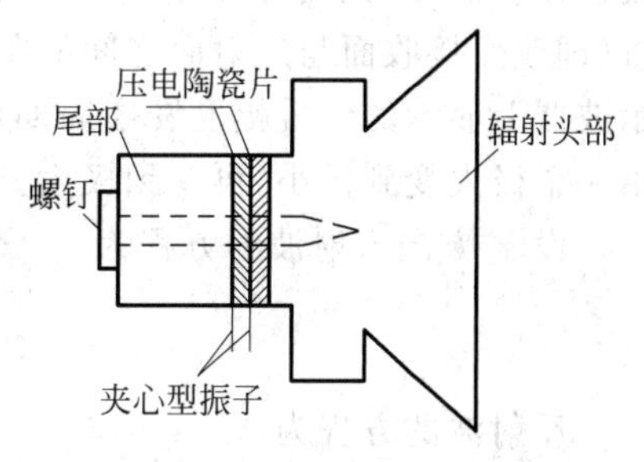

图 17-1　压电陶瓷超声波换能器结构

3. 声速测定实验系统的构成和连接

声速测定实验系统由超声实验装置(换能器及移动测试架组合)、声速测定信号源和双踪示波器构成。系统的连接如图 17-2 所示。声速测定仪信号源面板上的超声发射驱动端口输出一定频率的功率信号，接至测试架左边的发射换能器(定子) S_1；面板上的超声接收端口连接到测试架右边的接收换能器(动子)S_2，用于输入接收换能器接收的信号。信号源面板上的发射监测信号输出端口输出发射波形，接至双踪示波器的 CH1(X 通道)，用于观察发射波形；面板上的接收监测信号输出端口输出接收的波形，接至双踪示波器的 CH2(Y 通道)，用于观察接收波形。

4. 共振干涉(驻波)法测声速

声速测定实验系统构成及连接示意图如图 17-2 所示，从发射换能器(定子) S_1 发出的一定频率的平面声波，经过空气沿一定方向传播到达接收换能器(动子) S_2。如果发射面与

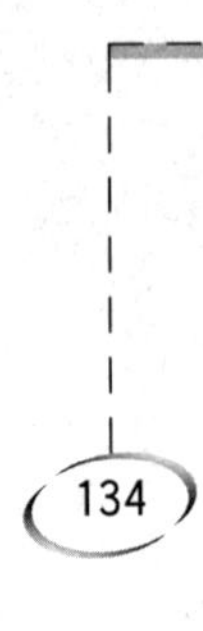

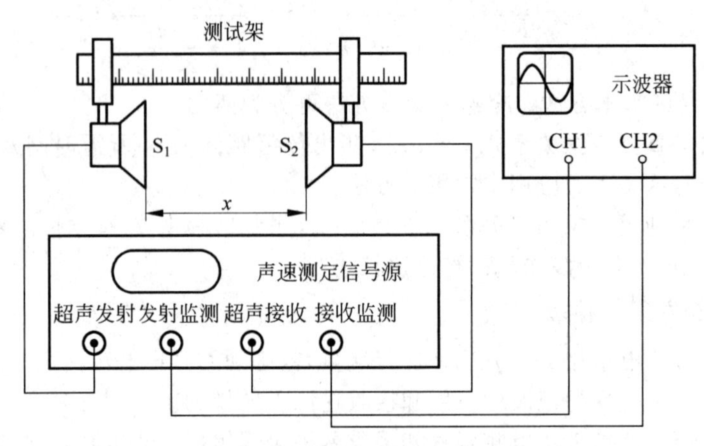

图 17-2 声速测定实验系统构成及连接示意图

接收面相互平行，则在接收面处，入射波垂直反射。反射波与入射波振动方向、频率完全相同，振幅也几乎相同，所以这两列波相遇，互相干涉，发生驻波共振现象。入射波和反射波叠加后振幅变化的情形如图 17-3 所示。

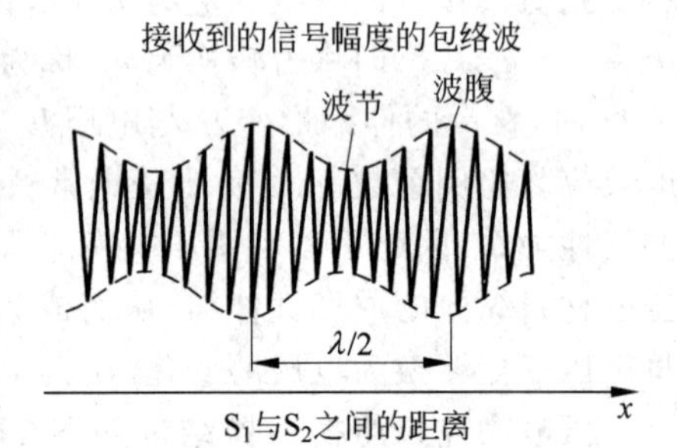

图 17-3 入射波和反射波叠加后振幅变化的情形

示波器显示的波形为这两列相干波合成后的声波在接收器 S_2 处的振动情况。移动接收器 S_2 的位置（即改变接收面与发射面之间的距离）时，可以看到示波器上显示的信号幅度发生周期性的大小变化，即由一个极大变到极小，再变到极大。

设 x 方向入射波的方程为

$$y_1 = A\cos\left(\omega t - \frac{2\pi}{\lambda}x\right) \tag{17-2}$$

反射波的方程为

$$y_2 = A\cos\left(\omega t + \frac{2\pi}{\lambda}x\right) \tag{17-3}$$

入射波与反射波干涉时，在空间某点的合振动方程为

$$y = y_1 + y_2 = 2A\cos\left(\frac{2\pi}{\lambda}x\right)\cos(\omega t) \tag{17-4}$$

最大振幅（2A）处被称为驻波的“波腹点”，最小振幅（0）处被称为“波节点”。

波腹点位置：$|A(x)| = 2A$，即 $\frac{2\pi}{\lambda}x = k\pi, x = k\frac{\lambda}{2}$，　$k = 0,1,2,\cdots$

波节点位置：$|A(x)| = 0$，即 $\frac{2\pi}{\lambda}x = (2k+1)\frac{\pi}{2}, x = (2k+1)\frac{\lambda}{4}$，　$k = 0,1,2,\cdots$

可知，相邻两个波腹点（或波节点）的距离为 $\frac{\lambda}{2}$，当发射面和接收面之间的距离 L 正好是半波长的整数倍时，即形成稳定的驻波。

$$L = k\frac{\lambda}{2}, \quad k = 1,2,3,\cdots \tag{17-5}$$

一个振动系统，当信号源的激励频率接近系统固有频率(本实验中为压电陶瓷的固有频率，约为37kHz)时，系统的振幅达到最大，称为共振。所以，实验中当信号源的频率等于发射器 S_1 的固有频率时，发生驻波共振。此时，声波波腹处的振幅达到相对最大值。当驻波系统偏离共振状态时，驻波的形状不稳定，且声波波腹处的振幅比最大值要小得多。

以上讨论的驻波的波腹、波节是对振动的位移而言的，但由于声波是纵波，由纵波的性质可以证明，在位移的波腹处，声压最小；而在位移的波节处，声压却最大。

若保持声源频率不变，移动接收器 S_2，依次测出接收信号极大的位置 $L_1, L_2, L_3, L_4, \cdots$，$\Delta L = L_{k+1} - L_k = \frac{\lambda}{2}$，则可以求出声波的波长 λ，再从信号源上读出声波的频率 f，由公式 $v = f \times \lambda$ 进一步计算出声速。

5. 相位比较(行波)法测声速

沿着波的传播方向上的任何两个相位差为 2π 的整数倍的位置之间的距离等于波长的整数倍，即 $l = n\lambda$ (n 为正整数)。沿传播方向移动接收器 S_2，总可以找到一个位置使得接收器的信号与发射器 S_1 发出的激励信号同相，继续移动接收器，接收的信号再一次和发射器的激励信号同相时，移过的这段距离必然等于超声波的波长。

为了判断相位差，可根据两个相互垂直的简谐振动的合成所得到的李萨如图形来测定。将正弦电压信号加在发射器上的同时接入示波器的 X 输入端(通道 CH1)，将接收器接收到的电振动信号接到示波器的 Y 输入端(通道 CH2)。根据振动和波的理论，设发射器 S_1 处的声振动方程为

$$x = A_1 \cos(\omega t + \varphi_1) \tag{17-6}$$

若声波在空气中的波长为 λ，则声波沿波线传到接收器 S_2 处的声振动方程为

$$y = A_2 \cos(\omega t + \varphi_2) \tag{17-7}$$

S_1 处和 S_2 处的声振动的相位差为

$$\Delta\varphi = \varphi_2 - \varphi_1 = -\frac{2\pi}{\lambda} x \tag{17-8}$$

负号表示 S_2 处的相位比 S_1 处落后，其值决定于发射器与接收器之间的距离 x。

示波器 Y 轴和 X 轴的输入信号是两个频率相同而有一定相位差的正弦波，而荧光屏上光点的运动则是频率相同、振动方向相互垂直的两个简谐振动的合运动，合运动的轨迹方程为

$$\frac{x^2}{A_1^2} + \frac{y^2}{A_2^2} - \frac{2xy}{A_1 A_2}\cos(\varphi_2 - \varphi_1) = \sin^2(\varphi_2 - \varphi_1) \tag{17-9}$$

该方程是椭圆方程，椭圆的图形由相位差 $\Delta\varphi = \varphi_2 - \varphi_1$ 决定。

图 17-4 给出了相位差 $\Delta\varphi$ 从 0 到 2π 之间几个特殊值的李萨如图。假如初始时图形如图 17-4(a)，接收器移动距离为半波长$\frac{\lambda}{2}$时，图形变化为图 17-4(c)，接收器移动距离为一个波长 λ 时，图形变化为图 17-4(e)。所以通过对李萨如图形的观测，测出一系列 x 值，就能确定声波的波长。再根据声波的频率，由公式 $v = f \times \lambda$ 进一步计算出声速。

(选择在两个信号同相或反相时呈斜直线来判断相位差的大小，其优点是斜直线情况判断相位差最为敏锐。)

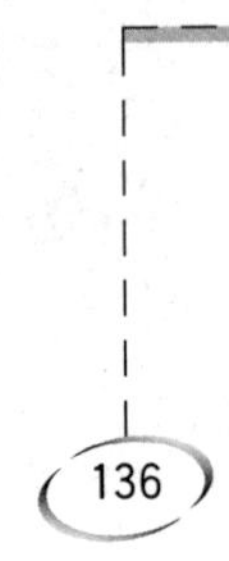

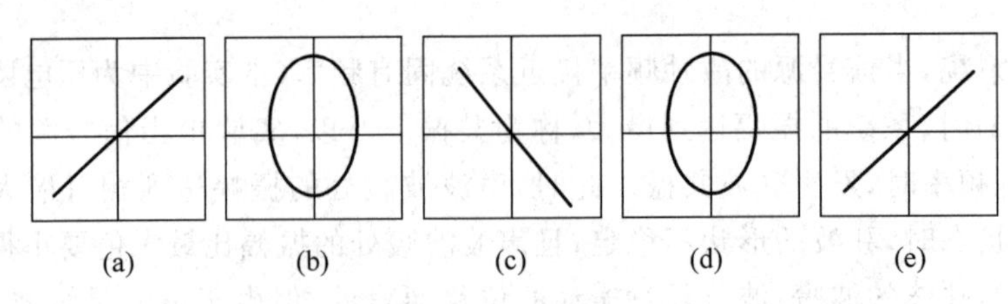

图 17-4　相位差不同时的李萨如图

(a) $\Delta\varphi=0$；(b) $\Delta\varphi=\frac{\pi}{2}$；(c) $\Delta\varphi=\pi$；(d) $\Delta\varphi=\frac{3\pi}{2}$；(e) $\Delta\varphi=2\pi$

6. 时差法测量声速

若以脉冲调制正弦信号输入到发射器，使其发出脉冲声波，经时间 t 后到达距离 L 处的接收器。接收器接收到脉冲信号后，能量逐渐积累，振幅逐渐加大，脉冲信号过后，接收器作衰减振荡，如图 17-5 所示。t 可由声速测定仪自动测量，也可从示波器上读出。实验者测出 L 后，即可由 $v=L/t$ 公式计算出声速。

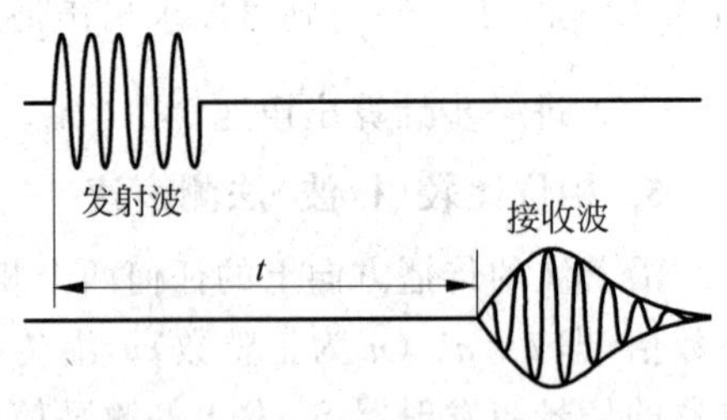

图 17-5　时差的测量

【实验内容和步骤】

实验 17-2

1. 声速测定实验系统的连接与工作频率的调节

1）按图 17-2 连接声速测定实验系统。

2）接通电源开机，仪器预热 15min 显示欢迎界面后，自动进入按键说明界面。按确认键后进入工作模式选择界面，可选择驱动信号为连续正弦波工作模式（共振干涉法与相位比较法）或脉冲波工作模式（时差法）。

3）最佳工作频率（谐振频率）的测量。

信号源输出的正弦信号频率调节到换能器的谐振频率时，才能较好地进行声能与电能的相互转换，发射换能器才能发射出较强的超声波，接收器也才能有一定幅度的电信号输出。

谐振频率的具体调节方法如下：

(1) 在工作模式选择界面，选择驱动信号为连续正弦波（Sine-Wave）工作模式，按确认键后进入频率与增益调节界面，在该界面下将显示输出频率值、发射增益挡位、接收增益挡位等信息，调节声速测定信号源面板上的“频率调节”旋钮，使输出频率在 30～45kHz之间。然后调节示波器的相应旋钮，使在示波器上能观察到稳定的正弦波形。再调节信号源面板上的“频率调节”旋钮，同时注意观察示波器上接收信号的电压幅度变化，当发现在某一频率处信号的电压幅度最大时，该频率即为压电换能器的最佳工作频率（谐振频率）f_0。

(2) 改变发射器 S_1 和接收器 S_2 的距离。分别在 5 个不同的位置微调声速测定信号源的输出频率，直至示波器显示的正弦波振幅达到最大值，记录下不同位置时的谐振频率于表 17-1，并取平均值作为换能器的最佳工作频率。

2. 用共振干涉法测量空气中的声速

(1) 选择连续波（Sine-Wave）工作模式。设置信号频率为上述步骤 1 中所测得的谐振

频率 f_0(在实验过程中保持谐振频率不变);设定发射增益为 2 挡、接收增益为 2 挡(发射、接收增益的大小应在监测信号不失真的原则下设定)。

(2) 用数字示波器观测通道 CH2 的接收信号波形幅度变化(通道 CH1 信号波形应关掉)。

(3) 先将接收器 S_2 来回几次缓慢地从一端移向另一端,了解示波器上信号幅度变化情况,接收器移动过程中若接收信号振幅变动较大影响测量,可调节示波器的垂直 SCALE (标度)旋钮,使波形显示大小合理。然后摇动超声实验装置丝杆摇柄,在发射器与接收器距离约为 5cm 处,找到示波器上信号幅度最大位置,作为第 1 个测量点。按数字游标尺的归零(ZERO)键,使该点位置为零(对于机械游标尺而言,以此时的标尺示值作始点)。摇动摇柄使接收器 S_2 远离发射器 S_1,每到示波器上信号幅度最大时均记录接收器 S_2 位置读数 L_i,共记录 10 组数据于表 17-2 中。

3. 用相位比较法测量空气中的声速

(1) 将示波器显示模式设定为 *X-Y* 工作状态,示波器上应出现椭圆形的李萨如图形(若没有出现图形,则可调节示波器上的"LEVEL"旋钮)。

(2) 缓慢地移动接收器 S_2,在发射器与接收器距离约为 5cm 处,找到一个屏上显示右斜直线,如图 17-4(a)的位置,作为第 1 个测量点。按数字游标尺的归零(ZERO)键,使该点位置为零。摇动摇柄使接收器远离发射器,每当屏上显示右斜直线时均记录接收器 S_2 位置读数 L_i,共记录 10 组数据于表 17-3 中。

4. 用时差法测量空气中的声速

(1) 选择脉冲波(Pulse-Wave)模式,按确认键后进入时差显示与增益调节界面,设定发射增益为 3 挡,接收增益为 3 挡。

(2) 示波器显示模式设定为 *Y-T* 工作状态,示波器上显示如图 17-5 所示。

(3) 将发射器与接收器距离为 5cm 附近处作为第 1 个测量点。按数字游标尺的归零(ZERO)键,使该点位置为零,并记录时差 t(可在声速测定仪上读出,也可从示波器上读出)。摇动摇柄使接收器远离发射器,每隔 20mm 记录接收器 S_2 位置与时差读数,共记录 10 组数据于表 17-4 中。

5. 用相位比较法测量水中的声速(选作实验内容)

(1) 测量水中的声速时,将实验装置整体放入水槽中,槽中的水高于换能器顶部 1~2cm。完成系统连接与调谐,并保持在实验过程中不改变调谐频率。

(2) 信号源选择连续波(Sine-Wave)模式,设定发射增益为 0,接收增益调节为 0 挡。设定示波器显示模式为 *X-Y* 工作状态。

(3) 在发射器与接收器距离为 3cm 附近处,找到一个屏上显示右斜直线如图 17-4(a)的位置,作为第 1 个测量点。按数字游标尺的归零(ZERO)键,使该点位置为零。摇动摇柄使接收器远离发射器,接收器移动过程中若接收信号振幅变动较大影响测量,可调节示波器垂直 SCALE (标度)旋钮。由于水中声波波长约为空气中的 5 倍,为缩短行程,可在屏上显示右斜直线和左斜直线处均进行测量,共记录 10 组数据于表中(表格自拟)。

6. 用时差法测量水中的声速(选作实验内容)

(1) 信号源选择脉冲波工作模式,设定发射增益为 2 挡,接收增益调节为 2 挡。示波器

显示模式设定为 Y-T 工作状态。

(2) 将发射器与接收器距离为 3cm 附近处，作为第 1 个测量点。按数字游标尺的归零(ZERO)键，使该点位置为零，并记录时差。摇动摇柄使接收器远离发射器，每隔 20mm 记录位置与时差读数，共记录 10 组数据于表中(表格自拟)。

【数据记录与处理】

1. 数据记录

实验的环境温度 t：________℃，声波的理论速度 $v_{理论}=$________ m/s。

表 17-1　换能器系统最佳工作频率(谐振频率 f_0)

测量次数 i	1	2	3	4	5	平均值 $\bar{f}_0$
f_0/kHz						

表 17-2　共振干涉法测量空气中的声速

测量次数 i	1	2	3	4	5	波长平均值 $\bar{\lambda}$/mm
位置 L_i/mm						
测量次数 i	6	7	8	9	10	
位置 L_i/mm						
波长 λ_i/mm						

表 17-3　相位比较法测量空气中的声速

测量次数 i	1	2	3	4	5	波长平均值 $\bar{\lambda}$/mm
位置 L_i/mm						
测量次数 i	6	7	8	9	10	
位置 L_i/mm						
波长 λ_i/mm						

表 17-4　时差法测量空气中的声速

测量次数 i	1	2	3	4	5	速度平均值 $\bar{v}/(\mathrm{m\cdot s^{-1}})$
位置 L_i/mm						
时刻 t_i/μs						
测量次数 i	6	7	8	9	10	
位置 L_i/mm						
时刻 t_i/μs						
速度 $\nu_i/(\mathrm{m\cdot s^{-1}})$						

2. 数据处理

1) 由表 17-1 数据求出最佳工作频率(谐振频率 f_0)。

2) 由表 17-2、表 17-3 和表 17-4 中的数据，求出三种方法所测得的空气中的声速 $v_{实验}$。

3) 求出三种方法测得的声波在空气中的速度 $v_{实验}$ 与理论速度 $v_{理论}$ 的相对误差 E。

提示：(1) 用逐差法处理数据。

(2) 表 17-2 数据处理公式：$\lambda_i=2\times(L_{i+5}-L_i)/5$，$\bar{\lambda}=\left(\sum\lambda_i\right)/5$，$v_{实验}=\bar{f}_0\times\bar{\lambda}$。

表 17-3 数据处理公式：$\lambda_i=(L_{i+5}-L_i)/5$，$\bar{\lambda}=\left(\sum\lambda_i\right)/5$，$v_{实验}=\bar{f}_0\times\bar{\lambda}$。

表 17-4 数据处理公式：$\nu_i=(L_{i+5}-L_i)/(t_{i+5}-t_i)$，$v_{实验}=\bar{v}=\left(\sum\nu_i\right)/5$。

(3) $v_{实验}$与$v_{理论}$的相对误差 $E=\frac{|v_{实验}-v_{理论}|}{v_{理论}}\times100\%$，$v_{理论}$由式(17-1)求得。

【思考题】

1. 分析测量结果，试问哪些因素影响数据的准确性？

2. 用驻波共振法测量声速，接收器在移动中，当示波器显示波形极大和极小时，接收器所在位置的介质质点振动位移和声压各处于什么状态？

3. 本实验选择在超声波范围内进行，这样做有什么好处？

4. 驻波共振法测量声速时，在示波器荧屏上可明显地观察到声压振幅随距离的增长而衰减，故为了提高测量的灵敏度，示波器的垂直挡级(V/div)适当调大还是调小？

附录 K

K.1　声速测定实验仪简介

声速测定实验仪(见图 17-6)由超声实验装置(换能器及移动支架组合)和声速测定信号源组成，另有水槽和固体试验样品。

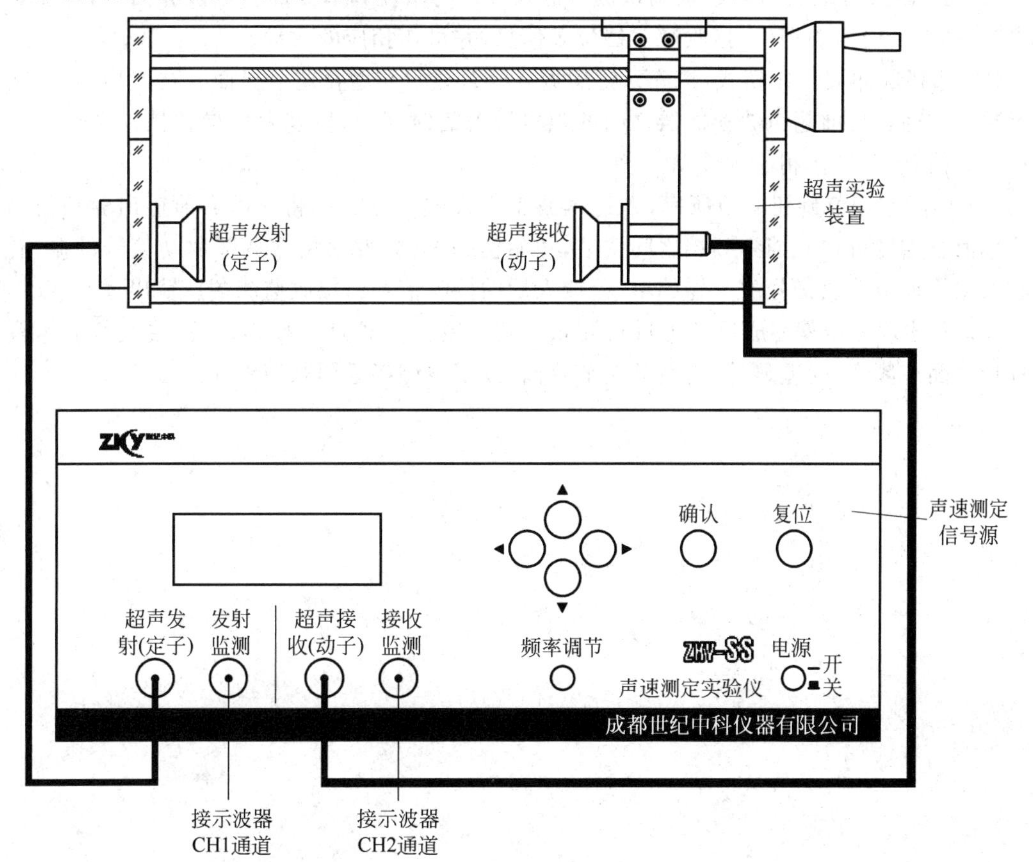

图 17-6　声速测定实验仪

超声实验装置中发射器(定子)固定,摇动丝杆摇柄可使接收器(动子)前后移动,以改变发射器与接收器的距离。丝杠上方安装有数字游标尺(带机械游标尺),可准确显示位移量。整个装置可方便地装入或拿出水槽。

声速测定信号源面板上有一块 LCD 显示屏用于显示信号源的工作信息,还具有上下、左右按键,确认按键、复位按键、频率调节旋钮和电源开关。上下按键用作光标的上下移动选择,左右按键用作数字的改变选择,确认按键用作功能选择的确认以及工作模式选择界面与具体工作模式界面的交替切换。

超声发射驱动信号输出端口(TR)连接到超声波发射换能器,超声发射监测信号输出端口,连接到示波器显示通道 CH1,超声接收信号输入端口,连接到超声波接收换能器,超声接收信号监测输出端口(MR),连接到示波器显示通道 CH2。

声速测定信号源具有选择、调节、输出超声发射器驱动信号,接收、处理超声接收器信号,显示相关参数,提供发射监测和接收监测端口连接到示波器等其他仪器等功能。

K.2　声速测定实验仪的使用说明

(1) 开机显示欢迎界面后,自动进入按键说明界面。按确认键后进入工作模式选择界面,可选择驱动信号为连续正弦波工作模式(共振干涉法与相位比较法)或脉冲波工作模式(时差法)。

(2) 选择连续波工作模式,按确认键后进入频率与增益调节界面。在该界面下,将显示输出频率值、发射增益挡位、接收增益挡位等信息,并可作相应的改动。

(3) 选择脉冲波工作模式,按确认键后进入时差显示与增益调节界面。在该界面下,将显示超声波通过目前超声波换能器之间的距离所需的时间值,以及发射增益挡位和接收增益挡位等信息,并可作相应的改动。

(4) 用频率调节旋钮调节频率,在连续波工作模式下显示屏将显示当前输出驱动信号的频率值。增益可在 0 挡到 3 挡之间调节,初始值为 2 挡,发射增益调节驱动信号的振幅。接收增益将调节接收信号放大器的增益,放大后的接收信号由接收监测端口输出。

(5) 上述调节步骤完成后就可进行测量。若改变测量条件可按确认键,将交替显示模式选择界面或频率(时差显示)与增益调节界面,按复位键将返回欢迎界面。

第6章

光 学 实 验

实验18 测定薄透镜的焦距

透镜是最基本的光学元件之一，焦距是透镜的一个重要特征参数。透镜的成像规律，又是许多光学仪器的理论基础和设计依据。因此，要求大家必须掌握透镜成像的规律，学会光路的调节技术和透镜焦距的测定方法。

本实验研究的是薄透镜，所谓薄透镜是指其厚度比焦距或两球面的曲率半径小得多的透镜。透镜分为凸透镜和凹透镜两种。

【实验目的】

1. 掌握测定薄透镜焦距的几种方法；
2. 初步掌握光路的分析和调节方法；
3. 加深对透镜成像规律的认识。

【实验仪器】

光具座，物屏，像屏，平面镜，凸透镜，凹透镜，光源。

【实验原理】

实验18-1

1. 薄透镜成像公式

薄透镜成像光路图如图18-1所示，通过透镜中心并且垂直于镜面的直线称作透镜的主光轴。近轴光线通过薄透镜成像规律可表示为

$$\frac{1}{u}+\frac{1}{v}=\frac{1}{f} \tag{18-1}$$

式中，u 为物距(实物为正，虚物为负)；v 为像距(实像为正，虚像为负)；f 为焦距(凸透镜为正，凹透镜为负)。u、v、f 均从透镜的光心 O 算起。

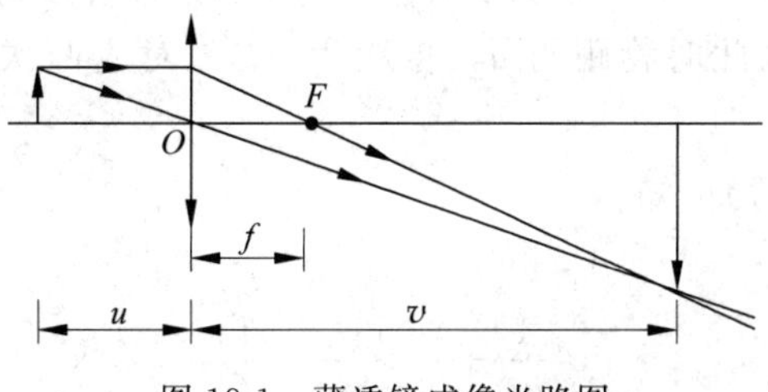

图18-1 薄透镜成像光路图

由式(18-1)可知,只要能测出 u 和 v,便可求出透镜焦距

$$f=\frac{uv}{u+v} \tag{18-2}$$

2. 凸透镜焦距的测量方法

(1) 平面镜法(自准法)。自准法测凸透镜焦距光路图如图 18-2 所示,当物体位于凸透镜的焦平面时,物点所发出的光通过凸透镜 L 后将成为一束平行光。如果用平面镜 M 把这束平行光反射回去(反射光也是一束平行光),使反射光再次通过凸透镜,则这束平行反射光将会聚成像于透镜的焦平面上。因此,通过调整凸透镜与物体之间的距离使得在物屏上能看到物体的清晰的像,物体与透镜的距离就是透镜的焦距。此时分别读出物体与透镜在光具座上的位置 x 和 x_O,则透镜的焦距为 $f=|x_O-x|$。

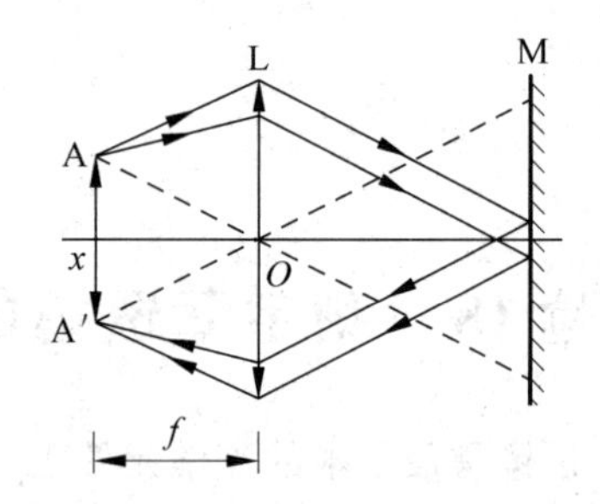

图 18-2　自准法测凸透镜焦距光路图

(2) 物距像距法。物距像距法测薄透镜焦距光路图如图 18-3 所示,当物体置于凸透镜焦距以外,物体 AB 发出的光线经透镜折射后成像在透镜的另一侧,调节像屏(或透镜)位置,使得在像屏上得到清晰的像 A′B′,此时分别读出物屏、透镜及像屏在光具座上的对应位置 x_1,x_O 和 x_2,则可求出物距 $u=|x_O-x_1|$,像距 $v=|x_O-x_2|$。

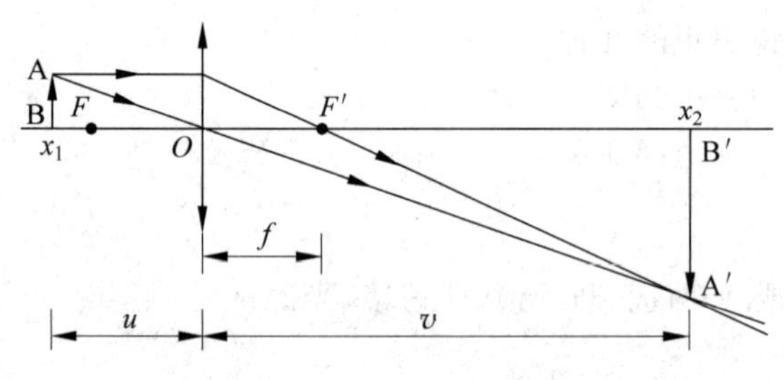

图 18-3　物距像距法测薄透镜焦距光路图

用作图法求出透镜焦距:把式(18-1)变形为 $\frac{u}{v}=\frac{1}{f}u-1$,以 u 为自变量,$\frac{u}{v}$ 为应变量作直线,求出该直线的斜率 $k=\frac{1}{f}$,则 f 可求。

(3) 共轭法(两次成像法)。共轭法测薄透镜焦距光路图如图 18-4 所示,物屏和像屏间的距离为 l($l=|x_1-x_2|$,且 $l>4f$)。保持 l 不变,移动透镜,当它在 O_1 处时,像屏上出现一个放大的清晰的像 A′B′(此时物距为 u_1,像距为 v_1);当它移到 O_2 处时,像屏上出现一个缩小的清晰的像 A″B″(此时物距为 u_2,像距为 v_2)。对应两次成像时透镜间的距离为 d($d=|x_{O_1}-x_{O_2}|$)。

按透镜成像公式(18-1)可知:

在 O_1 处有

$$\frac{1}{u_1}+\frac{1}{l-u_1}=\frac{1}{f} \tag{18-3}$$

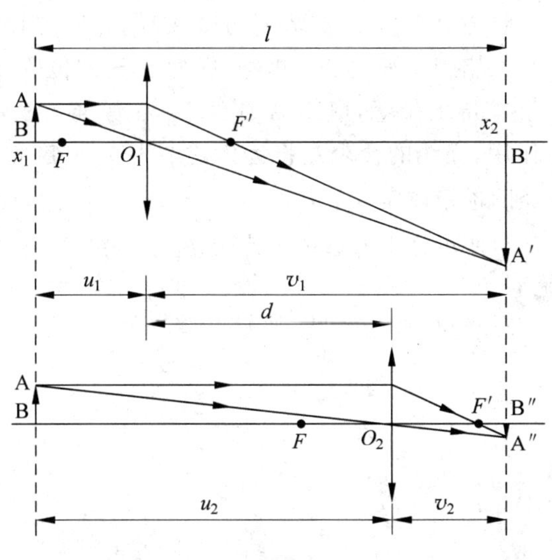

图 18-4　共轭法测薄透镜焦距光路图

在 O_2 处有

$$\frac{1}{u_1+d}+\frac{1}{l-u_1-d}=\frac{1}{f} \tag{18-4}$$

由式(18-3)、式(18-4)消去 f，得

$$u_1=\frac{l-d}{2} \tag{18-5}$$

将式(18-5)代入式(18-3)，得

$$f=\frac{l^2-d^2}{4l} \tag{18-6}$$

式中，l、d 均可测，故 f 可求得。

用这种方法虽然较复杂，但它避免了在物距像距法中测量 u，v 时，由于估计光心位置不准确而带来的误差。

3. 凹透镜焦距测定方法——物距像距法

为了能用物距像距法测凹透镜的焦距，我们加进辅助凸透镜 L_1 为凹透镜 L_2 产生一个虚物，由辅助透镜成像测薄凹透镜焦距的示意图如图 18-5 所示。

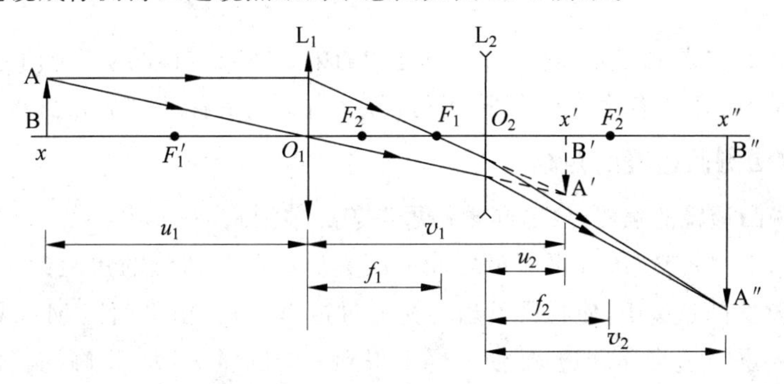

图 18-5　由辅助透镜成像测薄凹透镜焦距的示意图

在没有凹透镜 L_2 时,物体 AB 经 L_1 成清晰的像 $A'B'$,然后在 L_1 和 $A'B'$ 之间插入一个与 L_1 共轴的凹透镜 L_2,$A'B'$ 对 L_2 来说是一虚物,虚物 $A'B'$ 的位置 x' 可以测出。凹透镜能对虚物成实像,调节 L_2 和像屏的位置,虚物 $A'B'$ 经 L_2 在像屏上成一实像 $A''B''$(也可定性理解为由于凹透镜发散作用,光线的会聚点将远移到 $A''B''$),$A''B''$ 和 O_2 的位置 x''、x_{O_2} 可测出。因此可求得虚物经凹透镜成实像的物距 $u_2=-|x'-x_{O_2}|$,像距 $v_2=|x''-x_{O_2}|$。

将 u_2,v_2 代入式(18-2)便可算出凹透镜的焦距 f_2。

实验 18-2

【实验内容和步骤】

实验装置如图 18-6 所示。

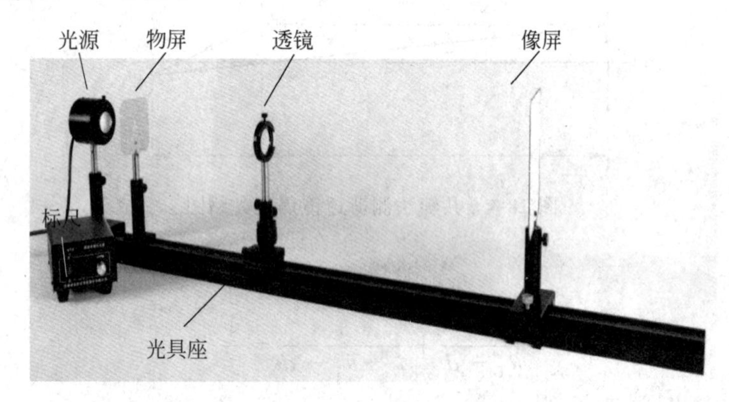

图 18-6 实验装置图

1. 物、像和凸透镜共轴调节

(1) 粗调:把光具座上的光源、物屏、凸透镜、像屏靠拢,调节各元件的高低及左右位置,使光源、物屏上"物"的中心、透镜中心、像屏中心大致在一条和光具座滑轨平行的直线上,并使各个光学元件的平面垂直于光学平台。

(2) 细调:利用透镜成像的共轭原理进行细调。将物屏和像屏固定,并使物屏和像屏之间的距离大于 4 倍凸透镜的焦距。移动凸透镜,将在像屏上观察到两次成像,一次成大像,一次成小像。当两次成像的中心重合时,表明各光学元件已经共轴等高。若两次成像的中心不重合,一般的调节方法是:当成小像时,先调节像屏的位置,使像与屏中心重合,而成大像时,则调节透镜的高低或左右,使像位于像屏中心。依次反复调节,直到两次成像的中心重合。

此时凸透镜的主光轴与光具座平行,而且物的中心在凸透镜的主光轴上。此后,除了沿光具座的滑轨前、后轻轻移动各元件外,不得再左、右、上、下移动物屏和凸透镜。

2. 用自准法测凸透镜的焦距

(1) 先估测凸透镜的焦距 f(请同学们思考怎么估测)。

(2) 参照图 18-2,使物屏和平面镜之间的距离比所测凸透镜的焦距大。在物屏和平面镜之间放上被测的凸透镜 L,使物屏发出的光通过透镜 L 后,由平面镜 M 反射回去,并再次通过透镜射向物屏。适当移动透镜,使物屏上得到一个倒立、等大、清晰的实像,测出物屏的位置 x 和透镜的位置 x_O,记录于表 18-1,则物和透镜间的距离即为焦距 $f=|x_O-x|$。

(3) 重复测量3次，求平均值。

3. 用物距像距法测凸透镜的焦距

(1) 参照图18-3，使物屏与透镜的距离在$f<u<3f$范围内取某一值，移动像屏得到一个清晰的实像，分别测出物屏、透镜和像屏的位置x_1、x_O和x_2，求出物距$u=|x_O-x_1|$和像距$v=|x_O-x_2|$，记录于表18-2。

注意：在实际测量时，由于成像清晰程度的判断受主观因素的影响，难免会有误差。为了测量准确，应采取"左右逼近法"读数：将屏由左往右再从右向左来回反复移动，观察屏上的像，感觉像最清晰时停止，记录像屏的位置读数x_2。

(2) 改变物屏与透镜的距离u值5次(u值要在$f<u<3f$范围内取等值变化，便于作图)，重复上述测量。

(3) 用作图法求出焦距f。

4. 用共轭法测凸透镜的焦距

(1) 参照图18-4，使$l>4f$，然后保持l不变，移动透镜(左右逼近法)，使像屏上一次得到大像，另一次得到小像，将物屏、像屏及透镜成大、小像时的位置x_1、x_2、x_{O_1}、x_{O_2}记录到表18-3中。

(2) 求出$l=|x_1-x_2|$，$d=|x_{O_1}-x_{O_2}|$，代入式(18-6)求f。

(3) 改变l，重复上述测量3次，求f平均值。

5. 用物距像距法测凹透镜的焦距

(1) 参照图18-5，固定物屏位置，并在适当的位置放置一辅助凸透镜L_1，移动像屏，使像屏上成一倒立缩小的实像A′B′，左右逼近法得到A′B′的位置x'，记录于表18-4。

(2) 固定物屏和辅助凸透镜L_1，将待测凹透镜L_2放在辅助凸透镜L_1和像屏之间的适当位置，并调节L_2使之与L_1同轴等高(方法是：调L_2使得移动像屏时，物的中心经L_1和L_2所成的像的中心在像屏上与物经L_1所成的像的中心重合)。

(3) 将像屏向后移动，同时适当微调待测凹透镜L_2位置，直至在像屏上又出现清晰的像A″B″(左右逼近法)，记下此时像屏的位置x''和凹透镜L_2的位置x_{O_2}。

(4) 求出凹透镜L_2的物距u_2和像距v_2，代入式(18-2)便可算出凹透镜L_2的焦距f_2。

【数据记录与处理】

1. 数据记录

表18-1　平面镜法测凸透镜焦距　　cm

次数	物屏位置x	凸透镜位置x_O	焦距$f=\|x_O-x\|$	平均值$\bar{f}$
1				
2				
3				

表 18-2　物距像距法测凸透镜焦距（$f<u<3f$）　cm

次数	物屏位置 x_1	透镜位置 x_0	像屏位置 x_2	物距 u	像距 v	$y=\frac{u}{v}$	焦距 f
1							
2							
3							
4							
5							

表 18-3　共轭法测凸透镜焦距（$l>4f$）　cm

次数	物屏位置 x_1	像屏位置 x_2	成大像位置 x_{O_1}	成小像位置 x_{O_2}	l	d	焦距 f	平均值 $\overline{f}$
1								
2								
3								

表 18-4　物距像距法测凹透镜焦距　cm

凸透镜成像时像屏位置 x'	凹透镜位置 x_{O_2}	加凹透镜后成像时像屏位置 x''	物距 $u_2=-\|x'-x_{O_2}\|$	像距 $v_2=\|x''-x_{O_2}\|$	焦距 f_2

2. 数据处理

1）利用表 18-1～表 18-3 中数据，分别求出不同方法测出的凸透镜焦距 f 值，加以比较，分析不同测量方法的测量误差。

2）利用表 18-4 中数据，求出凹透镜焦距，分析测量误差。

提示：(1) 求焦距时，要求写出所用公式；

(2) 表 18-2 中物距像距法测凸透镜焦距，用作图法求：在坐标纸上，以 u 为横轴，$\frac{u}{v}$ 为纵轴，作 $\frac{u}{v}$-u 直线，求出该直线的斜率 k，则 $f=\frac{1}{k}$。

【注意事项】

(1) 共轴等高的调节是光学实验中必不可少的步骤。运用光学系统成像时，为了获得优良的像质，要求该光学系统符合或接近理想光学系统的条件。这样物方空间的任一物点，经过该系统成像时，在像方空间必有唯一的共轭像点存在，而且符合各种理论计算公式。为此，在光学实验时要调节光学系统满足共轴和等高两个条件。共轴是指光学系统中各个光学元件的光轴共轴。调节各光学元件的光轴，使之共轴，并让物体发出的成像光束满足近轴光线的要求。等高是指光学系统的光轴和光学平台的基线（刻度尺）严格平行，这样从光学平台的刻度尺上读出的距离才是成像公式的各段距离。因为成像公式中的各段距离都是指光学系统光轴上距离，若不等高，则光学系统的光轴不平行于平台上的刻度尺，将引起系统误差。

(2) 对成像的清晰度判断,均应采用左右逼近法。

【思考题】

1. 为什么要调共轴? 调节共轴的主要步骤如何?

2. 共轭法测凸透镜焦距,为什么 l 应略大于 $4f$? 如果 l 等于或小于 $4f$,将会出现什么现象?

3. 为什么要用左右逼近法? 怎样操作?

实验 19 等厚干涉——牛顿环测凸透镜曲率半径

在科研和生产实践中,常常利用光的干涉法作各种精密的测量,如测薄膜厚度、微小角度、曲面的曲率半径等几何量;还普遍应用于磨光表面质量的检验。"牛顿环"和"劈尖"都是其中十分典型的例子。"牛顿环"是牛顿在1675年制作天文望远镜时,偶然将一个望远镜的物镜放在平板玻璃上发现的。牛顿环干涉属于用分振幅的方法产生的定域干涉现象,是典型的等厚干涉。

【实验目的】

1. 观察等厚干涉现象,了解等厚干涉原理;

2. 掌握利用等厚干涉测量凸透镜曲率半径的方法;

3. 熟悉读数显微镜的用法;

4. 学习用逐差法处理实验数据。

【实验仪器】

钠光灯,读数显微镜,牛顿环装置。

【实验原理】

实验 19-1

光在透明薄膜上下表面反射而产生的干涉现象称为薄膜干涉。当光的入射角一定时,干涉条纹沿着等厚处分布,并呈现在薄膜的上表面,这种干涉称为等厚干涉。

把一个曲率半径很大的平凸透镜 A 的凸面放在一平板玻璃 B 上,就组成了牛顿环装置,如图 19-1 所示。由于 A、B 两者之间有着一层厚度不等的空气薄膜,当平行单色光近乎垂直入射时,空气薄膜下表面的反射光 $1'$ 与空气薄膜上缘的反射光 $2'$ 在 P 点产生干涉,牛顿环干涉光路如图 19-2 所示。

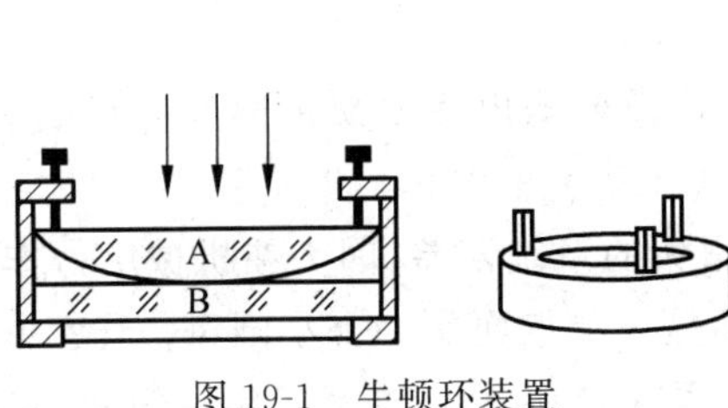

图 19-1 牛顿环装置

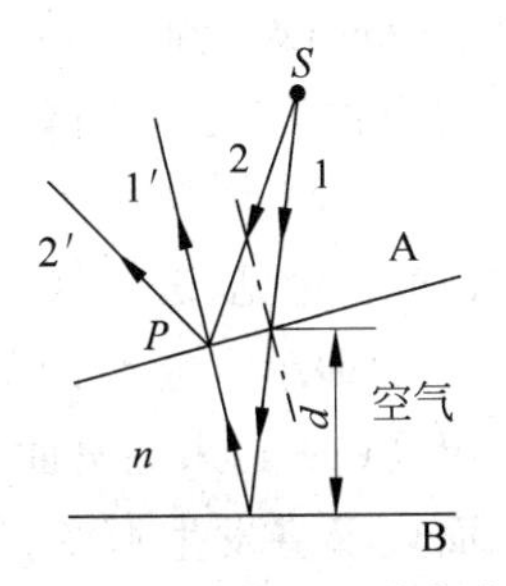

图 19-2 牛顿环干涉光路

设 P 点处空气膜的厚度为 d,考虑到空气膜的折射率 $n\approx1$,以及光垂直入射的情形,反射光 $1'$ 比 $2'$ 多走的路程近似等于 $2d$。又因为与反射光 $2'$ 相比,从光疏介质(空气)入射到光密介质(玻璃)的过程中产生的反射光 1′,有“半波损失”,于是相干光 1′和 2′的光程差为 $\Delta=2d+\lambda/2$。根据干涉条件可得

$$\Delta=2d_k+\frac{\lambda}{2}=2k\cdot\frac{\lambda}{2},\quad k=1,2,3,\cdots,\text{形成明纹} \tag{19-1}$$

$$\Delta=2d_k+\frac{\lambda}{2}=(2k+1)\frac{\lambda}{2},\quad k=0,1,2,\cdots,\text{形成暗纹} \tag{19-2}$$

在如图 19-3 所示的牛顿环干涉实验中,钠光灯 S 发出的平行单色光,经半透射半反射镜 M 反射后,垂直入射到牛顿环仪,并在牛顿环仪中的空气薄膜的上下表面处反射,从而在显微镜 T 内可观察到如图 19-4 所示的干涉条纹图样。由于空气膜厚度对称于两玻璃的接触点而向外逐渐增加,相同厚度处干涉状态相同,所以干涉条纹是一组以接触点为中心的明暗相间的同心圆环。因其最早是被牛顿发现的,故称为牛顿环。

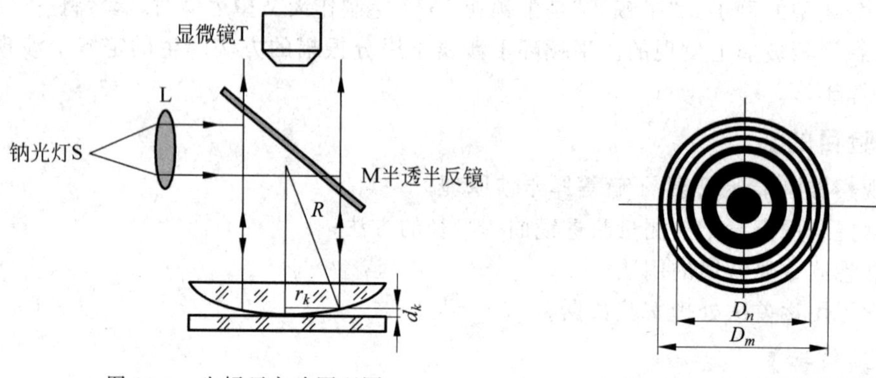

图 19-3　牛顿环实验原理图

图 19-4　牛顿环干涉图样

在图 19-3 中,R 为透镜的曲率半径,r_k 为牛顿环的半径,由它们之间的几何关系可得 $R^2=(R-d_k)^2+r_k^2$,即 $r_k^2=2Rd_k-d_k^2$。

由于 $R\gg d_k$,可以略去 d_k^2,因而得到

$$d_k=r_k^2/2R \tag{19-3}$$

式(19-3)说明,d_k 与 r_k 的平方成正比,所以离中心越远,光程差增加越快,看到的牛顿环也越密。

如果 r_k 处恰好为暗纹(一般测量中都是用暗条纹,容易判断),则将式(19-3)代入形成暗纹条件的公式(19-2),可得

$$R=r_k^2/k\lambda \tag{19-4}$$

由式(19-4)可见,若已知入射光的波长为 λ,只要测出第 k 级的暗纹半径 r_k,即可求出平凸透镜 A 的曲率半径 R;若已知 R 也可求得入射光的波长 λ。

但利用式(19-4)来测量曲率半径 R 常有很大的系统误差,因为在机械压力作用下平凸透镜与平面玻璃将发生形变,使牛顿环中心不是一个点而是一个小圆斑;或者由于两玻璃面之间有灰尘而产生附加厚度,环的几何中心及条纹级次 k 难以确定。为此,在实际测量中,人们常采用逐差法,通过测量第 m 级干涉暗环的直径 D_m 和第 n 级干涉暗环的直径 D_n(如图 19-4 所示),利用两直径的平方差来计算曲率半径 R,以消除系统误差。下面推导此法计算曲率半径 R 的公式。

设两玻璃面间附加厚度为 δ(δ 可正可负),则对应第 m 个暗纹的光程差为

$$\Delta = 2(d_m + \delta) + \frac{\lambda}{2} = (2m+1)\frac{\lambda}{2} \tag{19-5}$$

由此得

$$d_m = \frac{m\lambda}{2} - \delta \tag{19-6}$$

将式(19-3)代入式(19-6),整理后得

$$r_m^2 = mR\lambda - 2R\delta \tag{19-7}$$

对于第 n 个暗纹,同理可得

$$r_n^2 = nR\lambda - 2R\delta \tag{19-8}$$

将 r_m^2 减去 r_n^2,可得

$$R = \frac{r_m^2 - r_n^2}{(m-n)\lambda} = \frac{D_m^2 - D_n^2}{4(m-n)\lambda} \tag{19-9}$$

可见,用这种方法处理,附加厚度 δ 与结果无关,并且 R 只与级差($m-n$)有关,不论 m 与 n 本身的绝对级次是多少,都不影响结果。

【实验内容和步骤】

实验 19-2

1. 牛顿环实验装置初步调节

按图 19-5 放置实验仪器,进行初步调节。

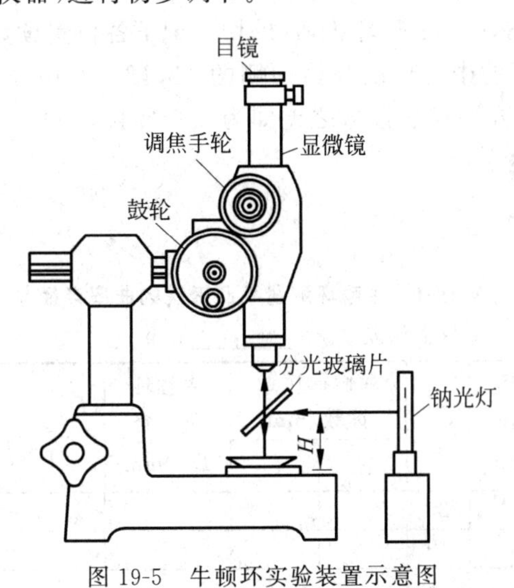

图 19-5 牛顿环实验装置示意图

(1) 初调读数显微镜。调节目镜,使目镜十字叉丝端正、清晰,转动鼓轮,使显微镜位置在主尺中间(约 25mm 处)。

(2) 调节牛顿环装置上 3 个螺丝,使松紧适度,在自然光下观察到彩色的干涉条纹(牛顿环),应大约在其中心处。将牛顿环装置放置在载物台上(正对显微镜下方,3 个螺丝朝上),并用压片固定好。

(3) 打开钠光灯,调节其高度,使光源与分光玻璃片 M(半反半透镜)等高。将载物台下面的反光镜挡光。

(4) 细调分光玻璃片 M 的方位。注意 M 的放置高度 H 必须满足 $H<L$(L 为显微镜物镜的工作距离); M 的倾角应使钠光灯射来的光线垂直向下反射。调节 M 的倾角约 45°,眼睛透过显微镜目镜观察,直到视场明亮适当。

2. 调出清晰的牛顿环

眼睛在外观察,使显微镜的物镜对准牛顿环装置中心,然后调节显微镜调焦手轮降低显微镜镜筒,移到即将接触牛顿环装置的最低位置(但不能接触); 而后眼睛在目镜上观察,缓慢地由下而上调焦,看清牛顿环并消除与目镜十字叉丝的视差; 再轻移牛顿环装置使牛顿环中心在视场中部(十字叉丝中心交点大约在牛顿环中心)。

3. 定性观察干涉条纹的分布特征——行程练习

转动测微鼓轮,观察牛顿环全貌,观察各级条纹(圆环)的粗细及相邻间距变化,观察牛顿环中心的亮暗情况。做行程练习,要求:

(1) 牛顿环各圆环图像清晰,且圆环全部都在读数显微镜的量程内(本实验要求左右两侧都可读到 32 圈圆环以上)。

(2) 目镜中水平叉丝与标尺平行(可通过调节目镜的方位来达到目的)。

定性观察行程练习的目的是避免中途读数超出量程而造成返工。

4. 测量暗环直径 D

从目镜里观察,当十字叉丝中心交点大约在牛顿环中心时,缓慢地转动鼓轮,同时默数十字叉丝扫过的暗环数,至叉丝的竖线移到右方(或左方)第 32 圈处,再反方向转动鼓轮使叉丝竖线依次与 30,29,28,…,11 暗环相切(外切),记下各位置读数; 继续同方向转动鼓轮 C,使叉丝竖线越过牛顿环的中心依次与另一侧的 11,12,13,…,30 暗环相切(内切),也记下各位置读数。同一暗环左右位置读数之差即为该暗环直径 D。

【数据记录与处理】

1. 数据记录

表 19-1 牛顿环测量平凸透镜的曲率半径

钠光灯波长 λ=________ nm,仪器误差 $\Delta_{仪}$=________ mm

圈数	显微镜位置读数/mm		牛顿环直径 D_m/mm	圈数	显微镜位置读数/mm		牛顿环直径 D_n/mm	$(D_m^2-D_n^2)_i$ /mm²	$\overline{D_m^2-D_n^2}$ /mm²	偏差 ν_i /mm²
	左	右			左	右				
30				20						
29				19						
28				18						
27				17						
26				16						
25				15						
24				14						
23				13						
22				12						
21				11						

注:偏差 $\nu_i=(D_m^2-D_n^2)_i-\overline{D_m^2-D_n^2}$,用于计算 $\overline{D_m^2-D_n^2}$ 的 A 类不确定度。

2. 数据处理

(1) 取 $m-n=10$,用逐差法处理数据;

(2) 计算平凸透镜的曲率半径的平均值 $\bar{R}$;

(3) 求出曲率半径 R 的不确定度 U_R 和相对不确定度 E_R;

(4) 写出实验结果 $R=\bar{R}\pm U_R$,并作必要的误差分析和讨论。

提示:为简便计算,本实验将 λ 和 $m-n$ 看作常数,将 $D_m^2-D_n^2$ 看作一个变量。

$$\bar{R}=\frac{\overline{D_m^2-D_n^2}}{4(m-n)\lambda},U_R=\sqrt{u_A^2(R)+u_B^2(R)},\text{其中},u_A(R)=\frac{u_A(\overline{D_m^2-D_n^2})}{4(m-n)\lambda},$$

$$u_A(\overline{D_m^2-D_n^2})=t_P\times\sqrt{\frac{\sum_{i=1}^{10}\nu_i^2}{10(10-1)}}(P=0.683);\ u_B(R)=\frac{\Delta_{仪}}{\sqrt{3}}。$$

【注意事项】

(1) 由于显微镜读数系统为螺纹啮合结构,为了消除“回程差”,测量时,测微螺旋只能朝一个方向转动,中途不得反转读数。

(2) 调焦(只准自下而上调焦,不许自上而下调焦)。

(3) 牛顿环左右环圈数要数清楚,对称的环圈数不可数错。

(4) 测量过程不可触动牛顿环仪。

(5) 牛顿环仪上的螺丝不可旋太紧,以免压破牛顿环。

(6) 单色光源用的是钠光灯,灯管内有双层玻璃泡,装有少量氩气和钠。通电时加热灯丝,氩气即放出淡紫色光,钠受热汽化后渐渐放出较强的黄光,其波长在 589.3nm 附近。

使用钠光灯时注意:

(1) 钠光灯点亮后需等数分钟才会发出较强的黄光。

(2) 每开、关一次都将影响灯的寿命,因此不要轻易开、关。灯的使用寿命较短,因此也不要开而不用。应做好准备工作,使用时间尽量集中,不漏测量数据,免得重新开亮。

【思考题】

1. 在读数显微镜的光学调节系统中,找物像是调节目镜还是调节物镜?

2. 玻片 M 起什么作用? 玻片 M 应放在什么角度才能从显微镜中观察到牛顿环?

3. 如何测定牛顿环的直径? 本实验中是如何用逐差法来处理数据?

4. 如何消除显微镜丝杆、丝帽之间空隙所引起的实验误差?

5. 牛顿环和劈尖干涉均属等厚干涉,为什么前者干涉条纹为一系列的同心圆,且随着半径越大条纹越密,而后者则是均匀排列的直条纹?

6. 在透射光中观察干涉条纹,与反射光中观察结果比较有何不同?

附录 L

L.1 JCD3 读数显微镜

观察或作长度测量，配合牛顿环测曲率半径。

(1) 主要技术参数

测量范围：50mm；放大率：30×；最小读数：0.01mm；测量精度≤0.02mm；纵向测量精度≤0.02mm；观察方式：45°斜视；目镜筒可 360°旋转，附 45°半反镜。

(2) 读数显微镜如图 19-6 所示。

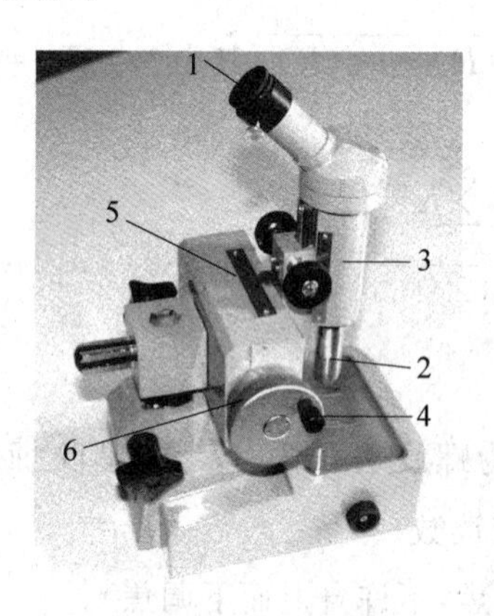

图 19-6　读数显微镜

1—目镜；2—物镜；3—物镜调节手轮；4—测微鼓轮；5—主标尺；6—读数盘

L.2 钠光灯

钠光灯如图 19-7 所示，是一种气体放电灯，在放电管内充有金属钠和氩气。开启电源的瞬间，氩气放电发出淡紫色的光。氩气放电后金属钠被蒸发并放电发出黄色光。钠光在可见光范围内两条谱线的波长分别为 589.59nm 和 589.00nm。这两条谱线很接近，所以可以把它视为单色光源，其波长取平均值 589.30nm。

L.3 牛顿环装置

牛顿环装置如图 19-8 所示，是由一块曲率半径较大的平凸玻璃透镜，以其凸面放在一块光学玻璃平板(平晶)上构成的。

图 19-7　钠光灯

图 19-8　牛顿环装置

实验 20　分光计的调整及三棱镜顶角的测定

分光计是一种测量光线偏转角的仪器，实际上就是一种精密的测角仪。由于不少物理量如折射率、波长等往往可以用光线的偏折来量度，因此分光计是光学实验中的一种基本仪器。在分光计的载物台上放置色散棱镜或衍射光栅，它就成为一台简单的光谱仪器；在分光计上装上光电探测器，还可以对光的偏振现象进行定量的研究。为了保证测量的精确，分光计在使用前必须调整。分光计的调整方法对一般光学仪器的调整有一定通用性，因此学习分光计的调整方法也是使用光学仪器的一种基本训练。

【实验目的】

1. 了解分光计的结构、作用和工作原理，掌握分光计的正确的调整和使用方法；
2. 掌握三棱镜顶角的测定方法。

【实验仪器】

分光计，三棱镜，钠光灯，平面反射镜。

【实验原理】

实验 20-1

1. 分光计的结构和工作原理

本实验使用 JJY 型分光计（见图 20-1）。该分光计由阿贝式自准直望远镜、装有可调狭缝的平行光管、可升降的载物平台及光学度盘游标读数系统等四大部分组成。

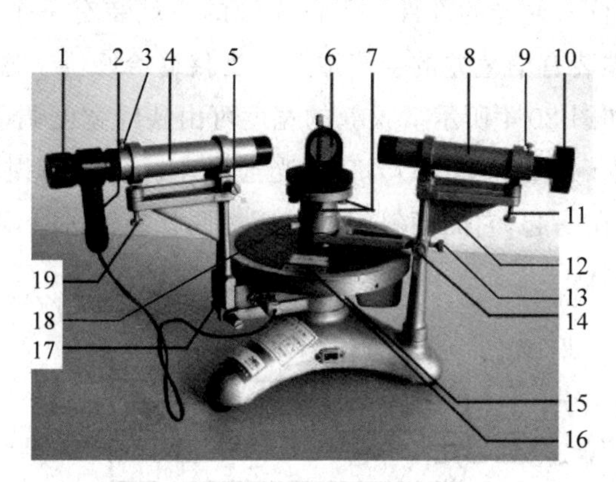

图 20-1　JJY 型分光计

1—目镜调节手轮；2—小灯；3—目镜锁紧螺钉；4—望远镜筒；5—望远镜光轴水平调节螺钉；6—平面反射镜；7—平台倾斜度调节螺钉；8—平行光管；9—狭缝装置锁紧螺钉；10—狭缝装置；11—平行光管高低调节螺钉；12—平行光管水平调节螺钉；13—游标盘锁紧螺钉；14—刻度盘微调螺钉；15—望远镜锁紧螺钉；16—游标盘；17—望远镜微调螺钉；18—载物台锁紧螺钉；19—望远镜倾斜度调节螺钉

(1) 阿贝式自准直望远镜

望远镜用来观察和确定光束的行进方向，它是由物镜、目镜及分划板组成的一个系统。常用的目镜有高斯目镜和阿贝式目镜两种，都属于自准目镜，JJY 型分光计使用的是阿贝式自准目镜，其望远镜称为阿贝式自准直望远镜，结构如图 20-2 所示。目镜装在 A 筒中，分划板装在 B 筒中，物镜装在 C 筒中，并处在 C 筒的端部。

望远镜可绕分光计中心轴转动，在望远镜与中心轴相连处有望远镜锁紧螺钉 15，放松时可使望远镜绕中心轴转动，旋紧时可固定望远镜。望远镜的倾斜度也可通过望远镜倾斜度调节螺钉进行调节。

望远镜分划板上分划线如图 20-3 所示，通过分划板中心圆点 O 正交的两条直线，一条是水平瞄准线，一条是竖直瞄准线。水平瞄准线上方的短水平线称为自准线。自准线与竖直瞄准线的交点 O' 称为自准点。分划板的边上粘有一块 45°全反射自准棱镜，自准棱镜与自准线配合，对分光计进行自准调节。自准灯的灯光从管侧射入后，经自准棱镜反射后照亮分划板下半部，由于分划板与自准棱镜的贴处留有一个小“十”字透光窗，故光线会从十字窗口朝物镜方向透射出去。

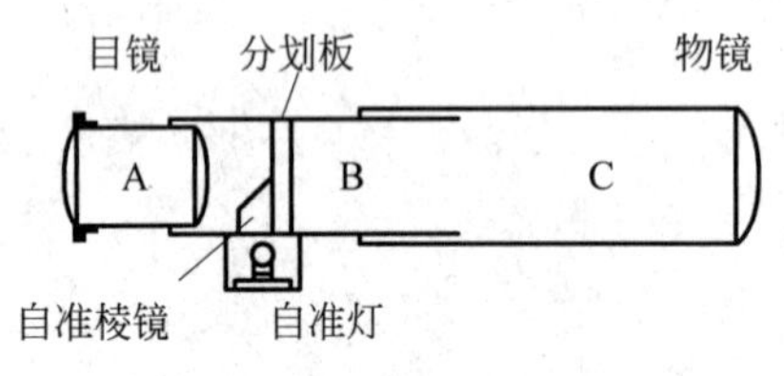

图 20-2　阿贝式自准直望远镜结构示意图

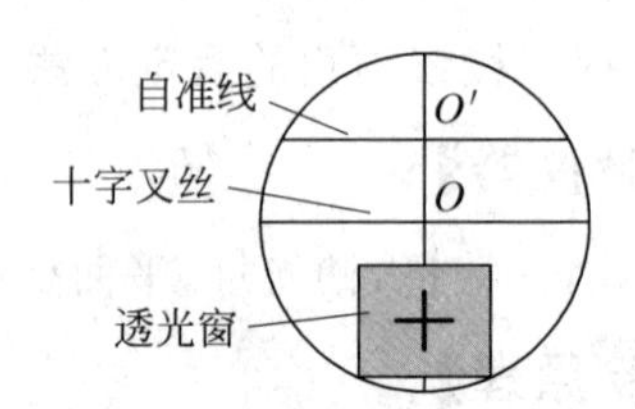

图 20-3　分划板

(2) 平行光管

平行光管是提供平行入射光的部件。平行光管的一端装有一个可伸缩的套筒，套筒末端有一狭缝装置，另一端装有消色差的会聚透镜。当狭缝恰好位于透镜的焦平面上时，平行光管就射出平行光束，如图 20-4 所示。狭缝的宽度可由狭缝宽度调节手轮调节。狭缝的宽度取 1mm 左右为宜，宽了测量误差太大，窄了光通量小。狭缝易损坏，应尽量少调。平行光管与分光计底座固定在一起，它的倾斜度可以通过调整螺钉进行调节，以使平行光管的光轴和分光计的中心轴垂直。

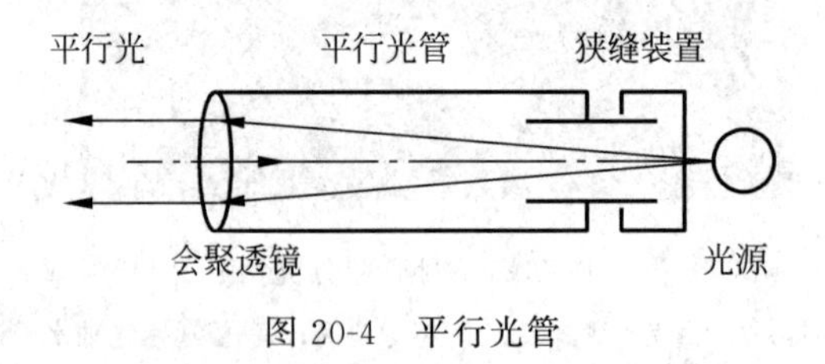

图 20-4　平行光管

(3) 载物平台

载物平台是用来放置待测物件的，如三棱镜、光栅等。台上附有夹持待测物件的弹簧片。台面下方装有三个平台倾斜度调节螺钉，用来调整台面的水平度。整个载物平台可升降，以适应待测物不同大小的需要。升降后用载物台锁紧螺钉锁定，使载物台与中心转轴连在一起。松开载物台锁紧螺钉，载物台可以单独绕分光计中心轴转动。

(4) 读数装置

读数装置是由刻度盘和游标盘组成。刻度盘安装在底座上，并与载物台的转轴垂直。游标盘可用游标盘锁紧螺钉与载物台固连，可绕仪器转轴转动。

望远镜和载物台分别与刻度盘和游标盘相连，它们的相对转动角度可从刻度盘和游标盘读出。

本实验室中分光计刻度盘的圆周有 720 个刻度，所以，最小刻度为 0.5°(30′)。小于 0.5°，则利用角游标读数。角游标 30 分格的弧长与刻度盘 29 分格的弧长相等，如图 20-5(a)所示，因而角游标与刻度盘每一小分格之差为 1′，故分光计读数装置最小分度值为 1′(即角游标的准确度为 1′)。

角游标读数的方法与游标卡尺的读数方法相似，如图 20-5(b)所示，主刻度值为 314.5°(即 314°30′)，而角游标上的第 11 条刻线刚好与刻度盘上的某刻线重合，说明对应的分度值为 11′，因此角度的读数应为：314°30′+11′=314°41′。

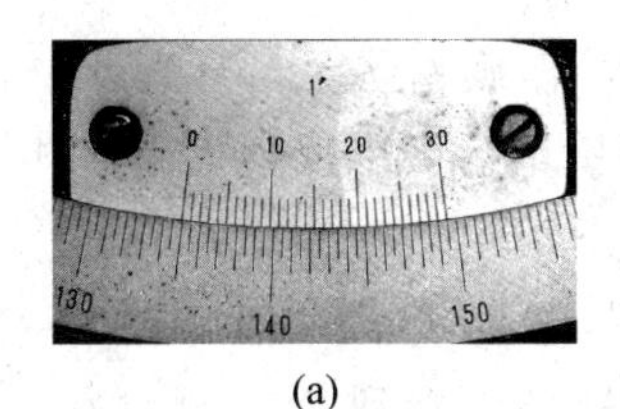

(a)

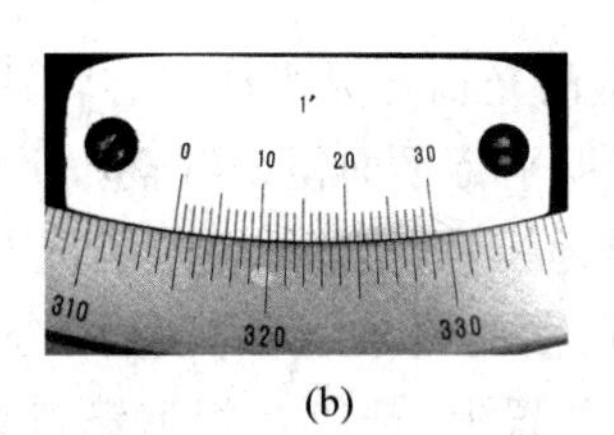

(b)

图 20-5　角游标的读数

受装配工艺的影响，刻度盘的中心与仪器转轴可能不重合，读数时将产生偏心误差。为了消除偏心误差，刻度盘上设置了两个对称放置的游标，它们相隔 180°。测量望远镜(或载物台)转过的角度时，要同时记下两个游标所示的两组读数 θ_1、θ_2 和 θ_1'、θ_2'，计算出每个游标两次读数的差 $\varphi_1=|\theta_1'-\theta_1|$ 和 $\varphi_2=|\theta_2'-\theta_2|$，取其平均值 $\varphi=\frac{1}{2}(\varphi_1+\varphi_2)$ 就可以作为望远镜(或载物台)转过的角度。

测量数据时，必须同时读取两个角游标的读数。因此，在安置角游标位置时应考虑具体实验情况，主要是注意读数方便，且尽可能使测量中刻度盘 0 刻度线不通过角游标。注意：如果望远镜在转动过程中越过 0 刻度线，在读数(或计算)时应加 360°。记录角度时，左、右角游标要分别进行，以防止混淆致使角度算错。

2. 分光计的调整方法

为了精确测量角度，必须将分光计先调整好。调节分光计的要求是：

(1) 入射光线是平行光(即要求调整平行光管，使之发射平行光)。

(2) 望远镜能接收平行光(即要求望远镜调焦无穷远，亦即使平行光能成像最清晰)。

(3) 调整平行光管和望远镜的光轴与分光计中心转轴垂直，同时也要调整载物台平面垂直于分光计中心转轴。

调节的方法主要利用平行平面镜，采用自准直法和二分之一调节法。

1) 望远镜调焦

按照分光计的调节要求，望远镜必须调焦到无穷远，才能接收平行光。

若在物镜前的载物台上放一平行平面镜,前后调节望远镜的目镜(连同分划板)与物镜的间距,使分划板位于物镜焦平面上时,自准灯发出的光透过十字窗口经物镜后成平行光射向平面镜,反射光也是平行光,经物镜后会聚在分划板上就形成十字窗口的像(绿色亮十字像),光路如图 20-6(a)所示。此时,望远镜调焦到无穷远处。这种调焦方法叫自准直法。望远镜调焦后的目镜视场如图 20-6(b)所示。

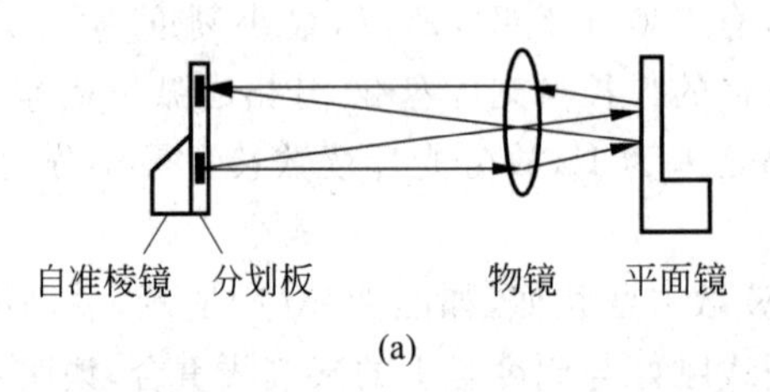

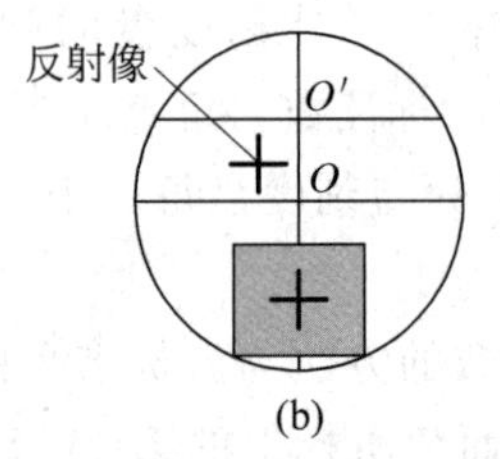

图 20-6　自准直法

2) 调整望远镜的光轴与分光计中心转轴垂直,载物平台与分光计中心转轴垂直

这一步仍要借助平行平面镜来调整。平面镜前后两个反射面是互相平行且与其底座的底面垂直的。若望远镜及载物台均已调成与分光计中心转轴垂直,则根据前面的自准直法光路图分析,平面镜无论放在载物台任意位置上,都应在望远镜目镜视场中看到反射像(绿色亮十字像)落在自准点 O'上,如图 20-7 所示。将平台转过 180°观察,也应如此。

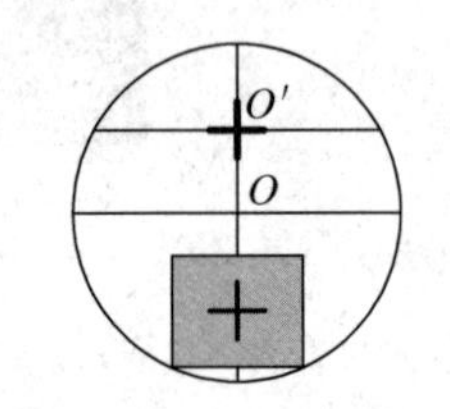

图 20-7　望远镜及载物台均与分光计中心转轴垂直时叉丝成像

若没有达到上述调整要求会出现什么现象呢?该如何调整?我们不妨讨论两种特殊情况:

(1) 若分光计中心转轴与载物平台垂直而与望远镜光轴不垂直(即反射镜面与分光计中心转轴平行,而与望远镜光轴不垂直),则当转动载物台时,无论哪个反射面对准望远镜,在望远镜中看到叉丝的反射像总是偏上或总是偏下,且两个反射像与分划板自准线等距离(见图 20-8)。

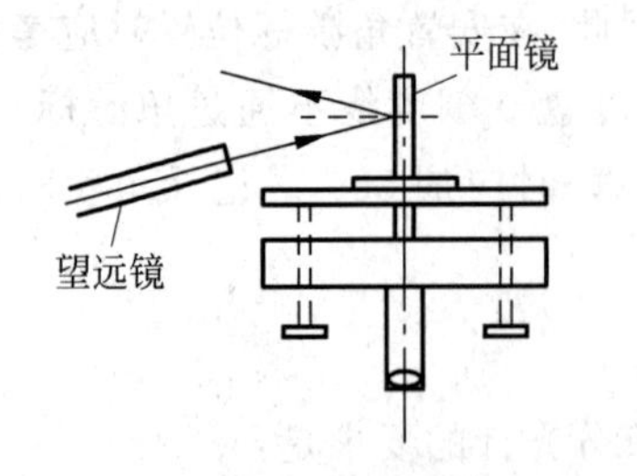

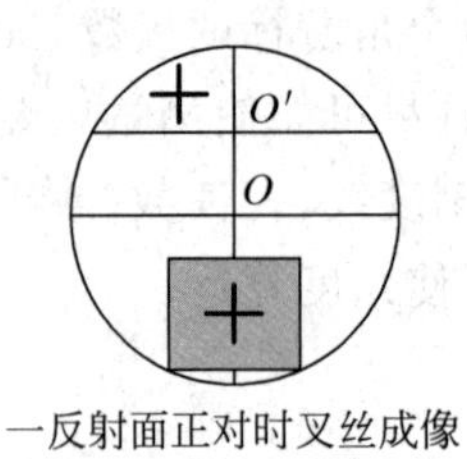

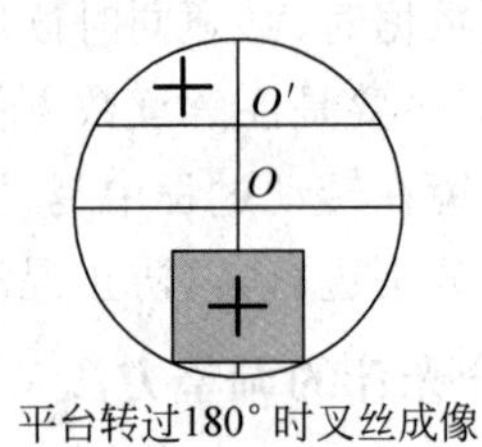

图 20-8　分光计中心转轴与载物平台垂直,而与望远镜光轴不垂直情形

此时,只要调节望远镜倾斜度调节螺钉,就可使两面反射十字叉丝像的水平线均与分划板自准线重合,再稍微转动载物台就可将十字像竖线也对准分划板十字叉丝的竖线,此时反射像落在自准点 O'上。

(2) 若分光计中心转轴与望远镜光轴垂直,而与载物平台不垂直情形(即反射镜面与转轴不平行),则当平面镜两个反射面分别对准望远镜时,经反射面反射回来的叉丝像必然一个偏上，另一个偏下，且两个反射像与分划板自准线等距离(见图 20-9)。

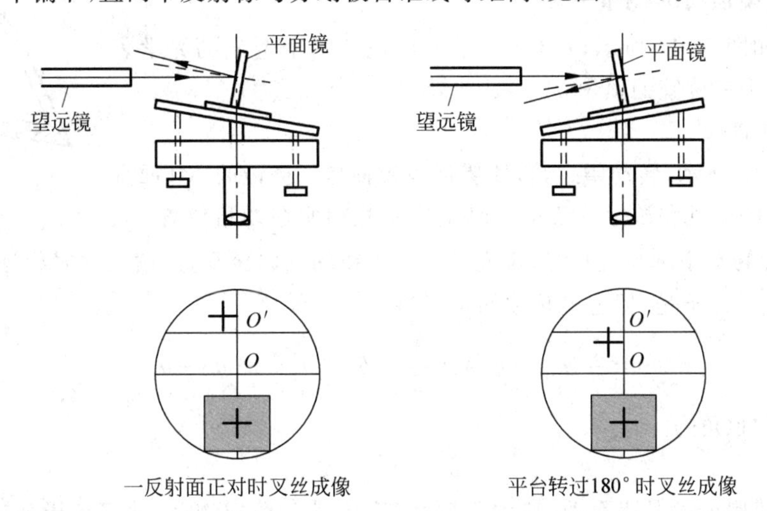

图 20-9　分光计中心转轴与望远镜光轴垂直，而与载物平台不垂直情形

此时，只要反复调节平面镜平面正对的载物平台下的倾斜度调节螺钉，改变平面镜的俯仰角，就可使两面反射的十字叉丝像的水平线均与分划板自准线重合，再稍微转动载物台即可将反射像落在自准点 O'上。

一般情况下，上述(1)、(2)两种没有调好的因素均存在，所以经平面镜平面反射的两个绿色十字叉丝像，有可能在自准线同侧(不一定等高)。若两个亮十字像已经分居在分划板上方的水平自准线的两侧(不一定等距离)，调节时要根据观察到反射像的现象进行分析，针对原因进行调节。

通常需要用二分之一调节法，调节如下：

若经平面镜平面反射的两个绿色十字叉丝像在自准线同侧(不一定等高)，则说明望远镜主光轴是俯仰着的，这时，需先调节望远镜的倾斜度调节螺钉，使两个亮十字像分居在分划板上方的水平自准线的两侧。然后，调节载物平台倾斜度调节螺钉(每次都调反射面正前方的螺钉)，分别将两反射面反射的亮十字像的水平线与分划板上方的自准线的距离各缩小 1/2，这样重复几次，采用逐渐逼近法，直至将两亮十字像的水平线调到与分划板上方的自准线精确重合，此时，望远镜主光轴已与分光计中心转轴垂直。此法就叫“二分之一调节法”。

若两个亮十字像已经分居在分划板上方的水平自准线的两侧，则只要调节载物平台倾斜度调节螺钉，用二分之一调节法调整。

3) 调整平行光管，使平行光管发出平行光，并使其光轴与分光计转轴垂直

点亮钠光灯，使平行光管正对着钠光灯窗口。用已调好的望远镜作为基准，转动望远镜使之与平行光管在同一直线上，调节平行光管狭缝至透镜的距离，使在望远镜中能看到狭缝清晰的像，且缝像与叉丝无视差，这时平行光管已发射平行光。再调节平行光管高低调节螺钉 11 使狭缝像处于分划板上中间一条横向叉丝上(此时应将原先竖着的狭缝转 90°，成水平状，调整好还应将其恢复到原位)。这样平行光管光轴与望远镜光轴就平行了，也就是说平行光管光轴也垂直于分光计中心转轴了。

3. 三棱镜顶角的测量方法

三棱镜如图 20-10 所示，AB、AC 是三棱镜的两个透光的光学表面，其夹角称为三棱镜的顶角 α。

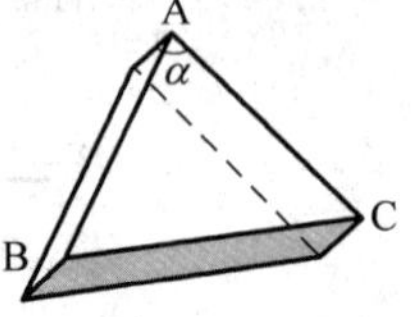

图 20-10　三棱镜

(1) 自准直法

如图 20-11 所示，转动望远镜，使望远镜光轴与三棱镜的 AB 面垂直，由分光计的度盘和游标盘读出这时望远镜光轴所在的角位置 θ_1、θ_2；再顺时针转动望远镜，使望远镜光轴与三棱镜的 AC 面垂直，读出此时望远镜光轴所在的角位置 θ_1'、θ_2'。于是，望远镜转过的角度为

$$\varphi=\frac{1}{2}(\varphi_1+\varphi_2)=\frac{1}{2}(|\theta_1'-\theta_1|-|\theta_2'-\theta_2|) \tag{20-1}$$

三棱镜的顶角为

$$\alpha=180^\circ-\varphi \tag{20-2}$$

也可以使望远镜保持不动，转动三棱镜（应该是转动载物台，使三棱镜随之转动）进行测量。

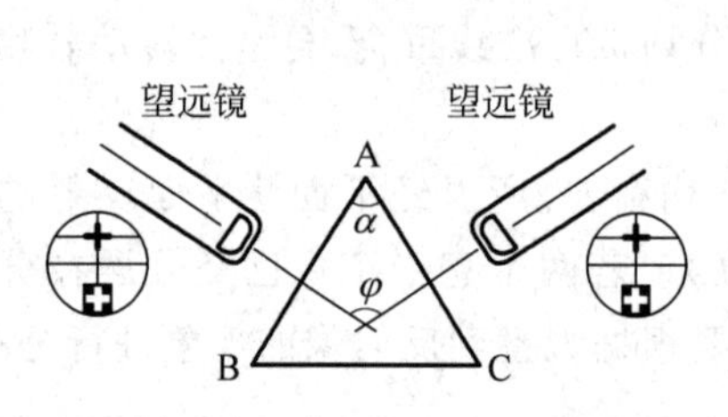

图 20-11　自准直法测量三棱镜的顶角

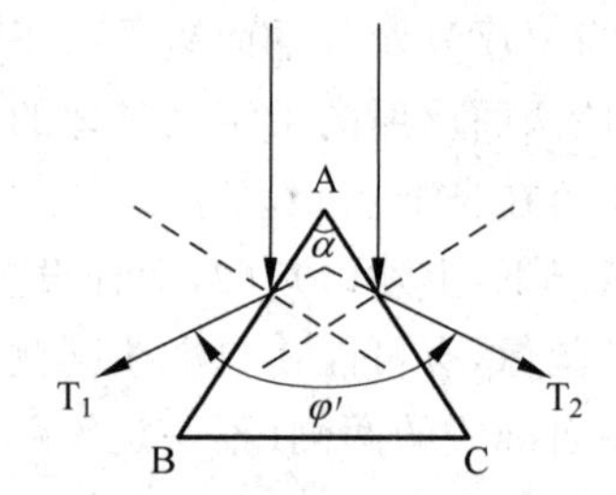

图 20-12　棱脊分束法测量三棱镜的顶角

(2) 棱脊分束法

如图 20-12 所示，转动三棱镜，使三棱镜的顶角正对平行光管。平行光管发出的平行光被三棱镜的顶角分成两束，分别被棱镜的两个光学面反射。在 AB 面的反射光为 T_1，在 AC 面的反射光为 T_2，T_1、T_2 之间的夹角 $\varphi'=2\alpha$。分别用望远镜瞄准 T_1、T_2，得角位置的读数 θ_3、θ_4 和 θ_3'、θ_4'，则

$$\varphi'=\frac{1}{2}(|\theta_3'-\theta_3|-|\theta_4'-\theta_4|) \tag{20-3}$$

三棱镜的顶角为

$$\alpha=\frac{\varphi'}{2} \tag{20-4}$$

实验 20-2

【实验内容和步骤】

1. 分光计的调整

1) 目测粗调

(1) 对照实物，熟悉各调节螺丝的作用。

(2) 先用眼睛观察，估计平行光管、望远镜是否在一条直线上，平行光管、望远镜和载物

台是否水平；若不是，则可分别调节平行光管高低调节螺钉和平行光管水平调节螺钉，望远镜倾斜度调节螺钉和望远镜光轴水平调节螺钉，使之大致处于水平状态，即其光轴尽量垂直分光计中心转轴；调松载物台锁紧螺钉，调节载物台高度适中后再将其锁紧；调节载物平台下面的三个平台倾斜度调节螺钉等高，使载物台平面大致处于水平状态，即与分光计中心转轴垂直。

(3) 熟悉刻度盘和游标，练习读数方法。

2) 望远镜调焦

(1) 目镜调焦：旋动目镜调节手轮使眼睛清晰地看到分划板上的十字叉丝。

(2) 用自准直法将望远镜调焦到无穷远。

在载物台下面三只倾斜度调整螺钉 a、b、c 中选任二只，例如 b、c。将平行平面镜垂直平分 bc 连线放置，如图 20-13(a)所示。

接通电源，开亮小灯，旋紧望远镜锁紧螺钉，旋松游标盘锁紧螺钉，转动游标盘使平面镜的一个反射面(如螺钉 b 所对的面)正对望远镜。

调焦时应先从望远镜筒外侧面观察，粗略判断望远镜的镜筒是否垂直于载物平台上的平行平面镜，观察有无反射回来的亮十字像或亮光斑。由于望远镜的视场角很小，所以立即从望远镜目镜中观察，不一定能看到反射光斑。此时可先转动载物平台，眼睛直接从望远镜外侧面找到由平面镜反射回来的亮十字叉丝像。若这时眼睛高度比目镜中心高度为高(或低)，则调节望远镜倾斜度调节螺钉和载物台倾斜度调整螺钉 b 或 c(如 b)，直至眼睛与目镜中心等高后，再从望远镜目镜中观察反射回来的光斑。若找到光斑然后旋松目镜锁紧螺钉，前后移动套筒进行调焦，直到光斑变成清晰明亮的十字像，再旋紧锁紧螺钉。

转动游标盘，将平面镜的另一个反射面正对望远镜，重复上述调节，直至两面都能看到清晰明亮的绿色十字像为止。此时，望远镜调焦到无穷远处。

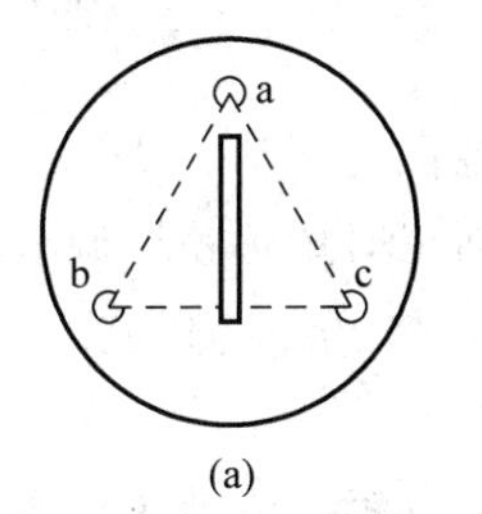

(a)

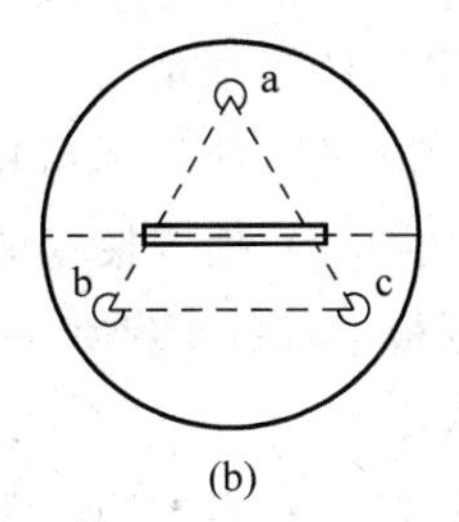

(b)

图 20-13　平面镜的放置方法

3) 调整望远镜的光轴与分光计中心转轴垂直，载物平台与分光计中心转轴垂直

(1) 在望远镜中仔细观察经平面镜两平面反射的两个绿色十字叉丝像相对于分划板上方的水平自准线的位置。若两个亮十字像在自准线同侧(不一定等高)，需先调节望远镜的倾斜度调节螺钉，使两个亮十字像分居在分划板上方的水平自准线的两侧(若已在两侧，则此步骤可省)。然后，调节载物平台倾斜度调节螺钉 b 或 c(每次都调反射面正前方的螺钉)，采用“二分之一调节法”调节，直至将两亮十字像的水平线调到与分划板上方的水平自准线精确重合。此时，望远镜主光轴已与分光计中心转轴垂直。

(2) 以上调节还不能决定载物平台平面垂直于中心转轴，还需将平面镜改放在与 bc 平行的直径上，如图 20-13(b)所示，调节螺钉 a，使反射像水平线与分划板自准线重合(注意：此时不能再调螺钉 b、c 及望远镜倾斜调节螺钉)。

4) 调整平行光管，使平行光管发出平行光，并使其光轴与分光计转轴垂直

注意：步骤 4)仅在用棱脊分束法测量三棱镜顶角(选作)中要求完成。具体调节方法见原理中所述。

2. 测量三棱镜顶角

1) 利用三棱镜对载物台重新调整

由于三棱镜的两个底面一般不是主截面，载物台也不像光学面那样平整，所以在测量三棱镜顶角前还必须将载物台重新进行调整。调整分两步进行：

(1) 在前面分光计调整完成好的基础上，将三棱镜按照图 20-14 所示放置在载物台的中央。三棱镜的三个边应与载物台的三个倾斜度调节螺钉的连线垂直，AB⊥bc，AC⊥ab(这样放置的好处是，调节螺钉 c 时，只改变 AB 面的倾角而不会改变 AC 面的倾角；调节螺钉 b 时，只改变 AC 面的倾角而不会改变 AB 面的倾角，调节时避免互相干扰)。

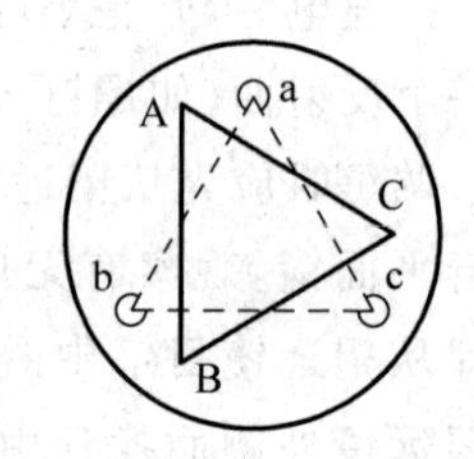

图 20-14　三棱镜的放置方法

(2) 转动载物台，在望远镜中观察从三棱镜 AB 面反射回来的亮十字像(若看不到，应检查一下平台高低是否合适，可松开载物台锁紧螺钉，适当调节载物台的高度后，再锁紧载物台)，调节载物台倾斜度调节螺钉 c，使从 AB 面反射回来的亮十字像横线与分划板上方的自准线精确重合，再转动载物台，使望远镜正对三棱镜 AC 面，调节螺钉 b，使从 AC 面反射回来的亮十字像横线与分划板的自准线精确重合。如此反复调节，直至从三棱镜的两个光学面(AB、AC 面)反射的亮十字像横线与分划板上方的自准线都精确重合为止。

注意：每个螺钉的调节要轻微，要同时观察它对各反射面反射像的影响。

2) 用自准直法测量三棱镜顶角

(1) 旋紧刻度盘和望远镜，使望远镜和刻度盘固定不动。

(2) 转动游标盘(载物台)，使三棱镜的 AB 面正对望远镜。调节游标盘，使 AB 面反射回来的亮十字像与分划板上部的十字线完全重合(横、竖线都重合)。记录两个角游标的读数 θ_1、θ_2。

(3) 再转动游标盘，使三棱镜的 AC 面正对望远镜。调节游标盘，使 AC 面反射回来的亮十字像与分划板上部的十字线完全重合。记录两个游标的读数 θ'_1、θ'_2。

(4) 重复测量 5 次，求平均值。

(5) 将所有测量数据记录于表 20-1 中。

3) 用棱脊分束法测量三棱镜顶角(选作)

将三棱镜按照图 20-14 所示放置在载物台的中央，棱角 A 对准平行光管的中心，使平行光分成两半，在 AB 和 AC 面上反射出去，测量左右两反射光线的角位置读数 θ_3、θ_4 和 θ'_3、θ'_4，就可算出顶角 α。测量时稍微改变棱角 A 接近平台中心的位置(对准平行光管前后移动)反复测 5 次记录。

【数据记录与处理】

1. 数据记录

表 20-1　自准直法测量三棱镜顶角

次数	AB 面		AC 面		$\varphi_1=\theta_1'-\theta_1$	$\varphi_2=\theta_2'-\theta_2$	$\varphi_i=\frac{\varphi_1+\varphi_2}{2}$	平均值 $\bar{\varphi}$	偏差 $\nu_i(\varphi)$/rad
	左游标 θ_1	右游标 θ_2	左游标 θ_1'	右游标 θ_2'					
1								= (°) = (rad)	
2									
3									
4									
5									

注：偏差 $\nu_i(\varphi)=\varphi_i-\bar{\varphi}$，用于计算 φ 的 A 类不确定度。

棱脊分束法测量三棱镜顶角，记录分光计编号：__________，三棱镜编号：__________（其他记录部分自行设计）。

2. 数据处理

1）求出三棱镜顶角的平均值 $\bar{\alpha}$；

2）求出三棱镜顶角的不确定度 U_α 和相对不确定度 E_α；

3）写出实验结果 $\alpha=\bar{\alpha}\pm U_\alpha$(rad)，并作必要的误差分析和讨论。

提示：(1) 实验中遇到测量角度的问题时，应将测量结果的单位化为弧度(rad)才能决定其有效数字的位数(具体方法见附录 M)；

(2) $\bar{\alpha}=180°-\bar{\varphi}=$ (rad)；

(3) 由于考虑到本实验测量中每一次读数都是读了两个角游标的读数($\varphi_1=|\theta_1'-\theta_1|$ 和 $\varphi_2=|\theta_2'-\theta_2|$)，计算不确定度 U_α 时要考虑每个角游标读数的不确定度：

$$U_\alpha=\sqrt{u_A^2(\alpha)+4u_B^2(\alpha)}$$

其中，$u_A(\alpha)=u_A(\varphi)=t_p\cdot\sqrt{\frac{\sum_{i=1}^{n}(\nu_i(\varphi))^2}{n(n-1)}}$ (rad)($n=5, P=0.683$)；$u_B(\alpha)=\frac{\Delta_{仪}}{\sqrt{3}}$，$\Delta_{仪}=1'=2.91\times10^{-4}$ rad。

【注意事项】

(1) 光学仪器螺钉的调节动作要轻柔，锁紧螺钉也是指锁住即可，不可用力太大，以免损坏仪器。

(2) 转动望远镜时，手应持着其支架转动，不能直接用手持着望远镜转动。转动载物台时，应用手转动游标盘，不能直接用手转动载物台。

【思考题】

1. 分光计由哪些部分组成，各部分的作用如何？

2. 调整分光计的主要步骤是什么？

3. 用自准直法调节望远镜适合观察平行光的主要步骤是什么？当你观察到什么现象时就能判定望远镜已适合观察平行光？为什么？

4. 如果望远镜中看到亮十字像在分划板自准线的上面，而当平台转过180°后看到的亮十字像在自准线的下面，试问这时应该调节望远镜的倾斜度呢，还是应调节平台的倾斜度？反之，如果平台转过180°后，看到的亮十字像仍然在自准线上面，这时应调节望远镜呢，还是调节平台？

5. 试根据光路图分析，说明为什么望远镜光轴与平面镜法线平行时，在目镜内应看到亮十字像与分划板上方的十字线的交点（自准点）相重合？如何进行调节？

6. 利用平面反射镜调节望远镜和载物台时，为什么反射镜的放置要选择b、c的垂直平分线和平行于a、c这两个位置？随便放行不行？为什么？

7. 如何调节平行光管？

8. 用分光计测量角度时，每个角位置为什么要读下左右两游标的读数，这样做的好处是什么？

附录M

角度测量的有效数字表示

在本实验中，涉及到角度测量结果的有效数字表示的问题。

若测量结果 $\bar{\alpha}=59°58'$，并不代表其有效数字为四位；$\Delta_{仪}=1'$ 也不代表其有效数字为一位。本实验结果表示应写成 $\alpha=\bar{\alpha}\pm U_{\alpha}$(rad)，应将 $\bar{\alpha}$ 和 U_{α} 的单位化成弧度(rad)，并取 U_{α} 的有效数字为一位，而 $\bar{\alpha}$ 的有效数字位数由 U_{α} 的小数点位数决定。具体计算如下：

如测量结果表示为 $\alpha=\bar{\alpha}\pm U_{\alpha}=59°58'\pm 4'$，则应将 $\bar{\alpha}=59°58'$ 和 $U_{\alpha}=4'$ 化成弧度，则 $\bar{\alpha}=59°58'=1.0466\text{rad}$（五位有效数字），$U_{\alpha}=4'=0.0012\text{rad}=0.002\text{rad}$ 结果表示成

$$\alpha=\bar{\alpha}\pm U_{\alpha}=(1.047\pm 0.002)\text{rad}$$

测量结果 α 取四位有效数字。

实验21　光栅的衍射

光栅能产生按一定规律排列的光谱线，用于获得某单色光，是分光计、衍射仪和光谱仪等光学仪器研究复色光谱，进行光谱分析的常用元件。

【实验目的】

1. 观察光栅衍射现象与衍射光谱；
2. 学习利用衍射光栅测定光波波长及光栅常数的原理和方法；
3. 进一步熟悉分光计的调整与使用。

【实验仪器】

JJY型1′分光计，透射式平面光栅，双面平行平面镜，汞灯。

【实验原理】

1. 光栅简介

光栅也称衍射光栅，是利用多缝衍射原理使光发生色散的光学元件，是由大量等宽等间距的平行的单缝组成的光学器件，可以做成透射式的，也可以做成反射式。

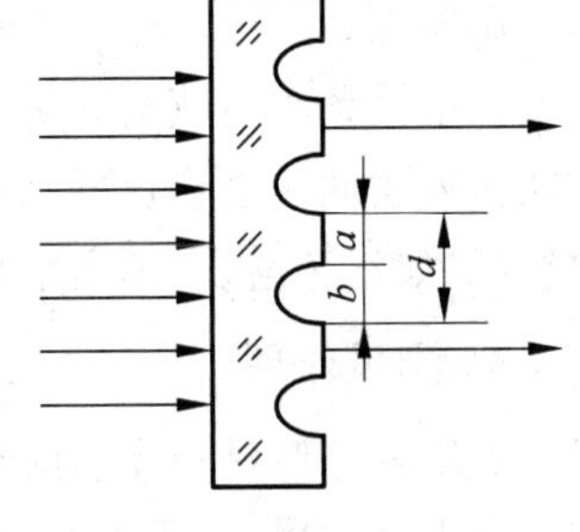

图 21-1　平面透射光栅

实验 21-1

本实验用的是平面透射光栅，如图 21-1 所示，当光射到光栅面上时，光线在透光狭缝处可透过，而在不透光处则不透过。若这些透光的狭缝宽度为 a，相邻狭缝间不透光部分的宽度为 b，则 $a+b=d$ 称为光栅常数。

实用光栅，透光缝数每毫米内可达几十条、上千条甚至上万条。

2. 光栅衍射

本实验装置产生的光栅衍射是夫琅禾费衍射（入射光栅的入射光和出射光栅的衍射光均为平行光），如图 21-2 所示，S 为点光源，L_1、L_2 为凸透镜，G 为光栅，H 为屏，φ 为衍射角。

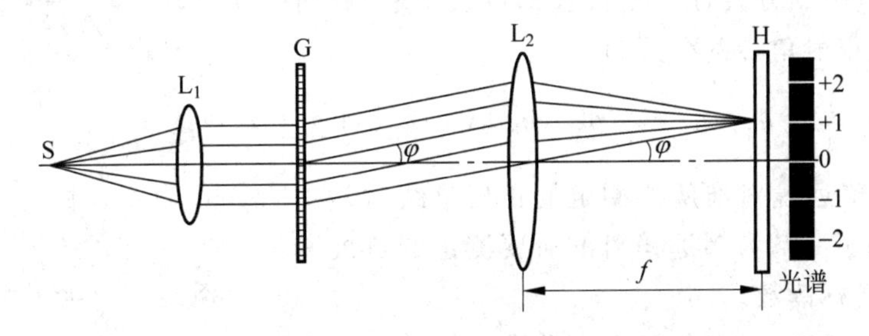

图 21-2　光栅的夫琅禾费衍射

根据光栅衍射理论，当波长为 λ 的平行光束垂直射到光栅平面上，通过每个透光狭缝的光都发生衍射，通过所有狭缝的衍射光又彼此发生干涉，其结果是在透镜的焦平面上得到一排分立的明亮谱线。这些明亮谱线条纹（简称明纹）的位置由下式决定

$$d\sin\varphi = k\lambda,\quad k=0,\pm1,\pm2,\cdots \tag{21-1}$$

当衍射角 φ 满足式(21-1)时，该衍射角方向上的光将会得到加强，叫作主极大。其他方向的光或者完全抵消，或者强度很小，在焦平面上形成暗背景。我们把 $k=0,\pm1,\cdots$ 时所对应的主极大分别称为中央(0 级)极大，正、负第一级主极大……。

关于光栅衍射光谱，可做以下讨论：

(1) 由式(21-1)可以看出，当 λ 和 d 一定时，不同级次的衍射明纹其衍射角 φ 不同。如果光栅常数 d 很小，则光栅衍射的各级明纹将分得很开，更有利于精密测量。

(2) 由式(21-1)可以看出，当 k 和 d 一定时，则不同波长 λ 的光对应的衍射角 φ 也不同。波长愈长，衍射角也愈大，有利于把不同波长的光分开，所以光栅是优良的分光元件。

(3) 如果入射光是包含几种波长的复色光，由式(21-1)可以看出，对于同一级次，光的波长 λ 不同，其衍射角 φ 也不相同，复色光将被分解，从而在不同的地方形成不同颜色的光谱线。

在中央主极大位置上，即 $k=0,\varphi=0$ 处，各颜色的光仍重叠在一起，形成中央明条纹，呈光源原色。

在中央条纹两侧对称分布着 $k=\pm1,\pm2,\cdots$ 级光谱，各级光谱线都按波长大小的顺序依次排列成同一级彩色谱线。每级光谱中，长波谱线(例如紫色谱线)靠近中央明条纹，短波谱线(例如红色谱线)远离中央明条纹。

3. 测量原理

若用汞灯照射分光计的狭缝，经平行光管后的平行光垂直入射到载物台上的光栅上，用望远镜观察衍射光，在可见光范围内可观察到较明亮的光谱线(见图 21-3)。用分光计判明其级数 k，即可测量出相应的衍射角 φ。

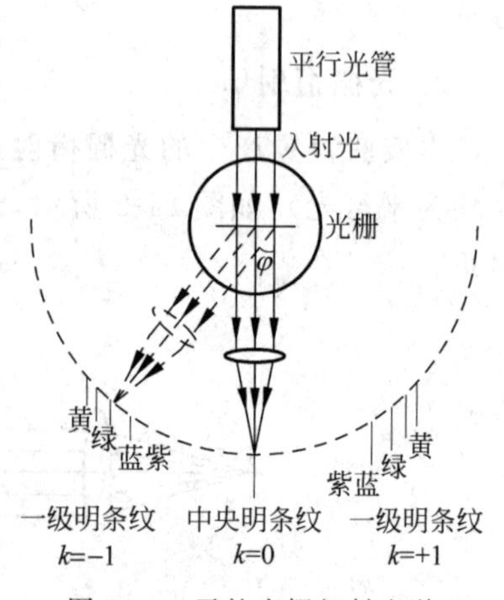

图 21-3 汞的光栅衍射光谱

为了减少测量误差，对于每一条谱线，应测出其正极谱线和负极谱线的位置，两个位置差值的一半，即为相应的衍射角 φ。考虑到分光计每个位置都可读出左、右两个角游标读数，衍射角 φ 的公式为

$$\varphi=\frac{1}{4}(|\theta_1'-\theta_1|+|\theta_2'-\theta_2|) \qquad (21\text{-}2)$$

式中，θ_1、θ_2 为望远镜对准所要测定的正极谱线时，左、右两游标读数；θ_1'、θ_2' 为望远镜对准所要测定的负极谱线时，左、右两游标读数。

由式(21-1)可知：若已知某个光谱线的波长 λ，用分光计测出其相应的衍射角 φ，即可求出光栅常数 d；若已知光栅常数 d，通过实验测出其他谱线的衍射角，则谱线的波长 λ 可求。

实验 21-2

【实验内容和步骤】

用垂直入射法测定光栅常数 d 及光波波长 λ。

1. 分光计调整

在载物平台上放上平面镜，利用平面反射镜，用自准直法对分光计进行调整，具体调节步骤参阅实验 20 分光计调整方法，要求：

(1) 调节目镜，使得在目镜中能看到清晰的黑色十字叉丝的像；

(2) 调望远镜对无穷远聚焦，即平面镜返回清晰的绿十字的像；

(3) 载物平台平面、望远镜的主光轴、平行光管的主光轴必须与分光计主轴垂直。

2. 调节平行光管和狭缝宽度

调节平行光管产生平行光，且其光轴与望远镜光轴同轴，狭缝宽度在望远镜视场中约为 1mm。

(1) 取下平面镜，关闭望远镜绿色小灯。用汞光源照亮平行光管狭缝，转动望远镜，对准平行光管。

(2) 将狭缝宽度适当调窄，前后移动狭缝，使从望远镜看到清晰的狭缝像（大约 1mm 宽），并且狭缝像和测量叉丝之间无视差，这时狭缝已位于平行光管的物镜的焦平面上，即从平行光管发出平行光。

(3) 调平行光管倾斜度，使望远镜中的狭缝像与望远镜分划板中的竖直叉丝平行且两者中心重合，并被中间的水平叉丝所平分。

(4) 调好后固定望远镜和平行光管的有关螺丝，不再改变。

3. 调节光栅

(1) 按图 21-4 所示将光栅放在载物平台上（放在平面镜原来所放位置，光栅面垂直平台下两调节螺丝 b、c 的连线），并用压片固定好；

(2) 先目测使光栅平面与平行光管轴线大致垂直，再用自准直法调节；

(3) 开亮望远镜的绿色小灯，转动平台使光栅正对望远镜，调节 b 或 c 螺丝直到望远镜中看到光栅面反射回来的绿色叉丝像与分划板上方黑色叉丝重合（注意：望远镜已调好，不能动），至此，光栅面与望远镜光轴垂直了（因而也与平行光管光轴垂直）；

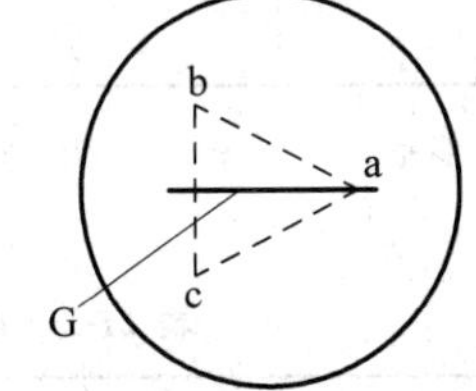

图 21-4 光栅 G 在小平台上的位置

(4) 关闭望远镜上的绿色小灯，转动平台，使通过光栅的中央明条纹对准望远镜竖直叉丝，固定载物平台；

(5) 转动望远镜，注意观察中央两侧的各谱线是否在同一水平面内，若有高低变化，可调节图 21-4 中的 a 螺丝，使各谱线基本位于同一平面上。

4. 测量光栅常数 d

(1) 向左转动望远镜，使望远镜分划板的竖直叉丝对准光栅光谱的第二级（$k=+2$）绿色谱线，记下左、右两游标读数 θ_1、θ_2；向右转动望远镜，使竖直叉丝对准 $k=-2$ 级绿色谱线，记下左、右两游标读数 θ_1'、θ_2'；

注：为使分划板的竖直叉丝对准光谱线，可用望远镜的微调螺钉细调。

(2) 重复测三次，求出其对应的衍射角 φ，取平均，将数据记入表 21-1；

(3) 求出光栅常数 d。

5. 测汞的第一级两条黄色谱线的波长

分光计望远镜中可观察到每一级都有二条很靠近的黄色谱线，对应于 φ 小的称 $\lambda_{黄1}$，对应于 φ 大的称 $\lambda_{黄2}$。

(1) 向左转动望远镜，使竖直叉丝分别对准第一级（$k=+1$）的两条黄色谱线，记下其相应的左、右两游标读数；向右转动望远镜，使竖直叉丝分别对准 $k=-1$ 级的两条黄色谱线，记下其相应的左、右两游标读数，求出其对应的衍射角 φ，将数据记入表 21-2；

(2) 求出两条黄色谱线的波长 λ_1 和 λ_2。

【数据记录与处理】

1. 数据记录

表 21-1　测定光栅常数 d：测出第二级绿色谱线的衍射角

分光计编号：__________，光栅编号：__________

次数	望远镜位置				$\varphi_i=\frac{1}{4}(\lvert\theta_1'-\theta_1\rvert+\lvert\theta_2'-\theta_2\rvert)$	平均值 $\bar{\varphi}$	偏差 $\nu_i(\varphi)$ /rad
	θ_1	θ_2	θ_1'	θ_2'			
1						=　(°) =　(rad)	
2							
3							

注：偏差 $\nu_i(\varphi)=\varphi_i-\bar{\varphi}$，用于计算 $u_A(\varphi)$；$\lambda=546.07\text{nm}$，$k=\pm2$。

表 21-2　测定黄光波长：测出第一级两条黄色谱线的衍射角

谱线	望远镜位置				$\varphi=\frac{1}{4}(\lvert\theta_1'-\theta_1\rvert+\lvert\theta_2'-\theta_2\rvert)$	波长 λ /nm
	θ_1	θ_2	θ_1'	θ_2'		
黄色谱线 1						
黄色谱线 2						

注：$k=\pm1$，$d=$____cm。

2. 数据处理

1）由表 21-1 所测的第二级绿色谱线的数据，求出光栅常数 d，并进行测量结果的不确定度评定（求出 U_d 和 E_d）。写出测量结果表示：$d=\bar{d}\pm U_d$。

2）由表 21-2 所测的数据求出两条黄色谱线的波长 λ_1 和 λ_2，并与公认值 $\lambda_{黄1}$ 和 $\lambda_{黄2}$ 进行比较，算出相对误差 E_λ。

提示：(1) 光栅常数 $\bar{d}=k\lambda/\sin\bar{\varphi}$。

(2) 不考虑波长 λ 的不确定度，$U_d=k\lambda\dfrac{\cos\bar{\varphi}}{\sin^2\bar{\varphi}}U_\varphi$，$U_\varphi=\sqrt{u_A^2(\varphi)+4u_B^2(\varphi)}$ (rad)。

其中，$u_A(\varphi)=t_p\cdot\sqrt{\dfrac{\sum\limits_{i=1}^{n}(\nu_i(\varphi))^2}{n(n-1)}}$ (rad)($n=3$, $P=0.683$)；$u_B(\varphi)=\dfrac{\Delta_{仪}}{\sqrt{3}}$，$\Delta_{仪}=1'=2.91\times10^{-4}\text{rad}$。（角度单位最后要化为 rad 计算）

(3) 将光栅常数 d 和表 21-2 的 φ 值，代入式(21-1)可求出两条黄色谱线的波长 λ_1 和 λ_2；测量的黄色谱线波长与公认值的相对误差 $E_\lambda=\dfrac{\lvert\lambda-\lambda_{黄}\rvert}{\lambda_{黄}}\times100\%$。其中，公认值 $\lambda_{黄1}=576.96\text{nm}$，$\lambda_{黄2}=579.07\text{nm}$。

【注意事项】

(1) 光栅为精密元件,不得用手直接触摸,可利用底座拿取。

(2) 调整好分光计后,不得再调平行光管和望远镜上的任何调节螺钉或旋钮。

(3) 测量衍射角时,在用望远镜转角微调螺钉使竖直叉丝与光谱线对齐时,应锁紧望远镜止动螺钉。

(4) 汞灯的紫外线很强,不可长时间直视。

【思考题】

1. 若用白光作光源,会形成什么样的光谱?

2. 若光栅常数 d 已知,理论上能看到第几级 579.07nm 黄光谱线?通过实验观察可看到几级,是否与理论计算结果相同?

3. 对于同一光源,分别利用光栅分光和棱镜分光,所产生的光谱有何区别?可实验观察。

第7章

近代物理实验

实验 22　迈克耳孙干涉仪测定 He-Ne 激光的波长

迈克耳孙干涉仪是迈克耳孙(1852—1931)在 19 世纪后期提出的,利用分振幅法产生双光束以实现干涉的一种仪器。迈克耳孙与其合作者曾用此仪器进行了三项著名的实验,即测量光速、标定米尺及推断光谱线精细结构。迈克耳孙运用它进行了大量的反复的实验,动摇了经典物理的以太学说,为相对论的提出奠定了实验基础。该仪器设计精巧,用途广泛,不少其他干涉仪均由此派生出来,是许多近代干涉仪的原型。迈克耳孙也因发明干涉仪和光速的测量而获 1907 年的诺贝尔物理学奖。直至今日,迈克耳孙干涉仪仍被广泛地应用于长度精密计量和光学平面的质量检验(可精确到十分之一波长左右)及高分辨率的光谱分析中。

【实验目的】

1. 了解迈克耳孙干涉仪的结构及设计原理,并掌握调节方法;
2. 观察点光源产生的非定域干涉条纹;
3. 掌握利用迈克耳孙干涉仪的等倾干涉测定 He-Ne 激光波长的方法。

【实验仪器】

SGM-1 型迈克耳孙干涉仪,激光光源。

【实验仪器介绍】

1. SGM-1 型迈克耳孙干涉仪

SGM-1 型迈克耳孙干涉仪的构造如图 22-1 所示。分光板、补偿板和两个平面镜 M_1、M_2 及其调节架安装在平台式的基座上。分光板和补偿板是两块几何形状、物理性能相同的平行平面玻璃。其中分光板的第二面镀有半透明铬膜,位于两平面镜 M_1 和 M_2 法线的交点,与两镜成 45°角,它可使入射光分成振幅(即光强)近似相等的一束透射光和一束反射光;补偿板位于分光板和平面镜 M_2 之间,与分光板严格平行安装,用于补偿分光后两光线由于经过分光板的次数不同而引起的附加光程。利用镜架背后的螺丝可以调节镜面 M_1、M_2 的倾角。M_2 是可移动镜,它的移动量由螺旋测微器读出,经过传动比为 20∶1 的机构,从读数头上读出的最小分度值 0.01mm 相当于动镜 0.0005mm 的移动。扩束器可作上下左右调节,不用时可以转动 90°,离开光路。毛玻璃屏用于观察激光干涉条纹。

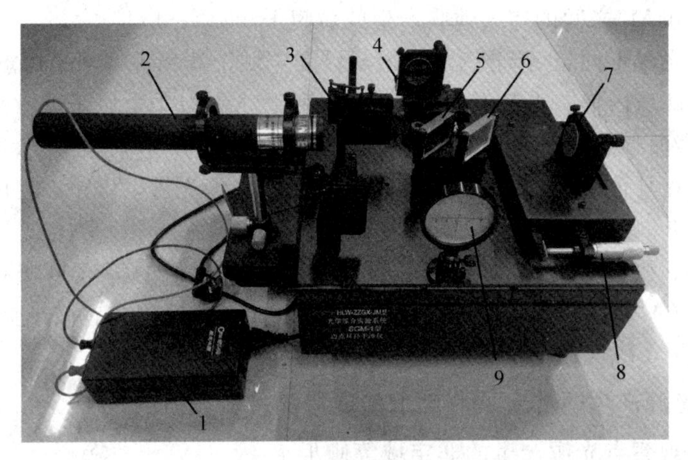

图 22-1　迈克耳孙干涉仪的构造

1—He-Ne 激光电源；2—He-Ne 激光管；3—扩束器；4—定镜 M_1；5—分光板；6—补偿板；7—动镜 M_2；8—精密测微头；9—毛玻璃屏

2. 激光光源

此激光光源为迈克耳孙干涉仪配套光源，其 He-Ne 激光器产生的激光波长为 632.8nm。

实验 22-1

【实验原理】

1. 迈克耳孙干涉仪的干涉原理

图 22-2 是迈克耳孙干涉仪的光路原理图。光波从光源 S 发出后，经分光板 G_1 而被分为两束光线①和②。这两束光线分别射向互相垂直的全反射镜 M_1 和 M_2，经 M_1 和 M_2 反射后又汇于分光板 G_1，这两束光再次被 G_1 分束，它们各有一束按原路返回光源(设两光束分别垂直于 M_1 和 M_2)，同时各有一束光线朝观察屏 P 方向射出。由于两束光线用分振幅法获得，为两相干光束，因此我们可在观察屏 P 的方向观察到干涉条纹。

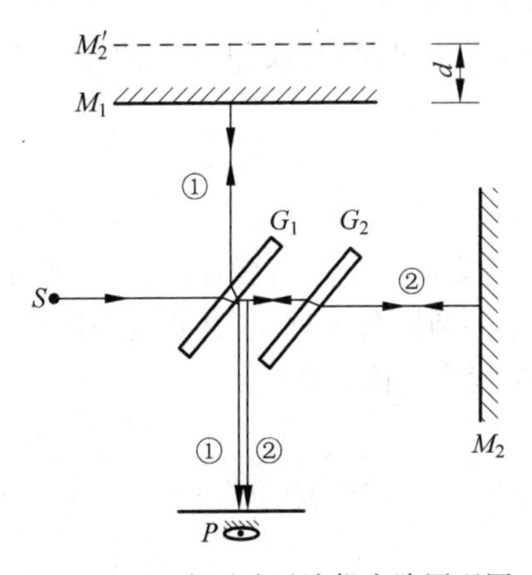

图 22-2　迈克耳孙干涉仪光路原理图

可以证明，光路图 22-2 中，用 M_2'(M_2 对分光板 G_1 的虚像)代替 M_2 来讨论 M_2 的反射光与 M_1 的反射光叠加，性质完全相同。因此，调整迈克耳孙干涉仪，使之产生的干涉现象，

可以等效为 M_1 和 M_2' 之间的空气薄膜产生的薄膜干涉。

由于采用的光源不同，干涉分为非定域干涉和定域干涉两种。当采用点光源时，在两束反射光线的交叠区域内任一点都有干涉条纹，这种干涉称为非定域干涉。采用扩展的面光源时，由于光源表面各点是不相干的，故只能在特定的位置产生干涉条纹，这种干涉称为定域干涉。利用迈克耳孙干涉仪，我们可以通过采用不同的光源，在观察屏 P 的方向观察到非定域和定域干涉。

通过调节 M_1 和 M_2 的角度和距离，可研究有实用价值的等倾干涉和等厚干涉。当 $M_1 \perp M_2$，即 $M_1 /\!/ M_2'$ 时，我们将看到等倾干涉条纹；当 M_1 和 M_2' 有微小夹角时，我们将看到等厚干涉条纹。

2. 利用点光源产生的非定域等倾干涉现象测量激光波长

本实验主要观察点光源产生的非定域等倾干涉条纹，并利用这种条纹测量光源的波长。

激光束经短焦距扩束透镜会聚后，形成高亮度的点光源 S，向空间发射球面波，从 M_1 和 M_2 反射后的光波可看成是由两个虚光源 S_1 和 S_2 发出的(见图 22-3)。S_1(或 S_2)至屏 P 的距离分别为点光源 S 从 G_1 和 M_1(或 M_2 和 G_1)反射至屏 P 的光程，S_1 和 S_2 的距离为 M_1 和 M_2' 之间距离 d 的二倍，即 $2d$。虚光源 S_1 和 S_2 发出的球面波在它们相遇的空间处处相干，这种干涉是非定域干涉。此时，在这个光场中任何地方放置毛玻璃屏 P 都能看见干涉条纹。调节 M_1 和 M_2' 平行，如果把屏 P 垂直于 S_1 和 S_2 的连线放置，则我们将可以在屏上看到一组组同心圆(等倾干涉条纹)，圆心 O 就是 S_1 和 S_2 连线与屏 P 的交点。

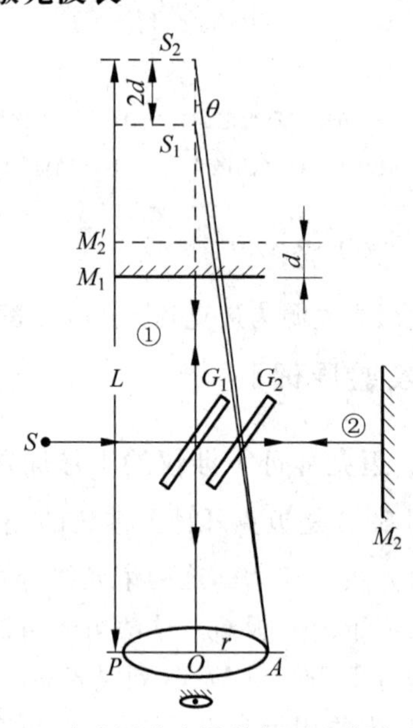

图 22-3　点光源非定域等倾干涉等效光路图

如图 22-3 所示，由 S_1、S_2 发出的两光线到屏上的任一点 A 的光程差为 $\Delta = S_2A - S_1A$，当 $r \ll L$ 时，有

$$\Delta = 2d\cos\theta \tag{22-1}$$

其中，θ 是 S_2 发出的到屏上的任一点 A 的光线与 S_1、S_2 连线的夹角(即圆锥角)。

由式(22-1)可知，M_1 和 M_2' 之间的空气薄膜厚度 d 一定时，光程差 Δ 由对应的圆锥角 θ 决定。显然，干涉条纹与一定的圆锥角 θ 对应，其轨迹为圆形，这种干涉称为等倾干涉。

等倾干涉圆条纹的明暗应满足下面的条件：

明条纹

$$\Delta = 2d\cos\theta = k\lambda \tag{22-2}$$

暗条纹

$$\Delta = 2d\cos\theta = (2k+1)\frac{\lambda}{2} \tag{22-3}$$

可见，当 d 一定时，θ 越小，$\cos\theta$ 越大，级次 k 就越大，即越靠近中心 O，圆环条纹的级次 k 越高(这与牛顿环正好相反)。在中心处($\theta=0$)，光程差最大，即圆心 O 点所对应的干涉

级别最高。若这时，中心处刚好是明条纹(为一亮斑)，则有

$$\Delta = 2d = k\lambda \tag{22-4}$$

由式(22-4)可知，移动 M_1 镜改变空气薄膜的厚度 d，中心亮斑的级次 k 就会改变。当 d 增大时，圆心干涉级数越来越高，我们就可以看到圆条纹一个一个从中心“冒出”；反之，当 d 减小时，圆条纹一个一个地向中心“缩进”。薄膜厚度改变量 Δd 与级次改变量 Δk 的关系为

$$\Delta d = \Delta k \cdot \frac{\lambda}{2} \tag{22-5}$$

由式(22-5)可见，当中心亮斑变化一个级次($\Delta k = \pm 1$)，即每“冒出”或“缩进”一条明条纹，就意味着空气薄层厚度改变了 $\frac{\lambda}{2}$，也就是 M_1 镜移动了 $\frac{\lambda}{2}$ 的距离。显然，当中心亮斑变化了 ΔN 个级次($\Delta k = \pm \Delta N$)，即“冒出”或“缩进”了 ΔN 条明条纹，则有 $\Delta d = \Delta N \cdot \frac{\lambda}{2}$，故有

$$\lambda = \frac{2\Delta d}{\Delta N} \tag{22-6}$$

所以，我们只要测出 M_1 镜移动的距离 Δd(可从仪器读出)，并数出“冒出”或“缩进”干涉条纹的条数 ΔN，就可以通过式(22-6)计算出光源的波长 λ。

本实验仪器采用杠杆放大读数，考虑到杠杆的放大倍数为 20 倍，在读出动镜 M_2 的位置 d 值，计算完 Δd_0 后，实际动镜位移 $\Delta d = \frac{\Delta d_0}{20}$。

3. 光源的相干长度

从理论上讲，单色的点光源发出的光经干涉仪后总是能够产生干涉现象的。然而实际上并不如此。由于光源存在一定的相干长度(其定义见附录 N)，在迈克耳孙干涉仪中，如果 M_1 和 M_2' 之间的距离超过一定限度时就观察不到干涉条纹。

不同的光源有不同的相干长度，反映了光源相干性的好坏。He-Ne 激光器发出的 632.8nm 的激光单色性很好，相干长度范围从几米到几十米。而钠光相干长度只有几个厘米，白光相干长度则只有波长数量级。因此，本实验选择激光作为光源。

【实验内容和步骤】

实验 22-2

1. 观察非定域干涉条纹

(1) 90°旋转扩束器使其离开光路，调节 He-Ne 激光器支架，使光束平行于仪器的台面，从分光板平面的中心入射，此时可以在毛玻璃屏上看到两组亮点。一组来自动镜 M_2，一组来自定镜 M_1。这两组亮点中较暗的光点是多次反射的结果。

(2) 仔细调节动镜 M_2(或定镜 M_1)后面的偏转手钮，使两组亮点中最亮的两个重合。

(3) 然后再将扩束器旋转回光路中，即可在毛玻璃屏上获得干涉条纹。观察条纹的走向，仔细体会条纹在水平、竖直走向时各相应的调节手钮。微调动镜 M_2 后面的偏转手钮使条纹向变粗、变弯曲的方向移动。最终可使毛玻璃屏中心出现激光束的干涉圆环。

2. 测量 He-Ne 激光的波长

(1) 当毛玻璃屏视场中央出现清晰度、对比度较好的干涉圆环时，把精密测微头调到中

间读数附近(10～15mm)，调节定镜 M_1 前的粗调测微头和动镜 M_2 后面的手钮，使屏上的干涉环不太密(5～6 个环左右)，记下此时的精密测微头的读数 d_0。

(2) 继续沿初始旋转方向缓慢旋转精密测微头螺旋，同时默数冒出或者吞进的干涉条纹条数 ΔN，每冒出或者吞进 20 个条纹记一次读数 d_i，连续读取 10 组数据。记录在表 22-1 中。

(3) 用逐差法算出动镜移动的距离平均值 $\overline{\Delta d}$。将 10 个精密测微头的读数数据 d_i 分成两组，间隔 5 个数据计算一次动镜移动的距离 Δd_i，考虑到杠杆的放大倍数为 20 倍，动镜的实际移动量为 $\Delta d_i=\dfrac{|d_{i+5}-d_i|}{20}$。重复计算 Δd_i 五次，取平均值。

(4) 代入式(22-6)即可算出待测激光的波长 λ。

【数据记录与处理】

1. 数据记录

表 22-1　迈克耳孙干涉仪测定 He-Ne 激光的波长

干涉仪型号：＿＿＿＿＿＿＿＿，仪器精度：＿＿＿＿＿＿＿＿

<table>
<tr><th>i</th><th>移动条纹数 N</th><th>M_1 镜位置 d_i /mm</th><th>$\Delta d_i=\dfrac{|d_{i+5}-d_i|}{20}$ /mm</th><th>偏差 $\nu_i(\Delta d)$ /mm</th><th>$\bar{\lambda}=2\dfrac{\overline{\Delta d}}{\Delta N}$ /nm</th></tr>
<tr><td>0</td><td>0</td><td></td><td></td><td></td><td rowspan="10"></td></tr>
<tr><td>1</td><td>20</td><td></td><td></td><td></td></tr>
<tr><td>2</td><td>40</td><td></td><td></td><td></td></tr>
<tr><td>3</td><td>60</td><td></td><td></td><td></td></tr>
<tr><td>4</td><td>80</td><td></td><td></td><td></td></tr>
<tr><td>5</td><td>100</td><td></td><td colspan="2" rowspan="5">$\Delta N=100$
$\overline{\Delta d}=\dfrac{1}{5}\sum_{i=1}^{5}\Delta d_i=$　　(mm)</td></tr>
<tr><td>6</td><td>120</td><td></td></tr>
<tr><td>7</td><td>140</td><td></td></tr>
<tr><td>8</td><td>160</td><td></td></tr>
<tr><td>9</td><td>180</td><td></td></tr>
</table>

注：偏差 $\nu_i(\Delta d)=|\Delta d_i-\overline{\Delta d}|$，用于计算 Δd 的 A 类不确定度。

2. 数据处理

1) 取 $\Delta N=100$，用逐差法处理数据。

2) 计算 He-Ne 激光的波长的最佳值(平均值)$\bar{\lambda}$。

3) 求出 λ 的不确定度 U_λ 和相对不确定度 E_λ。

4) 写出实验结果表达式 $\lambda=\bar{\lambda}\pm U_\lambda$。

5) 将测量结果 $\bar{\lambda}$ 与波长公认值 λ_0 比较，算出相对误差，分析误差产生原因。

提示：(1) 由于本实验采用逐差法处理数据，为简便计算，可将 Δd 看作一个测量变量，计算其 A 类不确定度和 B 类不确定度，合成求得 Δd 的总不确定度 $U_{\Delta d}$，最后求出激光波长 λ 不确定度。

$$U_\lambda=\frac{2}{\Delta N}U_{(\Delta d)},\quad \text{其中}\quad U_{(\Delta d)}=\sqrt{u_A^2(\Delta d)+u_B^2(\Delta d)},$$

而 $u_A(\Delta d)=t_p\cdot\sqrt{\dfrac{\sum_{i=1}^{n}(\nu_i(\Delta d))^2}{n(n-1)}}$，$u_B(\Delta d)=\dfrac{\sqrt{u_B^2(d)+u_B^2(d)}}{20}$。

$u_B(d)=0.005\text{mm}$(本实验仪器最小分度值为 0.01mm，不确定度取其一半 0.005mm)。

(2) He-Ne 激光的波长公认值 $\lambda_0=632.8\text{nm}$，相对误差公式为 $E=\dfrac{|\bar{\lambda}-\lambda_0|}{\lambda_0}\times 100\%$。

【注意事项】

(1) 迈克耳孙干涉仪是精密光学仪器，绝对不能用手直接触摸各光学部件表面。

(2) 调节 M_1 和 M_2 的背部螺钉及微动拉簧螺钉时均应缓缓旋转，并且在调节之前应将各个螺钉置于适中的位置。

(3) 不要用眼睛直接观看激光。

(4) 转动读数手轮，待干涉条纹稳定后才能进行测量。测量一旦开始，读数手轮的转动方向不能中途改变，以防止出现回程误差。

【思考题】

1. 说明迈克耳孙干涉仪中各光学元件的作用。

2. 什么是定域干涉？什么是非定域干涉？简述调出非定域干涉条纹的条件和程序。

3. 迈克耳孙干涉仪的读数由几部分组成，各部分的分度值分别为多少？

4. 空气折射与压强有关，真空时折射率为 1，标准大气压时空气折射率为 n，请提出一设计方案，用迈克耳孙干涉仪测定空气折射率 n。

附录 N

光源的相干长度

关于光源的相干长度，有下列两种解释。

一种解释是：实际光源发射的光波不是无穷长的谐波波列，当两相干波列的光程差等于零时，两列波的相遇处全部重叠，产生的干涉条纹最清晰(设两列波光强相等)，可见度最大；当两列波的光程差不大时，两列波部分重叠，这时干涉条纹的可见度下降。当两列波的光程差大于波列长度时，一波列已全部通过，而另一波列却尚未到达，两波列没有机会重叠，这时干涉条纹消失。因此两相干波列的光程差等于波列长度时，该光程差是产生干涉的最大光程差，我们称这个最大的光程差为此光源的相干长度。为了简单起见，考虑 $\theta=0$ 的情况，此时光程差 $\delta=2d$，我们不断增加 d，当 d 增加到某一个值 $d_{\max}$ 时我们就看不见干涉现象，这个最大的光程差 $\delta_{\max}=2d_{\max}$ 叫作该光源的相干长度 L。

另一种解释是：实际光源发射的单色光源不是绝对的单色光，而是有一定的波长范围。假设光波的中心波长为 λ_0，单色光由波长范围为 $\lambda_0\pm\dfrac{\Delta\lambda}{2}$ 的波所组成，由波的干涉原理可知，每一波长的光对应着一套干涉条纹，随着 d 增大，$\lambda_0+\dfrac{\Delta\lambda}{2}$ 和 $\lambda_0-\dfrac{\Delta\lambda}{2}$ 两套干涉条纹逐渐错开，当错开一个条纹时，干涉条纹完全消失，即

$$k\left(\lambda_0+\frac{\Delta\lambda}{2}\right)=(k+1)\left(\lambda_0-\frac{\Delta\lambda}{2}\right)$$

$$k=\frac{\lambda_0}{\Delta\lambda}$$

光程差(相干长度)

$$L=k\lambda_0\approx\frac{\lambda_0^2}{\Delta\lambda} \tag{22-7}$$

可见,光源的单色性越好($\Delta\lambda$ 越小),相干长度就越好。

实验 23 密立根油滴实验

密立根(R. A. Millikan)在 1910—1917 年的七年间,致力于测量微小油滴上所带电荷的工作,这即是著名的密立根油滴实验,它是近代物理学发展过程中具有重要意义的实验。密立根经过长期的实验研究获得了两项重要的成果:一是证明了电荷的不连续性,即电荷具有量子性,所有电荷都是基本电荷 e 的整数倍;二是测出了电子的电荷值,即基本电荷的电荷值 $e=(1.602\pm0.002)\times10^{-19}\mathrm{C}$。

本实验就是采用密立根油滴实验来测定电子的电荷值 e。由于实验中产生的油滴非常微小(半径约为 $10^{-9}\mathrm{m}$,质量约为 $10^{-15}\mathrm{kg}$),进行本实验需要严谨的科学态度、严格的实验操作和准确的数据处理,才能得到较好的实验结果。

【实验目的】

1. 验证电荷的不连续性,测定基本电荷的大小;
2. 学会对密立根油滴仪的调整,掌握油滴的选定、跟踪、测量以及数据处理的方法。

【实验仪器】

MOD-5 型密立根油滴仪,喷雾器,电子停表。

【实验仪器介绍】

密立根油滴仪全套包括油滴盒、油滴照明装置、调平系统、测量显微镜、供电电源以及电子停表、喷雾器等部分组成。

MOD-5 型密立根油滴仪如图 23-1 所示,用 CCD 摄像头代替人眼观察,实验时可以通过显示器来测量。

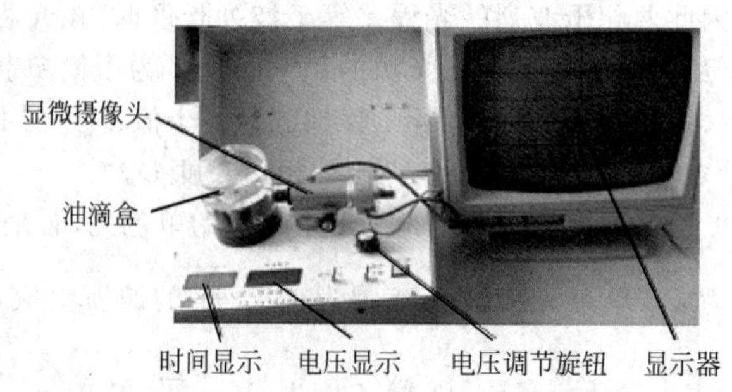

图 23-1 MOD-5 型密立根油滴仪

油滴盒剖面图如图 23-2 所示,由两块经过精磨的平行极板(上、下电极板)中间垫以胶木圆环组成。平行极板间的距离为 d。胶木圆环上有进光孔、观察孔和石英窗口。油滴盒放在有机玻璃防风罩中。上电极板中央有一个直径 0.40mm 的小孔，油滴从油雾室经过雾孔和小孔落入上下电极板之间，油滴由照明装置照明。油滴盒可用调平螺丝调节，并由水准泡检查其水平。

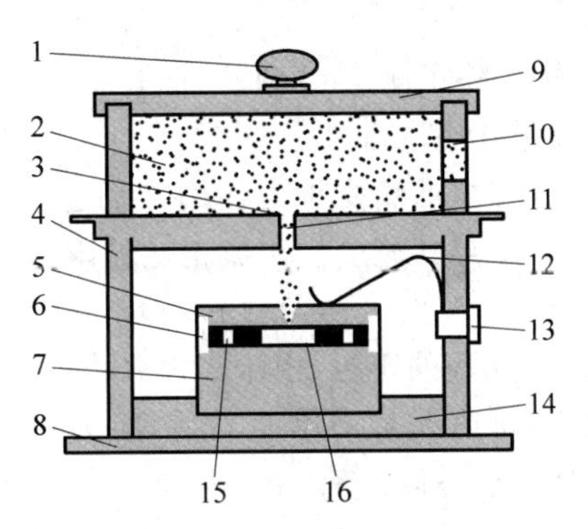

图 23-2 油滴盒剖面图

1—雾室提把；2—雾室；3—雾孔开关；4—雾盒防风罩；5—上电极板；6—绝缘圆环；7—下电极板；8—仪托板；9—雾室上盖；10—滴喷雾口；11—雾孔；12—电极压簧；13—电极电源的插孔；14—滴盒绝缘座；15—照明孔；16—反射屏

电源部分提供四种电压：

(1) 2.2V 油滴照明电压。

(2) 500V 直流平衡电压。该电压可以连续调节，并从电压表上直接读出，还可由平衡电压换向开关换向，以改变上、下电极板的极性。换向开关倒向“+”侧时，能达到平衡的油滴带正电，反之带负电。换向开关放在“0”位置时，上、下电极板短路，不带电。

(3) 300V 直流升降电压。该电压可以连续调节，但不稳压。它可通过升降电压换向开关叠加(加或减)在平衡电压上，以便把油滴移到合适的位置。升降电压高，油滴移动速度快，反之则慢。该电压在电表上无指示。

(4) 12V 的 CCD 电源电压。

【实验原理】

测量原理如图 23-3 所示。实验中，用喷雾器将油滴喷入两块相距为 d 的水平放置的平行极板之间，油滴在喷射时由于摩擦，一般都会带电。设油滴的质量为 m，所带电量为 q，加在两平行极板之间的电压为 U，油滴在两平行极板之间将受到重力 mg、电场力 qE、空气阻力以及空气浮力的作用。在两极板之间加上电压的情况下，可忽略空气阻力以及空气浮力，只考虑到两个力的作用，一个是重力 mg，另一个是电场力 $qE=q\dfrac{U}{d}$。

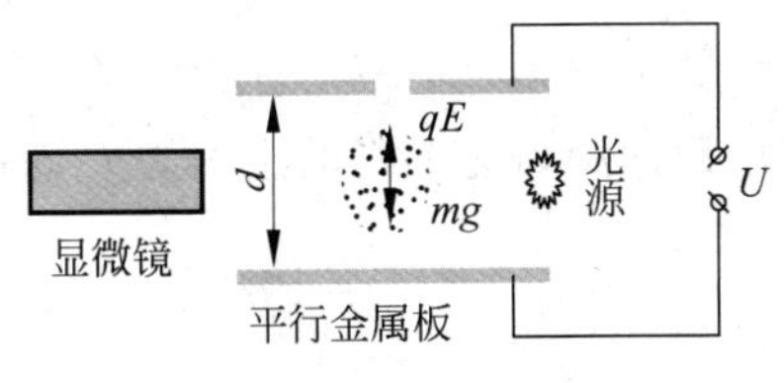

图 23-3 测量原理

通过调节加在两极板之间的电压 U,可以使这两个力大小相等、方向相反,从而使油滴达到平衡,悬浮在两极板之间。此时有

$$mg = q\frac{U}{d} \tag{23-1}$$

为了测定油滴所带的电量 q,除了测定 U 和 d 外,还需要测定油滴的质量 m。但是,由于 m 很小,需要使用下面的特殊方法进行测定。

因为在平行极板间未加电压时,油滴受重力作用将加速下降,但是,由斯托克斯定律可知,空气的黏滞性对油滴产生一个与其速度大小成正比的阻力 f_r 为

$$f_r = 6\pi a\eta v \tag{23-2}$$

其中,η 是空气的黏滞系数,a 是油滴的半径(由于表面张力的作用,小油滴总是呈球状)。

因此,油滴下降一小段距离而达到某一速度 v 后,阻力 f_r 与重力 mg 达到平衡(忽略空气的浮力),油滴将以此速度匀速下降。有

$$f_r = 6\pi a\eta v = mg \tag{23-3}$$

设油滴的密度为 ρ,油滴的质量 m 可用下式表示

$$m = \frac{4}{3}\pi a^3\rho \tag{23-4}$$

将式(23-3)和式(23-4)合并,可得油滴的半径为

$$a = \sqrt{\frac{9\eta v}{2\rho g}} \tag{23-5}$$

由于斯托克斯定律对均匀介质才是正确的,对于半径小到 10^{-6} m 的油滴小球,其大小接近空气空隙的大小,空气介质对油滴小球不能再认为是均匀的了,因而斯托克斯定律应该修正为

$$f_r = \frac{6\pi a\eta v}{1+\dfrac{b}{ap}} \tag{23-6}$$

式中,b 为一修正常数,取 $b=6.17\times10^{-6}$ m · cmHg; p 为大气压强,单位是 cmHg。

利用平衡条件和式(23-4),可得

$$a = \sqrt{\frac{9\eta v}{2g\rho}\cdot\frac{1}{1+\dfrac{b}{ap}}} \tag{23-7}$$

上式根号下虽然还包含油滴的半径 a,因为它是处于修正项中,不需要十分精确,仍可用式(23-5)来表示。

将式(23-7)代入式(23-4),得

$$m = \frac{4}{3}\pi\left[\frac{9\eta v}{2g\rho}\cdot\frac{1}{1+\dfrac{b}{ap}}\right]^{\frac{3}{2}}\cdot\rho \tag{23-8}$$

当平行极板间未加电压时,设油滴匀速下降的距离为 l,时间为 t,则油滴匀速下降的速度为

$$v = \frac{l}{t} \tag{23-9}$$

将式(23-9)代入式(23-8),再将式(23-8)代入式(23-1),得

$$q=\frac{18\pi}{\sqrt{2g\rho}}\left[\frac{\eta l}{t}\cdot\frac{1}{1+\frac{b}{ap}}\right]^{\frac{3}{2}}\cdot\frac{d}{U} \tag{23-10}$$

实验发现,对于同一个油滴,如果改变它所带的电量,则能够使油滴达到平衡的电压必须是某些特定的值 U_n。研究这些电压变化的规律可以发现,它们都满足下面的方程

$$q=ne=mg\frac{d}{U_n} \tag{23-11}$$

式中,$n=\pm1,\pm2,\cdots$,而 e 则是一个不变的值。

对于不同的油滴,可以证明有相同的规律,而且 e 值是相同的常数,这即是说电荷是不连续的,电荷存在着最小的电荷单位,也即是电子的电荷值 e。于是,式(23-10)可化为

$$ne=\frac{18\pi}{\sqrt{2g\rho}}\left[\frac{\eta l}{t}\cdot\frac{1}{1+\frac{b}{ap}}\right]^{\frac{3}{2}}\cdot\frac{d}{U_n} \tag{23-12}$$

根据式(23-12),即可测出电子的电荷值 e,验证电子电荷的不连续性。

为了证明 $q=ne$ 成立,并求出基本电荷 e 值,常用的数据处理方法有:逐差法、作图法、“倒过来验证”法等。

逐差法就是对测得的各个油滴电量 q 求最大公约数,这个最大公约数就是基本电荷 e 值。如果实验技术不熟练,测量误差可能比较大,想要求出 q 的最大公约数比较困难。

作图法是利用所测的电量 q 与电子个数 n 的实验数据拟合出两者关系曲线,如果是过原点的直线,即可证明 $q=ne$ 成立,求出该直线的斜率即为基本电荷 e 值。此法必须测出大量油滴的数据。

考虑到学生实验的特点,本实验采用的是“倒过来验证”的方法进行数据处理。即承认 $q=ne$ 成立,且 $e_{公认}=1.602\times10^{-19}$C,利用所测数据代入式(23-10),求出油滴电量 q,然后,将油滴电量 q 除以公认的电子电荷值 $e_{公认}$ 得到的数值取整数,所得整数就是油滴所带的电荷数 n,再用 n 去除实验测得的油滴电量 q,就可得到电子电荷的测量值 e(基本电荷 e 值)。

对所测的数据分析,将会看到,对于不同的油滴,计算出的电量是一些不连续的值,存在 $q_i=n_ie_i$ 的关系,n_i 为整数。这就表明了电量存在最小的电荷单元,即基本电荷 e 值。

显然,上面的计算是近似的。但是,一般情况下,误差仅在1%左右。此法仅在油滴带电量较少(几个 e 值)时采用。

【实验内容和步骤】

1. 仪器调节

(1) 将油滴照明灯接 2.2V 电源,平行极板接 500V 直流电源。

(2) 调节调平螺丝,使水准仪的气泡移到中央,这时平行极板处于水平位置,电场方向和重力方向平行。

(3) 将“均衡电压”开关置于“0”位置,“升降电压”开关也置于“0”位置。将油滴从喷雾室的喷口喷入,视场中将出现大量油滴,犹如夜空繁星。如果油滴太暗,可转动小照明灯,使油滴更明亮,微调显微镜,使油滴更清楚。

2. 测量练习

(1) 练习控制油滴。当油滴喷入油雾室并观察到大量油滴时，在平行极板上加上平衡电压(300V 左右，“+”或“-”均可)，驱走不需要的油滴，等待一至二分钟后，只剩下几颗油滴在慢慢移动，注意其中的一颗，微调显微镜，使油滴很清楚，仔细调节电压使这颗油滴平衡。然后去掉平衡电压，让它达到匀速下降(显微镜中看上去是在上升)时，再加上平衡电压使油滴停止运动。之后，再调节升降电压使油滴上升(显微镜中看上去是在下降)到原来的位置。如此反复练习，以熟练掌握控制油滴的方法。

(2) 练习选择油滴。要作好本实验，很重要的一点就是选择好被测量的油滴。油滴的体积既不能太大，也不能太小(太大时必须带的电荷很多才能达到平衡，太小时由于热扰动和布朗运动的影响，很难稳定)，否则，难于准确测量。对于所选油滴，当取平衡电压为320V，匀速下降距离 $l=0.200$cm 所用时间为 20s 左右时，油滴大小和所带电量较适中，测量也较为准确。因此，需要反复测试练习，才能选择好待测油滴。

(3) 速度测试练习。任意选择几个下降速度不同的油滴，用秒表测出它们下降一段距离所需要的时间，掌握测量油滴速度的方法。

3. 正式测量

由式(23-12)可知，进行本实验真正需要测量的量只有两个，一个是油滴的平衡电压 U_n，另一个是油滴匀速下降的速度——即油滴匀速下降距离 l 所需的时间 t。

(1) 测量平衡电压必须经过仔细的调节，应该将油滴悬于分化板上某条横线附近，以便准确地判断出这颗油滴是否平衡，仔细观察一分钟左右，如果发现油滴在平衡位置附近漂移不大，才能认为油滴是真正平衡了。记下此时的平衡电压 U_n。

(2) 在测量油滴匀速下落时间 t 时，为保证油滴下降的速度均匀，应先加提升电压，将油滴移至上极板附近，撤销电压后让其下降一段距离(约占屏幕 1 格)后，再按动秒表开始测量时间。选定测量的一段距离应该在平行极板之间的中间部分，占分划板中间四个分格为宜，此时的距离为 $l=0.200$cm。若太靠近上电极板，小孔附近有气流，电场也不均匀，会影响测量结果。太靠近下极板，测量完下落时间后，油滴容易丢失，不能反复测量。

(3) 由于有涨落，对于同一颗油滴，要求重复测量 4 次，每次测量时，都要重新微调平衡电压后，再进行下一次的时间测量。还要选择 5 颗不同的油滴进行测量。将所测数据记录于表 23-1。

(4) 通过计算求出基本电荷的值，验证电荷的不连续性。

【数据记录与处理】

1. 数据记录

表 23-1 测定基本电荷的电量

油滴编号	U_n/V	t/s	$\bar{U}_n$/V	$\bar{t}$/s	$q_i/\times10^{-19}$C	n_i	$e_i/\times10^{-19}$C
1							

续表

油滴编号	U_n/V	t/s	$\bar{U}_n$/V	$\bar{t}$/s	$q_i/\times10^{-19}$C	n_i	$e_i/\times10^{-19}$C
2							
3							
4							
5							

2. 数据处理

用表23-1数据，求出所测的 e_i 的平均值 $\bar{e}$ 为基本电荷的实验值 $e_{实验}$，并与其公认值 $e_{公认}=1.602\times10^{-19}$C 比较，计算相对误差 $E\left(E=\dfrac{|e_{实验}-e_{公认}|}{e_{公认}}\times100\%\right)$。

提示：本实验采用的是"倒过来验证"的方法进行数据处理。具体做法是：

根据式(23-5)和式(23-12)可得

$$ne=\frac{k}{\left[t\left(1+\dfrac{k'}{\sqrt{t}}\right)\right]^{\frac{3}{2}}}\cdot\frac{1}{U_n} \tag{23-13}$$

式中，$k=\dfrac{18\pi}{\sqrt{2\rho g}}(\eta l)^{\frac{3}{2}}\cdot d$，$k'=\dfrac{b}{p}\sqrt{\dfrac{2\rho g}{9\eta l}}$。而且取

油的密度 $\rho=981\text{kg}\cdot\text{m}^{-3}$；　重力加速度 $g=9.80\text{m}\cdot\text{s}^{-2}$；

空气的黏滞系数 $\eta=1.83\times10^{-5}\text{kg}\cdot\text{m}^{-1}\cdot\text{s}^{-1}$；　油滴下降距离 $l=2.00\times10^{-3}$m；

常数 $b=6.17\times10^{-6}\text{m}\cdot\text{cmHg}$；大气压 $p=76.0$cmHg；

平行极板距离 $d=5.00\times10^{-3}$m。

可得，$k=1.43\times10^{-14}\text{kg}\cdot\text{m}^2\cdot\text{s}^{-1/2}$，$k'=0.0196\text{s}^{1/2}$。

将上述数据代入式(23-13)得

$$ne=\frac{1.43\times10^{-14}}{\left[t(1+0.02\sqrt{t})\right]^{\frac{3}{2}}}\cdot\frac{1}{U_n} \tag{23-14}$$

用表23-1数据，计算出每个油滴所加的平衡电压和下降时间的平均值$\overline{U}_n$和$\bar{t}$，将其代入式(23-14)右边，所得数据即为所测得的油滴电量q。将其除以电子电荷的公认值$e_{公认}=1.602\times10^{-19}$C，所得的倍数值四舍五入取整数就是该油滴所带的电荷数n_i，再用n_i去除实验测得的油滴电量q_i，就可得到基本电荷的实验值e_i。

【注意事项】

(1) 喷油时，只需喷一两下即可，不要喷得太多，不然会堵塞小孔。

(2) 对选定油滴进行跟踪测量的过程中，如果油滴变得模糊了，应随时调节显微镜镜筒的位置，对油滴聚焦。对任何一个油滴进行的任何一次测量中都应随时调节显微镜，以保证油滴处于清晰状态。

(3) 平衡电压取300～350V为最好，应该尽量在这个平衡电压范围内去选择油滴。例如，开始时平衡电压可定在320V，如果在320V的平衡电压情况下已经基本平衡时，只需稍微调节平衡电压就可使油滴平衡，这时油滴的平衡电压就在300～350V的范围之内。

(4) 在监视器上要保证油滴竖直下落。

【思考题】

1. 为什么要测量油滴匀速运动的速度？在实验中怎样才能保证油滴作匀速运动？

2. 实验中应选择什么样的油滴？如何选择？

3. 喷油时，“平衡电压”拨动开关应在什么位置？为什么？

4. “升降电压”开关起什么作用？测量平衡电压时，它应该处在什么位置？

5. 两极板加电压后，油滴有的向下运动，有的向上运动，要使某一油滴静止，需调节什么电压？欲改变该油滴在视场中的位置，需调节什么电压？

6. 油滴下落极快，说明什么？

7. 为什么对选定油滴进行跟踪时，油滴有时会变得模糊起来？

8. 通过实验数据进行分析，指出作好本实验关键要抓住哪几步？造成实验数据测量不准的原因是什么？

实验24　利用超声光栅测定液体中的声速

光通过处在超声波作用下的透明介质时发生衍射的现象称作声光效应。1922年法国物理学家布里渊(L. Brillouin，1889—1969)曾预言液体中的高频声波能使可见光产生衍射效应，10年后被实验证实。1935年拉曼(C. V. Raman，1888—1970)和奈斯(Nath)发现在一定条件下，声光效应的衍射光强分布类似于普通光栅的衍射。这种声光效应称作拉曼-奈斯声光衍射，它提供了一种调控光束频率和方向的方法。

本实验利用拉曼-奈斯声光衍射，通过观测超声波在液体中传播时对入射光的衍射作用，对液体中的声速进行测量。

【实验目的】

1. 学习测量声速的一种方法；

2. 了解超声光栅的衍射原理。

【实验仪器】

超声光栅仪(信号源、压电陶瓷片、液槽)，分光计，双面镜，测微目镜，单色光源(钠光灯或汞灯)。

【实验原理】

1. 仪器介绍

实验仪器如图 24-1 所示。其中超声光栅仪的数字显示高频功率信号源实际上是一个晶体管自激振荡器。压电陶瓷片与可变电容器并联构成 LC 振荡回路的电容部分,电感 L 是一个螺旋线圈,通过晶体管的正反馈电路的作用,能够产生和维持等幅振荡。调整信号源面板上的电容器可以改变振荡频率。

超声光栅仪的核心元件是压电陶瓷片,它是一个重要的传感器,它能把电信号转换为振动信号。为便于理解,可把它内部的每一个分子简化为一个正负中心不重合的电偶极子。一旦给它强加一个外电场,由于电场力偶的作用,电偶极矩矢量 $\boldsymbol{p}$ 将沿场强方向顺排,如图 24-2 所示。从微观的角度看,每个分子都顺排,在宏观上表现为陶瓷片的外形尺寸发生变化。如果外电场大小、方向都成周期性变化,则陶瓷片的厚度就一会儿伸张,一会儿收缩,即发生振动。振动在弹性媒质中传播就是波,一旦振动频率高于 20000Hz,这种波就是超声波。压电陶瓷片的这种特性被称之为逆压电效应。

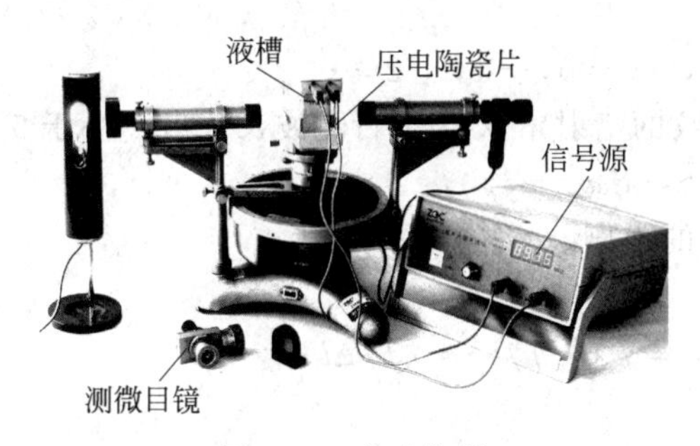

图 24-1　实验仪器

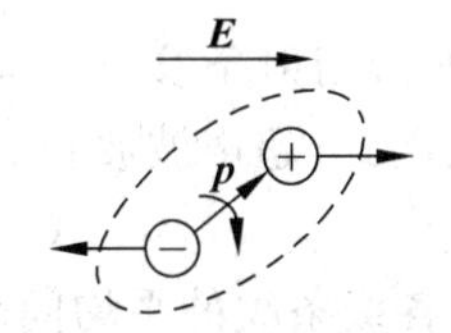

图 24-2　电场中的电偶极子

2. 利用超声光栅测量声速的原理

众所周知,声波最显著的特征是它的波动性,当它在盛有液体的玻璃槽中传播时,液体将被周期性压缩、膨胀,形成疏密波。声波在传播方向被垂直端面反射,它又会反向传播。当玻璃槽的宽度恰当时,入射波和反射波会叠加形成稳定的驻波,由于驻波的振幅是单一行波振幅的 2 倍,因而驻波加剧了液体的疏密变化程度,如图 24-3 所示。

描述声波有三个特征量:波长 Λ,声速 u,频率 ν。它们之间满足关系

$$u=\Lambda\nu \tag{24-1}$$

一般我们事先知道声波频率 ν,因此求声速实际上是求波长 Λ。

对于疏密波,波长 Λ 等于相邻两个密部间的距离。布里渊认为,一个受超声波扰动的液体很像一个左右摆动的平面光栅,它的密部就相当于平面光栅上的刻痕,不易透光;疏部就相当于平面光栅上相邻两刻痕之间的透光部分,它就是一个液体光栅,或称超声光栅,超声波波长 Λ 正是光栅常数$(a+b)$。

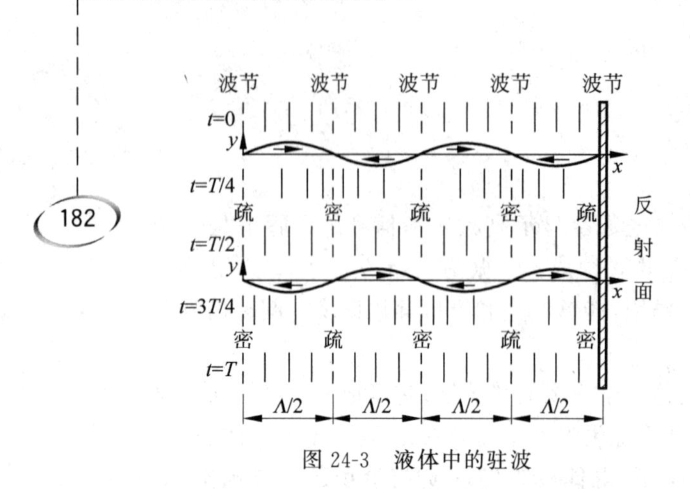

图 24-3 液体中的驻波

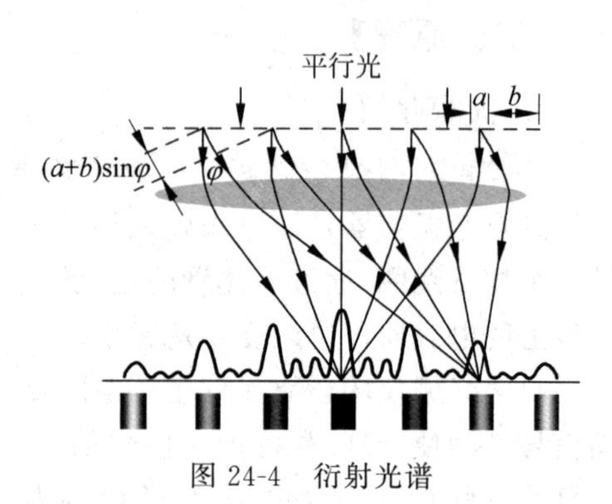

图 24-4 衍射光谱

从图 24-4 可知，平面光栅的左右摆动并不影响衍射条纹的位置，因为各级衍射条纹完全由光栅方程描述，而不是由光栅位置确定。因此当平行光沿着垂直于超声波传播方向通过受超声波扰动的液体时，必将发生衍射，并且可以通过测量衍射条纹的位置来确定超声波波长 Λ，即

$$\Lambda\sin\varphi_k = k\lambda,\quad k = 0, \pm 1, \pm 2, \cdots \tag{24-2}$$

式中，k 为衍射条纹的级次，φ_k 为 k 级条纹的衍射角，λ 为平行光波长。当 φ 小于 5°时，

$$\sin\varphi_k \approx \tan\varphi_k = l_k / f \tag{24-3}$$

其中 l_k 为 k 级衍射条纹与 0 级衍射条纹的距离，f 为透镜的焦距。

综合上两式，超声波波长 Λ 为

$$\Lambda \approx k\lambda/\tan\varphi_k = k\lambda \cdot f/l_k = \lambda f/\Delta l \tag{24-4}$$

式中，Δl 为各级条纹的平均间隔。

从光栅方程(24-4)不难看出，当增大超声波波长 Λ 时，条纹间隔 Δl 必将减小，各级衍射条纹都向中心纹靠近，这就是所谓的声光效应，即通过直接控制声波波长或频率，间接控制光波的传播方向、强度和频率。

借助分光计观测入射光波各级衍射条纹的平均间隔 Δl，即可由式(24-4)求出超声波的波长 Λ；再读出信号源输出频率 ν(即超声波的频率)，由式(24-1)，即可求出超声波在液体中的传播速度 u。

【实验内容和步骤】

1. 分光计调整

利用双面镜调整望远镜光轴与仪器中心轴垂直，并且让望远镜对平行光聚焦，调整平行光管光轴与望远镜光轴一致，并且让入射光经平行光管正好变为平行光。

注：具体调整方法参见实验 20。

2. 放置液槽及其调整

按要求对水槽加注纯净水(或其他液体)，待测液体液面的高度以液槽侧面的液位刻度线为准，使之能完全淹没压电陶瓷片。

3. 调整信号形成驻波并观察衍射条纹

激发超声波，调整超声波频率(信号源输出超声波信号的频率范围为 8～12MHz，调整

信号源面板上的微调旋钮可改变其大小)，使之工作在压电陶瓷元件的共振频率(10.5～11.5MHz)内；微调水槽上盖使水槽的反射面与压电陶瓷片平行，同时保证入射光与声波传播方向垂直，最终让超声波在水槽中共振形成稳定的驻波，此时在望远镜中观察到的衍射谱线最多、最亮，且在视场中成对称分布(一般应观察到±3级以上的衍射谱线)，记录超声波频率ν。

4. 测量各级衍射谱线位置

(1) 换上测微目镜。调整目镜焦距及位置，使视场中的准线、标尺和衍射谱线同时清晰。

(2) 调节测微目镜手轮，并沿同一方向移动，逐级测出各级谱线的位置坐标，用逐差法求出谱线间的平均间隔。计算超声波在液体中的传播速度。

5. 改变光源，分别重复上述步骤，将测量结果记录到表24-1

所用光源波长分别为：钠光波长$\lambda=589.3$nm，汞灯紫光波长$\lambda=435.8$nm，汞灯绿光波长$\lambda=546.1$nm，汞灯黄光波长$\lambda=578.0$nm。

6. 记录液体温度(测量室温)，对照标准值求百分误差

【数据记录与处理】

1. 数据记录

表24-1　各级谱线位置记录表

液体名称：________，频率ν：________MHz，室温：________℃

谱线位置/mm 入射光波长/nm	x_{-3}	x_{-2}	x_{-1}	x_0	x_1	x_2	x_3	Δl

注：分光计望远镜物镜的焦距$f=170.09$mm。

2. 数据处理

(1) 分别对各个不同入射光线的衍射谱线，用逐差法求出衍射谱线间的平均间隔Δl。

(2) 计算出不同入射光时，超声波在液体中的传播速度，求出其平均值。

(3) 根据记录的室温，求出超声波在液体中的传播速度的理论值(标准值)，并求出实验值与标准值的百分误差$\left(E=\frac{|u_{实验}-u_{理论}|}{u_{理论}}\times100\%\right)$，分析误差原因。

提示：水中的声速与温度的关系为$u=1557-0.0245(74-t)^2$，超声波在25℃纯净水中的传播速度$u\approx1497$m/s。如果水温低于75℃，温度每上升1℃，声速u增加2.5m/s。其他液体也有类似的关系。

【注意事项】

(1) 压电陶瓷片不能在空气中激发超声波，它有可能被振裂。压电陶瓷片不可在液体中长期浸泡，它有可能被腐蚀。

（2）超声光栅仪的高频信号源不可长时间使用，内部振荡线路过热可能影响实验。

（3）实验中不要碰触高频信号源与压电陶瓷片之间的连接导线，压电陶瓷片表面与水槽反射壁面之间的平行可能被破坏，进而影响水槽内部驻波的形成。

（4）避免测微目镜手轮的空回误差。

（5）考虑有效数字，数据处理采用逐差法。

【思考题】

1. 如何保证平行光束垂直于声波的传播方向？

2. 如何解释衍射中央条纹与各级条纹之间的距离随高频信号源振荡频率的高低而增大和减小？

3. 驻波的相邻波腹或相邻波节之间的距离都为半个波长 $\Lambda/2$，如何理解超声光栅的光栅常数等于波长 Λ？

4. 比较平面光栅和超声光栅的异同。

实验 25　弗兰克-赫兹实验

1913 年，丹麦物理学家玻尔（N. Bohr）将量子概念应用于当时人们尚未接受的卢瑟福（E. Rutherfond）原子核结构模型上，并提出了原子结构的量子理论，成功地解释了氢光谱，为量子力学的创建起了巨大的推动作用。但玻尔理论的定态假设与经典电动力学明显对立，而频率定则带有浓厚的人为因素，故当时很难为人们所接受。1914 年，两位德国的实验物理学家弗兰克（J. Frank）和赫兹（G. Hertz）采用慢电子与稀薄气体原子碰撞的方法，利用两者的非弹性碰撞将原子激发到较高能态，通过测量电子与原子碰撞时交换某一定值的能量，直接证明了原子能级的存在，并验证了频率定则，为玻尔理论提供了独立于光谱研究方法的直接的实验证明。由于这项卓越的成就，这两位物理学家获得了 1925 年的诺贝尔物理学奖。弗兰克-赫兹实验至今仍是探索原子内部结构的主要手段之一。所以在近代物理实验中，仍把它作为传统的经典实验。

【实验目的】

通过测量氩原子的第一激发电位，证明原子能级的存在。

【实验仪器】

弗兰克-赫兹实验仪。

【实验原理】

实验 25-1

玻尔提出的原子理论指出：原子只能较长久的停留在一些稳定状态（简称为定态）。原子在这些状态时，不发射或吸收能量，各定态有一定的能量，其数值是彼此分立的。原子的能量不论通过什么方式发生改变，它只能使原子从一个定态跃迁到另一个定态。从一个定态跃迁到另一个定态而发射或吸收辐射时，辐射频率是一定的。如果用 E_m 和 E_n 代表有关两定态的能量的话，辐射的频率 ν 决定于如下关系

$$h\nu = E_m - E_n \tag{25-1}$$

其中，普朗克常数 $h=6.63\times10^{-34}$ J·s。

为了使原子从低能级向高能级跃迁，可以通过具有一定频率的光子来实现，还可以通过具有一定能量的电子与原子相撞进行能量交换的办法来实现。

设初速度为零的电子在电位差为 U_0 的加速电场作用下，获得能量 eU_0，当具有这种能量的电子与稀薄气体的原子（比如氩原子）发生碰撞时，就会发生能量交换。如果以 E_1 代表氩原子的基态能量，E_2 代表氩原子的第一激发态的能量，那么氩原子从电子传递来的能量恰好为

$$eU_0=E_2-E_1 \tag{25-2}$$

则氩原子就会从基态跃迁到第一激发态，而相应的电位差 U_0 称为氩的第一激发电位（或称氩的中肯电位）。测定出这个电位差就可以根据式（25-2）求出氩原子的基态和第一激发态之间的能量差了。

弗兰克-赫兹实验原理如图 25-1 所示，在充氩的弗兰克-赫兹管中，电子由阴极 K 发出，阴极 K 和第一栅极 G_1 之间的加速电压 U_{G1K} 及与第二栅极 G_2 之间的加速电压 U_{G2K} 使电子加速。在阳极 A 和第二栅极 G_2 之间可设置减速电压 U_{G2A}（拒斥电压），管内空间电压分布见图 25-2。

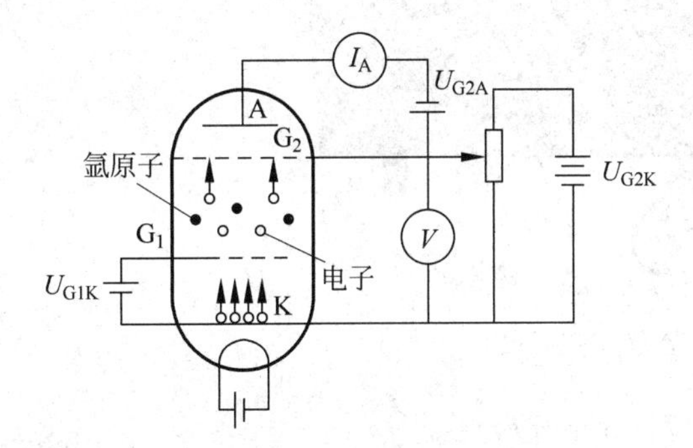

图 25-1　弗兰克-赫兹实验原理图

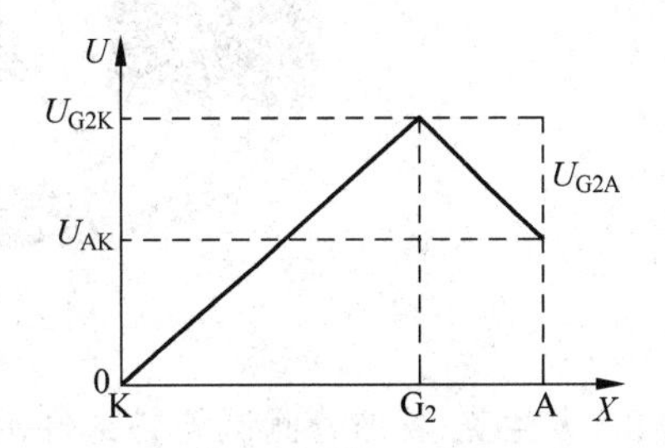

图 25-2　弗兰克-赫兹管内空间电压分布图

注意：第一栅极 G_1 和阴极 K 之间的加速电压 U_{G1K} 约 1.5V 的电压，用于消除阴极电压散射的影响。

当灯丝加热时，阴极的外层电子即发射电子，在 G_1 和 G_2 间的电场作用下被加速而取得越来越大的能量。但在起始阶段，由于电压 U_{G2K} 较低，电子的能量较小，即使在运动过程中，它与原子相碰撞（为弹性碰撞）也只有微小的能量交换。这样，穿过第二栅极的电子所形成的电流 I_A 随第二栅极电压 U_{G2K} 的增加而增大（如图 25-3 中 oa 段）。

当 U_{G2K} 达到氩原子的第一激发电位时，电子在第二栅极附近与氩原子相碰撞（此时产生非弹性碰撞）。电子把从加速电场中获得的全部能量传递给氩原子，使氩原子从基态激发到第一激发态，而电子本身由于把全部能量传递给了氩原子，它即使穿过第二栅极，也不能克服反向拒斥电压而被折回第二栅极。所以板极电流 I_A 将显著减小（如图 25-3 中 ab 段）。氩原子在第一激发态不稳定，会跃迁回基态，同时以光量子形式向外辐射能量。以后随着第二栅极电压 U_{G2K} 的增加，电子的能量也随之增加，与氩原子相碰撞后还留下足够的能量，这就可以克服拒斥电场的作用力而到达板极 A，这时电流又开始上升（如图 25-3 中 bc 段），直到 U_{G2K} 是 2 倍氩原子的第一激发电位时，电子在 G_2 与 K 间又会因第二次弹性碰撞失去

能量，因而造成了第二次板极电流 I_A 的下降（如图 25-3 中 cd 段），这种能量的转移随着加速电压的增加而呈周期性变化。若以 U_{G2K} 为横坐标，以板极电流值 I_A 为纵坐标就可以得到谱峰曲线，两相邻谷点（或峰尖）间的加速电压差值，即为氩原子的第一激发电位值。

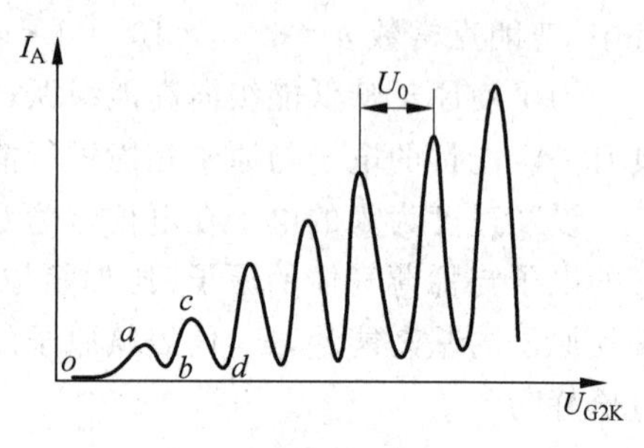

图 25-3　弗兰克-赫兹管的 I_A-U_{G2K} 曲线

这个实验就说明了弗兰克-赫兹管内的电子缓慢地与氩原子碰撞，能使原子从低能级被激发到高能级，通过测量氩的第一激发电位值说明了玻尔原子能级的存在。

【实验仪器介绍】

1）实验仪器由夫兰克-赫兹管、测试仪、计算机等组成（见图 25-4）。

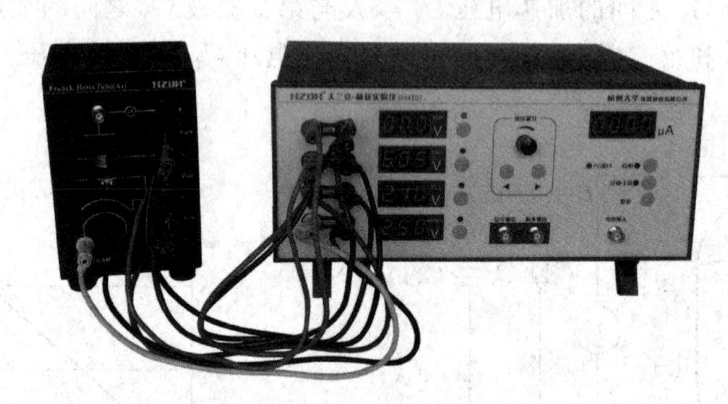

图 25-4　夫兰克-赫兹实验仪

2）夫兰克-赫兹管测试架各部件示意图如图 25-5 所示。

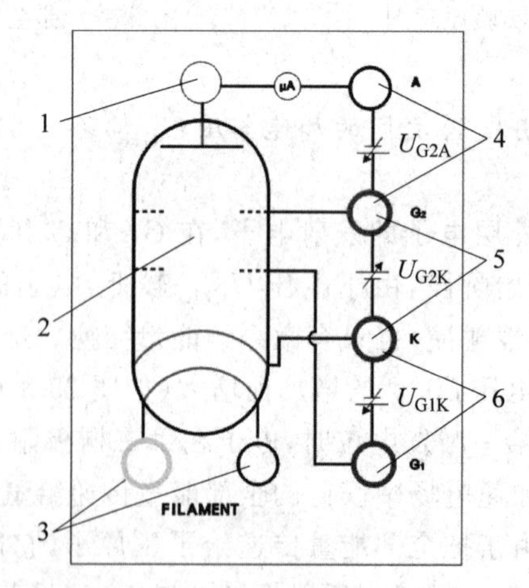

图 25-5　夫兰克-赫兹管测试架

1—微电流输出接口；2—夫兰克-赫兹管；3—灯丝电压输入接口；4—拒斥电压 U_{G2A} 输入接口；5—第二栅压 U_{G2K} 输入接口；6—第一栅压 U_{G1K} 输入接口

【实验内容和步骤】

1. 各电压初设

(1) 将仪器连线接好，并用专用导线连接测试仪和计算机。打开电源，预热 5min。

(2) 打开计算机上的夫兰克-赫兹实验专用软件，在页面窗口左上角的串口选择列表中选择正确的串口。

(3) 单击“控制面板”选项卡(图 25-6)，在页面中选择工作方式为“自动”模式，设置第二栅压 U_{G2K} 最小步进值为 0.1V 或 0.2V(建议 0.1V，该步进值即为第二栅压 U_{G2K} 的最小变化量)。

实验 25-2

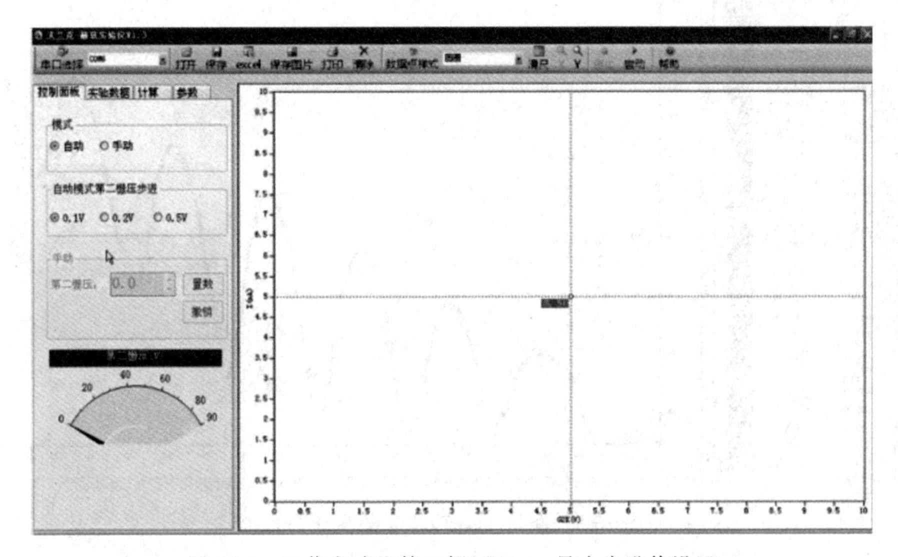

图 25-6　工作方式和第二栅压 U_{G2K} 最小步进值设置

(4) 单击“参数”选项卡，设置相应的参数。其中的灯丝电压、第一栅压 U_{G1K}、拒斥电压 U_{G2A} 的数值必须与夫兰克-赫兹管测试架标示的数值相同(图 25-7)。

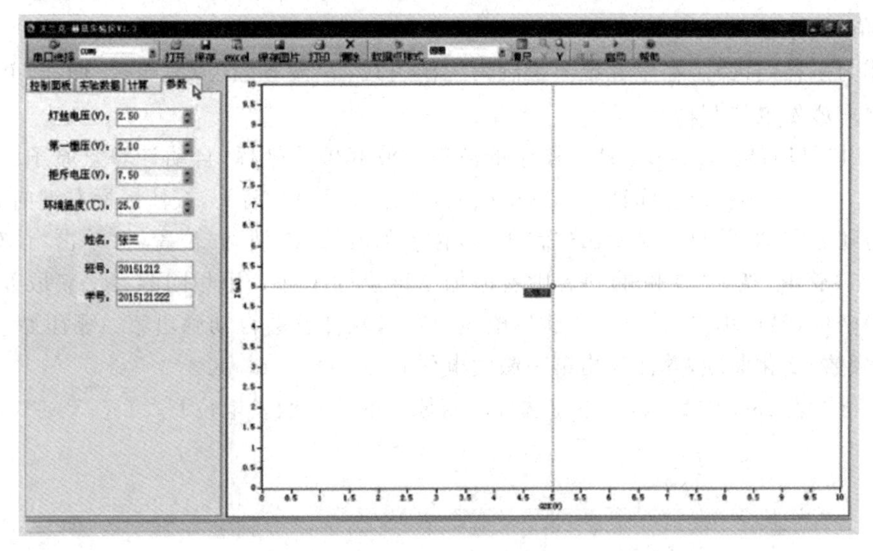

图 25-7　参数设置

2. 测量 I_A 随 U_{G2K} 的变化关系

单击页面窗口右上角的“启动”按钮，实验软件就会控制测试仪自动开始测量过程。图 25-8 中窗口左侧的数据页面将自动记录采集到的第二栅压 U_{G2K} 和对应的电流强度 I_A，窗口右侧将自动绘制由这些数据点连成的曲线。等待一段时间，第二栅压 U_{G2K} 将自动升到 90V，并结束测量。

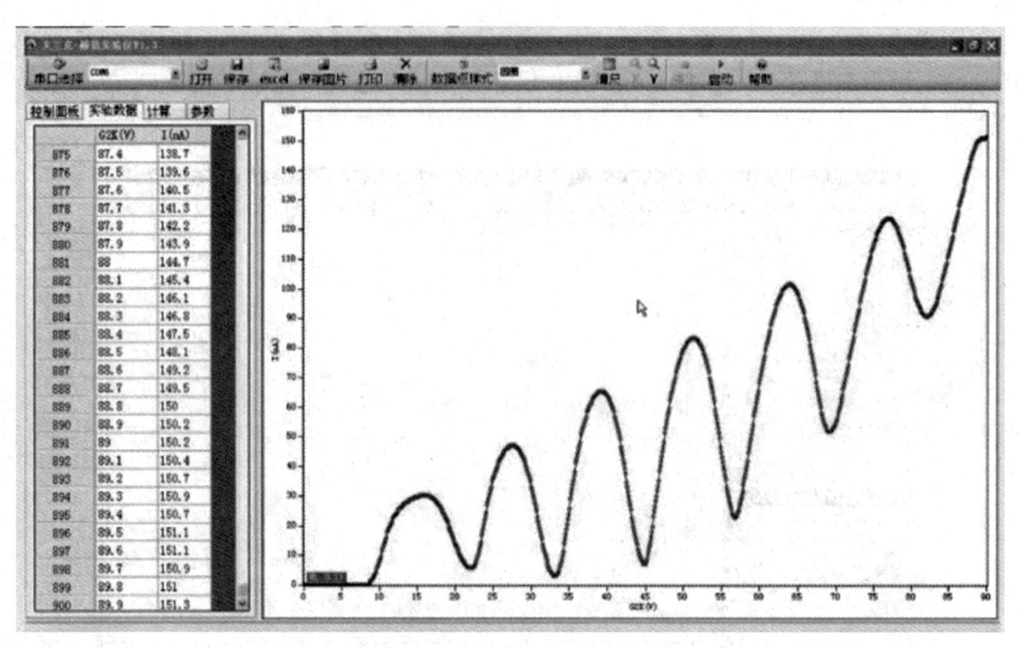

图 25-8　测量 I_A 随 U_{G2K} 的变化关系

3. 计算氩的第一激发电位 U_0

(1) 从图 25-9 中窗口左侧实验数据列表中的数据可知，随着第二栅压 U_{G2K} 的增加，电流 I_A 的值出现周期性峰值和谷值。根据数据列表中的数据采样 6 个峰值和谷值相应的电压、电流值，记录于表 25-1(如果发现多个电压对应波峰(或波谷)电流，可以用这些电压的平均值作为采样结果)。在坐标纸上绘制第二栅压 U_{G2K}-波谷数(或波峰数)曲线，并求出氩原子的第一激发电位 U_0。

(2) 用窗口右侧 U_{G2K}-I_A 曲线图中的波谷或波峰位置坐标，自动计算氩原子的第一激发电位 U_0。将鼠标移到坐标轴左侧的虚线处，鼠标将变为双箭头，按住鼠标左键向右滑动，虚线也将随之移动，并自动显示出位置坐标，移动到波峰(或波谷)位置时，单击“计算”选项卡，再单击“获取”按钮，左侧的列表中就添加了该点的坐标。用相同的方法获取 6 个波峰(或波谷)坐标，最后单击“计算第一激发电位”按钮，软件就会自动画出第二栅压 U_{G2K}-波谷数(或波峰数)变化曲线，并计算出第一激发电位 U_0。

(3) 利用表 25-1 的数据，用逐差法计算氩原子的第一激发电位 U_0。

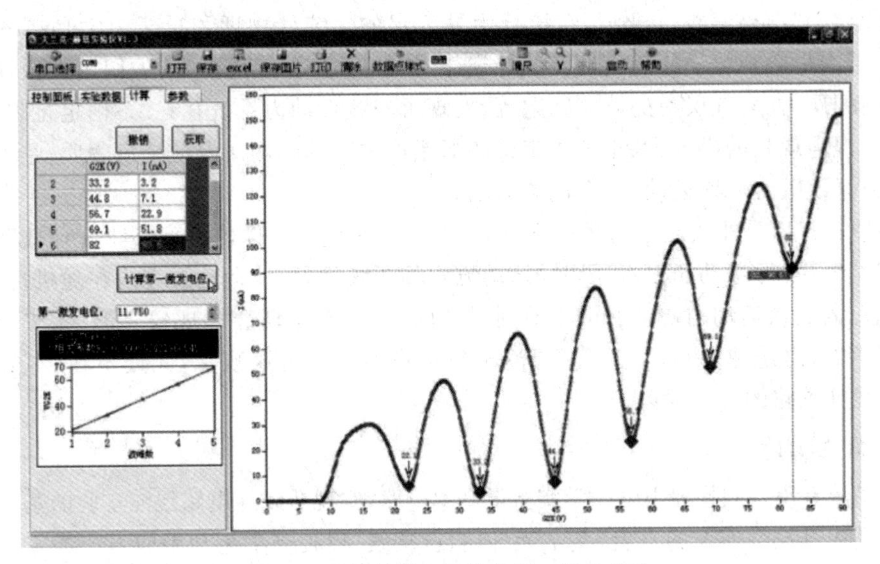

图 25-9　软件计算氩原子的第一激发电位

【数据记录与处理】

1. 数据记录

表 25-1　I_A-U_{G2K} 关系实验数据表

序号	1		2		3		4		5		6	
测量	峰值	谷值	峰值	谷值	峰值	谷值	峰值	谷值	峰值	谷值	峰值	谷值
U_{G2K}/V												
I_A/A												

2. 数据处理

(1) 根据表 25-1 中的数据，在坐标纸上绘制第二栅压 U_{G2K}-波谷数(或波峰数)曲线，并拟合出直线方程求出其斜率，即为氩原子的第一激发电位 U_0；

(2) 用逐差法计算待测气体的第一激发电位 U_0。

提示：峰值电压的平均间距：$U_{0峰}=\dfrac{(U_{峰6}-U_{峰3})+(U_{峰5}-U_{峰2})+(U_{峰4}-U_{峰1})}{3\times3}$

谷值电压的平均间距：$U_{0谷}=\dfrac{(U_{谷6}-U_{谷3})+(U_{谷5}-U_{谷2})+(U_{谷4}-U_{谷1})}{3\times3}$

待测气体原子的第一激发电位：$U_0=\dfrac{U_{0峰}+U_{0谷}}{2}$

实验 26　非线性电路混沌实验

描述自然界有两种途径：决定论描述和概率论描述。牛顿力学是决定论的典型代表，认为给定系统运动方程和初始条件，就可以确定以后任何时刻的运动状态。如果初始条件有极小偏差，其结果偏差也极小，系统行为是确定的。统计物理和量子力学是概率论的代表，揭示了大量微观粒子的随机性和统计规律。20世纪60年代以来，人们用大型计算机研究非线性问题，如大气层中的湍流问题等，发现了非线性动力系统存在“不确定行为”——混沌现象。混沌现象的出现，缩小了决定论和概率论之间的鸿沟。混沌研究表明，绝大多数非线性动力系统既有周期运动，又有混沌运动。

混沌(chaos)是非线性动力系统在一定参数条件下产生的对初始条件具有敏感依赖性的随机运动。混沌运动的根本原因是运动方程的非线性，混沌运动具有内在随机性，对初值非常敏感，若两次运动的初值有微小差别，长时间后两次运动会出现较大的、无法预知的偏差，即所谓“差之毫厘，谬以千里”。混沌现象是自然界的普遍现象，无处不在，本实验研究 *RLC* 非线性电路的混沌现象。

【实验目的】

1. 了解利用基础物理中电磁学实验最基本电路，实现非线性电路混沌实验的基本原理；
2. 利用开放性实验的平台、基本元件，自己接线，以提高学生动手能力；
3. 用示波器观测 *LC* 振荡器产生波形的周期分岔及混沌现象。

【实验仪器】

DH6501 非线性电路混沌实验仪，示波器。

【实验原理】

1. 非线性混沌实验仪外观和接线点说明(见图 26-1)

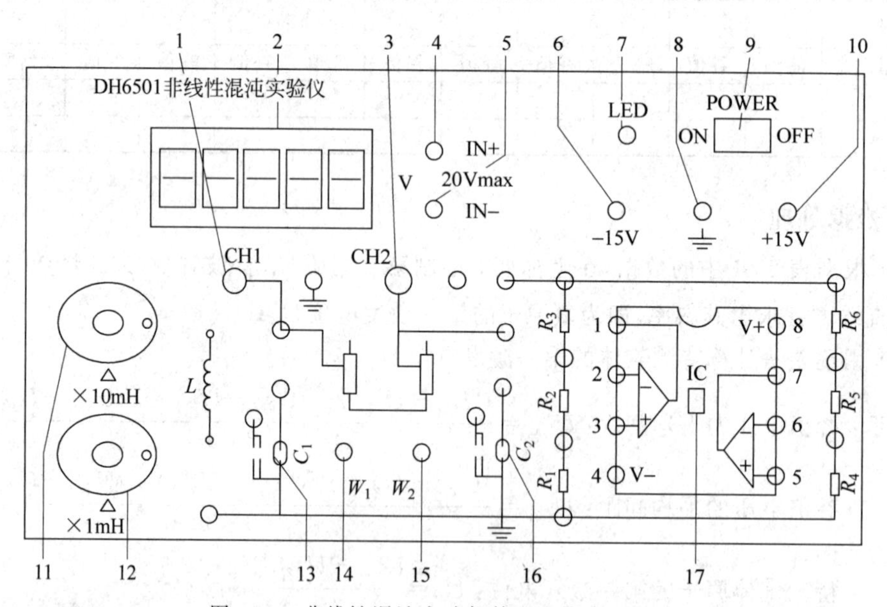

图 26-1　非线性混沌实验仪外观和接线点说明

1—示波器 CH1 通道输入；2—20V 数字电压表；3—示波器 CH2 通道输入；4—20V 数字电压正向输入端；5—20V 数字电压反向输入端；6—−15V 电源输出；7—电源指示灯；8—±15V 电源接地端；9—电源开关；10—+15V 电压输出；11—电感“×10mH”挡波段开关；12—电感“×1mH”挡波段开关；13—*LC* 振荡电容；14—移相可调电阻 W_1；15—移相可调电阻 W_2；16—*RC* 移相电容；17—双运算放大器 TL072

2. 非线性电路与非线性动力学

实验仪电路原理图如图 26-2 所示，R_2 是一个有源非线性负阻元件，电感器 L_1 与电容器 C_1 组成一个损耗可以忽略的谐振回路，可变电阻 R_1 与电容器 C_2 连接，将振荡器产生的正弦信号移相输出。

图 26-3 所示的是有源非线性负阻器件 R_2 的伏安特性曲线，可以看出，加在此非线性元件上的电压与通过它的电流极性是相反的。由于加在此元件上的电压增加时，通过它的电流却减小，因而将此元件称为非线性负阻元件。

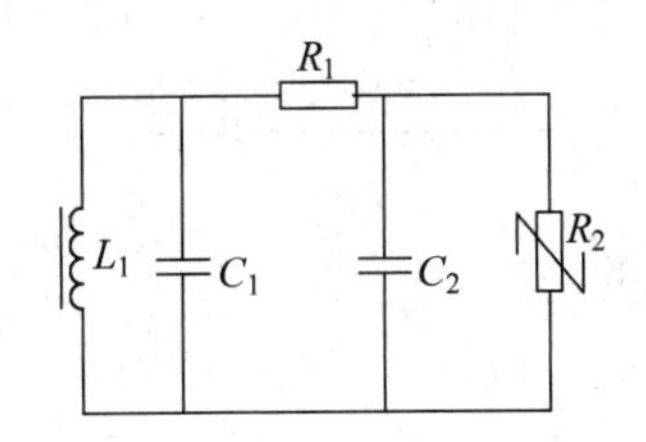

图 26-2　实验仪电路原理图

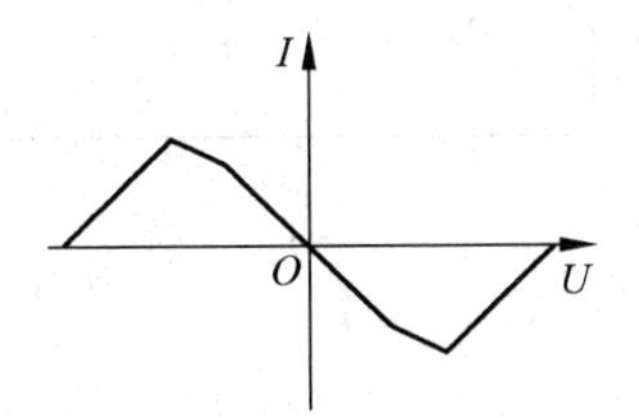

图 26-3　有源非线性负阻元件 R_2 的伏安特性曲线

图 26-2 电路的非线性动力学方程为

$$\begin{cases} C_2 \dfrac{\mathrm{d}U_{C_2}}{\mathrm{d}t}=G(U_{C_1}-U_{C_2})-gU_{C_2} \\ C_1 \dfrac{\mathrm{d}U_{C_1}}{\mathrm{d}t}=G(U_{C_2}-U_{C_1})+i_L \\ L \dfrac{\mathrm{d}i_L}{\mathrm{d}t}=-U_{C_1} \end{cases} \tag{26-1}$$

式中，U_{C_1}、U_{C_2} 是 C_1、C_2 上的电压；i_L 是电感 L_1 上的电流；$G=1/R_1$，是电导；g 为 U 的函数。如果 R_2 是线性的，则 g 为常数，电路就是一般的振荡电路，得到的解是正弦函数，电阻 R_1 作用是调节 C_1 和 C_2 的位相差，把 C_1 和 C_2 两端的电压分别输入到示波器的 x、y 轴，则显示的图形是椭圆。但是，如果 R_2 是非线性的，则又会看见什么现象呢？

非线性电阻元件 R_2 是一个分段线性的电阻，整体呈现为非线性。gU_{C_2} 是一个分段线性函数。由于 g 总体是非线性函数，三元非线性方程组式(26-1)没有解析解。若用计算机编程进行数据计算，当取适当电路参数时，可在显示屏上观察到模拟实验的混沌现象。除了计算机数学模拟方法之外，更直接的方法是用示波器来观察混沌现象。

实际非线性混沌实验电路如图 26-4 所示。其中，非线性电阻是电路的关键，如图 26-5 所示，它是通过一个双运算放大器 TL072 和六个电阻组合来实现的。其伏安特性曲线如图 26-6 所示。非线性混沌电路中，L、C_1 并联构成振荡电路，W_1、W_2 和 C_2 的作用是分相，使 CH1 和 CH2 两处输入示波器的信号产生相位差，即可得到 x、y 两个信号的合成图形，双运放 TL072 的前级和后级正、负反馈同时存在，正反馈的强弱与比值 $R_3/(W_1+W_2)$、$R_4/(W_1+W_2)$有关，负反馈的强弱与比值 R_2/R_1、R_5/R_4 有关。当正反馈大于负反馈时，振荡电路才能维持振荡。调节 W_1、W_2 时正反馈就发生变化，TL072 就处于振荡状态而表现出非线性，而非线性负阻元件的作用是使振动周期产生分岔和混沌等一系列非线性现象。

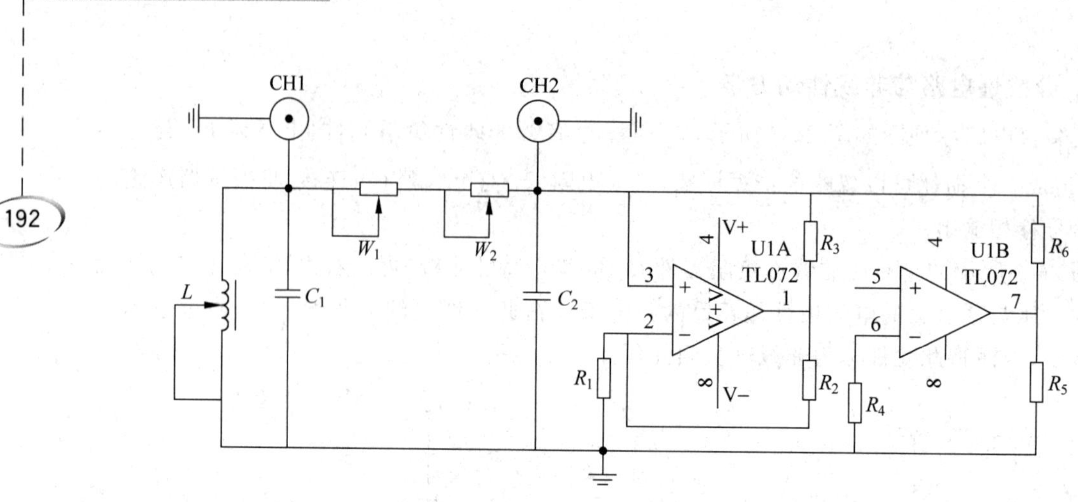

图 26-4 实际非线性混沌实验电路图

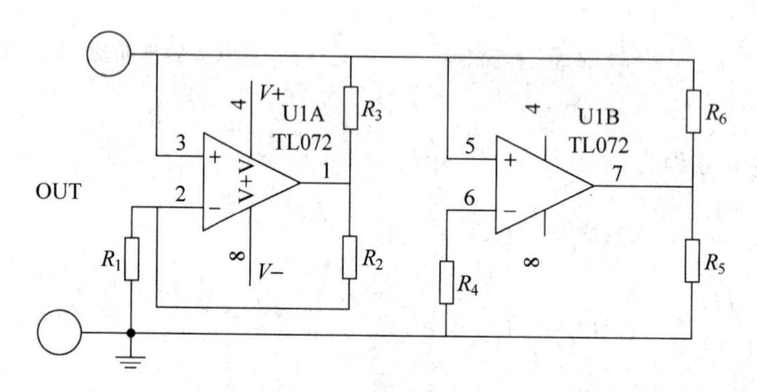

图 26-5 有源非线性负阻元件构成电路图

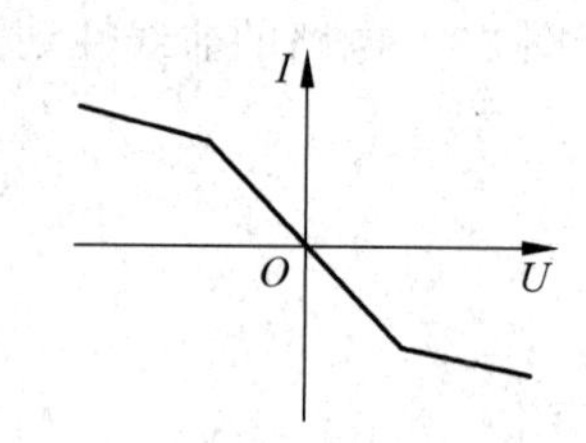

图 26-6 实际有源非线性负阻元件的伏安特性曲线

3. 实验现象的观察

将图 26-4 中的 CH1 和 CH2 信号分别输入示波器的 CH1 和 CH2 通道后，示波器时基信号选择在“X-Y”模式，调节可变电阻器的阻值，我们可以从示波器上观察到一系列两个信号的合成现象。最初仪器刚打开时，电路中有一个短暂的稳态响应现象。这个稳态响应被称作系统的吸引子(attractor)，这意味着系统的响应部分虽然初始条件各异，但仍会变化到一个稳态。在本实验中对于初始电路中的微小正负扰动，各对应于一个正负的稳态。当电导继续平滑增大，到达某一值时，我们发现响应部分的电压和电流开始周期性地回到同一个值，产生了振荡。这时可以观察到了一个单周期吸引子(penod-one attractor)，它的频率决定于电感与非线性电阻组成的回路的特性。

再增加电导(这里的电导值为 $1/(W_1+W_2)$)时，我们就观察到了一系列非线性的现象，先是电路中产生了一个不连续的变化：电流与电压的振荡周期变成了原来的二倍，也称分岔(bifurcation)。继续增加电导，我们还会发现二周期倍增到四周期，四周期倍增到八周期。如果精度足够，当我们连续地、越来越小地调节时就会发现一系列永无止境的周期倍增，最终在有限的范围内会成为无穷周期的循环，从而显示出混沌吸引子(chaotic attractor)的性质。

需要注意的是，对应于前面所述的不同的初始稳态，调节电导会导致两个不同的但却是确定的混沌吸引子，这两个混沌吸引子是关于零电位对称的。

实验中，我们很容易地观察到倍周期和四周期现象。再有一点变化，就会导致一个单漩涡状的混沌吸引子，较明显的是三周期窗口。观察到这些窗口表明了我们得到的是混沌的解，而不是噪声。在调节的最后，我们看到吸引子突然充满了原本两个混沌吸引子所占据的空间，形成了双漩涡混沌吸引子(double scroll chaotic attractor)。由于示波器上的每一点对应着电路中的每一个状态，出现双混沌吸引子就意味着电路在这个状态时，相当于电路处于最初的那个响应状态，最终会到达哪一个状态完全取决于初始条件。

【实验内容和步骤】

1. 混沌现象的观察

1）用双踪示波器观测经 LC 振荡器产生的波形及经 RC 移相后的波形，并观察上述两个波形组成的相图(李萨如图)。

(1) 按照图 26-7 进行接线，注意运算放大器的电源极性不要接反。

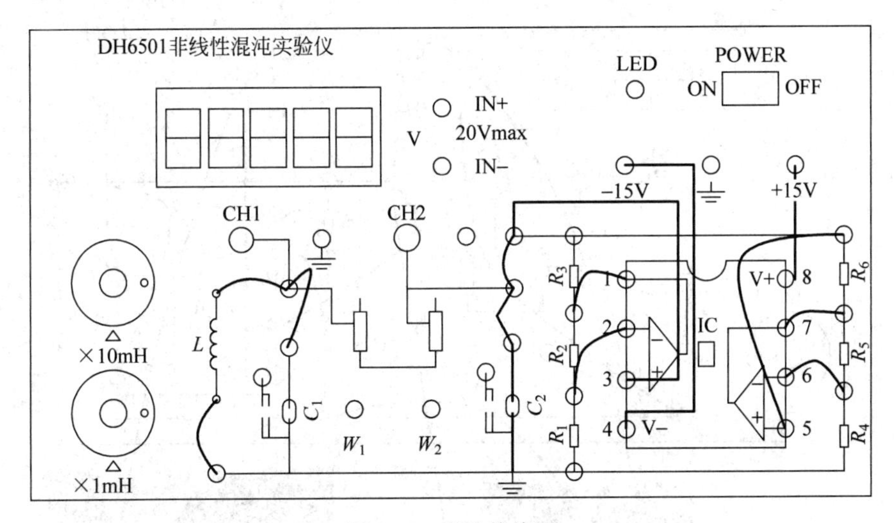

图 26-7　实验接线图

(2) 用同轴电缆将 Q9 插座 CH1 连接双踪示波器 CH1 通道(即 X 轴输入)；Q9 插座 CH2 连接双踪示波器 CH2 通道(即 Y 轴输入)，将示波器时基信号选择“X-Y”模式，并适当调节输入增益 V/DIV 波段开关，使示波器显示大小适度、稳定的李萨如图。

(3) 检查接线无误后即可打开电源开关，电源指示灯点亮，电压表不需要接入电路。

2）非线性电路混沌的现象观测。

改变 RC 移相器中可调电阻 R 的值(实际电路调节的是 W_1 和 W_2)，观察相图周期变化。记录二倍周期分岔、三倍周期分岔、四倍周期分岔、双吸引子(周期混沌)相图。

(1) 先把电感值调到 20mH 或 21mH。

(2) 右旋细调电位器 W_2 到底，左旋或右旋 W_1 粗调多圈电位器，使示波器出现一个圆圈，略斜向的椭圆。

(3) 左旋多圈细调电位器 W_2 少许，示波器会出现二倍周期分岔。

(4) 再左旋多圈细调电位器 W_2 少许，示波器会出现三倍周期分岔。

(5) 再左旋多圈细调电位器 W_2 少许，示波器会出现四倍周期分岔。

(6) 再左旋多圈细调电位器 W_2 少许，示波器会出现双吸引子(混沌)现象。

(7) 观测的同时可以调节示波器相应的旋钮，来观测不同状态下，Y 轴输入或 X 轴输入的相位、幅度和跳变情况。

(8) 电感的选择对实验现象的影响很大，只有选择合适的电感和电容才可能观测到最好的效果。改变电感和电容的值来观测不同情况下的现象，并分析产生此现象的原因，并从理论的角度去认识和理解非线性电路的混沌现象。

2. 测量由 TL072 双运放构成的"有源非线性负阻元件"的伏安特性

结合非线性电路的动力学方程，解释混沌产生的原因。

(1) 按照图 26-8 进行接线，其中电流表用一般的 4 位半数字万用表，注意数字电流表的正极接电压表的正极。

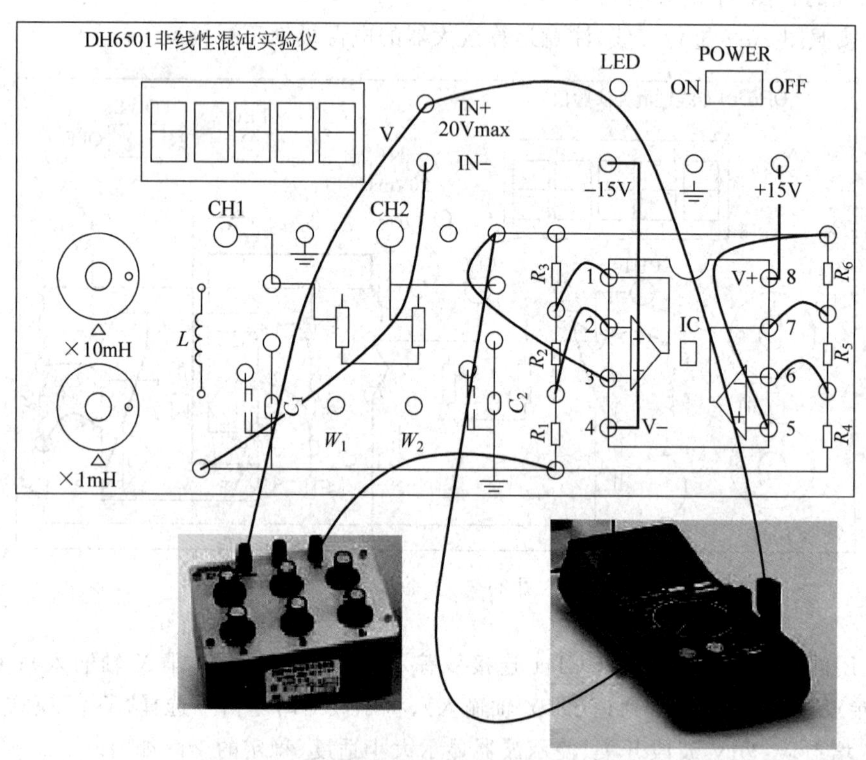

图 26-8 有源非线性电阻伏安特性的测量电路

(2) 检查接线无误后即可开启电源。

(3) 将电阻箱电阻由 99999.9Ω 起由大到小调节，记录电阻箱的电阻，数字电压表以及电流表上的对应读数填入表 26-1 中(表格大小依据实际测量次数自行调整)。由电压、电流关系在坐标轴上描点作出有源非线性电路的非线性负阻特性曲线(即 I-U 曲线，通过曲线拟合作出分段曲线)。

注： 实验过程中，可能会出现电压电流曲线在二、四象限，这属于正常现象，由于元件的差异，非线性负阻特性曲线可能不一样，请认真分析这种现象。

【数据记录与处理】

1. 数据记录

表 26-1　有源非线性电阻伏安特性的测量

电阻/Ω	电压/V	电流/mA	电阻/Ω	电压/V	电流/mA

2. 数据处理

(1) 观察示波器显示的非线性电路混沌现象，记录二倍周期分岔、三倍周期分岔、四倍周期分岔、双吸引子(周期混沌)相图。

(2) 由表 26-1 数据在坐标轴上描点作出所测的有源非线性电路的非线性负阻伏安特性曲线(即 I-U 曲线，通过曲线拟合作出分段曲线)。结合非线性电路的动力学方程，解释混沌产生的原因。

【注意事项】

(1) 双运算放大器的正负极不能接反，地线与电源接地点必须接触良好。

(2) 关掉电源以后，才能拆实验板上的接线。

(3) 使用前仪器先预热 10～15min。

【思考题】

1. 试解释非线性负阻元件在本实验中的作用是什么？

2. 为什么要采用 RC 移相器，并且用相图来观测倍周期分岔等现象？如果不用移相器，可用哪些仪器或方法？

3. 简述倍周期分岔、混沌、奇怪吸引子等概念的物理含义。

实验 27　光电效应与普朗克常数的测定

普朗克常数 h 是 1900 年普朗克为了解决黑体辐射能量分布，提出的“能量子”假设中的一个普适常数，是基本作用量子，也是粗略地判断一个物理体系是否需要用量子力学来描述的依据，可用光电效应法求出。

光电效应是赫兹在 1887 年验证电磁波的同时意外发现的。1905 年爱因斯坦引入“光量子”假说，按照能量守恒原理，提出了光电效应方程，成功解释了光电效应现象。

利用光电效应可制成光电管、光电池、光电倍增管等各种光电器件。

【实验目的】

1. 了解光电效应的规律，加深对光的量子性的理解；

2. 测量普朗克常数 h。

【实验仪器】

ZKY-GD-4 智能光电效应实验仪。

【实验原理】

光电效应的实验原理如图 27-1 所示。入射光照射到光电管 GD 的阴极 K 上，产生的光电子在电场的作用下向阳极 A 迁移构成光电流。调节变阻器 R，改变实验所需的加速电压 U_{AK}（可从 $-U \sim +U$ 连续变化），用微电流计 G 测出光电流 I 的大小，即可得出光电管的伏安特性曲线。

光电效应的基本实验事实如下：

实验 27-1

(1) 对应于某一频率，光电效应的 I-U_{AK} 关系（光电管的伏安特性曲线）如图 27-2 所示。从图中可见，对一定的频率，存在一电压 U_0，当 $U_{AK} \leqslant U_0$ 时，电流 I 为零，即阳极电位相对于阴极为负值，U_0 称为截止电压。当 $U_{AK} \geqslant U_0$ 后，I 迅速增加，逐渐趋于饱和，饱和光电流 I_H 与入射光的强度 P 成正比。

图 27-1　光电效应实验原理图

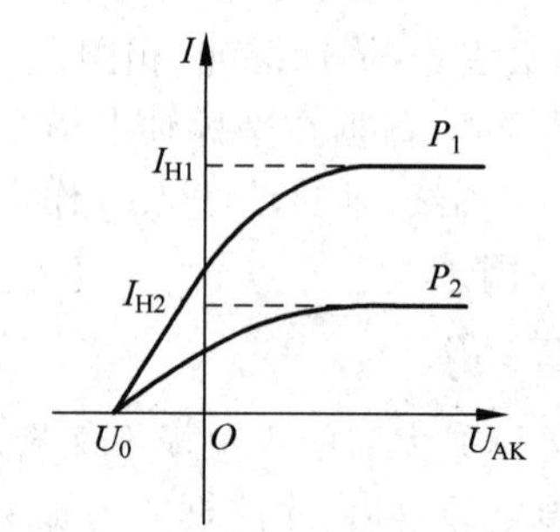

图 27-2　同一频率不同光强时，光电管的伏安特性曲线

(2) 对于不同频率的光，其截止电压 U_0 的值不同，如图 27-3 所示。

(3) 作截止电压 U_0 与入射光频率 ν 的关系图如图 27-4 所示。U_0 与 ν 成正比关系。当入射光频率低于某极限值 ν_0（ν_0 随不同金属而异）时，不论光的强度如何，照射时间多长，都没有光电流产生。

(4) 光电效应是瞬时效应。即使入射光的强度非常微弱，只要频率大于 ν_0，在开始照射后立即就有光电子产生，所经过的时间小于 10^{-9} s。

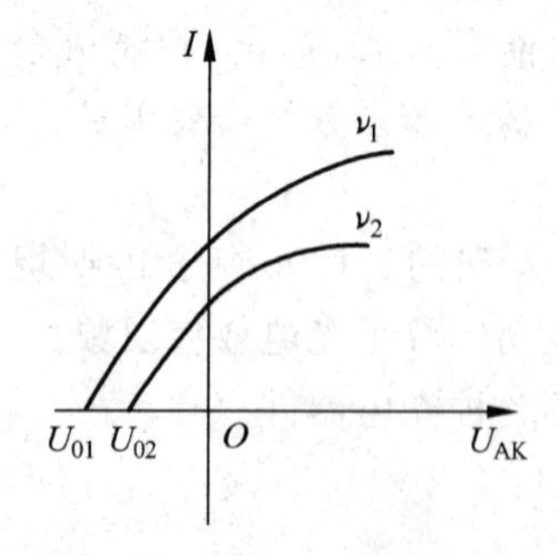

图 27-3　不同频率时，光电管的伏安特性曲线

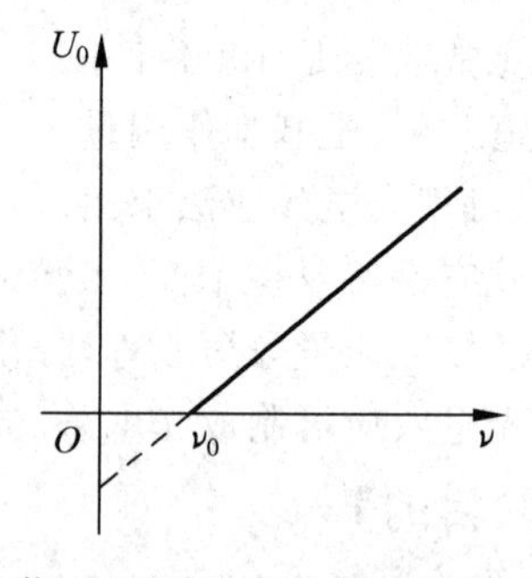

图 27-4　截止电压 U_0 与入射光频率 ν 的关系图

按照爱因斯坦的光量子理论，光能并不像电磁波理论所描述的那样，分布在波阵面上，而是集中在被称为光子的微粒上，但这种微粒仍然保持着频率（或波长）的概念，频率为 ν 的

光子具有能量$E=h\nu$,h为普朗克常数。当光子照射到金属表面上时,一次被金属中的电子全部吸收,而无需积累能量的时间。电子把这能量的一部分用来克服金属表面对它的吸引力,余下的就变为电子离开金属表面后的初动能。按照能量守恒原理,爱因斯坦提出了著名的光电效应方程

$$h\nu=\frac{1}{2}mv_0^2+W \tag{27-1}$$

其中,W为金属的逸出功,$\frac{1}{2}mv_0^2$为光电子获得的初始动能。从式(27-1)可见,入射到金属表面的光频率越高,逸出的电子动能越大,所以即使阳极电位比阴极电位低时也会有电子落入阳极形成光电流,直至阳极电位低于截止电压,光电流才为零,此时关系如下

$$eU_0=\frac{1}{2}mv_0^2 \tag{27-2}$$

阳极电位高于截止电压后,随着阳极电位的升高,阳极对阴极发射的电子的收集作用变强,光电流随之上升。当阳极电压升高到一定程度,并把阴极发射的光电子几乎全收集到阳极时,继续增加U_{AK},I将不再变化,光电流出现饱和。饱和光电流I_H的大小与入射光的强度P成正比。

光子的能量$h\nu_0<W$时,电子不能脱离金属,因而没有光电流产生。产生光电效应的最低频率(截止频率)是$\nu_0=W/h$。

爱因斯坦的光量子理论成功地解释了光电效应现象。

将式(27-2)代入式(27-1),可得

$$U_0=\frac{h}{e}\nu-\frac{W}{e} \tag{27-3}$$

此式表明截止电压U_0是频率ν的线性函数,如图27-4所示,图中直线的斜率$k=h/e$。只要用实验方法得出不同的频率ν对应的截止电压U_0,作出U_0-ν关系图,求出直线斜率,就可算出普朗克常数h。由直线的截距,可求出阴极的红限(截止频率ν_0)和逸出功W。

【实验仪器简介】

ZKY-GD-4智能光电效应实验仪由光电系统和测试仪两部分组成。仪器结构示意图如图27-5所示,由汞灯及电源、滤光片、光阑、光电管、测试仪构成。测试仪面板上有手动和自动两种工作模式,具有数据自动采集、存储、实时显示采集数据、动态显示采集曲线(连接普通示波器,可同时显示5个存储区中存储的曲线),及采集完成后查询数据的功能。

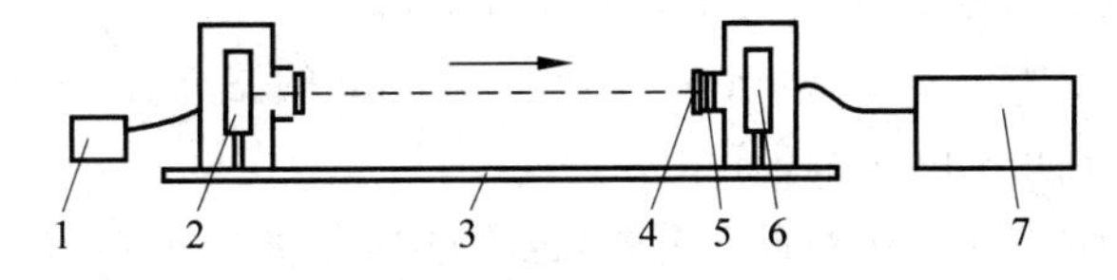

图27-5　实验仪结构示意图

1—汞灯电源；2—汞灯；3—基座；4—滤光片；5—光阑；6—光电管；7—测试仪

光电效应实验装置如图27-6所示。

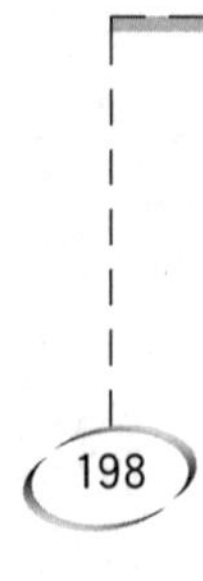

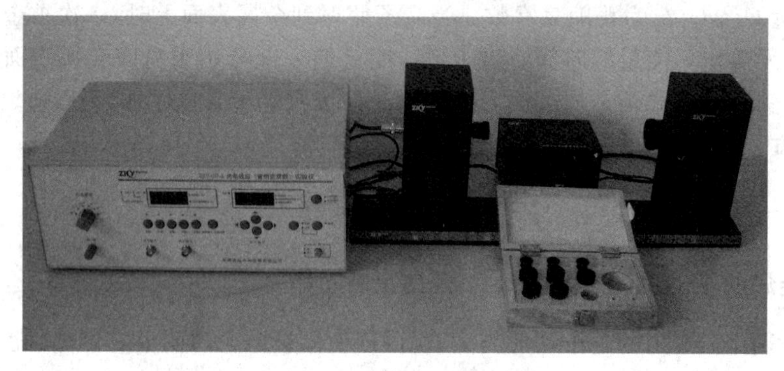

图 27-6　光电效应实验装置图

实验 27-2

【实验内容和步骤】

1. 测量前准备

(1) 将测试仪及汞灯电源打开，预热 20min(汞灯及光电管的暗箱用遮光罩罩住)。

(2) 调整光电管与汞灯的距离，约为 400mm，并保持不变。

(3) 用专用电缆将光电管暗箱电压输入端与测试仪电压输出端连接起来。

(4) 将“电流量程”选择开关置于所选挡位(截止电压测试为 10^{-13}A 挡，伏安特性测试为 10^{-10}A 挡)。进行测试前调零。调零前，将测试仪微电流输入端暂时处于悬空状态，以减少对调零的影响。按“调零/确认”复位，旋转“调零”旋钮，调节电压，使电流表指示为 000.0A。

(5) 调节好后，用高频匹配电缆连接电流输入输出端，按“调零确认/系统清零”按钮使系统清零，系统进入测试状态。

2. 测量不同的频率 ν 对应的截止电压 U_0，求普朗克常数 h

(1) 选取“截止电压测试”，“手动”模式，将“电流量程”选择开关置于 10^{-13}A 挡。

(2) 撤去光电管入口遮光罩，换上直径 4mm 的光阑和波长为 365nm 的滤光片。

(3) 撤去汞灯灯罩，即可开始测量。此时仪表所显示的就是对应波长的光电管电压 U_{AK} 与光电流 I 的值。

(4) 用“电压调节”键“←”和“→”以及“↑”和“↓”来改变电压 U_{AK}。从低到高，按 0.01V 的步长增量(从 −2～0V)调节电压，观察电流的变化。当电流指示为“000.0A”且稳定不变时，电压表的读数就是该波长光所对应的截止电压 U_0。

(5) 依次换上波长为 405nm、436nm、546nm、577nm 的滤光片，重复以上测量步骤。分别记录各波长所对应的截止电压 U_0 于表 27-1。

(将“手动/自动”模式键切换到自动模式，也可进行自动测量。)

(6) 根据表 27-1 的实验数据，在坐标纸上作 U_0-ν 直线。利用直线斜率 k，求出普朗克常数 h。

3. 光电管伏安特性曲线的测定

(1) 选取“伏安特性测试”，“手动”模式，将“电流量程”选择开关置于 10^{-10}A 挡。

(2) 重复 1 中步骤(4)～(5)，重新调零。

(3) 将直径 4mm 的光阑及所选波长的滤光片(分别选用波长为 365nm 和 405nm 的滤光片)套在光电管入口处,从低到高,按 2V 的步长增量(从−2～30V)用“电压调节”键改变电压 U_{AK}。记录各电压 U_{AK} 所对应的光电流 I 于表 27-2 中,在同一坐标纸上分别作对应于两个波长的伏安特性曲线。

4. 验证光电管的饱和光电流与入射光强关系

在步骤 3 的基础上进行。

(1) 当 U_{AK} 为 30V 时,测量并记录对同一谱线、同一入射距离(400mm),光阑直径分别为 2mm、4mm、8mm 时对应的电流值于表 27-3 中,作图并研究光电管的饱和光电流 I_H 与入射光强 P 的关系;

(2) 当 U_{AK} 为 30V 时,测量并记录对同一谱线、同一光阑,光电管与入射光在不同距离,如 400mm、350mm 、300mm 时对应的电流值于表 27-4 中,作图并研究光电管的饱和光电流 I_H 与入射光强 P 的关系。

【数据记录与处理】

1. 数据记录

表 27-1　观测 U_0-ν 关系

光电管与汞灯距离 $L=$ ________mm,光阑孔径 $\phi=$ ________mm

波长 λ_i/nm					
频率 $\nu_i/\times10^{14}$ Hz					
截止电压 U_{0i}/V					

表 27-2　观测 I-U_{AK} 关系

光电管与汞灯距离 $L=$ ________mm,光阑孔径 $\phi=$ ________mm

$\lambda_1=$ ____ nm	U_{AK}/V																
	$I/\times10^{-10}$ A																
$\lambda_2=$ ____ nm	U_{AK}/V																
	$I/\times10^{-10}$ A																

表 27-3　观测 I_H-P 关系(1)

$U_{AK}=$ ______V,$\lambda=$ ________nm,$L=$ ______mm

光阑孔径 ϕ/mm			
$I/\times10^{-10}$ A			

表 27-4　观测 I_H-P 关系 (2)

$U_{AK}=$ ______V,$\lambda=$ ________nm,$\phi=$ ______mm

入射距离 L/mm			
$I/\times10^{-10}$ A			

2. 数据处理

(1) 根据表 27-1 的实验数据，在坐标纸上作 U_0-ν 直线，求出直线斜率 k，利用式 $h=ek$（式中，$e=1.602\times10^{-19}$C）求出普朗克常数 h，并与公认值 $h_0=6.626\times10^{-34}$J·s 比较，求出相对误差$\left(E_h=\dfrac{|h-h_0|}{h_0}\times100\%\right)$。

(2) 根据表 27-2 中的实验数据，以电压 U_{AK} 为横坐标，光电流 I 为纵坐标，在坐标纸中描绘出对应于此波长及光强的光电管的伏安特性曲线，并加以分析。

(3) 根据表 27-3 中实验数据，作图并分析光电管的饱和光电流与入射光强的正比关系。

(4) 根据表 27-4 中实验数据，作图并分析光电管的饱和光电流与入射光强的正比关系。

【思考题】

1. 什么是光电效应？

2. 金属的截止频率(红限)是什么？如果一种物质逸出功为 2.0eV，那么它做成光电管阴极时能探测的波长红限是多少？

3. 光电子的能量随光强变化吗？

4. 光电流的大小随光强变化吗？

5. 光电管的反向电流是如何产生的？

第8章

综合性、设计性实验

实验28　动力学综合实验(一)单摆的研究

单摆是由一摆线 l 连着重量为 mg 的摆锤所组成的力学系统，当年伽利略在观察比萨教堂中的吊灯摆动时发现，摆长一定的摆，其摆动周期不因摆角而变化，因此可用它来计时，后来惠更斯利用了伽利略的这个观察结果，发明了摆钟。

【实验目的】

1. 验证摆长与周期的关系，掌握使用单摆测量当地重力加速度的方法；
2. 进一步精确地研究该力学系统所包含的力学非线性运动行为；
3. 利用相图法探究单摆的运动行为；
4. 改变摆线和摆球，研究阻力对单摆运动行为的影响。

【实验仪器】

单摆实验装置，多功能微秒计，卷尺，游标卡尺。

【实验原理】

实验 28-1

1. 利用单摆测量当地的重力加速度值 g

用不可伸长的轻线悬挂质量为 m 的小球，作幅角 θ 很小的摆动，如图 28-1 所示。其质心到摆的支点 O 的距离为 l(摆长)。作用在小球上的切向力的大小为 $mg\sin\theta$，且指向平衡点。质点的运动方程为

$$ml\frac{\mathrm{d}^2\theta}{\mathrm{d}t^2}=-mg\sin\theta \tag{28-1}$$

当 θ 角很小，则 $\sin\theta\approx\theta$，则有

$$\frac{\mathrm{d}^2\theta}{\mathrm{d}t^2}=-\frac{g}{l}\theta \tag{28-2}$$

这是一简谐运动方程，解为

$$\theta(t)=\theta_m\cos(\omega_0 t+\varphi) \tag{28-3}$$

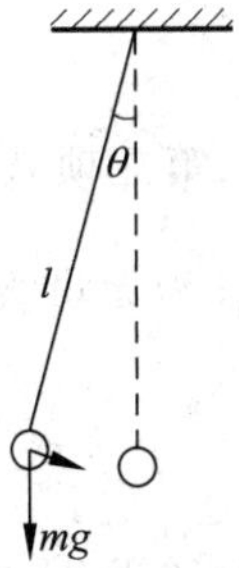

图 28-1　单摆

式中，θ_m 为最大摆角；φ 为初相角；ω_0 为角频率(固有频率)，$\omega_0=\frac{2\pi}{T}=\sqrt{\frac{g}{l}}$，$T$ 为周期。

可见，单摆在摆角很小，不计阻力时的摆动为简谐振动。简谐振动是一切线性振动系统的共同特性，它们都以自己的固有频率作正弦振动。与此同类的系统有：线性弹簧上的振

子，LC 振荡回路中的电流，微波与光学谐振腔中的电磁场，电子围绕原子核的运动等，因此单摆的线性振动，是具有代表性的。

由 $\omega_0=\frac{2\pi}{T}=\sqrt{\frac{g}{l}}$，可得出

$$T=2\pi\sqrt{\frac{l}{g}} \tag{28-4}$$

由式(28-4)可知，单摆的周期只与摆长和重力加速度有关，称为固有周期。

根据式(28-4)，本实验采用两种方法测量重力加速度 g。

方法一(计算法)：

将式(28-4)改写为

$$g=\frac{4\pi^2 l}{T^2} \tag{28-5}$$

如果测量出单摆的摆长和简谐运动的周期，就可以计算出重力加速度 g。

为了减少误差，提高测量精度，通过改变摆长，测量不同摆长的单摆的简谐运动的周期，分别求出重力加速度后取平均值。

方法二(作图法)：

式(28-4)也可写为

$$T^2=\frac{4\pi^2}{g}l \tag{28-6}$$

显然 T^2 和 l 之间具有线性关系，$\frac{4\pi^2}{g}$就是直线的斜率。如采用不同的摆长，分别测量出相应的周期，则可以通过作图，从 T^2-l 直线的斜率求出重力加速度 g。

2. 单摆的非线性振动

单摆是一种近似线性振动。实际上，单摆在振动的过程中，既受到阻力作用，又与摆角有关。在小阻尼条件下，可认为单摆所受到的阻尼力与摆的速度成正比。因此，在单摆的运动方程中加进了阻尼力项后，其动力学方程为

$$ml\frac{\mathrm{d}^2\theta}{\mathrm{d}t^2}+\gamma l\frac{\mathrm{d}\theta}{\mathrm{d}t}+mg\sin\theta=0 \tag{28-7}$$

式中，第二项就是单摆受到的阻尼力，γ 为阻尼系数，在小阻尼条件下，γ 可视为常数，取 $\beta=\frac{\gamma}{2m}$，β 为无量级阻尼系数，由式(28-7)，得

$$\frac{\mathrm{d}^2\theta}{\mathrm{d}t^2}+2\beta\frac{\mathrm{d}\theta}{\mathrm{d}t}+\omega_0^2\sin\theta=0 \tag{28-8}$$

式(28-8)为一非线性方程。物体运动的非线性行为比较复杂，下面讨论式(28-8)的几种特殊情况。

(1) 小角度无阻尼单摆运行的相轨图。无阻尼情况下，$\gamma=0(\beta=0)$。正弦函数用级数展开为 $\sin\theta=\theta-\frac{\theta^3}{3!}+\frac{\theta^5}{5!}-\frac{\theta^7}{7!}+\cdots$，在小角度情况下，忽略高次项，有 $\sin\theta=\theta$，由式(28-8)转化为式(28-2)，并对式(28-2)进行一次积分，得

$$\frac{1}{2}\left(\frac{\mathrm{d}\theta}{\mathrm{d}t}\right)^2+\frac{1}{2}\omega_0^2\theta^2=E \tag{28-9}$$

E 为积分常数，设 $\dot{\theta}=\frac{\mathrm{d}\theta}{\mathrm{d}t}$为角速度，则有

$$\dot{\theta}^2+\omega_0^2\theta^2=2E \tag{28-10}$$

如果设式(28-10)中的 $x=\theta$ 为横坐标，$y=\dot{\theta}$ 为纵坐标，式(28-10)表示的相轨图如图 28-2 所示。把以 $\dot{\theta}$ 和 θ 定义的平面称为相平面(相空间)，在相平面中，表示的运动关系图称为相图，由式(28-10)决定的单摆运动行为的相图，为一椭圆，这种在相平面上表示运动状态的方法，称为相平面法。相图上每一个点表示系统在某一时刻的状态，如图 28-2 中的摆角与角速度运动状态图，系统的运动状态则用相图上的点的移动来表示，点的运动轨道称为轨线。这种用相空间里的轨线来表示系统运动状态的方法是法国数学家庞加莱(Poincare)于 19 世纪末提出的，已成为广泛使用的一种描述系统运动状态的方法。对于小摆角无阻尼的单摆运动，摆长 l 一定时，其椭圆轨线的长短轴不变，当改变摆长 l 时，将得到不同的椭圆轨线。

(2) 小角度阻尼单摆的运动行为研究。将单摆的摆线加粗，摆球的质量减小而体积增大，如用乒乓球，组成一个阻尼单摆，此时阻力对单摆的影响更加明显，不能忽略，式(28-7)、式(28-8)中的 γ,β 不为零，由于是小角度，可近似认为 $\sin\theta\approx\theta$。由式(28-8)得

$$\frac{\mathrm{d}^2\theta}{\mathrm{d}t^2}+2\beta\frac{\mathrm{d}\theta}{\mathrm{d}t}+\omega_0^2\theta=0 \tag{28-11}$$

因为 θ 为实函数，可得式(28-11)的解为

$$\theta=\theta_m\mathrm{e}^{-\beta t}\cos(\omega t+\varphi) \tag{28-12}$$

可见，阻尼单摆是幅度 $\theta_m\mathrm{e}^{-\beta t}$ 随时间作指数衰减的周期振荡，且振动频率 $\omega=\sqrt{\omega_0^2-\beta^2}$，因阻尼 $\beta>0$ 而减小。为了给出在相平面的图像，对式(28-12)微分，得

$$\dot{\theta}=-\theta_m\mathrm{e}^{-\beta t}[\beta\cos(\omega t+\varphi)+\omega\sin(\omega t+\varphi)] \tag{28-13}$$

设 $x=\theta$ 为横坐标，$y=\dot{\theta}$ 为纵坐标，借助符号运算软件 MAPLE，作式(28-12)和式(28-13)联合的参数图，结果如图 28-3 所示。可见，小角度有阻尼单摆的运动相轨图为螺旋线，单摆的运动因阻尼的存在，而停止在坐标的原点，这一点称为不动点。

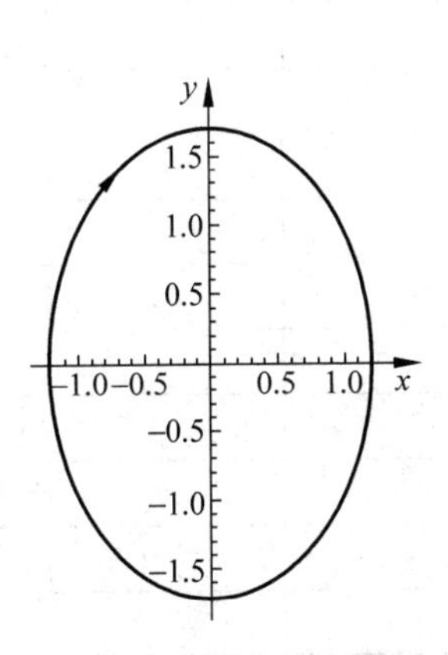

图 28-2 小摆角无阻尼单摆运动的相轨图

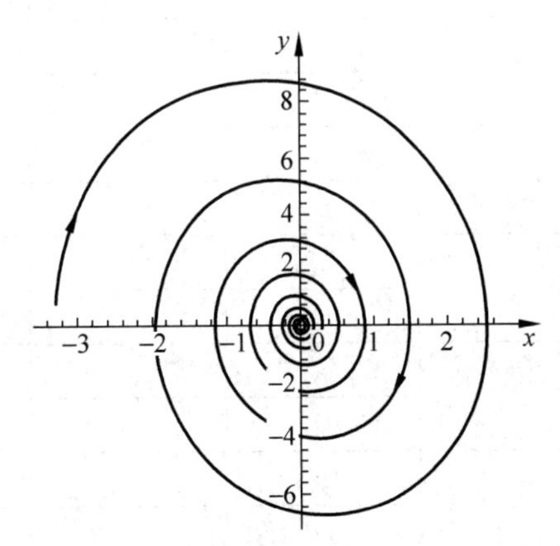

图 28-3 小摆角有阻尼单摆运动的相轨图

【实验内容和步骤】

1. 研究周期和摆长的关系，并求出当地的重力加速度

(1) 测量摆长 l。取摆长约为 60cm 左右，用卷尺测量摆线长 $l_{线}$，用游标卡尺测量小球直径 D，分别测量 3 次，取平均值，则摆长 $l=\overline{l}_{线}+\overline{D}/2$。将数据填入表 28-1 中。

(2) 测量单摆作简谐运动的周期。在摆角 $\theta<5°$ 的情况下，测出单摆摆动 20 个周期所需要的时间，重复测量 3 次，求周期的平均值。将测量结果填入表 28-2 中。

注意：①摆角要小(要求摆角不超过 5°)；②不要出现锥摆。

(3) 改变摆长，重复以上实验。使摆长大约在 60～100cm，等间距取 5 个摆长的值。

2. 研究摆角对周期 T 的影响

不改变单摆的摆长 l，测量同一摆长不同摆角下的周期 T：选定摆长 l，使摆球作小角度摆动，测出单摆摆动 20 次的时间 t，求出单摆周期。测量结果填入表 28-3 中，比较摆角对周期 T 的影响。

3. 小角度无阻尼单摆的运动行为研究(相轨线的测量)

选定摆长 l，使摆球作小角度摆动，调节光电门角度，使摆球的挡光棒经过光电门，将光电门竖直杆调节到某一角度，测量摆球经过该位置时，来回的即时速度 v，角速度 $\dot{\theta}=v/l$。调节光电门到新的位置，测量结果填入表 28-4 中，并根据表中测量结果作 θ-$\dot{\theta}$ 图。

4. 小角度阻尼单摆的运动行为研究

自行设计实验方案及记录表格，测量小角度有阻尼单摆运动的行为，并用相轨图法，研究阻尼单摆的运动行为。

实验 28-2

【数据记录与处理】

1. 数据记录

表 28-1 摆长的测量(按细线的长度从小至大依次记录) cm

次数		1	2	3	平均值	摆长 l
1	$l_{线}$					
	D					
2	$l_{线}$					
	D					
3	$l_{线}$					
	D					
4	$l_{线}$					
	D					
5	$l_{线}$					
	D					

表 28-2　单摆周期和摆长的关系

摆长 l/cm						
摆动 $20T$ 的时间 t /s	1					
	2					
	3					
$20T$ 的平均值 $\bar{t}$/s						
周期的平均值 $\bar{T}$/s						
$\bar{T}^2/s^2$						

表 28-3　摆角对周期的影响

摆长 $l=$____cm

摆角 θ/(°)	2	5	10	15	20	25	30	35	40	45	50	55	60	65
$20T$ 的时间 t/s														
周期 T/s														

表 28-4　小角度无阻尼单摆的角度与角速度的测量结果

摆长 $l=$____cm

摆角 θ/(°)		5	4	3	2	1	0	−1	−2	−3	−4	−5
t	向左											
	向右											
$\dot{\theta}=v/l$	向左											
	向右											

2. 数据处理

(1) 根据表 28-2 的数据，利用作图法，作 T^2-l 直线，从 T^2-l 直线的斜率求出重力加速度 g。

(2) 根据表 28-2 的数据，利用计算法，分别计算不同摆长的重力加速度 g，取平均，计算其不确定度。

(3) 将计算法与作图法求出的重力加速度 g 的结果进行比较，并与福州地区的重力加速度的值进行比较，计算其相对误差，说明产生误差的原因。(注：福州处于北纬 28°02′，重力加速度为 9.7916m/s。)

(4) 根据表 28-3 的数据，分析比较摆角对周期 T 的影响。

(5) 根据表 28-4 的数据，画出 $\theta-\dot{\theta}$ 相轨图，研究小角度无阻尼的单摆运动的行为规律，并与线性运动进行比较。

【思考题】

1. 设单摆摆角 θ 接近 0°时的周期为 T_0，任意摆角 θ 时周期为 T，二周期间的关系近似为 $T=T_0\left(1+\frac{1}{4}\sin^2\frac{\theta}{2}\right)$，若在 $\theta=10°$ 条件下测得 T 值，将给 g 值引入多大的相对误差？

2. 有一摆长很长的单摆，不许直接去测量摆长，你能否设法用测时间的工具测出摆长？

3. 在摆锤运动到什么位置时开始计时，才会使周期的测量误差较小？

实验 29　动力学综合实验(二)复摆的研究

1656 年开始,海更士首先将摆引入时钟,发明了摆钟,世界上第一台摆钟是 1657 年按照他的设计由科斯特制造的。海更士在他的代表作《摆式时钟或用于时钟上的摆的运动的几何证明》一书中,提出了著名的单摆周期公式,指出了单摆的运动不严格等时。而后他从证明摆线的几何性质开始,研究在机械上的应用,利用摆线理论设计出严格等时的摆钟结构。他提出了复摆的完整理论,还用复摆求出了重力加速度的准确值,并建议用秒摆的长度作为自然长度标准。复摆是一刚体绕固定的水平轴在重力的作用下作微小摆动的动力运动体系。本实验将对复摆进行物理模型的分析,利用复摆测量重力加速度和刚体转动惯量。

实验 29-1

【实验目的】

1. 掌握复摆物理模型的分析;
2. 通过实验学习用复摆测量重力加速度的方法;
3. 利用复摆研究刚体转动惯量。

【实验仪器】

复摆装置,多功能微秒计。

【实验原理】

1. 当地重力加速度 g 测量

复摆是一刚体绕固定的水平轴在重力的作用下作微小摆动的动力运动体系。如图 29-1 所示,刚体绕固定轴 O 在竖直平面内作左右摆动,C 是该物体的质心,与轴 O 的距离为 h。θ 为其摆动角度,取右转角为正,则刚体所受力矩与角位移方向相反,即

$$M=-mgh\sin\theta \tag{29-1}$$

根据转动定律,该复摆又有

$$M=J\alpha=J\frac{\mathrm{d}\omega}{\mathrm{d}t}=J\frac{\mathrm{d}^2\theta}{\mathrm{d}t^2} \tag{29-2}$$

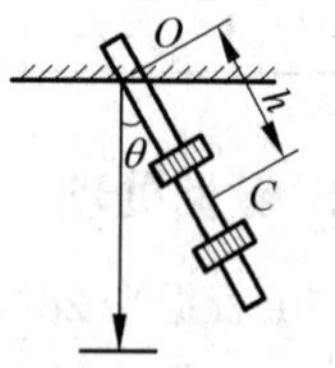

图 29-1　复摆结构示意图

其中,J 为该物体转动惯量。

若 θ 很小时(θ 在 5°以内),该复摆在小角度下近似作简谐振动,简谐振动方程为 $\theta=\theta_m\cos(\omega t+\varphi_0)$。其中 $\omega=\sqrt{\frac{mgh}{J}}$,$T=2\pi\sqrt{\frac{J}{mgh}}$。

设 J_C 为转轴过质心 C 且与 O 轴平行时复摆的转动惯量,那么根据平行轴定律可知 $J=J_C+mh^2$。可得

$$T=2\pi\sqrt{\frac{J}{mgh}}=2\pi\sqrt{\frac{J_C+mh^2}{mgh}} \tag{29-3}$$

(1) 两点测量计算法。

如图 29-2 所示的复摆。对于固定的刚体而言,J_C 是固定的,设质心 C 到转轴 O_1 和 O_2 的距离分别为 h_1 和 h_2,取 $h_2=2h_1$,分别代入式(29-3),计算后得

$$g=\frac{12\pi^2h_1}{2T_2^2-T_1^2} \tag{29-4}$$

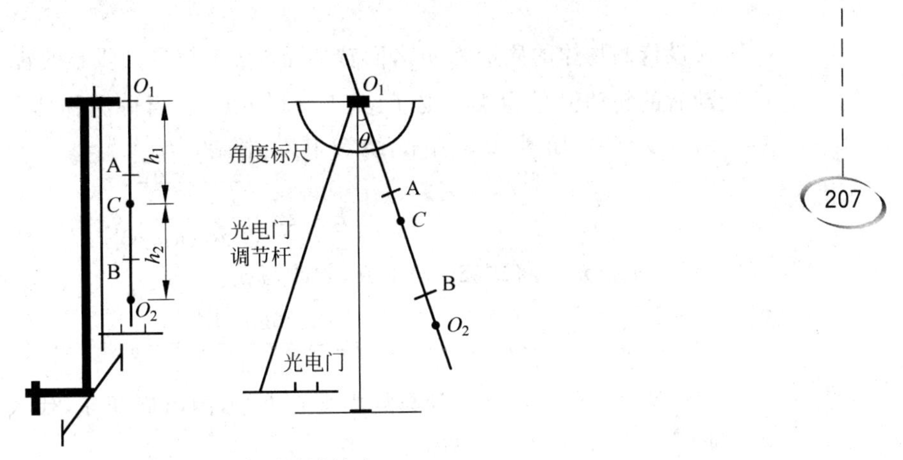

图 29-2　两点测量计算法

为了方便确定质心位置 C,实验时可取下摆锤 A 和 B。

(2) 多点测量作图法、线性回归法。

设 $J_C=mk^2$,代入式(29-3),并取平方,改写成

$$T^2h=\frac{4\pi^2}{g}k^2+\frac{4\pi^2}{g}h^2 \tag{29-5}$$

其中,k 为复摆对 C 轴的回转半径;h 为质心到转轴的距离。设 $y=T^2h,x=h^2$,由式(29-5)得

$$y=\frac{4\pi^2}{g}k^2+\frac{4\pi^2}{g}x \tag{29-6}$$

式(29-6)为直线方程,实验时取下摆锤 A 和 B,测出 n 组(x,y)值,用作图法或最小二乘法(线性回归法)求直线的截距和斜率,并计算重力加速度 g 和回转半径 k。

(3) 可逆摆测量法。

如图 29-3 所示,在复摆上加上摆锤 A 和 B,以 O_1 为支点使之摆动时,如摆角较小,其周期 $T_1=2\pi\sqrt{\frac{J_C+Mh_1^2}{Mgh_1}}$,其中 M 为摆的总质量,g 为当地的重力加速度,h_1 为支点 O_1 到摆的质心 C 的距离。以 O_2 为支点摆动时,其周期 $T_2=2\pi\sqrt{\frac{J_C+Mh_2^2}{Mgh_2}}$,其中 h_2 为 O_2 到质心 C 的距离。消去 J_C 和 M,可得 $g=\frac{4\pi^2(h_1^2-h_2^2)}{T_1^2h_1-T_2^2h_2}$,当在适当调节摆锤 A、B 的位置之后,使 $T_1=T_2$,令此时的周期值为 T,则

$$g=\frac{4\pi^2}{T^2}(h_1+h_2)=\frac{4\pi^2}{T^2}l \tag{29-7}$$

式中 $l=h_1+h_2$,即支点 O_1、O_2 间的距离。

2. 物体转动惯量的测量

当复摆作小角度($\theta<5°$)摆动,忽略阻尼的影响时,摆动周期 T 与转动惯量关系如式(29-3)。复摆绕固定轴 O 转动时的转动惯量为 J_0,质心到转轴距离为 h_0,对应的周期为 T_0,则转动惯量为

$$J_0=\frac{mgh_0T_0^2}{4\pi^2} \tag{29-8}$$

又设待测物体的质量为 m_x，回转半径为 k_x，绕自己质心的转动惯量为 $J_{x_0}=m_x k_x^2$，绕 O 转动时的转动惯量为 J_x，则 $J_x=J_{x_0}+m_x h_x^2$。当待测物体的质心与复摆质心重合时 $(h_x=h_0, x=0)$，如图 29-4 所示，绕 O 转动时，有

$$T=2\pi\sqrt{\frac{J_x+J_0}{Mgh_0}} \tag{29-9}$$

式中，$M=m_0+m_x$，将式(29-9)平方，并改写成

$$J_x=\frac{Mgh_0 T^2}{4\pi^2}-J_0 \tag{29-10}$$

将待测物体的质心调节到与复摆质心重合，测出周期 T，代入式(29-10)可求转动惯量 J_x 和 J_{x_0}。

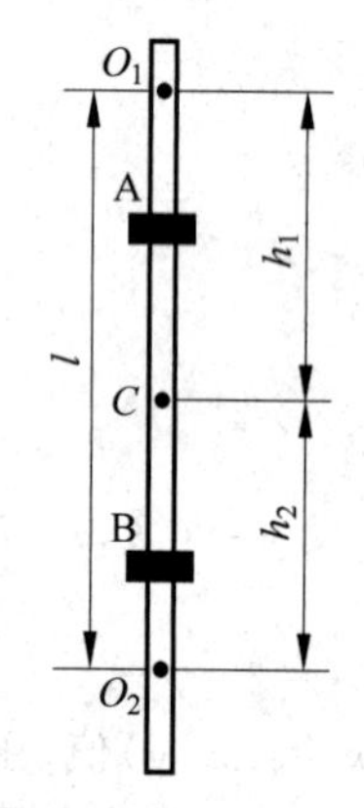

图 29-3　可逆摆测量法

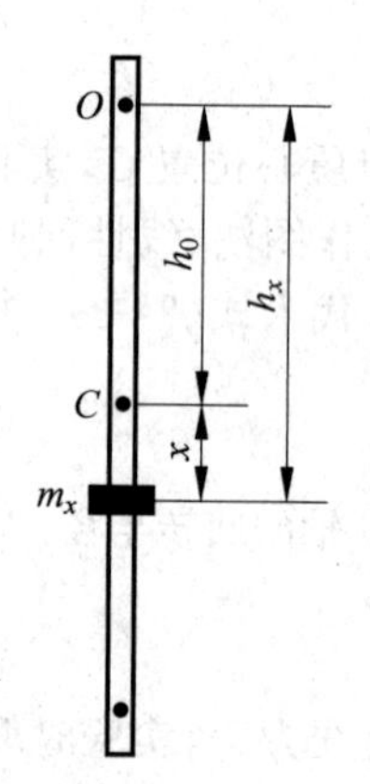

图 29-4　转动惯量测量

3. 验证平行轴定理

取质量和形状相同的两个摆锤 A 和 B，对称地固定在复摆质心 C 的两边，设 A 和 B 的位置距复摆质心位置为 x，如图 29-5 所示。由式(29-3)得

$$T=2\pi\sqrt{\frac{J_A+J_B+J_0}{Mgh_0}} \tag{29-11}$$

式中，$M=m_A+m_B+m=2m_A+m$，其中，m_A 为摆锤 A 和 B 的质量，m 为复摆的质量。

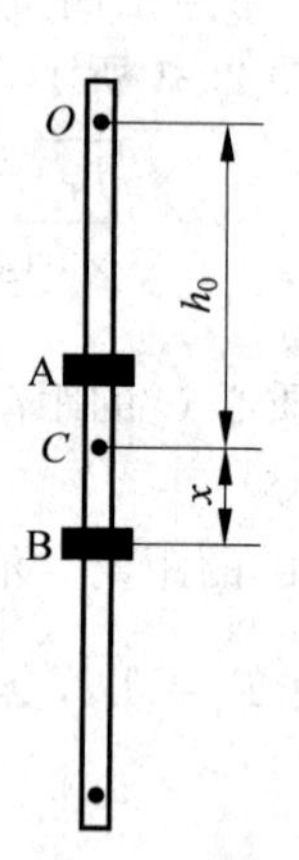

图 29-5　验证平行轴定理

根据平行轴定理有

$$J_A=J_{A_0}+m_A(h_0-x)^2,\quad J_B=J_{B_0}+m_B(h_0+x)^2,$$

其中 J_{A0} 和 J_{B0} 分别为摆锤 A 和 B 绕质心的转动惯量。将其相加得

$$\begin{aligned}J_A+J_B&=J_{A_0}+J_{B_0}+m[(h_0-x)^2+(h_0+x)^2]\\&=2[J_{A0}+m_A(h_0^2+x^2)]\end{aligned} \tag{29-12}$$

将式(29-12)代入式(29-11)，得

$$T^2=\frac{8\pi^2}{Mgh_0}[J_{A0}+m_A(h_0^2+x^2)+J_0]$$
$$=\frac{8\pi^2 m_A}{Mgh_0}x^2+\frac{8\pi^2}{Mgh_0}(J_{A0}+J_0+m_A h_0^2) \tag{29-13}$$

通过改变质心位置，多次测量，以 x^2 作横轴，T^2 为纵轴，作 x^2-T^2 图像，应是直线，直线的截距 a 和斜率 b 分别为 $a=\frac{8\pi^2}{Mgh_0}(J_{A0}+J_0+m_A h_0^2)$，$b=\frac{8\pi^2 m_A}{Mgh_0}$。可计算转动惯量并验证平行轴定理。

4. 无阻尼任意角复摆运动行为的探究

根据动力学原理，$\frac{d^2\theta}{dt^2}=-\omega^2\sin\theta$ 的两边同乘以 $\frac{d\theta}{dt}$，并对 t 积分，得

$$\left(\frac{d\theta}{dt}\right)^2=E+2\omega_0^2\cos\theta \tag{29-14}$$

式中，E 为积分常数，设在最大角位移 $\theta=\theta_0$ 处，角速度 $\dot{\theta}=\frac{d\theta}{dt}=0$，因此求得积分常数 E 为 $E=-2\omega_0^2\cos\theta_0$，代入式(29-14)，得

$$\dot{\theta}=\omega_0[2(\cos\theta-\cos\theta_0)]^{\frac{1}{2}} \tag{29-15}$$

令式(29-15)中的 $\dot{\theta}=y$，$\theta=x$，则

$$y=\omega_0[2(\cos x-\cos\theta_0)]^{\frac{1}{2}} \tag{29-16}$$

根据式(29-16)可作出复摆任意摆角时的(x,y)相轨图。

实验 29-2

【实验内容和步骤】

1. 测量当地重力加速度 g

(1) 自行设计表格，利用两点测量计算法，测量当地重力加速度 g；

(2) 自行设计表格，利用多点测量作图法、线性回归法，测量当地重力加速度 g 和回转半径 k；

(3) 自行设计表格，利用可逆摆测量法测量当地重力加速度 g。并求其不确定度。

2. 自行设计实验方案，测量物体的转动惯量并证明平行轴定理

3. 自行设计实验测量方案验证式(29-16)，并作出相轨图

实验 30　动力学综合实验(三)三线摆的研究

转动惯量是刚体转动惯性的量度，它与刚体的质量分布和转轴的位置有关。对于形状简单的均匀刚体，测出其外形尺寸和质量，就可以计算其转动惯量。对于形状复杂、质量分布不均匀的刚体，通常利用转动实验来测定其转动惯量。三线摆法是其中的一种办法。为了便于与理论计算值比较，实验中的被测刚体均采用形状规则的刚体。

【实验目的】

1. 加深对转动惯量概念和平行轴定理等的理解；

2. 了解用三线摆测转动惯量的原理和方法；

3. 掌握周期等物理量的测量方法。

【实验仪器】

实验 30-1

三线摆实验仪，水准仪，米尺，游标卡尺，物理天平，待测物体，周期测定仪。

【实验原理】

1. 三线摆法测刚体转动惯量的原理

图 30-1 为三线摆示意图。上、下圆盘均处于水平，悬挂在横梁上。横梁由立柱和底座支撑着。三根对称分布的等长悬线将两圆盘相连。拨动转动杆就可以使上圆盘小幅度转动，从而带动下圆盘绕中心轴 OO' 作扭摆运动。

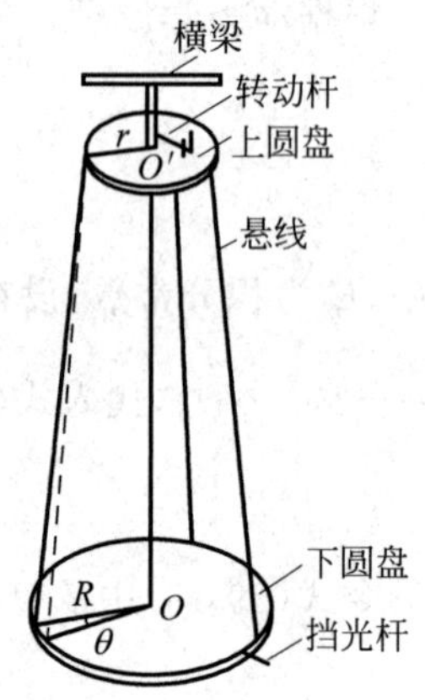

图 30-1 三线摆示意图

当下圆盘的摆角 θ 很小，并且忽略空气摩擦阻力和悬线扭力的影响时，根据能量守恒定律或者刚体转动定律都可以推出下圆盘绕中心轴 OO' 的转动惯量 J_0 为

$$J_0=\frac{m_0gRr}{4\pi^2H_0}T_0^2 \tag{30-1}$$

式中，m_0 为下圆盘的质量；r 和 R 分别为上下悬点离各自圆盘中心的距离；H_0 为平衡时上下圆盘间的垂直距离；T_0 为下圆盘的摆动周期，g 为重力加速度。福州地区的重力加速度为 $9.7905\text{m}\cdot\text{s}^{-2}$。

将质量为 m 的待测刚体放在下圆盘上，并使它的质心位于中心轴 OO' 上。测出此时的摆动周期 T 和上下圆盘间的垂直距离 H，则待测刚体和下圆盘对中心轴的总转动惯量 J_1 为

$$J_1=\frac{(m_0+m)gRr}{4\pi^2H}T^2 \tag{30-2}$$

其中，待测刚体对中心轴的转动惯量 $J=J_1-J_0$。

2. 利用三线摆验证平行轴定理

平行轴定理指出：如果一刚体对通过质心的某一转轴的转动惯量为 J_C，则刚体对平行于该轴，且相距为 d 的另一转轴的转动惯量 J_x 为

$$J_x=J_C+md^2 \tag{30-3}$$

式中，m 为刚体的质量。

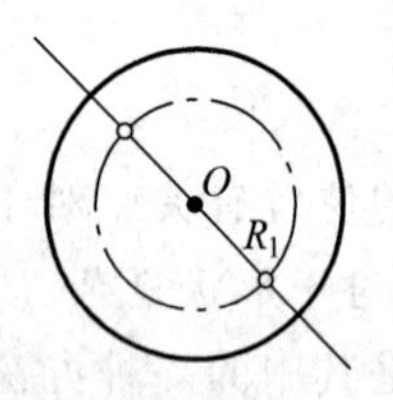

图 30-2 平行轴定理验证

实验时，将二个同样大小的圆柱体放置在对称分布于半径为 R_1 的圆周上的二个孔上，如图 30-2 所示。测出二个圆柱体对中心轴 OO' 的转动惯量 J_x。如果测得的 J_x 值与由式(30-3)计算得的结果比较时，相对误差在测量误差允许的范围内($\leqslant5\%$)，则平行轴定理得到验证。

【实验内容和步骤】

(1) 设计实验过程,用三线摆测定下圆盘对中心轴 OO' 的转动惯量和圆柱体对其质心轴的转动惯量。

注意：要求测得的圆柱体的转动惯量值与理论计算值$\left(J=\frac{1}{2}mr_1^2, r_1\text{ 为圆柱体半径}\right)$之间的相对误差不大于5%。

(2) 设计实验过程,用三线摆验证平行轴定理。

【思考题】

实验 30-2

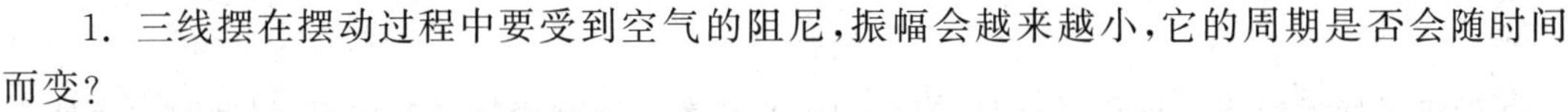

1. 三线摆在摆动过程中要受到空气的阻尼,振幅会越来越小,它的周期是否会随时间而变?

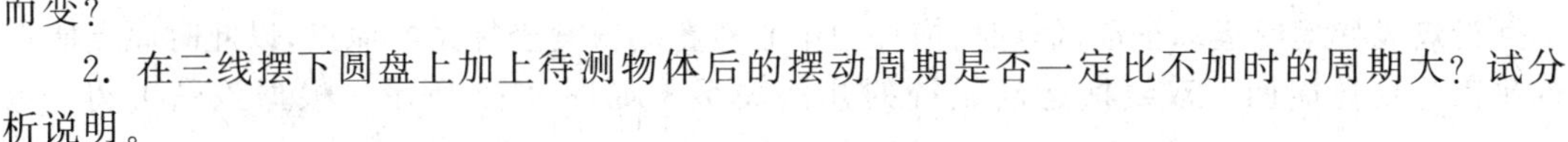

2. 在三线摆下圆盘上加上待测物体后的摆动周期是否一定比不加时的周期大?试分析说明。

3. 如果三线摆的三根悬线与悬点不在上、下圆盘的边缘上,而是在各圆盘内的某一同心圆周上,则式(30-1)和式(30-2)中的 r 和 R 各应为何值?

4. 证明三线摆的机械能为 $\frac{1}{2}J_0\dot{\theta}^2+\frac{1}{2}\frac{m_0gRr}{H}\theta^2$,并求出运动微分方程,从而导出式(30-1)。

实验 31　动力学综合实验(四)双线摆的研究

转动惯量是刚体转动惯性的量度,它与刚体的质量分布和转轴的位置有关。对于形状简单的均匀刚体,测出其外形尺寸和质量,就可以计算其转动惯量。对于形状复杂、质量分布不均匀的刚体,通常利用转动实验来测定其转动惯量。用双线摆转动实验测转动惯量是其中的一种办法。双线摆是由两摆线连接有两个摆锤的均匀细杆所组成的力学系统。

【实验目的】

实验 31-1

1. 加深对转动惯量概念和平行轴定理等的理解;
2. 掌握用双线摆测转动惯量的原理和方法;
3. 学会设计实验过程并进行实验。

【实验仪器】

双线摆实验仪,水准仪,米尺,游标卡尺,物理天平,待测物体,周期测定仪。

【实验原理】

如图 31-1 所示,当双线摆为纯转动的理想物理模型。在这种情况下双线摆的双摆锤在一椭圆柱体的表面运动。该曲线运动可分解为两个分运动:一个水平面上的转动,一个上下方向的往返振动。在水平面上的转动为绕通过横杆中心的竖直直线的轴的转动(轴的附加压力为零),在竖直方向上的运动则视为一质点的往返运动。

设均匀细杆质量 m_0、长为 l、绕通过质心竖直轴转动的惯量为 J_0,两相同圆柱体的质量之和为 $2m_1$,之间距离为 $2c$,双绳之间距离为 d,绳长 L。将双线摆绕竖直转动轴,转过一初始的角度 θ_0,双线摆将上升一定的高度,则由于绳的拉力和重力的作用,将自由摆动,在无阻尼状态下,系统的动能和势能将相互转化,但总量将保持为一恒定的值,可视为一无休止的循环运动。

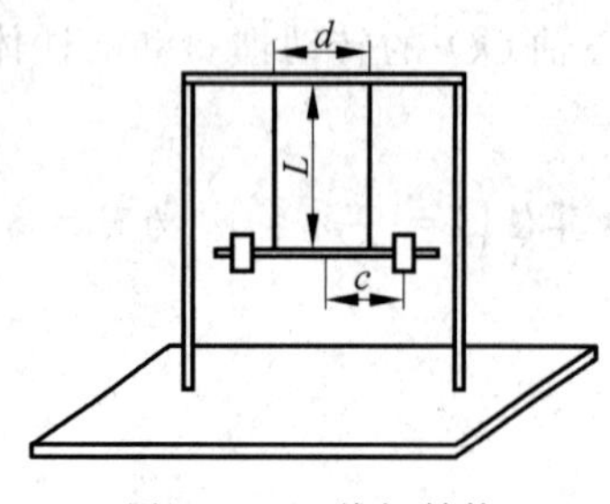

图 31-1　双线摆结构

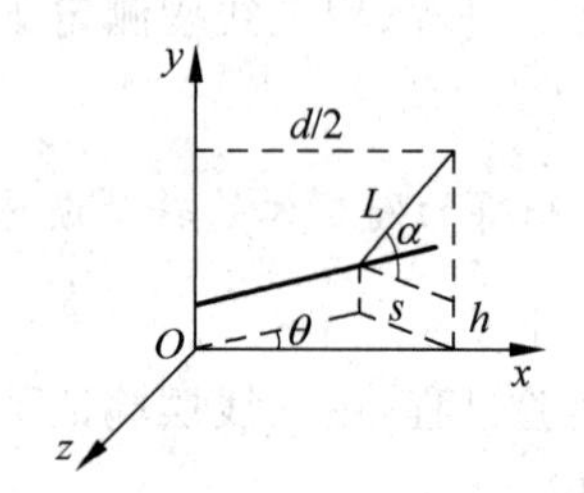

图 31-2　双线摆运动系统的几何关系

设双线摆摆锤运动至最低点时，横杆的中心位置为直角坐标系的原点，以此时原点所在的平面为零势能面。双线摆运动系统的几何关系图如图 31-2 所示。根据该图可得 $\alpha=\arccos\frac{s}{L}$，式中 s 为以 $\frac{d}{2}$ 为半径，圆心为 θ 所对应的弦。有

$$h=L-L\sin\alpha=L\left\{1-\sin\left[\arccos\left(\frac{d}{L}\sin\frac{\theta}{2}\right)\right]\right\} \tag{31-1}$$

如果我们取 $L=d$，则

$$h=L\left(1-\cos\frac{\theta}{2}\right)=2L\sin^2\frac{\theta}{4} \tag{31-2}$$

由于，当摆角 θ 很小时，可近似认为 $\theta\approx\sin\theta$，则

$$h=L\left(1-\cos\frac{\theta}{2}\right)=\frac{1}{8}L\theta^2 \tag{31-3}$$

1. 测量均匀细杆的转动惯量

由式(31-3)可知系统的势能为

$$E_{\mathrm{p}}=m_0gh=\frac{1}{8}m_0gL_0\theta^2 \tag{31-4}$$

杆的转动动能为

$$E_{\mathrm{k}}=\frac{1}{2}J_0\left(\frac{\mathrm{d}\theta}{\mathrm{d}t}\right)^2 \tag{31-5}$$

根据能量守恒定律，得

$$\frac{1}{2}J_0\left(\frac{\mathrm{d}\theta}{\mathrm{d}t}\right)^2+\frac{1}{8}m_0gL_0\theta^2=m_0gh_0 \tag{31-6}$$

式中，h_0 为初始摆的最大高度。

将式(31-6)两边对 t 求一阶导数，并除以 $\frac{\mathrm{d}\theta}{\mathrm{d}t}$，得

$$\frac{\mathrm{d}^2\theta}{\mathrm{d}t^2}+\frac{m_0gL_0\theta}{4J_0}=0 \tag{31-7}$$

式(31-7)是一简谐振动方程，有 $\omega_0^2=\frac{m_0gL_0}{4J_0}$，所以

$$T_0=4\pi\sqrt{\frac{J_0}{m_0gL}} \tag{31-8}$$

$$J_0=\frac{m_0gL}{16\pi^2}T_0^2 \tag{31-9}$$

实验时先调节摆线长等于两线间的距离，即 $d=L_0$，并测出 L_0，旋转一小角度，测量周期 T_0，代入式(31-9)，求细杆的转动惯量。

2. 测量待测物体的转动惯量

将质量为 m 的待测物体固定在细杆的质心处，由式(31-9)可得系统总的转动惯量为

$$J=\frac{(m_0+m_x)gL_0}{16\pi^2}T^2 \tag{31-10}$$

待测物的转动惯量为

$$J_x=J-J_0=\frac{(m_0+m_x)gL_0}{16\pi^2}T^2-\frac{m_0gL_0}{16\pi^2}T_0^2 \tag{31-11}$$

根据式(31-11)，实验时先测出待测物体的质量，固定在细杆的质心处，调节摆线长等于两线间的距离，即 $d=L_0$，并测出 L_0，旋转一小角度，测量周期 T，再与已测量细杆的周期 T_0 一并代入式(31-11)，求出待测物的转动惯量 J_x。

3. 用双线摆验证平行轴定理

用双线摆法还可以验证平行轴定理。若质量为 m 的物体绕过其质心轴的转动惯量为 J_C，当转轴平行移动距离 x 时(见图 31-3)，则此物体对新轴 OO' 的转动惯量为 $J_x=J_C+mx^2$。这一结论称为转动惯量的平行轴定理。

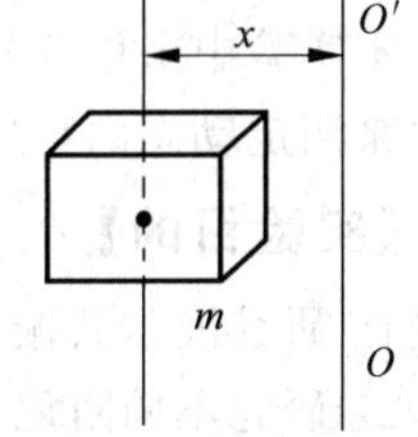

图 31-3 平行轴定理

实验时将质量均为 m_1，形状和质量分布完全相同的两个圆柱体对称地放置在均匀细杆上。按前面所述的方法，测出两小圆柱体和细杆的转动周期 T_x，则可求出每个柱体对中心转轴 OO' 的转动惯量

$$J_x=\frac{J-J_0}{2}=\frac{(m_0+2m_1)gL_0}{32\pi^2}T_x{}^2-\frac{m_0gL_0}{32\pi^2}T_0^2 \tag{31-12}$$

如果测出小圆柱中心与细杆质心之间的距离 x 以及小圆柱体的半径 R_x，则由平行轴定理可求得

$$J'_x=\frac{1}{2}m_1R_x^2+m_1x^2 \tag{31-13}$$

比较 J_x 与 J'_x 的大小，可验证平行轴定理。

【实验内容和步骤】

1. 调节双线摆

调节细杆水平，调节双线摆摆长 L 使之与双绳之间距离 d 等长，测量 L。

实验 31-2

2. 测量均匀细杆的转动惯量 J_0

调节计时器，设定测定周期个数，将细杆旋转一小角度，测量周期 T，代入式(31-9)求 J_0。

3. 测量待测物体的转动惯量 J_x

将待测物体固定在细杆上，调节 m_x 的质心与细杆质心重合，将摆旋转一小角度，测量

周期 T_x，测量待测物体的质量 m_x，代入式(31-11)求 J_x。

4. 验证平行轴定理

将质量均为 m_1，形状和质量分布完全相同的两个圆柱体对称地放置在均匀细杆上，测量圆柱体的质量 m_1，半径 R_x，m_1 的质心与细杆质心距离 x，测量周期 T_x，代入式(31-12)求 J_x，代入式(31-13)求 J'_x。比较 J'_x 与 J_x 的大小，验证平行轴定理。

改变距离 x 的大小，重复上述步骤。

5. 设计所有数据记录表格，分析并处理实验数据，对实验进行综合性总结，并完成实验报告

实验 32　波尔共振实验

在机械制造和建筑工程等科技领域中，受迫振动所导致的共振现象既有破坏作用，但也有许多实用价值，引起工程技术人员极大注意，众多电声器件是运用共振原理设计制作的。此外，在微观科学研究中，共振也是一种重要研究手段，例如利用核磁共振和顺磁共振研究物质结构等。

表征受迫振动性质是受迫振动的振幅—频率特性和相位—频率特性(简称幅频和相频特性)。

本实验中采用波尔共振仪定量测定机械受迫振动的幅频特性和相频特性，并利用频闪方法来测定动态的物理量——相位差。数据处理与误差分析方面内容也较丰富。

【实验目的】

1. 研究波尔共振仪中弹性摆轮受迫振动的幅频特性和相频特性；
2. 研究不同阻尼力矩对受迫振动的影响，观察共振现象；
3. 学习用频闪法测定运动物体的某些量，例如相位差；
4. 学习系统误差的修正。

【实验仪器】

ZKY-BG 型波尔共振实验仪。

【实验原理】

物体在周期外力的持续作用下发生的振动称为受迫振动，这种周期性的外力称为强迫力。如果外力是按简谐振动规律变化，那么稳定状态时的受迫振动也是简谐振动。此时，振幅保持恒定，振幅的大小与强迫力的频率和原振动系统无阻尼时的固有振动频率以及阻尼系数有关。在受迫振动状态下，系统除了受到强迫力的作用外，同时还受到回复力和阻尼力的作用。所以，在稳定状态时物体的位移、速度变化与强迫力变化不是同相位的，存在一个相位差。当强迫力频率与系统的固有频率相同时产生共振，此时振幅最大，相位差为 90°。

实验采用摆轮在弹性力矩作用下自由摆动，在电磁阻尼力矩作用下作受迫振动来研究受迫振动特性，可直观地显示机械振动中的一些物理现象。

当摆轮受到周期性强迫外力矩 $M=M_0\cos\omega t$ 的作用，并在有空气阻尼和电磁阻尼的媒质中运动时$\left(阻尼力矩为 -b\dfrac{\mathrm{d}\theta}{\mathrm{d}t}\right)$，其运动方程为

$$J\frac{d^2\theta}{dt^2}=-k\theta-b\frac{d\theta}{dt}+M_0\cos\omega t \tag{32-1}$$

式中，J 为摆轮的转动惯量，$-k\theta$ 为弹性力矩，M_0 为强迫力矩的幅值，ω 为强迫力的圆频率。

令 $\omega_0^2=\frac{k}{J}$，$2\beta=\frac{b}{J}$，$m=\frac{M_0}{J}$，则式(32-1)变为

$$\frac{d^2\theta}{dt^2}+2\beta\frac{d\theta}{dt}+\omega_0^2\theta=m\cos\omega t \tag{32-2}$$

当 $m\cos\omega t=0$ 时，式(32-2)即为阻尼振动方程。当 $\beta=0$，即在无阻尼情况时式(32-2)变为简谐振动方程，系统的固有频率为 ω_0。式(32-2)的通解为

$$\theta=\theta_1 e^{-\beta t}\cos(\omega_f t+\alpha)+\theta_2\cos(\omega t+\varphi_0) \tag{32-3}$$

由式(32-3)，受迫振动可分成两部分：

第一部分，$\theta_1 e^{-\beta t}\cos(\omega_f t+\alpha)$ 和初始条件有关，经过一定时间后衰减消失。

第二部分，说明强迫力矩对摆轮做功，向振动体传送能量，最后达到一个稳定的振动状态。振幅为

$$\theta_2=\frac{m}{\sqrt{(\omega_0^2-\omega^2)^2+4\beta^2\omega^2}} \tag{32-4}$$

它与强迫力矩之间的相位差为

$$\varphi=\arctan\frac{2\beta\omega}{\omega_0^2-\omega^2}=\arctan\frac{\beta T_0^2 T}{\pi(T^2-T_0^2)} \tag{32-5}$$

由式(32-4)和式(32-5)可看出，振幅 θ_2 与相位差 φ 的数值取决于强迫力矩 M、频率 ω、系统的固有频率 ω_0 和阻尼系数 β 四个因素，而与振动初始状态无关。

由 $\frac{\partial}{\partial\omega}[(\omega_0^2-\omega^2)^2+4\beta^2\omega^2]=0$ 极值条件可得出，当强迫力的圆频率 $\omega=\sqrt{\omega_0^2-2\beta^2}$ 时，产生共振，θ 有极大值。若共振时圆频率和振幅分别用 ω_r、θ_r 表示，则

$$\omega_r=\sqrt{\omega_0^2-2\beta^2} \tag{32-6}$$

$$\theta_r=\frac{m}{2\beta\sqrt{\omega_0^2-2\beta^2}} \tag{32-7}$$

式(32-6)、式(32-7)表明，阻尼系数 β 越小，共振时圆频率越接近于系统固有频率，振幅 θ_r 也越大。图 32-1 和图 32-2 表示在不同 β 时受迫振动的幅频特性和相频特性。

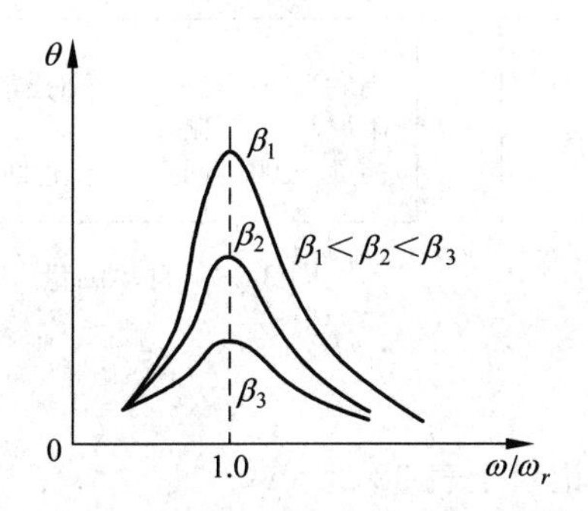

图 32-1　不同 β 时受迫振动的幅频特性

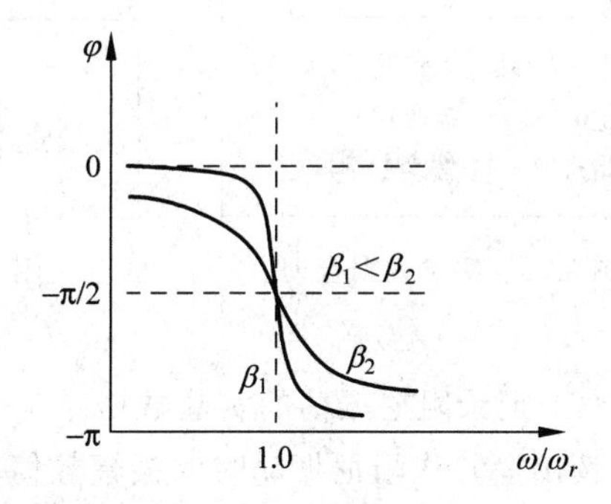

图 32-2　不同 β 时受迫振动的相频特性

【实验内容和步骤】

1. 自由振荡——摆轮振幅 θ 与系统固有周期 T_0 的对应值的测量

自由振荡实验的目的，是为了测量摆轮的振幅 θ 与系统固有振动周期 T_0 的关系。

(1) 在图 32-3 状态按确认键，显示如图 32-4 所示的实验类型，默认选中项为自由振荡，字体反白为选中再按确认键显示如图 32-5 所示，用手转动摆轮 160°左右，放开手后按“▲”或“▼”键，测量状态由“关”变为“开”，控制箱开始记录实验数据，振幅的有效数值范围为：160°～50°(振幅小于 160°测量开，小于 50°测量自动关闭)。测量显示关时，数据已保存并发送主机。

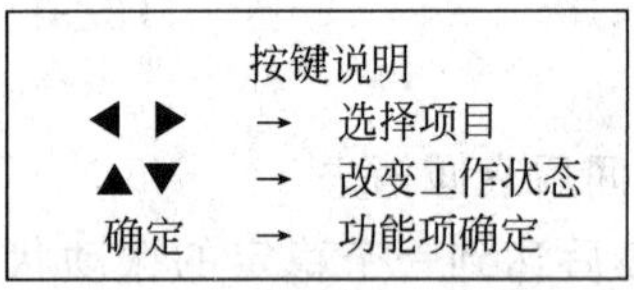

按键说明
◀ ▶ → 选择项目
▲▼ → 改变工作状态
确定 → 功能项确定

图 32-3 按键说明

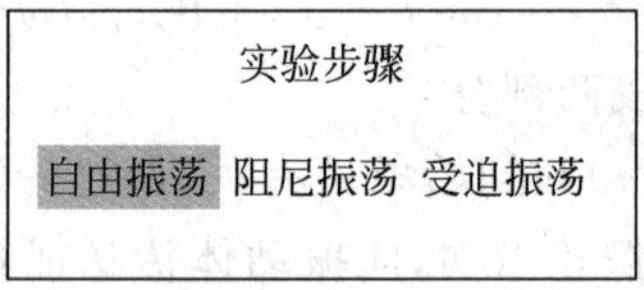

实验步骤
自由振荡 阻尼振荡 受迫振荡

图 32-4 实验内容

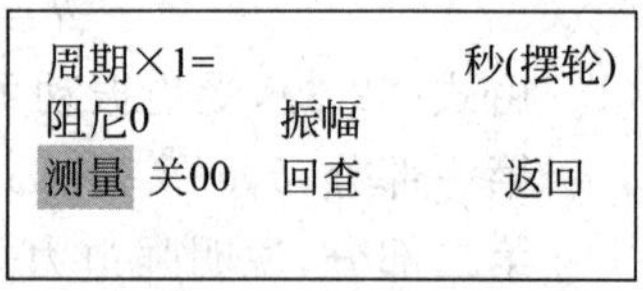

周期×1= 秒(摆轮)
阻尼0 振幅
测量 关00 回查 返回

图 32-5 数据记录

(2) 查询并记录实验数据

可按“◀”或“▶”键，选中回查，再按确认键。如图 32-6 所示，表示第一次记录的振幅 $\theta_0=134°$，对应的周期 $T=1.442$ 秒。然后按“▲”或“▼”键查看并记录所有记录的数据，该数据为每次测量振幅相对应的周期数值。回查完毕，按确认键，返回到图 32-5 状态。可作出振幅 θ 与周期 T_0 的对应表(表 32-1)，将数据记录其中。对应数据将在稍后的“幅频特性和相频特性”数据处理过程中使用。

(3) 重复进行多次测量，要求测量次数大于 50 次，摆轮振幅从小到大。

2. 测定阻尼系数 β

(1) 在图 32-4 状态下，根据实验要求，按“▶”键，选中阻尼振荡，按确认键显示阻尼，如图 32-7 所示。阻尼分三个挡次，阻尼 1 最小。根据自己实验要求选择阻尼挡，例如选择阻尼 2 挡，按确认键显示如图 32-8 所示。首先将角度盘指针 F 放在 0°位置，用手转动摆轮 160°左右，选取 θ_0 在 150°左右，按“▲”或“▼”键，测量由“关”变为“开”并记录数据，仪器记录十组数据后，测量自动关闭。此时，振幅大小还在变化，但仪器已经停止记数。

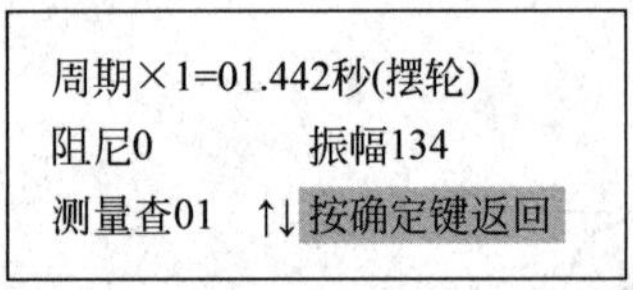

周期×1=01.442秒(摆轮)
阻尼0 振幅134
测量查01 ↑↓按确定键返回

图 32-6 实验数据查询

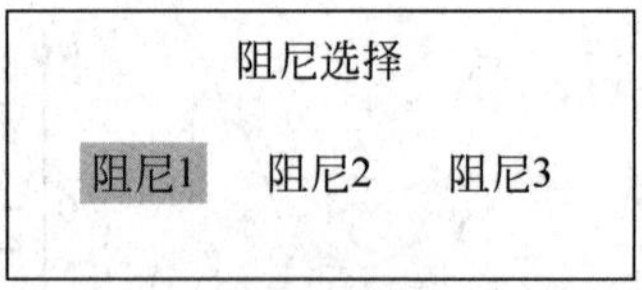

阻尼选择
阻尼1 阻尼2 阻尼3

图 32-7 阻尼选择

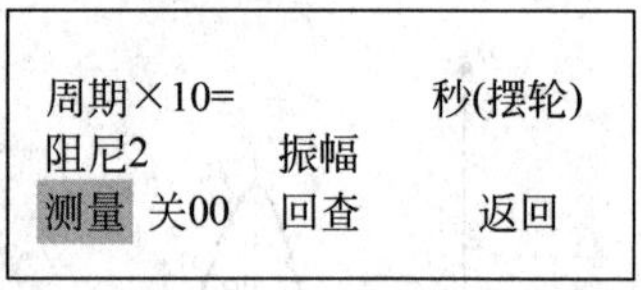

周期×10= 秒(摆轮)
阻尼2 振幅
测量 关00 回查 返回

图 32-8 自动测量

(2) 记录阻尼振荡的实验数据

读出摆轮作阻尼振动时的振幅数值 $\theta_1, \theta_2, \cdots, \theta_n$，记录于表 32-2。

(3) 求出阻尼系数 β

利用公式

$$\ln \frac{\theta_0 e^{-\beta t}}{\theta_0 e^{-\beta(t+nT)}} = n\beta\overline{T} = \ln \frac{\theta^0}{\theta_n} \tag{32-8}$$

求出 β 值，式中 n 为阻尼振动的周期次数，θ_n 为第 n 次振动时的振幅，$\overline{T}$ 为阻尼振动周期的平均值(测出 10 个摆轮振动周期值，然后取其平均值)。一般阻尼系数需测量 2～3 次。

有能力的同学可改变阻尼挡进行实验，并比较结果。

3. 测定受迫振动的幅度特性和相频特性曲线

(1) 仪器在图 32-4 状态下，选中受迫振荡，按确认键显示，如图 32-9 所示，默认状态选中电机。

按"▲"或"▼"键，让电机启动。此时保持周期为 1，待摆轮和电机的周期相同，特别是振幅已稳定，变化不大于 1，表明两者已经稳定了，如图 32-10 所示，方可开始测量。

(2) 测量前应先选中周期，按"▲"或"▼"键把周期由 1(见图 32-9)改为 10(见图 32-11)(目的是为了减少误差，若不改周期，测量无法打开)。再选中测量，按下"▲"或"▼"键，测量打开并记录数据(见图 32-11)。

周期×1 =　　　秒(摆轮)
　　　　=　　　秒(电机)
阻尼1　　振幅
测量关00　周期1　电机关　返回

图 32-9　实验数据记录

周期×1 =1.425秒(摆轮)
　　　　=1.425秒(电机)
阻尼1　　振幅　122
测量关00　周期1　电机开　返回

图 32-10　实验数据查询

周期×10 =　　　秒(摆轮)
　　　　 =　　　秒(电机)
阻尼1　　振幅
测量关00　周期10　电机开　返回

图 32-11　实验自动测量

一次测量完成，显示测量关后，读取摆轮的振幅值，并利用闪光灯测定受迫振动位移与强迫力间的相位差。

(3) 调节强迫力矩周期电位器，改变电机的转速，即改变强迫外力矩频率 ω，从而改变电机转动周期。电机转速的改变可按照 $\Delta\varphi$ 控制在 10°左右来定，并进行多次这样的测量(测量次数依实验需要自己选定)，其中必须包括电机转动周期与自由振荡实验时的自由振荡周期相同的数值。将数据填入表 32-3。

注意： 每次改变了强迫力矩的周期，都需要等待系统稳定，约需两分钟，即返回到如图 32-10 所示状态，等待摆轮和电机的周期相同，然后再进行测量。在共振点附近由于曲线变化较大，因此测量数据相对密集些，此时电机转速极小变化会引起 $\Delta\varphi$ 很大改变。

(4) 利用表 32-3 记录的数据，将计算结果填入表 32-4。根据表 32-4，作幅频特性曲线和相频特性曲线。

【数据记录与处理】

1. 数据记录

表 32-1　摆轮振幅 θ 与系统固有周期 T_0 关系

振幅 θ	固有周期 T_0/s	振幅 θ	固有周期 T_0/s	振幅 θ	固有周期 T_0/s	振幅 θ	固有周期 T_0/s

表 32-2　测定阻尼系数 β

阻尼挡位：________，$10T=$ ________ s，$\bar{T}=$ ________ s

序号	振幅 θ	序号	振幅 θ	$\ln\frac{\theta_i}{\theta_{i+5}}$
1		6		
2		7		
3		8		
4		9		
5		10		
平均值$\overline{\ln\frac{\theta_i}{\theta_{i+5}}}$				

表 32-3　幅频特性和相频特性测量数据记录表

阻尼挡位：________

强迫力矩周期电位器盘刻度值	强迫力矩周期/s	相位差 φ 读取值	振幅 θ 测量值	振幅 θ 对应的固有周期 T_0/s

注：查表 32-1 得出与振幅 θ 对应的固有周期 T_0/s。

表 32-4　计算结果

强迫力矩周期/s	强迫力矩频率 ω/s^{-1}	振幅 θ 测量值	相位差 φ 读取值	振幅 θ 对应的固有频率 ω_0/s^{-1}	共振时频率 ω_r/s^{-1}	$\frac{\omega}{\omega_r}$

2. 数据处理

1）依据表 32-2 数据，求出阻尼系数 β。

2）根据表 32-4，作幅频特性曲线和相频特性曲线，分析曲线。

提示：(1) 利用式(32-8)，对表 32-2 所测数据按逐差法处理，求出 β 值。

(2) 由表 32-3 记录的振幅 θ 测量值，查表 32-1 找出与振幅 θ 对应的固有周期 T_0，算出固有频率 ω_0，共振时频率 ω_r，$\frac{\omega}{\omega_r}$。将计算结果填入表 32-4。

(3) 根据表 32-4，以$\frac{\omega}{\omega_r}$为横轴，振幅 θ 为纵轴，作幅频特性曲线；以$\frac{\omega}{\omega_r}$为横轴，相位差 φ 为纵轴，作相频特性曲线。

【注意事项】

(1) 因电器控制箱只记录每次摆轮周期变化时所对应的振幅值，因此有时转盘转过光电门几次，测量才记录一次(其间能看到振幅变化)。当回查数据时，有的振幅数值被自动剔除了，控制箱上只显示 4 位有效数字。

(2) 测量相位时应把闪光灯放在电动机转盘前下方，按下闪光灯按钮，根据频闪现象来测量，仔细观察相位位置。因为闪光灯的高压电路及强光会干扰光电门采集数据，因此须待一次测量完成,显示测量关后,才可使用闪光灯读取相位差。

(3) 在进行强迫振荡前必须先作阻尼振荡,否则无法实验。

(4) 强迫振荡测量完毕,按"◀"或"▶"键,选中返回,按确定键,重新回到图 32-4 状态。做完实验且测量数据保存后,才可在主机上查看特性曲线及振幅比值。

(5) 关机:在图 32-4 状态下,按住复位按钮保持不动,几秒钟后仪器自动复位,此时所做实验数据全部清除,然后按下电源按钮,结束实验。

附录 O

实验误差分析

因为本仪器中采用石英晶体作为计时部件,所以测量周期(圆频率)的误差可以忽略不计,误差主要来自阻尼系数 β 的测定和无阻尼振动时系统的固有振动频率 ω_0 的确定,且后者对实验结果影响较大。

在前面的原理部分中我们认为弹簧的弹性系数 k 为常数,它与扭转的角度无关。实际上由于制造工艺及材料性能的影响,k 值随着角度的改变而略有微小的变化(3%左右),因而造成在不同振幅时系统的固有频率 ω_0 有变化。如果取 ω_0 的平均值,则将在共振点附近使相位差的理论值与实验值相差很大。为此可测出振幅与固有频率 ω_0 的对应数值。

实验 33　多普勒效应综合实验

当波源和接收器之间有相对运动时,接收器接收到的波的频率与波源发出的频率不同的现象称为多普勒效应。多普勒效应在科学研究、工程技术、交通管理、医疗诊断等各方面都有十分广泛的应用。例如:原子、分子和离子由于热运动使其发射和吸收的光谱线变宽,称为多普勒增宽,在天体物理和受控热核聚变实验装置中,光谱线的多普勒增宽已成为一种分析恒星大气及等离子体物理状态的重要测量和诊断手段。基于多普勒效应原理的雷达系统已广泛应用于导弹、卫星、车辆等运动目标速度的监测。在医学上利用超声波的多普勒效应来检查人体内脏的活动情况、血液的流速等。电磁波(光波)与声波(超声波)的多普勒效应原理是一致的。本实验既可研究超声波的多普勒效应,又可利用多普勒效应将超声探头作为运动传感器,研究物体的运动状态。

【实验目的】

1. 测量超声接收器运动速度与接收频率之间的关系,验证多普勒效应,并由接收器接收到的频率 ν 与接收器速度 v_1 关系图的斜率求声速;

2. 利用多普勒效应测量物体运动过程中多个时间点的速度,查看 v-t 关系曲线,或调阅有关测量数据,即可得出物体在运动过程中的速度变化情况,研究:

(1) 自由落体运动,并由 v-t 关系直线的斜率求重力加速度;

(2) 简谐振动,可测量简谐振动的周期等参数,并与理论值比较;

(3) 匀加速直线运动,测量力、质量与加速度之间的关系,验证牛顿第二定律;

(4) 其他变速直线运动。

【实验仪器】

多普勒效应综合实验仪。

【实验原理】

1. 超声波的多普勒效应

根据声波的多普勒效应公式，当声源与接收器之间有相对运动时，接收器接收到的频率 ν 为

$$\nu=\frac{u\pm v_1}{u\mp v_2}\nu_0 \tag{33-1}$$

实验 33-1

式中 ν_0 为声源发射频率；u 为声速；v_1 为接收器运动速率；v_2 为声源运动速率。

若声源保持不动，运动物体上的接收器沿声源与接收器连线方向以速度 v_1 运动，则从式(33-1)可得接收器接收到的频率 ν 应为

$$\nu=\frac{u+v_1}{u}\nu_0 \tag{33-2}$$

当接收器向着声源运动时，取正；反之取负。

若 ν_0 保持不变，以光电门测量物体的运动速度(即接收器速度 v_1)，并由仪器对接收器接收到的频率 ν 自动计数，根据式(33-2)，作接收器接收到的频率 ν 与接收器速度 v_1 关系图，可直观验证多普勒效应。且由实验点作直线，其斜率应为 $k=\frac{\nu_0}{u}$，由此可计算出声速 $u=\frac{\nu_0}{k}$。

由式(33-2)可解出

$$v_1=\left(\frac{\nu}{\nu_0}-1\right)u \tag{33-3}$$

已知声速 u 及声源频率 ν_0，通过设置使仪器以某种时间间隔对接收器接收到的频率 ν 采样计数，根据测量数据，按式(33-3)计算出接收器运动速度 v_1。由显示屏显示接收器速度 v_1 与时间 t 的关系图，得出物体在运动过程中的速度变化情况，并对物体运动状况及规律进行研究。

2. 超声信号的红外调制与接收

早期产品中，接收器接收的超声信号由导线接入实验仪进行处理。由于超声接收器安装在运动体上，导线的存在对运动状态有一定影响，导线的折断也给使用带来麻烦。新仪器对接收到的超声信号采用了无线的红外调制—发射—接收方式。即用超声接收器信号对红外波进行调制后发射，固定在运动导轨一端的红外接收端接收红外信号后，再将超声信号解调出来。由于红外发射/接收的过程中信号的传输是光速，远远大于声速，它引起的多普勒效应可忽略不计。采用此技术将实验中运动部分的导线去掉，使得测量更准确，操作更方便。信号的调制—发射—接收—解调，在信号的无线传输过程中是一种常用的技术。

实验 33-2

【实验内容和步骤】

1. 验证多普勒效应并由测量数据计算声速

让多普勒效应综合实验仪上的小车以不同速度通过光电门，仪器自动记录小车通过光电门时的平均运动速度及与之对应的平均接收频率。由仪器显示接收器接收到的频率 ν 与

接收器运动速度 v_1 的关系图，若测量点成直线，符合式(33-2)描述的规律，即直观验证了多普勒效应。根据实验测量数据，用作图法和线性回归法分别计算直线的斜率 k，由 k 计算声速 u 并与声速的理论值比较，计算其百分误差。

(1) 根据图 33-1 安装实验仪器。

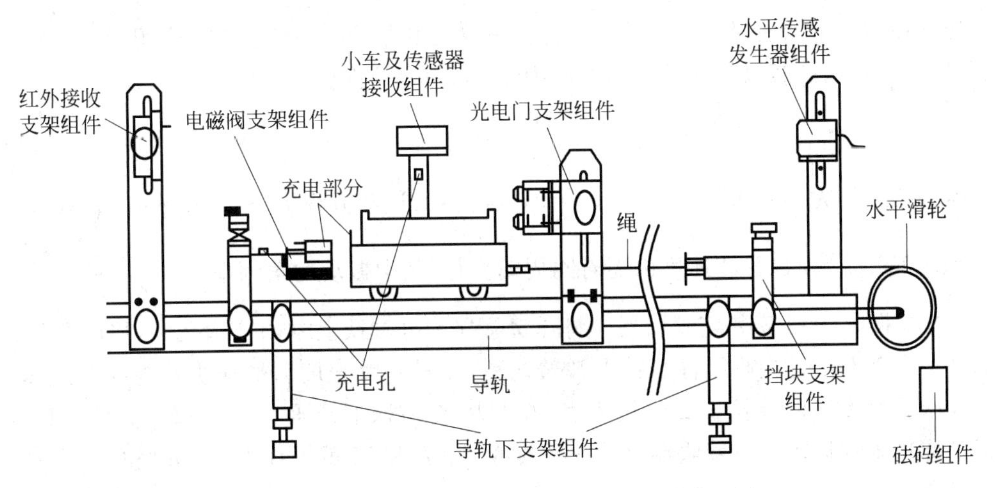

图 33-1　多普勒效应小车水平运动研究实验装置图

(2) 输入室温数据。利用"◀""▶"键将室温 T 值调到实际值，按"确认"。仪器自动检测调谐频率 ν_0，并将此频率 ν_0 记录下来，按"确认"进行实验。

(3) 在液晶显示屏上，选中"多普勒效应验证实验"，并按"确认"。

(4) 利用"▶"键修改测量点总数为 6(选择范围 5～10)，按"▼"，选中"开始测试"。

(5) 按"确认"，电磁铁释放，测试开始进行，仪器自动记录小车通过光电门时的平均运动速度及与之对应的平均接收频率；每一次测试完成，都有"存入"或"重测"的提示，可根据实际情况选择，"确认"后回到测试状态，并显示测试总次数及已完成的测试次数。

(6) 改变砝码质量(砝码牵引方式)，小车退回让磁铁吸住，按"开始"，进行第二次测试(注：小车速度不可太快，以防小车脱轨跌落损坏)。

(7) 完成设定的测量次数后，仪器自动存储数据，并显示接收器接收到的频率 ν 与接收器速度 v_1 的关系图及测量数据。将数据记录于表 33-1 并处理。

2. 研究自由落体运动，求自由落体加速度

让带有超声接收器的接收组件自由下落，利用多普勒效应测量物体运动过程中多个时间点的速度，根据速度 v 与时间 t 的关系曲线及相应测量数据，得出物体在运动过程中的速度变化情况，进而计算自由落体加速度。

(1) 根据图 33-2 安装实验仪器。须将"自由落体接收器保护盒"套于发射器上，避免发射器在非正常操作时受到冲击而损坏。

(2) 按"▼"键选中"变速运动测量实验"，并按"确认"。

(3) 利用"▶"键修改测量点总数为 8(选择范围 8～150)；按"▼"键选择采样步距 20ms(选择范围 10～100ms，通常选 10～30ms)，选中"开始测试"。

(4) 按"确认"后，电磁铁释放，接收器组件自由下落。测量完成后，显示屏上显示 v-t

图,按“▶”键选择“数据”,阅读并记录测量结果。

(5) 在结果显示界面中按“▶”键选择“返回”,“确认”后重新回到测量设置界面。可按以上程序进行新的测量。将数据记录于表 33-2 并处理。

3. 简谐振动的研究

悬挂在弹簧下的质量为 m 的物体,若忽略空气阻力,根据胡克定律,作用力与位移成正比,应作简谐振动。若以物体的运动方向为 x 轴,其运动方程为

$$m\frac{\mathrm{d}^2x}{\mathrm{d}t^2}=-kx \tag{33-4}$$

当初始条件为 $t=0$ 时,$x=-A$,$v=0$,则物体的运动方程为 $x=-A\cos\omega_0 t$,速度方程为 $v=\omega_0 A\sin\omega_0 t$。位移和速度都随时间周期变化,其中振动的角频率 $\omega_0=\sqrt{\frac{k}{m}}$。

(1) 根据图 33-3 安装实验仪器。将弹簧悬挂于电磁铁上方的挂钩孔中,接收器组件的尾翼悬挂在弹簧上。接收组件悬挂上弹簧之后,测量弹簧长度。加挂质量为 m 的砝码,测量加挂砝码后弹簧的伸长量 Δx,记入表 33-3 中,然后取下砝码。由 m 及 Δx 就可计算 k。用天平称量垂直运动超声接收器组件的质量 M,由 k 和 M 就可计算 ω_0,并与角频率的测量值 ω 比较。

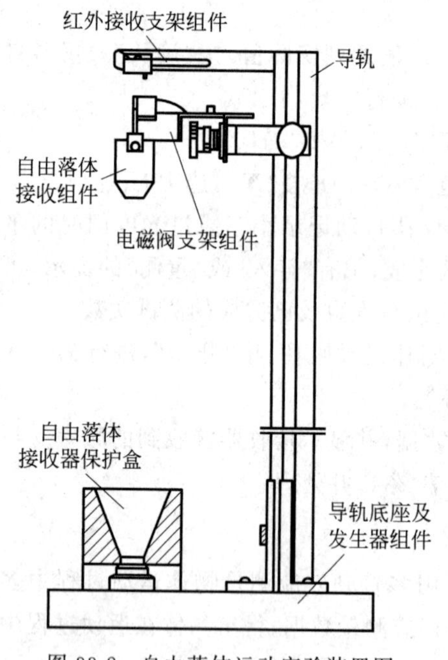

图 33-2　自由落体运动实验装置图

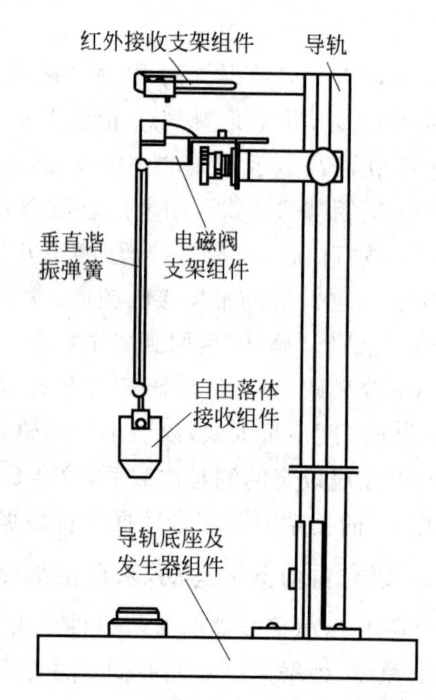

图 33-3　垂直简谐振动研究实验装置图

(2) 在液晶显示屏上,按“▼”键选中“变速运动测量实验”,并按“确认”。

(3) 按“▶”键修改测量点总数为 150(选择范围 8～150),按“▼”键选择采样步距,并修改为 100(选择范围 50～100ms),选中“开始测试”。

(4) 将接收器从平衡位置垂直向下拉约 20cm,松手让接收器自由振荡,然后按“确认”,接收器组件开始作简谐振动。实验仪按设置的参数自动采样,测量完成后,显示屏上出现速

度随时间变化关系的曲线。

(5) 在结果显示界面中按“▶”键选择“返回”,“确认”后重新回到测量设置界面。按以上程序进行新的测量。查阅数据,记录第 1 次速度达到最大时的采样次数 $N_{1\max}$ 和第 11 次速度达到最大时的采样次数 $N_{11\max}$ 于表 33-3 中并处理。

4. 研究匀变速直线运动,验证牛顿第二运动定律

匀变速直线运动研究实验装置如图 33-4 所示,质量为 M 的接收器,与质量为 m 的砝码组悬挂于滑轮的两端($M>m$),系统的受力情况为:接收组件的重力 Mg,方向向下。砝码组件通过细绳和滑轮施加给接收组件的力 mg,方向向上。实验中,摩擦阻力大小与接收器组件对细绳的张力成正比,可表示为 $\mu M(g-a)$,a 为加速度,μ 为摩擦系数,摩擦力方向与运动方向相反。可得系统所受合外力为 $Mg-mg-\mu M(g-a)$。运动系统的总质量为 $M+m+\dfrac{J}{R^2}$,J 为滑轮的转动惯量,R 为滑轮绕线槽半径,$\dfrac{J}{R^2}$相当于将滑轮的转动等效于线性运动时的等效质量。

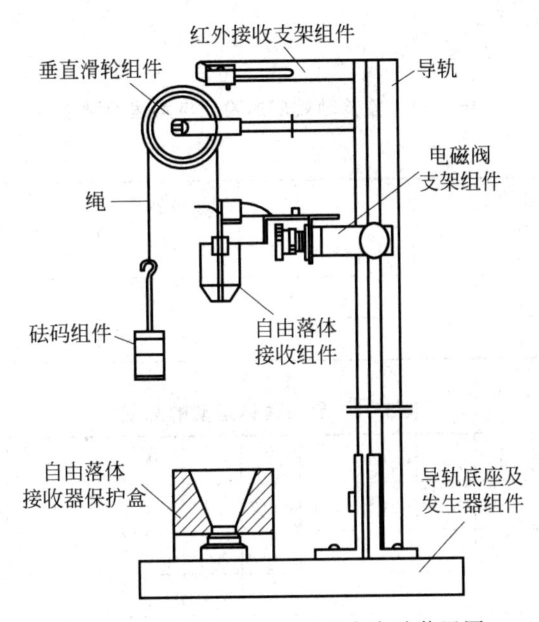

图 33-4　匀变速直线运动研究实验装置图

根据牛顿第二定律,可列出运动方程

$$Mg-mg-\mu M(g-a)=\left(M+m+\frac{J}{R^2}\right)a \tag{33-5}$$

由上式可得

$$a=\frac{g[(1-\mu)M-m]}{(1-\mu)M+m+\dfrac{J}{R^2}} \tag{33-6}$$

改变砝码组件的质量 m,改变了系统所受的合外力和质量。对不同的组合测量其运动情况,采样结束后会显示 v-t 曲线,由记录的 t、v 数据求得 v-t 直线的斜率即为此次实验的

加速度 a。以加速度 a 为纵轴，$\dfrac{(1-\mu)M-m}{(1-\mu)M+m+\dfrac{J}{R^2}}$ 为横轴作图，若为线性关系，符合式(33-6)描述的规律，即验证了牛顿第二定律，且直线的斜率应为重力加速度 g。

(1) 根据图 33-4 安装实验仪器。用天平称量接收器组件的质量 M、砝码托及砝码质量，每次取不同质量的砝码放于砝码托上，记录每次实验对应的 m；

(2) 在液晶显示屏上，按“▼”键选中“变速运动测量实验”，并按“确认”；

(3) 利用“▶”键修改测量点总数为 8(选择范围 8～150)，按“▼”键选择采样步距，并修改为 100ms(选择范围 50～100ms)，选中“开始测试”；

(4) 按“确认”后，磁铁释放，接收器组件拉动砝码作垂直方向的运动，测量完成后，显示屏上出现测量结果；

(5) 在结果显示界面中按“▶”键选择“返回”，按“确认”后重新回到测量设置界面。改变砝码质量，按以上程序进行新的测量。将显示的采样次数及对应速度记入表 33-4 中。

【数据记录与处理】

1. 数据记录

表 33-1　多普勒效应的验证与声速的测量

$\nu_0=$________ $\mathrm{s^{-1}}$

测量数据							直线斜率 $k/\mathrm{m^{-1}}$	声速测量值 $u=\dfrac{\nu_0}{k}\Big/(\mathrm{m\cdot s^{-1}})$	声速理论值 $u_0/(\mathrm{m\cdot s^{-1}})$
次数 i	1	2	3	4	5	6			
$v_1/(\mathrm{m\cdot s^{-1}})$									
ν/Hz									

表 33-2　自由落体运动的测量

采样次数 i	2	3	4	5	6	7	8	9	g $/(\mathrm{m\cdot s^{-2}})$	平均值 $\bar{g}/(\mathrm{m\cdot s^{-2}})$	理论值 g_0 $/(\mathrm{m\cdot s^{-2}})$
$t_i=0.02(i-1)/\mathrm{s}$	0.02	0.04	0.06	0.08	0.10	0.12	0.14	0.16			
v_{i1}											
v_{i2}											
v_{i3}			…	…	…	…	…	…			
v_{i4}											
v_{i5}											

注：$t_i=0.02(i-1)$，t_i 为第 i 次采样与第 1 次采样的时间间隔差，0.02 表示采样步距为 20ms。如果选择的采样步距为 30ms，则 t_i 应表示为 $t_i=0.03(i-1)$。依次类推，根据实际设置的采样步距而定采样时间。

表 33-3　简谐振动的测量

M/kg	$\Delta x/\mathrm{m}$	$k=\dfrac{mg}{\Delta x}\Big/(\mathrm{kg\cdot s^{-2}})$	$\omega_0=\sqrt{\dfrac{k}{M}}\Big/\mathrm{s^{-1}}$	$N_{1\max}$	$N_{11\max}$	$T=0.01(N_{11\max}-N_{1\max})/\mathrm{s}$	$\omega=\dfrac{2\pi}{T}\Big/\mathrm{s^{-1}}$

注：$N_{1\max}$ 为第 1 次速度达到最大时的采样次数，$N_{11\max}$ 为第 11 次速度达到最大时的采样次数。

表 33-4　匀变速直线运动的测量

$M=$________ kg, $\mu=0.07$, $\frac{J}{R^2}=0.014$kg

采样次数 i	2	3	4	5	6	7	8	9	a /(m·s^{-2})	m/kg	$\frac{(1-\mu)M-m}{(1-\mu)M+m+\frac{J}{R^2}}$
$t_i=0.1(i-1)$/s	0.1	0.2	0.3	0.4	0.5	0.6	0.7	0.8			
v_{i1}											
v_{i2}											
v_{i3}											
v_{i4}											

注：$t_i=0.1(i-1)$，t_i 为第 i 次采样与第 1 次采样的时间间隔差，0.1 表示采样步距为 100ms。

2. 数据处理

1) 验证多普勒效应并由测量数据计算声速。

(1) 观察显示屏上显示的接收器接收到的频率 ν 与接收器速度 v_1 的关系图，直观验证多普勒效应。

提示：若测量点成直线，即直观验证了多普勒效应。

(2) 依据表 33-1 数据，用作图法和线性回归法分别计算直线的斜率 k，并计算声速 u。

(3) 将实验所得的声速 u 与声速的理论值 u_0 进行比较，计算相对误差 E。

提示：声速理论值由 $u_0=331\times\left(1+\frac{t}{273}\right)\times\frac{1}{2}$(m/s)计算，$t$ 表示室温。

2) 研究自由落体运动，求自由落体加速度。

(1) 由表 33-2 中的测量数据求得速度 v 与时间 t 关系直线的斜率即为重力加速度 g。

(2) 为减小偶然误差，将测量的平均值作为测量值，并将重力加速度测量值 g 与理论值 g_0 比较，计算相对误差 E。

3) 简谐振动的研究。由表 33-3 数据，计算实际测量的运动周期 T 及角频率 ω，与 ω_0 比较，计算相对误差 E。

4) 研究匀变速直线运动，验证牛顿第二运动定律。

(1) 由表 33-4 记录的不同组合测量的运动情况的 t、v 数据，分别求得 v-t 直线的斜率即为对应的此次实验的加速度 a。

(2) 以加速度 a 为纵轴，$\frac{(1-\mu)M-m}{(1-\mu)M+m+\frac{J}{R^2}}$ 为横轴作图，若为线性关系，符合式(33-6)描述的规律，即验证了牛顿第二定律，且直线的斜率应为重力加速度。

实验 34　微波分光仪综合实验

微波在科学研究、工程技术、交通管理、医疗诊断、国防工业等各个方面都有十分广泛的应用。研究微波，了解它的特性具有十分重要的意义。

微波和光都是电磁波，都具有波动这一共性，都能产生反射、折射、干涉和衍射等现象。因此用微波做波动实验与用光做波动实验所说明的波动现象及规律是一致的。由于微波的波长比光波的波长在数量级上相差一万倍左右，因此用微波来做波动实验比光学实验更直观、方便和安全。比如在验证晶格的组成特征时，布喇格衍射就非常形象和直观。

【实验目的】

1. 了解微波反射特性；
2. 了解微波的驻波现象，并利用驻波来测量微波的波长；
3. 了解微波的折射特性，计算所给材料棱镜的折射率；
4. 观察偏振现象，了解微波经喇叭极化后的偏振特性；
5. 了解微波的干涉特性，并计算微波波长；
6. 了解劳埃德镜原理，并用劳埃德镜测微波波长；
7. 了解法布里—贝罗干涉仪原理，并计算微波波长；
8. 了解迈克耳孙干涉仪原理；
9. 了解微波在纤维中的传播特性；
10. 了解微波的偏振特性，并找到布儒斯特角；
11. 了解布喇格衍射实验原理，并测量立方晶格内晶面间距。

【实验仪器】

微波综合实验仪。

【实验原理】

实验 34-1

1. 微波反射特性

微波和光都是电磁波，都具有波动这一共性，都能产生反射、折射、干涉和衍射等现象。在光学实验中，可以用肉眼看到反射的光线。实验将通过电流表反映出折射的微波。如图 34-1 所示，入射波轴线与反射镜法线之间的夹角称为入射角。

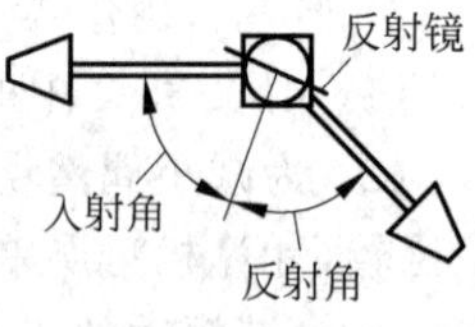

反射镜
入射角
反射角

图 34-1　微波反射原理

2. 微波的驻波现象

微波喇叭既能接收微波，同时它也会反射微波，因此，发射器发射的微波在发射喇叭和接收喇叭之间来回反射，振幅逐渐减小。当发射源到接收检波点之间的距离等于$\frac{n\lambda}{2}$时（n 为整数，λ 为波长），经多次反射的微波与最初发射的波同相，此时信号振幅最大，电流表读数最大。

$$\Delta d = N\frac{\lambda}{2} \tag{34-1}$$

式中，Δd 表示发射器不动时接收器移动的距离，N 为出现接收到信号幅度最大值的次数。

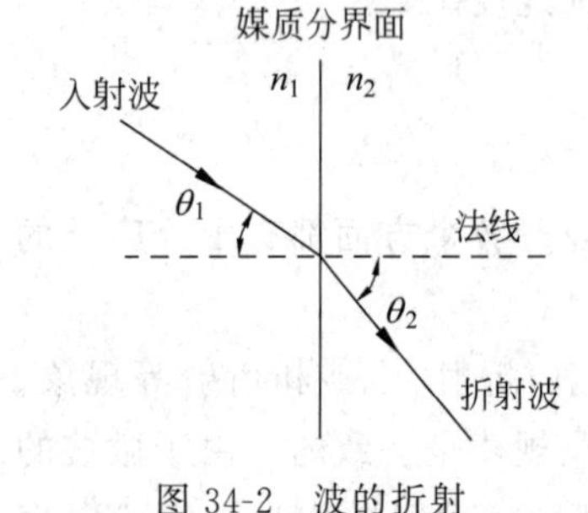

图 34-2　波的折射

3. 微波的折射特性

通常电磁波在某种均匀媒质中是以匀速直线传播的，在不同媒质中由于媒质的密度不同，其传播的速度也不同，速度与密度成反比。所以，当它通过两种媒质的分界面时，传播方向就会改变，如图 34-2 所示，这称为波的折射。遵循折射定律 $n_1\sin\theta_1 = n_2\sin\theta_2$，其中，$\theta_1$ 为入射波与两媒质分界面法线的夹角，称为入射角；θ_2 为折射波与两媒质分界面法线的夹角，称为折射角。

每种媒质可以用折射率 n 表示，折射率是电磁波在真空中的传播速率与在媒质中的传播速率之比。在实验中，分界面两边介质的折射率不同，分别用 n_1 和 n_2 表示。两种介质的折射率不同（即波速不同）导致波的传播方向发生偏转，产生折射，利用折射定律可测量介质的折射率。

4. 微波经喇叭极化后的偏振特性

信号源输出的电磁波经喇叭后电场矢量方向是与喇叭的宽边垂直的，相应磁场矢量是与喇叭的宽边平行的，而接收器由于其物理特性，它也只能收到与接收喇叭口宽边相垂直的电场矢量（对平行的磁场矢量有很强的抑制，认为它接收为零）。所以当两喇叭的朝向（宽边）相差 θ 度时，它只能接收一部分信号 $A=A_0\cos\theta$（A_0 为两喇叭一致时收到的电流表读数）。在实验中通过研究偏振现象，找出偏振板是如何改变微波偏振的规律。

5. 微波的干涉特性

（1）双缝干涉。双缝干涉实验示意图如图 34-3 所示，两束传播方向不一致的波相遇将在空间相互叠加，形成类似驻波的波谱，在空间某些点上形成极大值或极小值。而电磁波通过两狭缝后，就相当于两个波源在向四周发射，对接收器来说就等于是两束传播方向不一致的波相遇。

双缝屏外波束的强度随探测角度的变化而变化。若两狭缝之间的距离为 d，接收器距离双缝屏的距离大于 $10d$，当探测角 θ 满足 $d\sin\theta=n\lambda$ 时会出现最大值（其中 λ 为入射波的波长，n 为整数）。可通过最大值位置的测量，对双缝干涉进行研究。

（2）劳埃德镜。微波劳埃德镜实验原理图如图 34-4 所示，从发射器发出的微波一路直接到达接收器，另一路经反射镜反射后再到达接收器。由于两列波的波程及方向不一样，它们必然发生干涉。在交汇点，若两列波同相，将测到极大值；若反相将测到极小值。

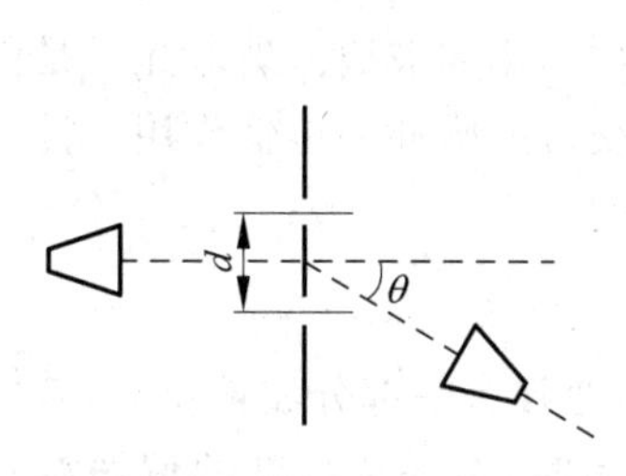

图 34-3 双缝干涉实验示意图

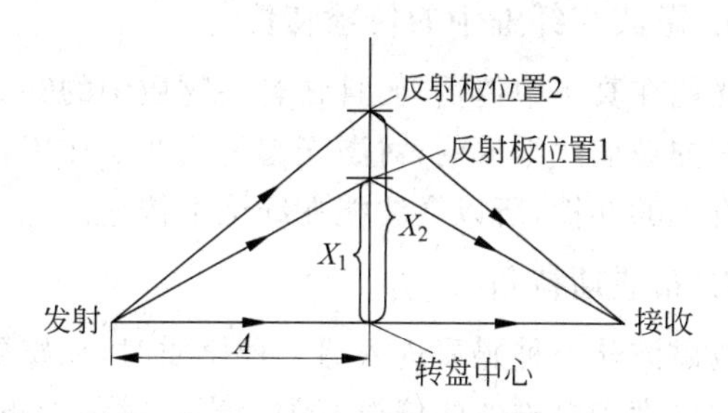

图 34-4 微波劳埃德镜实验原理图

发射器和接收器距离转盘中心的距离应相等，反射板从位置 1 移到位置 2 的过程中，电流表出现了 n 个极小值后再次达到极大值。由光程差根据图 34-4 可以得到计算波长公式如下

$$\sqrt{A^2+X_2^2}-\sqrt{A^2+X_1^2}=n\frac{\lambda}{2} \tag{34-2}$$

（3）法布里-贝罗干涉仪。当电磁波入射到部分反射镜（透射板）表面时，入射波将被分割为反射波和入射波。法布里-贝罗干涉仪在发射波源和接收探测器之间放置了两面相互平行并与轴线垂直的部分反射镜。

发射器发出的电磁波有一部分将在两透射板之间来回反射，同时有一部分波透射出去被探测器接收。若两块透射板之间的距离为$\frac{n\lambda}{2}$,则所有入射到探测器的波都是同相位的，接收器探测到的信号最大。若两块透射板之间的距离不为$\frac{n\lambda}{2}$,则产生相消干涉,信号不为最大。根据式 $\Delta d = N\ \frac{\lambda}{2}$,其中 Δd 表示两面透射板移动的距离,N 为出现接收到信号幅度最大值的次数,通过改变两面透射板之间的距离计算微波波长。

(4) 迈克耳孙干涉仪。微波迈克耳孙干涉仪原理图如图 34-5 所示,迈克耳孙干涉仪将单波分裂成两列波,透射波经再次反射后和反射波叠加形成干涉条纹。图中,A 和 B 是反射板(全反射),C 是透射板(部分反射)。从发射源发出的微波经两条不同的光路入射到接收器。一部分经 C 透射后射到 A,经 A 反射后再经 C 反射进入接收器。另一部分波从 C 反射到 B,经 B 反射回 C,最后透过 C 进入接收器。

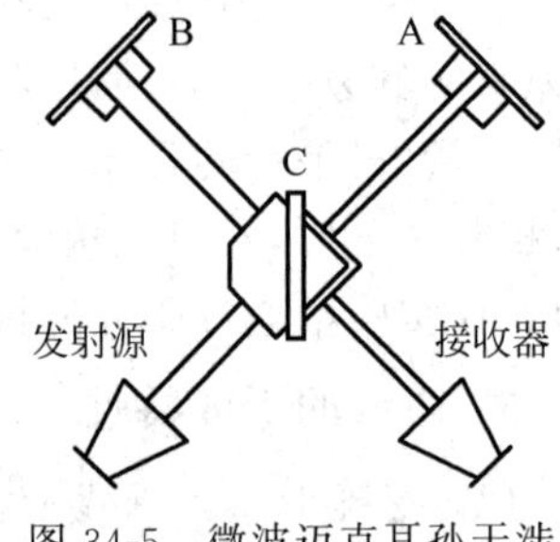

图 34-5　微波迈克耳孙干涉仪原理图

若两列波同相位,接收器将探测到信号的最大值。移动任一块反射板,改变其中一路光程,使两列波不再同相,接收器探测到信号就不再是最大值。若反射板移过的距离为$\frac{\lambda}{2}$,光程将改变一个波长,相位改变 360°,接收器探测到的信号出现一次最小值后又回到最大值。根据 $\Delta d = N\ \frac{\lambda}{2}$,其中 Δd 表示反射板移动的距离,N 为出现接收到信号幅度最大值的次数,通过反射板(A 或 B)位置改变计算微波波长。

6. 微波在纤维中的传播特性

光能在真空中传播,而且在有些物质中的穿透率也很好,比如玻璃。玻璃光纤是由很细且柔软的玻璃丝组成的,对激光起传输线的作用,就像铜线对电脉冲的传输作用一样。因为微波有光的共性,所以微波能在纤维中传输。

7. 布儒斯特角

电磁波从一种媒质进入另一种媒质时,在媒质的表面通常有一部分波被反射,其中反射信号的强度和电磁波的偏振有关。当入射角为布儒斯特角时,有一个角度的偏振波其反射率为零。

8. 布喇格衍射

任何的真实晶体都具有自然外形和各向异性的性质,这和晶体的离子、原子或分子在空间按一定的几何规律排列密切相关。晶体内的离子、原子或分子占据着点阵的结构,两相邻结点的距离叫晶体的晶格常数。真实晶体的晶格常数约在 10^{-8}cm 的数量级。X 射线的波长与晶格常数属于同一数量级。实际上晶体是起着衍射光栅的作用,因此可以利用 X 射线在晶体点阵上的衍射现象来研究晶体点阵的间距和相互位置的排列,以达到对晶体结构的了解。

实验通过仿照 X 射线入射真实晶体发生衍射的基本原理,用一个面间距为 50mm,直径 10mm 的金属球组成的模拟立方"晶体",用微波代替 X 射线。将微波射向模拟晶体,研究并验证布喇格方程 $2d\sin\theta=n\lambda$。根据布喇格衍射方程可计算晶格常数 d。

【实验内容和步骤】

1. 微波反射特性

(1) 如图 34-6 所示,将发射器与接收器安置在相应钢尺上,喇叭朝向一致(宽边水平)。发射器和接收器距离中心平台中心约 350mm。打开信号源,开始实验。

(2) 固定入射角于 45°。转动装有接收器的可转动臂,当电流表读数为最大时,记录此时的反射角于表 34-1 中(接收器喇叭的轴线与反射镜法线之间的夹角称为反射角)。

实验 34-2

(3) 当入射角分别为 20°、30°、40°、50°、60°、70°时测量对应的反射角,记录于表 34-1 中,比较入射角和反射角之间的关系。

2. 微波的驻波现象

(1) 如图 34-7 所示布置实验仪器,要求发射器和接收器处于同一轴线上,喇叭口正对。接通信号源,调整发射器和接收器使二者距离中心平台中心的位置约 200mm(可自行调整),再调节发射器衰减器和电流表挡位开关,使电流表的显示电流值适中(3/4 量程左右)。

(2) 将接收器沿钢尺缓慢滑动远离发射器(发射器和接收器处于同一轴线上),观察电流表显示读数的变化。

(3) 当接收器在某一位置电流表出现极大值时,记下接收器所处位置刻度 x_1,然后,将接收器沿远离发射器方向缓慢滑动,当电流表读数出现 N 个(至少 10 个)极小值后再次出现极大值时,记下接收器所处位置刻度 x_2,将记录的数据填入表 34-2 中。

(4) 根据式(34-1)计算微波的波长,并与实际值比较。

图 34-6　微波反射仪器布置图

图 34-7　驻波实验的仪器布置图

3. 微波的折射特性

(1) 如图 34-8 所示布置实验仪器。接通信号源,调节衰减器和电流表挡位开关,使电流表的显示电流值适中(约 1/2 量程)。

(2) 绕中心平台的中心轴缓慢转动接收器,记下电流表读数最大时钢尺 1 转过的角度。

(3) 设空气的折射率为 1,根据折射定律,计算聚乙烯板的折射率。

(4) 转动棱镜,改变入射角,重复前 3 步实验(实验表格自行设计)。

4. 微波经喇叭极化后的偏振特性

(1) 如图 34-9 所示布置实验仪器。接通信号源,调节衰减器使电流表的显示电流值满

图 34-8　棱镜折射实验仪器布置图

刻度。松开接收器上的喇叭止动旋钮，以 10°增量旋转接收器，记录每个位置电流表的读数于表 34-3 中。

（2）如图 34-10 所示布置实验仪器。两喇叭之间放置偏振板，偏振板的偏振方向与水平方向分别为 0°、45°、90°时，重复步骤 2。分析比较各组数据。

图 34-9　未加偏振板仪器布置图

图 34-10　加偏振板仪器布置图

5. 微波的干涉特性

（1）双缝干涉。如图 34-11 所示布置实验仪器。接通信号源，调节衰减器和电流表挡位开关，使电流表的显示电流值最大。光缝夹持条上安装 50mm 光缝屏及两块反射板组成双缝，尽可能让两狭缝平行，对称。狭缝的宽度为 15mm，接收器到中心平台距离大于 650mm。使发射器和接收器都处于水平偏振（喇叭宽边平行地面），调节相互距离及衰减器，使电流表满刻度。缓慢转动可动臂，观察电流表的变化。记录下电流表各极大值和极小值时的角度和对应电流于表 34-4 中，并根据表 34-4 中数据，绘制接收电流随转角变化的曲线图，分析实验结果。

（2）劳埃德镜。如图 34-12 所示布置实验仪器。要求：发射器和接收器处于同一直线上，且到中心平台的距离相等（均为 500mm 左右）。接通信号源，调节衰减器和电流表挡位开关，使电流表的显示电流值适中（3/4 量程左右）。反射板夹持在移动支架上，并安置在相应钢尺上。反射板面平行于两喇叭的轴线。在钢尺上缓慢移动反射板，观察并记录电流表的读数及移动的距离。改变发射器和接收器之间的距离，重复实验，并计算波长（实验表格自行设计）。

图 34-11　双缝干涉实验仪器布置图

图 34-12　劳埃德镜实验仪器布置图

(3) 法布里-贝罗干涉仪。如图 34-13 所示布置实验仪器。接通信号源,调节衰减器和电流表挡位开关,使电流表的显示电流值适中(3/4 量程左右)。调节两透射板之间的距离,观察相对最大值和最小值。调节两透射板之间的距离,使接收到的信号最强(电流表读数在不超过满量程的条件下达到最大),记下两透射板之间的距离 d_1。使一面透射板向远离另一面透射板的方向移动,直到电流表读数出现至少 10 个最小值并再次出现最大值时,记下经过最小值的次数 N 及两透射板之间的距离 d_2。根据相关公式,计算微波的波长 λ。改变两透射板之间的距离,重复以上步骤,记入表 34-5 中。

(4) 迈克耳孙干涉仪。根据图 34-14 所示布置实验仪器。接通信号源,调节衰减器使电流表的显示电流值适中。玻璃板与各条臂成 45°关系,发射器、接收器与两块反射板分别安装在相应钢尺上。移动其中一块反射板,观察电流表读数变化,当电流表上数值最大时,记下反射板所处位置刻度 x_1。向外(或内)缓慢移动,注意观察电流表读数变化,当电流表读数出现至少 10 个最小值并再次出现最大值时停止,记录这时反射板所处位置刻度 x_2,并记下经过的最小值次数 N。保持刚才移动的反射板不动,操作另一块反射板,重复以上步骤,将多次测量数据均记录于表 34-6 中。计算微波的波长。

图 34-13　法布里-贝罗干涉仪实验仪器布置图

图 34-14　迈克耳孙干涉仪实验仪器布置图

6. 纤维光学

(1) 根据图 34-15 所示布置仪器,发射器和接收器置于中心平台的两侧并正对,两喇叭口距离约 15mm,调节衰减器,使电流表读数适中。并记录。

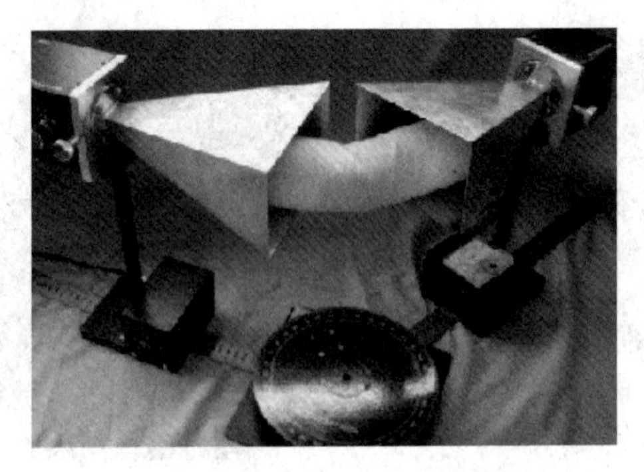

图 34-15　弯曲的纤维传播微波实验仪器布置图

(2) 把装有苯乙烯丸的布袋的一端放入发射器喇叭，观察并记录电流表读数的变化。再把布袋的另一端放入接收器喇叭，再次观察并记录电流表读数的变化。

(3) 移开管状布袋，转动装有接收器的钢尺，使电流表读数为零，再把布袋的一端放入发射器喇叭，把布袋的另一端放入接收器喇叭，注意电流表的读数。

(4) 改变管状布袋的弯曲度，观察对信号强度有什么影响。随着径向曲率的变化，信号是逐渐变化还是突然变化。曲率半径为多大时信号开始明显减弱，并加以分析。

7. 布儒斯特角

(1) 根据图 34-16 所示布置实验仪器。接通信号源，使发射器和接收器都处水平偏振(两喇叭的宽边水平)。调节衰减器和电流表挡位开关，使电流表的显示电流值适中(3/4 量程左右)。

(2) 调节透射板，使微波入射角为 80°，转动钢尺，使接收器反射角等于入射角。再调整衰减器，使电流表的显示电流值约为 1/2 量程。

(3) 松开喇叭止动旋钮，旋转发射器和接收器的喇叭，使它们垂直偏振(两喇叭的窄边水平)，根据图 34-17 所示，布置仪器，记下电流表的读数于表 34-7 中。

图 34-16　布儒斯特角实验仪器布置示意图(水平偏振)

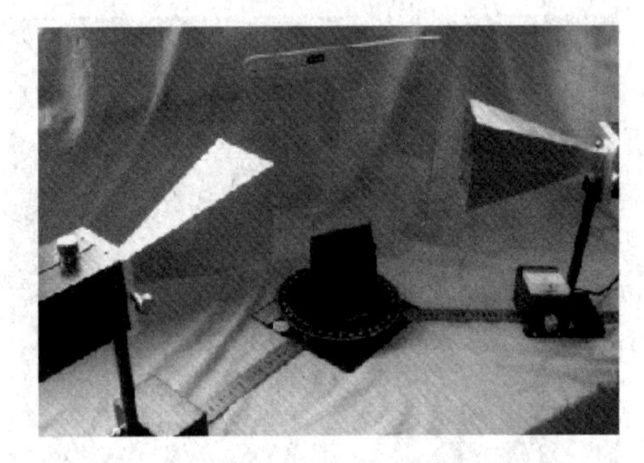

图 34-17　布儒斯特角实验仪器布置示意图(垂直偏振)

(4) 根据表 34-7 设置入射角，重复以上实验步骤，测试并记录(表格中设置的角度可能没有布儒斯特角，需要实验者在实验中根据测试数据，自行寻找)。

(5) 观察表格数据，在垂直偏振方向上，找出布儒斯特角。

8. 布喇格衍射

(1) 根据图 34-18 所示布置实验仪器。接通信号源。先让晶体平行于微波光轴,即掠射角 θ 为 0°。

(2) 顺时针旋转晶体,使掠射角增大到 20°,反射方向的掠射角也对应改变为 20°。调节衰减器使电流表的显示电流值适中(1/2 量程,可自行调整),记下该值。

(3) 然后顺时针旋转晶体 1°(即掠射角增加 1°),接收器动臂顺时针旋转 2°(使反射角等于入射角),记录掠射角角度和对应电流表读数。

(4) 重复步骤,记录掠射角从 20°到 70°之间的数值于表 34-8 中。

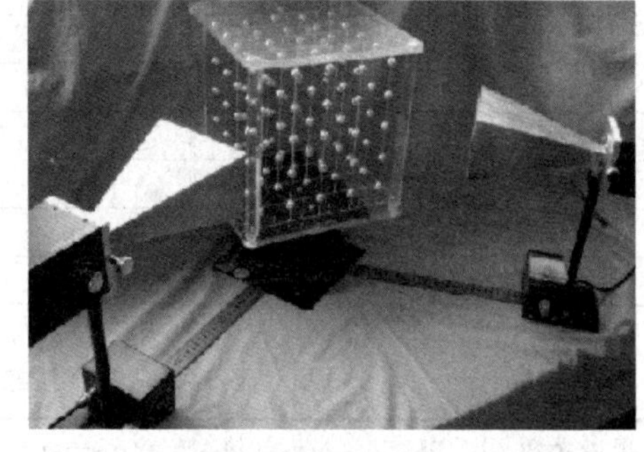

图 34-18　布喇格衍射实验仪器布置示意图

(5) 作接收信号强度对掠射角的函数曲线。计算晶面间距,并比较测出的晶面间距与实量间距之间的误差。

【数据记录与处理】

表 34-1　微波反射特性研究

入射角度	反 射 角 度	误 差 度 数	误差百分比
20°			
30°			
⋮			
60°			
70°			

表 34-2　利用驻波来测量微波的波长

测量次数	$x_1(d_1)$	$x_2(d_2)$	$\Delta d=\|x_1-x_2\|$	N	λ	$\bar{\lambda}$	和实际值的相对误差
1							
2							
3							
⋮							

表 34-3　偏振测试记录表

电流值 / 接收器转角	偏振板角度			
	未加偏振板	0°	45°	90°
0°				
10°				
⋮				
80°				
90°				

表 34-4　双缝干涉特性研究

接收器转角	电流值/μA	接收器转角	电流值/μA	接收器转角	电流值/μA
−50°		−15°		20°	
−45°		−10°		25°	
−40°		−5°		30°	
−35°		0°		35°	
−30°		5°		40°	
−25°		10°		45°	
−20°		15°		50°	

表 34-5　利用法布里-贝罗干涉仪测微波波长

测量次数	d_1	d_2	$\Delta d=\|d_1-d_2\|$	N	测量值 λ	$\bar{\lambda}$	和实际值的相对误差
1							
2							
3							
4							
5							

表 34-6　利用迈克耳孙干涉仪测微波波长

测量次数	x_1	x_2	$\Delta d=\|x_1-x_2\|$	N	测量值 λ	$\bar{\lambda}$	和实际值的相对误差
1							
2							
3							
4							
5							
6							

表 34-7　布儒斯特角测量

入射角度	电流计读数(水平偏振)	电流计读数(垂直偏振)
80°		
75°		
70°		
65°		
60°		
55°		
50°		
45°		
40°		
35°		

表 34-8　利用布喇格衍射实验测量立方晶格内晶面间距

掠射角	20°	21°	22°	…	68°	69°	70°

实验35　光学综合实验系列

光学实验技术从物理现象上分，有：几何光学、物理光学和量子光学实验技术。几何光学实验是以光的直线传播为基础去观察一些光学实验现象，研究和探索光的传播规律，测定光学材料的特性和光学元件的参数。物理光学实验是以光的波动性为基础，利用物理光学中的干涉、衍射和偏振等各种现象及光谱技术进行测量。通过一系列光学综合实验，可了解光学基本实验仪器的性能及其基本参数的测量方法；掌握正确的基本调整方法，如消除视差、等高共轴调整、逐步逼近法等；学习一些最基本的光学测量技术，如干涉法、衍射法测量等。

【实验目的】

1. 学会根据所给出的简单实验原理和实验内容，自行确定实验方案并完成实验；
2. 了解光学基本实验仪器的性能及其基本参数的测量方法；
3. 掌握简单光学系统的调整原则及其常用方法；
4. 学习最基本的光学测量技术；
5. 加深对光学基本原理规律的理解。

【实验仪器】

光学综合实验仪。

【实验原理】

系列一：透镜基本参数的研究

1. 凸透镜的球差和色差

利用测焦距的光路，在待测凸透镜和平面镜之间先后加入能通过近轴光线和远轴光线的光阑，分别测出该透镜的焦距 f_1 和 f_2，所得不同的数据结果可以说明球面像差的存在和影响。

2. 透镜组节点和焦距的测定

利用白光源并借助平面镜调被照亮的毫米尺与准直物镜 L_o（$f'=150\text{mm}$）的距离，使通过 L_o 的光束为平行光束（“自准法”）；在加入透镜组 L_1L_2（$f'=300\text{mm}$ 和 190mm）之后调共轴并移动目镜，找到毫米尺的清晰像，利用调节架将尺调正。然后沿节点架导轨移动透镜组，并随之前后移动测微目镜，直到节点架绕C轴（见图35-1）转动，而尺的像点无横向移动为止。此时像方节点N′即在C轴上。分别记下目镜分划板和节点架在光具座导轨上的位置读数 a 和 b，以及用标线指示的透镜组中间位置对C轴的偏移量 d；再将节点架转动180°，同样测得另一组数据 a'，b' 和 d'。

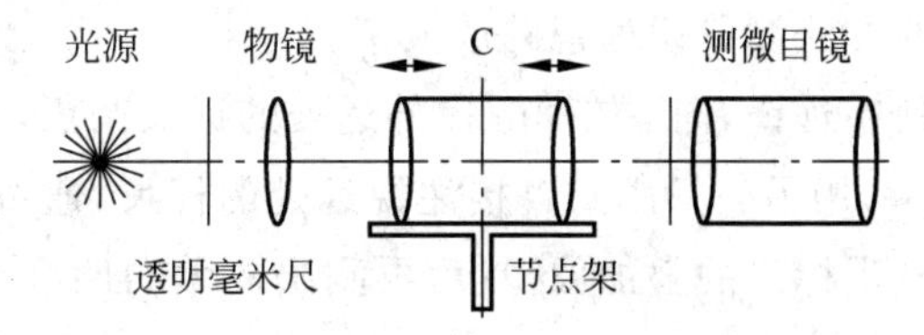

图35-1　透镜组节点和焦距的测定

结果：像方节点 N′ 偏离透镜组中心的距离为 d，透镜组的像方焦距

$$f' = a - b \tag{35-1}$$

物方节点 N 偏离透镜组中心的距离为 d'，透镜组的物方焦距

$$f = a' - b' \tag{35-2}$$

3. 显微镜的放大率

如图 35-2 所示为显微镜的放大率的测定。光学实验室用的移测显微镜的放大率常在 10～30 倍之间。显微镜的放大率 $M = M_o M_e = \frac{\Delta}{f_o} \cdot \frac{250}{f_e}$，其中 M_o 是物镜放大率，M_e 是目镜放大率；Δ 是物镜第二焦距与目镜第一焦距之间的光学间距，f_o 是物镜第二焦距，f_e 是目镜第一焦距。S 为装在干版架上的小照明光源。透镜焦距 f 分别为 45，225mm。物测微尺 M_1 装在"双棱镜调节架"上，以便微调方位。

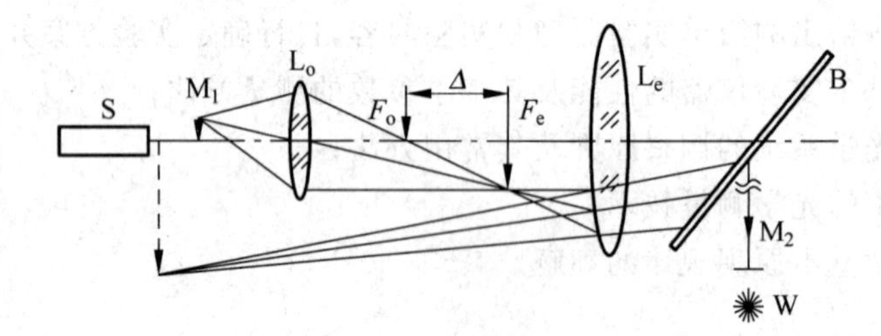

图 35-2　显微镜的放大率的测定

在调节各器件等高同轴之后，将 L_o 与 L_e 之间的距离定成 24cm。微尺应适当远离小光源，使显微镜系统中得到的微尺放大像有适于观察的背景亮度。在 L_e 的支架上套接与光轴成 45°的玻璃架，距此玻璃 25cm(明视距离)处，用一个普通滑动座和双向延伸架安置带毛玻璃的白光源 W 照明的毫米分度尺装在透镜架上。微动物镜前的物测微尺，消除视差，读出经 45°玻璃片反射来的 M_2 像 30 格所对应的 M_1 的格数 a。

显微镜的测量放大率

$$M = \frac{30 \times 10}{a} \tag{35-3}$$

显微镜的计算放大率

$$M' = \frac{250\Delta}{f_o f_e} \tag{35-4}$$

4. 望远镜的放大率

常见的望远镜是由一片长焦距的凸透镜作为物镜和一片短焦距的凸透镜作为目镜组成的光学系统，它的放大率决定于物镜和目镜的像方焦距之比。采用将被放大的标尺长度与直观的标尺长度做比较的方法测量望远镜的放大率。

在光具座上组成一副望远镜，向立在 3m 以外远处的标尺调焦，并对准两个橙色指标间的"E"字(距离 $d_1 = 5$cm)；用另一只眼睛直接注视远处的标尺，通过适应练习，在视觉系统获得被望远镜放大的和直观标尺的叠加像，然后再测出放大的两个橙色指标范围内直观标尺的长度 d_2。

实验测得望远镜的放大率

$$\Gamma = \frac{d_2}{d_1} \tag{35-5}$$

系列二：可见光的干涉与衍射特性的研究

1. 杨氏双缝干涉

双缝是在不透明的屏上刻出的两个间距很近的等同的狭缝 S_1 和 S_2。为便于观测，采用图 35-3 所示装置做实验：使单色光(钠光灯带圆孔光阑)通过透镜 L_1($f=45$mm)会聚到可调狭缝 S 上，用透镜 L_2($f=150$mm)将 S 成像于测微目镜分划板 M，然后将双缝 D 置于 L_2 近旁。在调节好 S、D 与 M 的 mm 刻线的平行，并适当调窄 S 之后，根据惠更斯原理，双缝即成为两个次级光源。从双缝发出的光波就完全满足相干条件，产生垂直于图面的干涉条纹。目镜视场即出现便于观测的杨氏条纹。

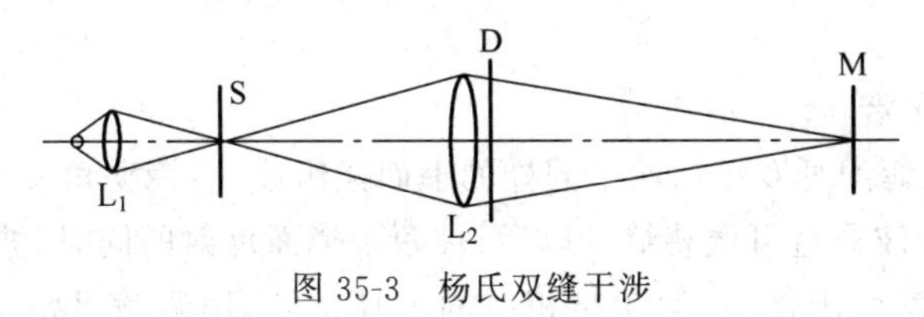

图 35-3 杨氏双缝干涉

如光源波长为 λ，双缝间距为 d，双缝与屏幕距离为 l，可以推导屏上相邻明条纹或暗条纹间的距离为 $\Delta x=\lambda \dfrac{l}{d}$，测出相邻明条纹之间的距离 Δx，以及 l 和 d，可得光的波长

$$\lambda = \frac{d}{l}\Delta x \tag{35-6}$$

用测微目镜测量明条纹的间距 Δx(逐差法)，用米尺测量双缝至目镜分划板的距离 l，用读数显微镜测量双缝的间距(中—中)d，计算波长 λ。

2. 菲涅耳双棱镜干涉

菲涅耳双棱镜实验是用分波阵面法实现双光束干涉的典型实验之一。实验的原理与杨氏实验原理基本相同。对双棱镜实验，式中的 d 是虚光源 S_1 和 S_2 的距离，l 是图 35-4 中的 l_1+l_2，近似于狭缝到双棱镜 B 的距离 l_1 加双棱镜到测微目镜分划板 M 的距离 l_2。实验使用的双棱镜 B 的主截面垂直于狭缝。图中的密集斜线表示产生非定域干涉条纹的区域。

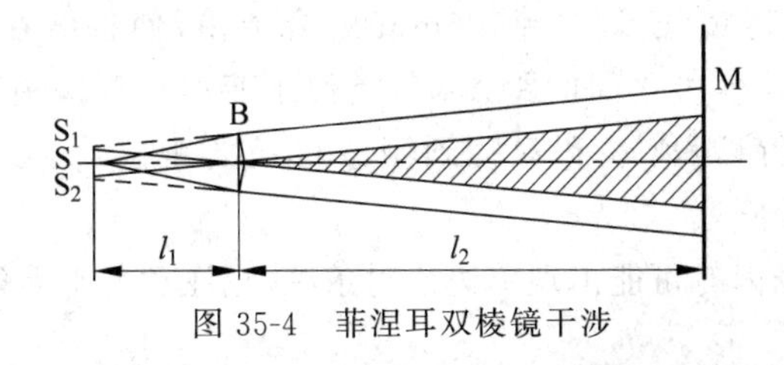

图 35-4 菲涅耳双棱镜干涉

从钠光灯发出的光束通过 $f'=45$(或 50)mm 的凸透镜会聚到可调狭缝 S 上，成为狭缝光源；在距 S 约 20～30cm 处，照射到已调节为“等高同轴”的双棱镜 B，使其棱脊与 S 铅直平行；通过缝宽与棱脊平行的调节使干涉条纹的可见度达到最佳状态。转动测微目镜，使分划板的毫米刻度与干涉条纹平行，以保证目镜叉丝横移的方向垂直于竖向的干涉条纹。

测量条纹间距 Δx、狭缝光源 S 与测微目镜分划板 M 的距离 l，根据所测的钠光灯波长 λ，并利用双缝干涉公式 $\Delta x=\lambda\dfrac{l}{d}$，可计算两个虚光源的间距 d

$$d=\frac{\lambda l}{\Delta x} \tag{35-7}$$

也可利用几何光学原理测量两个虚光源的间距 d：在双棱镜和测微目镜之间重新加上带光阑的凸透镜 L(注意：不可移动 S 与 B 的位置)，使 S 在 M 板上成两个放大的实像 S_1' 和 S_2'。由透镜放大公式

$$d=\frac{u}{v}d' \tag{35-8}$$

可求出两个虚光源的间距 d，并与以上结果比较。其中 u 是物距，v 是像距，可根据狭缝、成像透镜和目镜分划板在光具座标尺上的位置测出；d'是 S_1' 和 S_2' 之间的距离(中—中)，用测微目镜测量。

3. 菲涅耳双镜干涉

如图 35-5 所示，菲涅耳双镜由两个同样的平面镜组成，二镜夹角 φ 很小，一个镜面可微调改变角度。单色光波通过可调狭缝 S 以后，被两个镜面反射的同时，波阵面即被分成两部分传播，在交叠区域发生干涉，产生明暗相间的干涉条纹，用测微目镜接收。虚光源 S_1 和 S_2 是狭缝光源的两个虚像。

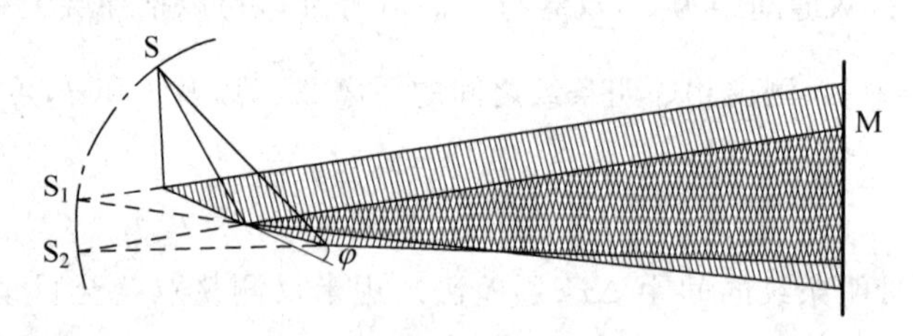

图 35-5 菲涅耳双镜干涉

实验时，钠光灯装在专用支座上，放在光具座附近。将短焦距透镜和可调狭缝插在双向延伸架上锁紧。钠光通过透镜会聚到狭缝上，让主光轴以比图 35-5 更接近掠射的角度指向双镜的交线，狭缝和双镜交线应取铅直方位。先用眼睛找到狭缝的两个虚像，则有助于架在延伸架上距双镜半米左右的测微目镜瞄准干涉条纹。在测得条纹间距 Δx 之后，在另一个滑动座的延伸架上安装透镜架及 $f'=105\text{mm}$ 胶合透镜，使狭缝在目镜分划板上成两个清晰的实像。测出这两个实像之间的距离 d'，类似于菲涅耳双棱镜实验，可求得虚光源间距 d。测出狭缝 S 到双镜距离 v 和双镜到测微目镜的距离 l_0，设 $v+l_0=l$，则可利用式(35-6)，计算单色光波长。

调光路时，目镜视场内有可能出现单边衍射条纹，应注意与干涉条纹的区别。

4. 劳埃德镜干涉

劳埃德镜实验装置比较简单，镜子采用一块长方形黑玻璃镜片。图 35-6 表示从狭缝光源 S 掠射镜面，反射光与从同一光源发出路经镜面近旁的光束在局部区域交叠发生干涉，用屏 M 接收干涉条

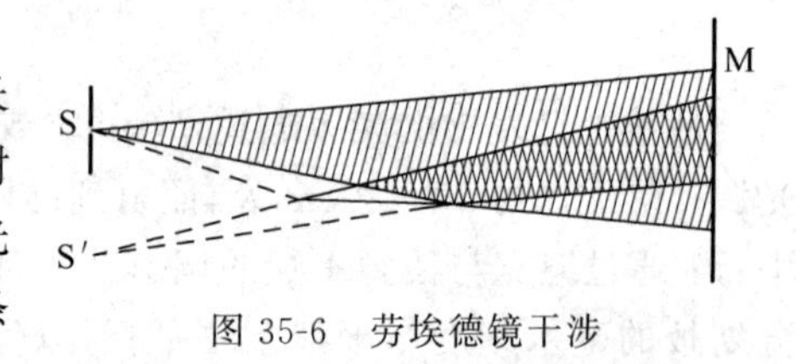

图 35-6 劳埃德镜干涉

纹。实验中凸透镜和狭缝装在插入滑动座的双向延伸架上。钠光通过 $f'=45\text{mm}$ 或 50mm 的凸透镜会聚到可调狭缝，从狭缝光源发出的光束一部分照射劳埃德镜，让另一部分不经反射直接从镜子近旁通过。狭缝和镜面都要调到铅直，镜中心与狭缝距离可定在 20cm 左右。先用眼睛直接观察狭缝及其由镜子产生的虚像，并将二者距离调近，再使用延伸架装好测微目镜，由近及远地观察明暗相间的干涉条纹，将目镜停在离狭缝约 1m 处，进行必要的细致调节后，可测量条纹间距 Δx，测量狭缝光源与其虚像间的距离 d，从而测出波长。

5. 夫琅禾费单缝衍射

按夫琅禾费单缝衍射(见图 35-7)图样的分布规律，当 $a\sin\theta=2k\dfrac{\lambda}{2}(k=\pm1,\pm2,\cdots)$ 时，产生暗条纹，当 $a\sin\theta=(2k+1)\dfrac{\lambda}{2}(k=\pm1,\pm2,\cdots)$ 时，产生明条纹。其中 a 是狭缝宽度，θ 是与某衍射级对应的衍射角，λ 是单色光波长。

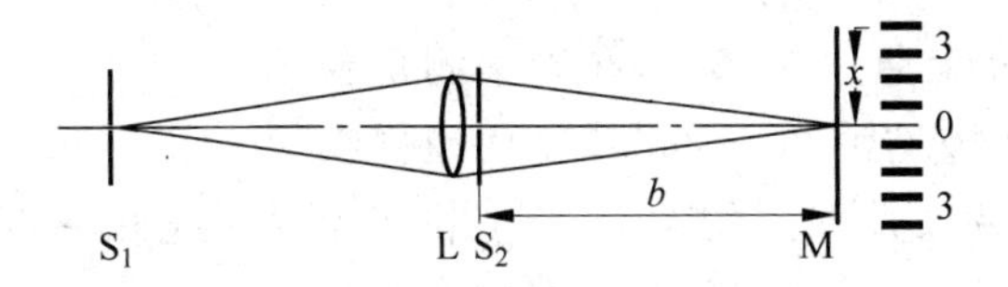

图 35-7　夫琅禾费单缝衍射

图 35-7 表示采用一种远场近似法，用一个 $f'=225\text{mm}$ 的长焦距凸透镜 L(对 1.5m 光具座，凸透镜焦距可选用更长的，例如：$f'=300\text{mm}$)使狭缝光源 S_1 成像于稍大于 4 倍焦距处的观测屏 M 上，紧靠 L 安置狭缝 S_2，屏 M 上即产生夫琅禾费单缝衍射图样分布。设 S_2 与 M 距离为 b，第 k 级明条纹与衍射图样中心距离为 x_k，则 $\tan\theta=\dfrac{x_k}{b}$。因实际上衍射角 θ 很小，所以 $\tan\theta\approx\sin\theta$，又因衍射图样零级中心位置不易准确定位，所以测量两个同级条纹间的距离 $2x_k$，根据明条纹计算公式可得

$$\lambda=\frac{2x_k}{2k+1}\cdot\frac{a}{b} \tag{35-9}$$

实验中可测量条纹间距，测量狭缝宽度等，依据上式计算波长。可利用几何光学原理测量狭缝 S_2 的宽度。

6. 夫琅禾费圆孔衍射

平行光束通过圆孔发生的衍射就是夫琅禾费圆孔衍射。在钠光灯窗口插上带孔径 ϕ 为 1.5mm 小孔的挡板，在离钠光灯约 60cm 远的光具座的二维调节座上用透镜架支起 ϕ 为 0.3mm 衍射孔板，让衍射光通过物镜($f'=70\text{mm}$)成像在测微目镜的分划板上。仔细调节两个小孔和物镜同轴，从目镜观察到清晰的衍射图样，用测微目镜测量衍射图样中心亮斑(艾里斑)的直径 D。根据理论计算和精确测量的结果，应有

$$D=1.22\frac{f'}{a}\lambda \tag{35-10}$$

其中，f'是物镜的焦距；a 是衍射小孔的半径；λ 是光波的波长。

系列三：可见光偏振特性的研究

1. 偏振光的产生和检验偏振

一般光源发光，由于大量原子或分子的热运动和辐射的随机性，光振动(以电矢量 $\boldsymbol{E}$ 表示)没有哪个方向特别占优势，就是自然光。自然光经过介质的反射、折射或吸收以后，会使某一方向上的光振动占优势，成为部分偏振光。若光振动在传播过程中局限于包含传播方向的一个确定平面内，则称作平面偏振光或线偏振光。若偏振光的电矢量末端在垂直传播方向的平面上运动的轨迹成椭圆形或圆形，则称椭圆偏振光或圆偏振光。

2. 由反射产生偏振与布儒斯特角

反射产生偏振与布儒斯特角如图 35-8 所示。当自然光倾斜地投射到两种介质(例如空气和玻璃)分界面时，反射光和透射(折射)光一般都是部分偏振光。将白光源、凸透镜($f'=150$mm)、可调狭缝和光学测角台分别装在光具座上，调等高同轴，并使灯丝位于凸透镜的焦平面上(此时滑动座相距约 162mm)，近似于平行光束通过狭缝后，在光学测角台上显出光迹；然后把黑玻璃沿 90°—90°线稳固地立在台面上，再将安在偏振片波片架上的偏振片 A 装在光学测角台的转臂上，转动光学测角台，使光束以任意角度入射，用检偏器 A 接收反射光。当转动 A 时，透射光束因入射角不同而有不同的明暗变化，表明是不同程度的部分偏振光；而当入射角为 56°30′ 时，可见反射的线偏振光被检偏器消除的现象(视场近乎全暗)。这个入射角即布儒斯特角。因线偏振光的振动面垂直于入射面，所以按检偏器的消光方位能够定出偏振片的偏振轴(易透射轴)。

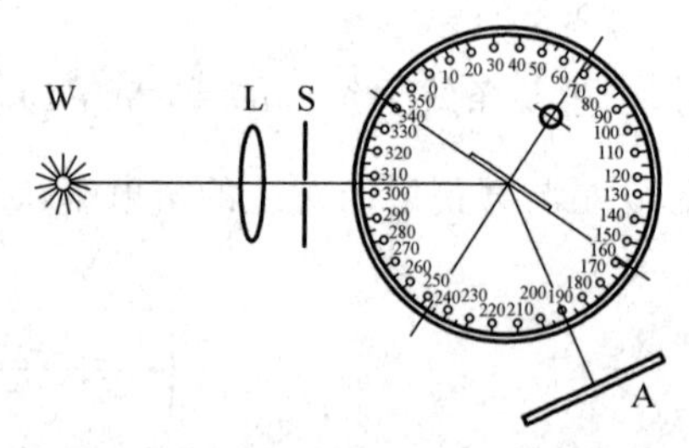

图 35-8 反射产生偏振与布儒斯特角

有些材料对自然光在内部产生的偏振分量具有选择吸收作用，即对一种振动方向的线偏振光吸收特强，而对与此振动方向垂直的线偏振光吸收很少，这就是二向色性。H 型偏振片是在长链聚合物的被拉伸薄膜内的碳氢链上附着了碘做成的膜片。大量含碘长链分子的平行排列构成了间隙小于光波波长的栅格。因碘原子具有高传导性，平行于长链分子的电场分量容易被吸收，而与它垂直的分量容易通过，所以能够用来产生和检验偏振光。

在光具座上前后平行地架起两片偏振片，朝向均匀的面光源。前一片是起偏器，后一片就是检偏器。在检偏器转动过程中可以观察到偏振光强度的变化。

3. 晶体双折射

自然光入射某些各向异性晶体时发生折射，同时分解成两束平面偏振光以不同速度在晶体内传播的现象称作晶体的双折射。例如一束自然光进入冰洲石后产生两束光，其中一束遵循常规的折射定律，称作寻常光(o 光)；另一束不遵循折射定律，即折射光线可以不在入射面内，并且入射角正弦和折射角正弦的比值不为常数，随入射角而变。这束光称非寻常光(e 光)。将冰洲石及转动架安在光具座上，使白光源发出的光束通过转动架上的一个小孔垂直入射到冰洲石晶体后，寻常光径直通过晶体，非寻常光发生了折射，从晶体输出的是两束振动方向不同的偏振光。在适当距离用眼睛直接观察双折射的出射光束；转动冰洲石的圆筒，根据出射光束随之发生的变化来判断寻常光和非常光。最后用一个检偏器确定 o 光和 e 光振动方向的关系。

4. 椭圆偏振光

使氦氖激光通过扩束器 BE 和狭缝 S，以布儒斯特角 θ_B 入射立在光学测角台上的黑波路镜 BG，产生线偏振光，再通过装在转动臂上的 1/4 波片 Q 之后产生椭圆偏振光。将双向延伸架插入一个滑动座，装上检偏器 A 和白屏 C，锁紧后置入反射光路(见图 35-9)。用检偏器在转动中观察透射光强变化，是否有两明两暗现象。在暗位置，检偏器的透振方向即椭圆的短轴方向。

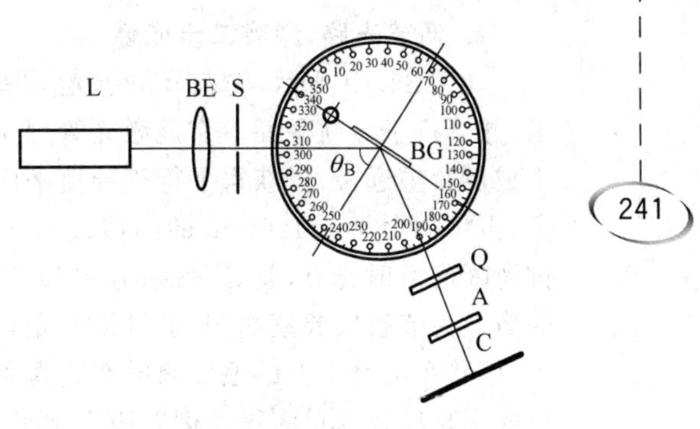

图 35-9　椭圆偏振光

5. 圆偏振光

在光具座一头，氦氖激光器通过扩束器发出波长 632.8nm 的扩束激光，另一头在透振轴正交的两个偏振片(起偏器和检偏器)之间，加入 1/4 波片。先转动波片直到透射光强恢复为零，再从该位置转动 45°即可产生圆偏振光，此时转动检偏器，透射光强是不变的。

6. 旋光效应

旋光效应是指某些固体和液体物质能使偏振光的偏振面发生旋转的现象，这些物质叫作旋光性物质。偏振面旋转的角度可以用检偏器予以检验。实验表明葡萄糖水溶液使偏振面发生的转角 φ 与溶液的厚度(玻璃槽长度)l 和溶液的浓度 ρ 成正比。

$$\varphi=\alpha\cdot\rho\cdot l \tag{35-11}$$

式中的比例系数 α 表示该物质的旋光本领，常称作比旋光率；ρ 是溶液的质量浓度，以 g/cm^3 为单位，l 的单位为 dm。

实验时，使带毛玻璃窗的钠光灯靠近光具座的一端，离钠光灯约 15cm，在光具座上置一带光阑的凸透镜($f'=150mm$)获得近似的平行光束，并使其入射到透振轴正交的两个偏振片上，用眼睛检查透射光被消除的现象，然后在两个偏振片之间加入盛有事先用蒸馏水配制的葡萄糖溶液的玻璃槽。见暗视场透光后，将检偏器旋转一个角度 φ，视场恢复变暗。即可测得葡萄糖的比旋光率 α，标准值是用钠黄光在 20℃的温度下测得的。室温每升高 1℃，α 的修正值为$-0.02°$。

系列四：阿贝成像原理和空间滤波特性的研究

1. 阿贝成像原理和空间滤波

在相干平行光束照明下，显微镜的物镜成像可以分成两步：一是入射光经过物的衍射在物镜的后焦面上形成夫琅禾费衍射图样，二是衍射图样作为新的子波源发出的球面波在像平面上相干成像。

经过计算可以证明，阿贝提出的二步成像过程，实质上是以复振幅分布描述的物光函数 $g(x,y)$经过傅里叶变换成为焦平面(频谱面)上按空间频谱分布的复振幅——频谱函数 $g'(\nu_x,\nu_y)$；频谱函数再经过傅里叶逆变换，即可获得像平面上的复振幅分布——像函数 $g''(x'',y'')$。所以说透镜具有实现傅里叶变换的功能。

概括地说，上述成像过程先是“衍射分频”，然后是“干涉合成”。所以如果着手改变频谱，必然引起像的变化。在频谱面上作的光学处理就是空间滤波。最简单的方法是用各种光阑对衍射斑作取舍处理，达到改造图像的目的。

2. 调节光路,考察二步成像

如图 35-10 所示,先调节位于光具座一端的 He-Ne 激光器,使激光光束沿导轨方向射出,并平行于导轨平面。靠近激光管用 $f'=4.5\text{mm}$ 和 $f'=150\text{mm}$ 的两个凸透镜 L_1 和 L_2 组成倒置望远镜,以获得平行于导轨平面的扩展光束。使光栅垂直于平行光束,放在 L_2 近旁,再将一个 $f'=190\text{mm}$ 的凸透镜 L 放在光栅附近,用毛玻璃屏在 L 的焦平面附近找到一排清晰的衍射光点,就是“衍射分频”形成的频谱。再将屏移到约 2m 以外,即能接收到光栅的像。为节省实验室面积,也可以在光具座一端用平面镜以较小的角度将成像光路反射回来,用装在旋臂架上的毛玻璃屏在光源的侧后方接收光栅像。因波长 λ 和焦距 f 为已知,只要用直尺或卡尺测得各衍射级至中央 0 级的 x',y'方向的距离 x',y'值时,即可根据公式

$$\begin{cases} \nu_x = \dfrac{x'}{\lambda f} \\ \nu_y = \dfrac{y'}{\lambda f} \end{cases} \tag{35-12}$$

求出各衍射级相应的空间频率。

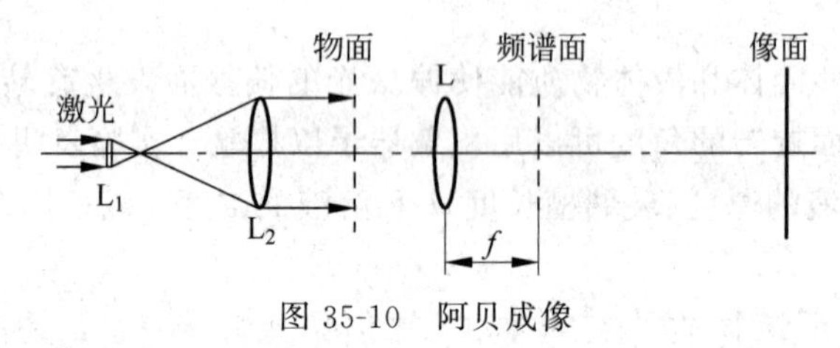

图 35-10　阿贝成像

阿贝成像原理的进一步实验:保留上一步的实验光路,在频谱面上增加一个活动光阑(一种频谱滤波器),按图 35-11 所示,分别让不同的频谱成分通过光阑,观察、比较像面变化。再用二维光栅取代一维光栅,用毛玻璃屏在频谱面上找到这个光栅的频谱,可以看到二维离散的光点阵。将屏移到像面观察位置,又可见放大的二维光栅像。调节光栅使像的条纹竖直和水平,并测量 n 个光点至 0 级的距离,再测出光栅格的距离。类似于上述一维光栅实验,也可以计算出二维频谱各级光点的空间频率。还可以把小孔光阑和不同取向的单缝光阑分别放在频谱面上,小孔光阑分别让频谱的 0 级和 1 级通过(见图 35-12),保持以前的像面位置不变,观察像面变化,测量有关距离。实验者经过观察、思考和分析应对这些光学现象作出简要的解释。

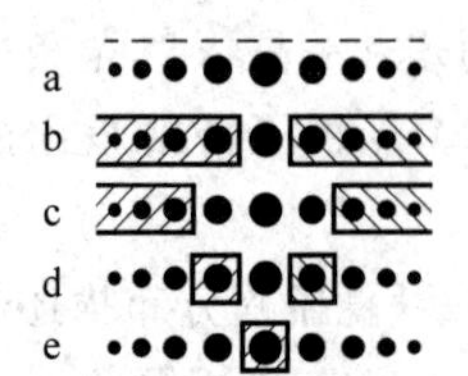

图 35-11　不同频谱的阿贝成像图(一)

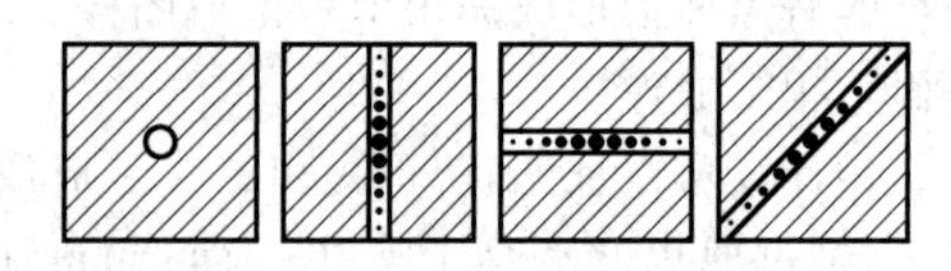

图 35-12　不同频谱的阿贝成像图(二)

3. 低通和高通滤波

几种常用的滤波器如图 35-13 所示,其中 A 是低通滤波器,它可以去掉离光轴较远的高频成分,只保留离光轴较近的低频成分;B 是高频滤波器,它挡住低频成分,只让高频成分通过,C 是带通(选频)滤波器,能滤除低频和高频成分,选通一定的中间频带。

实验中应特别注意高低频滤波与成像各有什么关系。若以图 35-14 所示网格字为物，观察频谱，因字形对应非周期函数，有连续频谱，粗笔画的频率成分集中在光轴附近；网格对应周期函数，有分立频谱。运用滤波手段不难找到保留字形消除网格的方法。

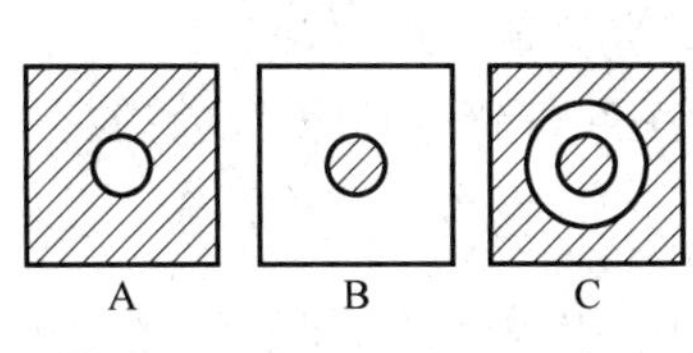

图 35-13　几种常用的滤波器

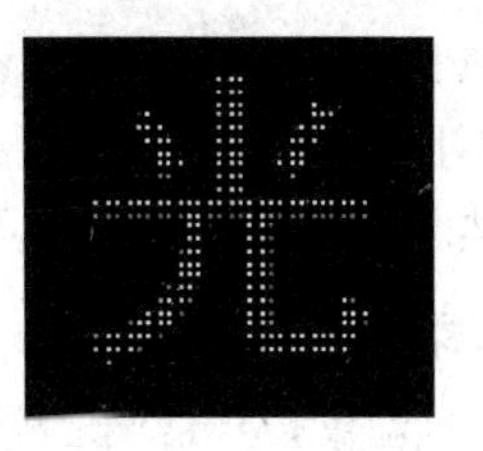

图 35-14　网格字

4. 调制

θ 调制是用不同取向的光栅对物屏面的各部分进行调制(编码)，通过特殊滤波器控制像平面相关各部分的灰度(用单色光照明)或色彩(用白光照明)的一种方法。例如 θ 调制板附件就是一个由 3 种取向的光栅组成的图案，相邻取向的夹角均为 120°。在图 35-15 所示光路中，从卤钨灯发出的光通过凸透镜 L_1($f'=190$mm)变成近似平行光束，其中每一种单色光通过图案的各组成部分，都会在 L_2 的后焦面上产生与各部分对应的频谱，合成的结果，中央零级形成白色光斑，其他各级形成 3 个方向的彩色光斑。这时在频谱面上置一硬纸板，先用大头针扎一小孔，测定各排频谱所属图案区域，再躲开测试孔，按配色需要，在相关色斑的单色部位尽可能准确地扎出一些小孔，在毛玻璃屏上就得到预期的彩色图案。

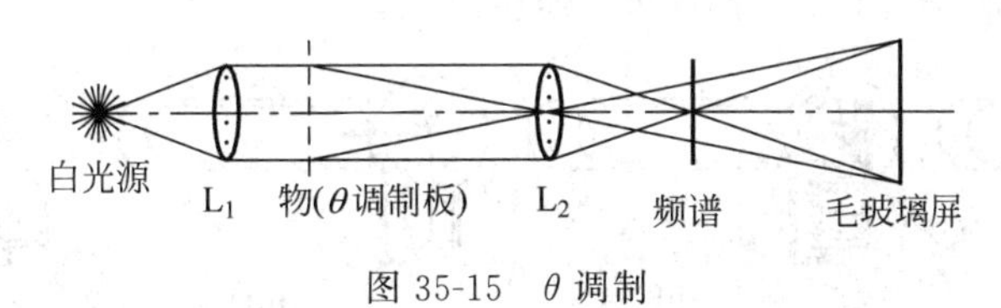

图 35-15　θ 调制

【实验内容】

1. 透镜基本参数的研究；
2. 可见光的干涉与衍射特性的研究；
3. 可见光偏振特性的研究；
4. 阿贝成像原理和空间滤波特性的研究。

【实验要求】

1. 根据所给出的简单实验原理和选定的实验内容自己查找资料，写出实验方案；
2. 独立完成实验内容；
3. 独立完成实验报告。

实验 36　空气热机综合实验

热机是将热能转换为机械能的机器。历史上对热机循环过程及热机效率的研究，曾为热力学第二定律的确立起了奠基性的作用。斯特林 1816 年发明的空气热机，以空气作为工作介质,是最古老的热机之一。虽然现在已发展了内燃机、燃气轮机等新型热机,但空气热机结构较简单,空气热机综合实验便于帮助学生理解热机原理与卡诺循环等热力学中的重要内容。

【实验目的】

1. 理解热机原理及循环过程;
2. 测量不同冷热端温度时的热功转换值,研究验证卡诺定理;
3. 测量热机输出功率随负载及转速的变化关系,计算热机实际效率。

【实验仪器】

空气热机实验仪,空气热机测试仪,电加热器及电源,计算机(或双踪示波器)。

【实验原理】

实验 36-1

空气热机工作原理可用图 36-1 说明。热机主机由高温区、低温区、工作活塞及气缸、位移活塞及气缸、飞轮、连杆、热源等部分组成。

热机中部为飞轮与连杆机构,工作活塞与位移活塞通过连杆与飞轮连接。飞轮的下方为工作活塞与工作气缸,飞轮的右方为位移活塞与位移气缸,工作气缸与位移气缸之间用通气管连接。位移气缸的右边是高温区,可用电热方式或酒精灯加热,位移气缸左边有散热片,构成低温区。

工作活塞使气缸内气体封闭,并在气体的推动下对外做功。位移活塞是非封闭的占位活塞,其作用是在循环过程中使气体在高温区与低温区间不断交换,气体可通过位移活塞与位移气缸间的间隙流动。工作活塞与位移活塞的运动是不同步的,当某一活塞处于位置极值时,它本身的速度最小,而另一个活塞的速度最大。

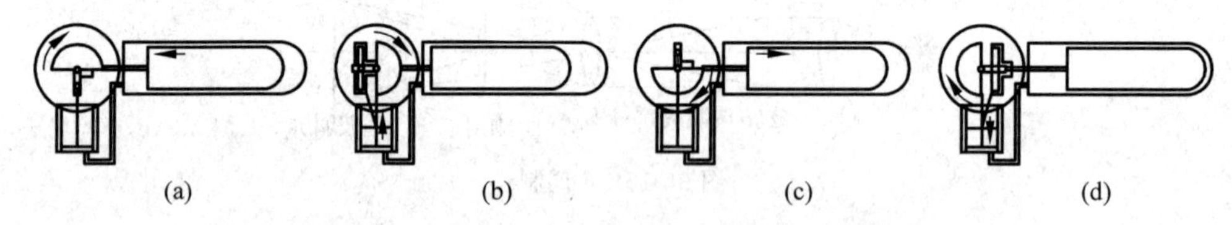

图 36-1　空气热机工作原理

当工作活塞处于最底端时,位移活塞迅速左移,使气缸内气体向高温区流动,如图 36-1(a)所示。进入高温区的气体温度升高,使气缸内压强增大并推动工作活塞向上运动,如图 36-1(b)所示。在此过程中热能转换为飞轮转动的机械能。工作活塞在最顶端时,位移活塞迅速右移,使气缸内气体向低温区流动,如图 36-1(c)所示;进入低温区的气体温度降低,使气缸内压强减小,同时工作活塞在飞轮惯性力的作用下向下运动,完成循环,如图 36-1(d)所示。

在一次循环过程中气体对外所做净功等于 P-V 图所围的面积,示波器观测的热机实验 P-V 曲线,如图 36-2 所示。

对于循环过程可逆的理想热机,热机效率为

$$\eta=\frac{W}{Q_1}=\frac{Q_1-Q_2}{Q_1}=\frac{T_1-T_2}{T_1}=\frac{\Delta T}{T_1} \tag{36-1}$$

上式中 W 为每一循环中热机做的净功,Q_1 为热机每一循环从高温热源吸收的热量,Q_2 为热机每一循环向低温热源放出的热量,T_1 为高温热源的绝对温度,T_2 为低温热源的绝对温度,ΔT 为高温热源与低温热源的温度差。

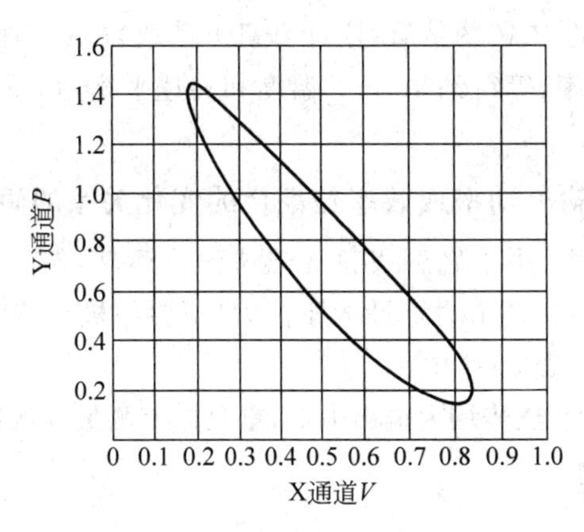

图 36-2　示波器观测的热机实验 P-V 曲线

根据对热机效率的研究而得出的卡诺定理指出，实际的热机都不可能是理想热机，由热力学第二定律可以证明，循环过程不可逆的实际热机，其效率不可能高于理想热机，此时热机效率

$$\eta \leqslant \frac{\Delta T}{T_1} \tag{36-2}$$

卡诺定理指出了提高热机效率的途径，就过程而言，应当使实际的不可逆机尽量接近可逆机。就温度而言，通过保持低温热源的绝对温度 T_2 不变，应尽量提高高温热源的绝对温度，以提高与低温热源的温度差。

热机每一循环从热源吸收的热量 Q_1 正比于$\frac{\Delta T}{n}$，n 为热机转速，η 正比于 $n\frac{W}{\Delta T}$。n，W，T_1 及 ΔT 均可测量，测量不同冷热端温度时的 $n\frac{W}{\Delta T}$，观察它与$\frac{\Delta T}{T_1}$的关系，可验证卡诺定理。

当热机带负载时，热机向负载输出的功率可由力矩计测量计算而得，且热机实际输出功率的大小随负载的变化而变化。在这种情况下，可测量计算出不同负载大小时的热机实际效率。

【实验内容和步骤】

实验 36-2

1. 研究卡诺定理

(1) 根据测试仪面板上的标识和仪器介绍中的说明，将各部分仪器连接起来，开始实验。取下力矩计，将加热电压加到第 11 挡(36V 左右)。等待约 6～10min，加热电阻丝已发红后，用手顺时针拨动飞轮，热机即可运转。结合图 36-1 仔细观察热机循环过程中工作活塞与位移活塞的运动情况，切实理解空气热机的工作原理。

注：*若运转不起来，可看看热机测试仪显示的温度，冷热端温度差在 100℃ 以上时易于起动。*

(2) 减小加热电压至第 1 挡(24V 左右)，调节示波器，观察压力和容积信号，以及压力和容积信号之间的相位关系等，并把 P-V 图调节到最适合观察的位置(如图 36-2)。等待约 10min，温度和转速平衡后，记录当前加热电压，并从热机测试仪(或计算机)上读取温度和转速，从双踪示波器显示的 $P\text{-}V$ 图估算（或计算机上读取）$P\text{-}V$ 图面积，记入表 36-1 中。

（3）逐步加大加热功率，等待约 10min，温度和转速平衡后，重复以上测量 4 次以上，将数据记入表 36-1。

2. 输出耦合不同时输出功率或效率随耦合的变化关系的研究

（1）在最大加热功率下，用手轻触飞轮让热机停止运转，然后将力矩计装在飞轮轴上，拨动飞轮，让热机继续运转。调节力矩计的摩擦力（不要停机），待输出力矩，转速，温度稳定后，读取并记录各项参数于表 36-2 中。

（2）保持输入功率不变，逐步增大输出力矩，重复以上测量 5 次以上，将数据记入表 36-2。

【数据记录与处理】

1. 数据记录

表 36-1　测量不同冷热端温度时的热功转换值

加热电压 V /V	热端温度 T_1 /K	温度差 ΔT /K	$\dfrac{\Delta T}{T_1}$	W（$P\text{-}V$ 图面积）/J	热机转速 n /$(\mathrm{r\cdot s^{-1}})$	$n\dfrac{W}{\Delta T}$
…	…	…	…	…	…	…

表 36-2　测量热机输出功率随负载及转速的变化关系

输入功率 $P_i=VI=$________W

热端温度 T_1 /K	温度差 ΔT /K	输出力矩 M /(N·m)	热机转速 n /$(\mathrm{r\cdot s^{-1}})$	输出功率 $P_0=2\pi nM$ /W	输出效率 $\eta=\dfrac{P_0}{P_i}$
…	…	…	…	…	…

注：表 36-1、表 36-2 中的热端温度 T_1、温差 ΔT、转速 n、加热电压 V、加热电流 I、输出力矩 M 可以直接从仪器上读出来，输出功 W 等于 $P\text{-}V$ 图所围的面积，可以根据示波器上的图形估算得到，也可以从计算机软件直接读出（仅适用于微机型热机测试仪），其单位为 J，其他的数值可以根据前面的读数计算得到。

2. 数据处理

（1）依据表 36-1 数据，以$\dfrac{\Delta T}{T_1}$为横坐标，$n\dfrac{W}{\Delta T}$为纵坐标，在坐标纸上作 $n\dfrac{W}{\Delta T}$与$\dfrac{\Delta T}{T_1}$的关系图，验证卡诺定理。

（2）依据表 36-2 数据，以 n 为横坐标，P_0 为纵坐标，在坐标纸上作 P_0 与 n 的关系图，表示同一输入功率下，输出耦合不同时输出功率或效率随耦合的变化关系。

【注意事项】

（1）加热端在工作时温度很高，而且在停止加热后 1h 内仍然会有很高温度，请小心操作，否则会被烫伤。

（2）热机在没有运转状态下，严禁长时间大功率加热，若热机运转过程中因各种原因停止转动，必须用手拨动飞轮帮助其重新运转或立即关闭电源，否则会损坏仪器。

（3）热机气缸等部位为玻璃制造，容易损坏，请谨慎操作。

(4) 记录测量数据前须保证已基本达到热平衡，避免出现较大误差。等待热机稳定读数的时间一般在10min左右。

(5) 在读力矩的时候，力矩计可能会摇摆。这时可以用手轻托力矩计底部，缓慢放手后可以稳定力矩计。如还有轻微摇摆，读取中间值。

(6) 飞轮在运转时，应谨慎操作，避免被飞轮边沿割伤。

【思考题】

1. 为什么 P-V 图的面积即等于热机在一次循环过程中将热能转换为机械能的数值？

附录 P

空气热机实验仪简介

电加热型热机实验仪如图36-3所示。空气热机主机由高温区、低温区、工作活塞及气缸、位移活塞及气缸、飞轮、连杆、热源等部分组成。

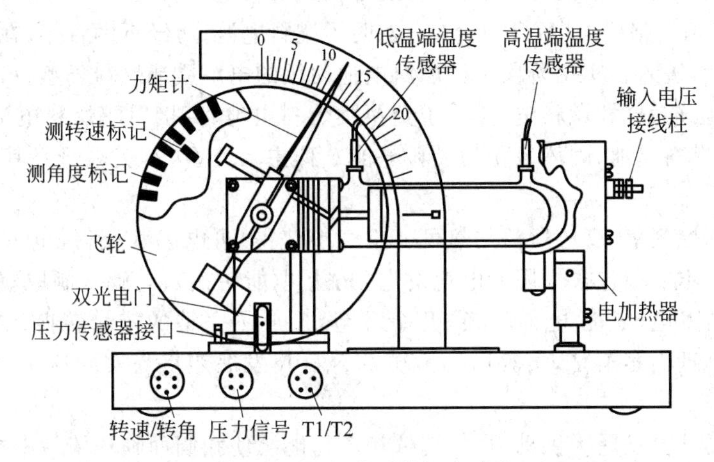

图36-3 电加热型热机实验仪

飞轮下部装有双光电门，上边一个用以定位工作活塞的最低位置，下边一个用以测量飞轮转动角度。热机测试仪以光电门信号为采样触发信号。

气缸的体积随工作活塞的位移而变化，而工作活塞的位移与飞轮的位置有对应关系，在飞轮边缘均匀排列45个挡光片，采用光电门信号上下沿触发方式，飞轮每转4°给出一个触发信号，由光电门信号可确定飞轮位置，进而计算气缸体积。

压力传感器通过管道在工作气缸底部与气缸连通，测量气缸内的压力。在高温和低温区都装有温度传感器，测量高低温区的温度。底座上的三个插座分别输出转速/转角信号、压力信号和高低端温度信号，使用专门的线和实验测试仪相连，传送实时的测量信号。电加热器上的输入电压接线柱分别使用黄、黑两种线连接到电加热器电源的电压输出正负极上。

热机实验仪采集光电门信号、压力信号和温度信号，经微处理器处理后，在仪器显示窗口显示热机转速和高低温区的温度。在仪器前面板上提供压力和体积的模拟信号，供连接示波器显示 P-V 图。所有信号均可经仪器前面板上的串行接口连接到计算机。

加热器电源为加热电阻提供能量，输出电压从24～36V连续可调，可以根据实验的实际需要调节加热电压。

力矩计悬挂在飞轮轴上，调节螺钉可调节力矩计与轮轴之间的摩擦力，由力矩计可读出摩擦力矩 M，并进而算出摩擦力和热机克服摩擦力所做的功。经简单推导可得热机输出功率 $P=2\pi nM$，式中 n 为热机每秒的转速，即输出功率为单位时间内的角位移与力矩的乘积。

微机型测试仪通过串口和计算机通信，并配有热机软件，可以通过该软件在计算机上显示并读取 P-V 图面积等参数和观测热机波形。

实验 37　燃料电池综合特性实验

燃料电池以氢和氧为燃料，通过电化学反应直接产生电力，能量转换效率高于燃烧燃料的热机。燃料电池的反应生成物为水，对环境无污染，单位体积氢的储能密度远高于现有的其他电池。因此它的应用从最早的宇航等特殊领域，到现在人们积极研究将其应用到电动汽车、手机电池等日常生活的各个方面，各国都投入巨资进行研发。

1839 年，英国人格罗夫(W. R. Grove)发明了燃料电池，历经近两百年，在材料、结构、工艺不断改进之后，进入了实用阶段。按燃料电池使用的电解质或燃料类型，可将现在和近期可行的燃料电池分为碱性燃料电池、质子交换膜燃料电池、直接甲醇燃料电池、磷酸燃料电池、熔融碳酸盐燃料电池、固体氧化物燃料电池 6 种主要类型，本实验研究其中的质子交换膜燃料电池。

燃料电池的燃料氢(反应所需的氧可从空气中获得)可电解水获得，也可由矿物或生物原料转化制成。本实验包含太阳能电池发电(光能-电能转换)、电解水制取氢气(电能-氢能转换)、燃料电池发电(氢能-电能转换)几个环节，形成了完整的能量转换、储存、使用的链条。实验内含物理内容丰富，实验内容紧密结合科技发展热点与实际应用，实验过程环保清洁。

能源为人类社会发展提供动力，长期依赖矿物能源使我们面临环境污染之害，资源枯竭之困。为了人类社会的持续健康发展，各国都致力于研究开发新型能源。未来的能源系统中，太阳能将作为主要的一次能源替代目前的煤、石油和天然气，而燃料电池将成为取代汽油、柴油和化学电池的清洁能源。

【实验目的】

1. 了解燃料电池的工作原理；

2. 观察仪器的能量转换过程：光能→太阳能电池→电能→电解池→氢能(能量储存)→燃料电池→电能；

3. 测量燃料电池输出特性，作出所测燃料电池的伏安特性(极化)曲线，电池输出功率随输出电压的变化曲线，计算燃料电池的最大输出功率及效率；

4. 测量质子交换膜电解池的特性，验证法拉第电解定律；

5. 测量太阳能电池的特性，作出所测太阳能电池的伏安特性曲线，电池输出功率随输出电压的变化曲线，获取太阳能电池的开路电压、短路电流、最大输出功率、填充因子等特性参数。

【实验仪器】

燃料电池综合实验仪。

【实验原理】

1. 质子交换膜燃料电池及其输出特性

(1) 质子交换膜燃料电池工作原理

质子交换膜(PEM,proton exchange membrane)燃料电池在常温下工作,具有启动快速、结构紧凑的优点,最适宜作汽车或其他可移动设备的电源,近年来发展很快,其结构示意图如图37-1所示。目前广泛采用的全氟璜酸质子交换膜为固体聚合物薄膜,厚度0.05～0.1mm,它提供氢离子(质子)从阳极到达阴极的通道,而电子或气体不能通过。催化层是将纳米量级的铂粒子用化学或物理的方法附着在质子交换膜表面,厚度约0.03mm,对阳极氢的氧化和阴极氧的还原起催化作用。膜两边的阳极和阴极由石墨化的碳纸或碳布做成,厚度0.2～0.5mm,导电性能良好,其上的微孔提供气体进入催化层的通道,又称为扩散层。

实验37-1

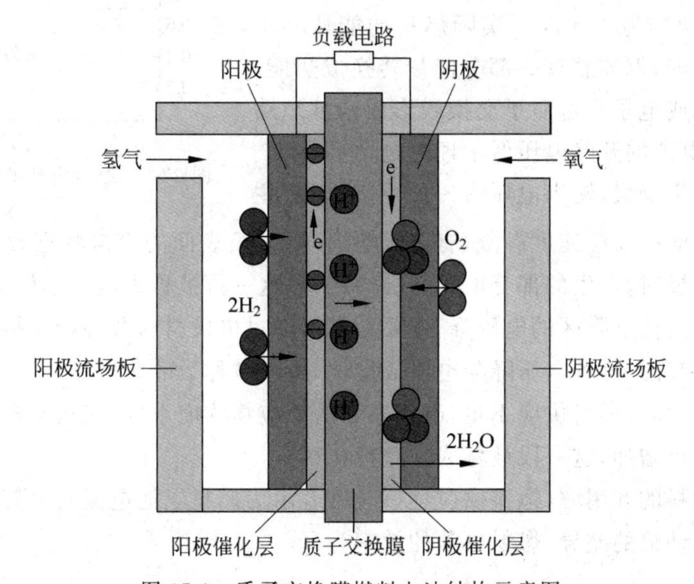

图37-1　质子交换膜燃料电池结构示意图

商品燃料电池为了提供足够的输出电压和功率,需将若干单体电池串联或并联在一起,流场板一般由导电良好的石墨或金属做成,与单体电池的阳极和阴极形成良好的电接触,称为双极板,其上加工有供气体流通的通道。教学用燃料电池为直观起见,采用有机玻璃作流场板。

进入阳极的氢气通过电极上的扩散层到达质子交换膜。氢分子在阳极催化剂的作用下解离为2个氢离子,即质子,并释放出2个电子,阳极反应为

$$H_2 = 2H^+ + 2e \tag{37-1}$$

氢离子以水合质子 $H^+(nH_2O)$ 的形式,在质子交换膜中从一个璜酸基转移到另一个璜酸基,最后到达阴极,实现质子导电,质子的这种转移导致阳极带负电。

在电池的另一端,氧气或空气通过阴极扩散层到达阴极催化层,在阴极催化层的作用下,氧与氢离子和电子反应生成水,阴极反应为

$$O_2 + 4H^+ + 4e = 2H_2O \tag{37-2}$$

阴极反应使阴极缺少电子而带正电，结果在阴阳极间产生电压，在阴阳极间接通外电路，就可以向负载输出电能。总的化学反应如下

$$2H_2 + O_2 = 2H_2O \tag{37-3}$$

（阴极与阳极：在电化学中，失去电子的反应叫氧化，得到电子的反应叫还原。产生氧化反应的电极是阳极，产生还原反应的电极是阴极。对电池而言，阴极是电的正极，阳极是电的负极。）

（2）燃料电池输出特性

在一定的温度与气体压力下，改变负载电阻的大小，测量燃料电池的输出电压与输出电流之间的关系，如图37-2所示。电化学家将其称为极化特性曲线，习惯用电压作纵坐标，电流作横坐标。

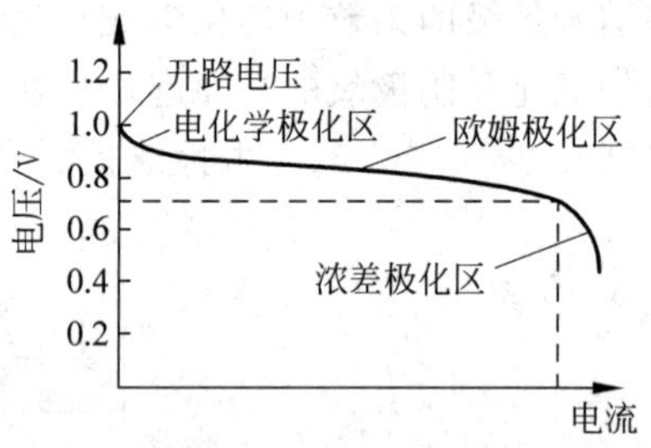

图37-2　燃料电池的极化特性曲线

理论分析表明，如果燃料的所有能量都被转换成电能，则理想电动势为1.48V。实际燃料的能量不可能全部转换成电能，例如总有一部分能量转换成热能，少量的燃料分子或电子穿过质子交换膜形成内部短路电流等，故燃料电池的开路电压低于理想电动势。

随着电流从零增大，输出电压有一段下降较快，主要是因为电极表面的反应速度有限，有电流输出时，电极表面的带电状态改变，驱动电子输出阳极或输入阴极时，产生的部分电压会被损耗掉，这一段被称为电化学极化区。

输出电压的线性下降区的电压降，主要是电子通过电极材料及各种连接部件，离子通过电解质的阻力引起的，这种电压降与电流成比例，所以被称为欧姆极化区。

输出电流过大时，燃料供应不足，电极表面的反应物浓度下降，使输出电压迅速降低，而输出电流基本不再增加，这一段被称为浓差极化区。

综合考虑燃料的利用率（恒流供应燃料时可表示为燃料电池电流与电解电流之比）及输出电压与理想电动势的差异，燃料电池的效率为

$$\eta_{电池} = \frac{I_{电池}}{I_{电解}} \cdot \frac{U_{输出}}{1.48} \times 100\% = \frac{P_{输出}}{1.48 \times I_{电解}} 100\% \tag{37-4}$$

某一输出电流时燃料电池的输出功率相当于图37-2中虚线围出的矩形区，在使用燃料电池时，应根据伏安特性曲线，选择适当的负载匹配，使效率与输出功率达到最大。

2. 质子交换膜电解池及其特性

（1）质子交换膜电解池工作原理

将水电解后可产生氢气和氧气，水电解过程与燃料电池中氢气和氧气反应生成水互为逆过程。

水电解装置同样因电解质的不同而各异，碱性溶液和质子交换膜是最好的电解质。若以质子交换膜为电解质，就称为质子交换膜电解池。可在图37-1右边电极接电源正极形成电解的阳极，在其上产生氧化反应式为

$$2H_2O = O_2 + 4H^+ + 4e \tag{37-5}$$

左边电极接电源负极形成电解的阴极，阳极产生的氢离子通过质子交换膜到达阴极后，产生还原反应式为

$$2H^{+}+2e=H_2 \tag{37-6}$$

在右边电极析出氧,左边电极析出氢。

理论分析表明,若不考虑电解器的能量损失,在电解器上加1.48V电压就可使水分解为氢气和氧气,实际由于各种损失,输入电压高于1.6V电解器才开始工作。

电解器的效率为

$$\eta_{电解}=\frac{1.48}{U_{输入}}\times 100\% \tag{37-7}$$

输入电压较低时虽然能量利用率较高,但电流小,电解的速率低,通常使电解器输入电压在2V左右。

(2) 质子交换膜电解池特性

根据法拉第电解定律,电解生成物的量与输入电量成正比。在标准状态下(温度为0℃,电解器产生的氢气保持在1个大气压),设电解电流为I,经过时间t产生的氢气体积(氧气体积为氢气体积的一半)的理论值为

$$V_{氢气}=\frac{It}{2F}\times 22.4\text{L} \tag{37-8}$$

式中,$F=eN=9.65\times 10^{4}\text{C/mol}$为法拉第常数,$e=1.602\times 10^{-19}\text{C}$为电子电量,$N=6.022\times 10^{23}$为阿伏伽德罗常数,$It/2F$为产生的氢分子的摩尔(克分子)数,22.4L为标准状态下气体的摩尔体积。

若实验时的摄氏温度为T,所在地区气压为p,根据理想气体状态方程,可对式(37-8)作修正得

$$V_{氢气}=\frac{273.16+T}{273.16}\cdot\frac{p_0}{P}\cdot\frac{It}{2F}\times 22.4\text{L} \tag{37-9}$$

式中,p_0为标准大气压。自然环境中,大气压受各种因素的影响,如温度和海拔高度等,其中海拔对大气压的影响最为明显。由GB 4797.2—2005可查到,海拔每升高1000m,大气压下降约10%。

由于水的分子量为18,且每克水的体积为1cm^3,故电解池消耗的水的体积为

$$V_{水}=\frac{It}{2F}\times 18\text{cm}^3=9.33It\times 10^{-5}\text{cm}^3 \tag{37-10}$$

应当指出,式(37-9)、式(37-10)的计算对燃料电池同样适用,只是其中的I代表燃料电池输出电流,$V_{氢气}$代表燃料消耗量,$V_{水}$代表电池中水的生成量。

3. 太阳能电池及其输出特性

(1) 太阳能电池工作原理

太阳能电池利用半导体P-N结受光照射时的光伏效应发电。太阳能电池的基本结构就是一个大面积平面P-N结,图37-3为半导体P-N结示意图。

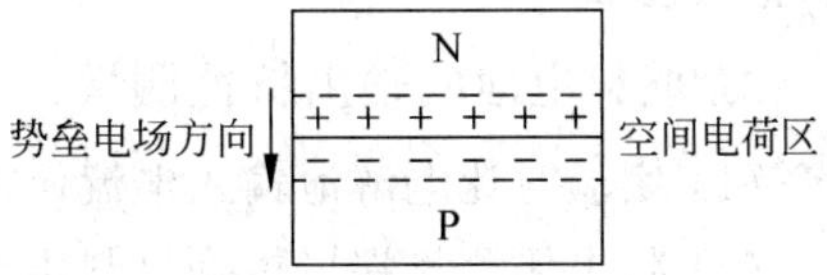

P型半导体中有相当数量的空穴,几乎没有自由电子。N型半导体中有相当数量的自由电子,几乎没有空穴。当两种半导体结合在一起形成P-N结时,N区的电子(带负电)向P区扩散,P区的空穴(带正电)向N区扩散,在P-N结附近形成空间电荷区与势垒电场。势垒电场会使载流子向

N
势垒电场方向
空间电荷区
P

图37-3　半导体P-N结示意图

扩散的反方向作漂移运动，最终扩散与漂移达到平衡，使流过 P-N 结的净电流为零。在空间电荷区内，P 区的空穴被来自 N 区的电子复合，N 区的电子被来自 P 区的空穴复合，使该区内几乎没有能导电的载流子，又称为结区或耗尽区。

当光电池受光照射时，部分电子被激发而产生电子-空穴对，在结区激发的电子和空穴分别被势垒电场推向 N 区和 P 区，使 N 区有过量的电子而带负电，P 区有过量的空穴而带正电，P-N 结两端形成电压，这就是光伏效应，若将 P-N 结两端接入外电路，就可向负载输出电能。

(2) 太阳能电池输出特性

在一定的光照条件下，改变太阳能电池负载电阻的大小，测量输出电压与输出电流之间的关系，可绘出如图 37-4 所示太阳能电池的伏安特性曲线。

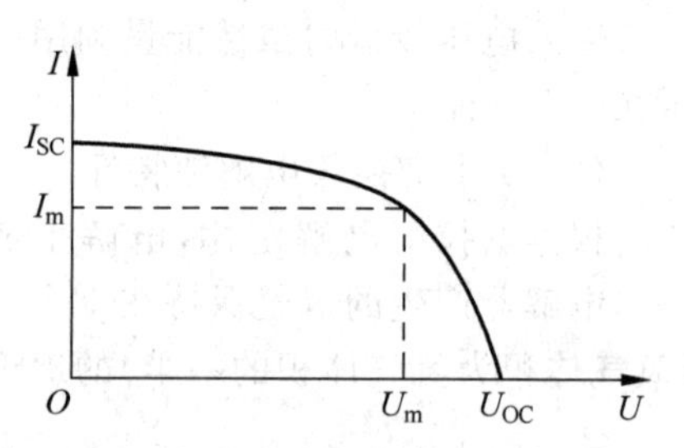

图 37-4　太阳能电池的伏安特性曲线

U_{OC} 代表开路电压，I_{SC} 代表短路电流，图 37-4 中虚线围出的面积为太阳能电池的输出功率。与最大功率对应的电压称为最大工作电压 U_m，对应的电流称为最大工作电流 I_m。

表征太阳能电池特性的基本参数还包括光谱响应特性，光电转换效率，填充因子等。

填充因子 FF 定义为

$$FF=\frac{U_m I_m}{U_{OC} I_{SC}} \tag{37-11}$$

它是评价太阳能电池输出特性好坏的一个重要参数，它的值越高，表明太阳能电池输出特性越趋近于矩形，电池的光电转换效率越高。

实验 37-2

【实验内容和步骤】

1. 测量质子交换膜电解池的特性，验证法拉第定律

(1) 确认气水塔水位在水位上限与下限之间。

(2) 将测试仪的电压源输出端串联电流表后接入电解池，将电压表并联到电解池两端。

(3) 将气水塔输气管止水夹关闭，调节恒流源输出到最大(旋钮顺时针旋转到底)，让电解池迅速的产生气体。当气水塔下层的气体低于最低刻度线的时候，打开气水塔输气管止水夹，排出气水塔下层的空气。如此反复 2～3 次后，气水塔下层的空气基本排尽，剩下的就是纯净的氢气和氧气了。

(4) 根据表 37-1 中的电解池输入电流大小，调节恒流源的输出电流，待电解池输出气体稳定后(约 1min)，关闭气水塔输气管。测量输入电流、电压及产生一定体积的气体的时间，记入表 37-1 中。

2. 燃料电池的输出特性测量

(1) 实验时让电解池输入电流保持在 300mA，关闭风扇。

(2) 将电压测量端口接到燃料电池输出端。打开燃料电池与气水塔之间的氢气、氧气连接开关，等待约 10min，让电池中的燃料浓度达到平衡值，电压稳定后记录开路电压值。

(3) 将电流量程按钮切换到 200mA。可变负载调至最大，电流测量端口与可变负载串联后接入燃料电池输出端，改变负载电阻的大小，使输出电压值如表 37-2 所示(输出电压值可能无法精确到表中所示数值，只需相近即可)，稳定后记录电压电流值于表 37-2。

注意：负载电阻猛然调得很低时，电流会猛然升到很高，甚至超过电解电流值，这种情况是不稳定的，重新恢复稳定需较长时间。为避免出现这种情况，输出电流高于 210mA 后，每次调节减小电阻 0.5Ω，输出电流高于 240mA 后，每次调节减小电阻 0.2Ω 每测量一点的平衡时间稍长一些(约需 5min)。

(4) 实验完毕，关闭燃料电池与气水塔之间的氢气氧气连接开关，切断电解池输入电源。

3. 太阳能电池的输出特性测量

(1) 将电流测量端口与可变负载串联后接入太阳能电池的输出端，将电压表并联到太阳能电池两端。

(2) 保持光照条件不变，改变太阳能电池负载电阻的大小，测量输出电压电流值，并计算输出功率，记入表 37-3 中。

【数据记录与处理】

1. 数据记录

表 37-1　电解池的特性测量

输入电流 I/A	输入电压 U/V	时间 t/s	电量 It/C	氢气产生量测量值/L	氢气产生量理论值/L
0.10					
0.20					
0.30					

表 37-2　燃料电池输出特性的测量

输出电压 U/V		0.90	0.85	0.80	0.75	0.70					
输出电流 I/mA	0										
功率 $P=U\times I$/mW	0										

注：电解电流=_______ mA。

表 37-3　太阳能电池输出特性的测量

输出电压 U/V											
输出电流 I/mA											
功率 $P=U\times I$/mW											

2. 数据处理

(1) 根据表 37-1 数据，验证法拉第电解定律。

提示：由式(37-9)计算氢气产生量的理论值，与氢气产生量的测量值比较。若不管输入电压与电流大小，氢气产生量只与电量成正比，且测量值与理论值接近，即验证了法拉第电解定律。

(2) 根据表 37-2 数据，在坐标纸上作出所测燃料电池的极化曲线，作出该电池输出功率随输出电压的变化曲线；并计算该燃料电池最大输出功率，最大输出功率时对应的效率。

(3) 根据表 37-3 数据，在坐标纸上作出所测太阳能电池的伏安特性曲线，作出该电池输出功率随输出电压的变化曲线，求出该太阳能电池的开路电压 U_{OC}，短路电流 I_{SC}，最大输出功率 P_m，最大工作电压 U_m，最大工作电流 I_m，填充因子 FF。

【注意事项】

（1）该实验系统必须使用去离子水或二次蒸馏水，容器必须清洁干净，否则将损坏系统。

（2）PEM 电解池的最高工作电压为 6V，最大输入电流为 1000mA，否则将极大地伤害 PEM 电解池。电流表的输入电流不得超过 2A，电压表的最高输入电压不得超过 25V，否则将烧毁电流表、电压表。

（3）PEM 电解池所加的电源极性必须正确，否则将毁坏电解池并有起火燃烧的可能。

（4）绝不允许将任何电源加于 PEM 燃料电池输出端。

（5）气水塔中所加入的水面高度必须在上水位线与下水位线之间，以保证 PEM 燃料电池正常工作。

（6）太阳能电池板和配套光源在工作时温度很高，切不可用手触摸，以免被烫伤。

（7）该系统主体系有机玻璃制成，使用中需小心，以免打坏和损伤。不允许用水打湿太阳能电池板和配套光源，以免触电和损坏该部件。

（8）实验时必须关闭两个气水塔之间的连通管。

附录 Q

燃料电池综合实验仪简介

燃料电池综合实验仪的构成如图 37-5 所示，主要由燃料电池、电解池、太阳能电池、气水塔、测试仪、可变负载、风扇等部分组成。燃料电池、电解池、太阳能电池工作原理参见实验原理部分。

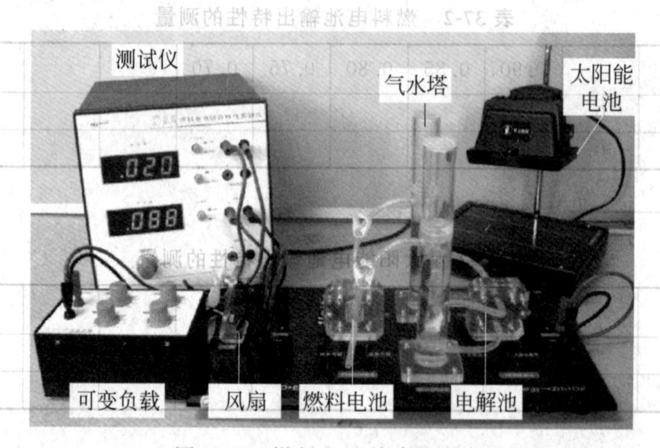

图 37-5　燃料电池综合实验仪

质子交换膜必需含有足够的水分，才能保证质子的传导。但水含量又不能过高，否则电极被水淹没，水阻塞气体通道，燃料不能传导到质子交换膜参与反应。如何保持良好的水平衡关系是燃料电池设计的重要课题。为保持水平衡，我们的电池正常工作时排水口打开，在电解电流不变时，燃料供应量是恒定的。若负载选择不当，电池输出电流太小，未参加反应的气体从排水口泄漏，燃料利用率及效率都低。在适当选择负载时，燃料利用率约为 90%。

气水塔为电解池提供纯水（2 次蒸馏水），可分别储存电解池产生的氢气和氧气，为燃料电池提供燃料气体。每个气水塔都是上下两层结构，上下层之间通过插入下层的连通管连接，下层顶部有一输气管连接到燃料电池。初始时，下层近似充满水，电解池工作时，产生的气体会汇聚在下层顶部，通过输气管输出。若关闭输气管开关，气体产生的压力会使水从下层进入上层，而将气体储存在下层的顶部，通过管壁上的刻度可知储存气体的体积。两个气水塔之间还有一个水连通管，加水时打开使两塔水位平衡，实验时切记关闭该连通管。

风扇作为定性观察时的负载，可变负载作为定量测量时的负载。

测试仪可测量电流，电压。若不用太阳能电池作电解池的电源，可从测试仪供电输出端口向电解池供电，实验前需预热 15min。

实验 38　磁滞回线的测绘与研究

铁磁物质是一种性能特异、用途广泛的材料。如航天、通信、自动化仪表及控制等无不用到铁磁材料(铁、钴、镍、钢以及含铁氧化物均属铁磁物质)。因此，研究铁磁材料的磁化性质，不论在理论上还是在实际应用上都有重大的意义。

【实验目的】

1. 认识铁磁材料的磁化规律；
2. 了解磁滞回线的基本原理；
3. 掌握用磁滞回线测试仪测绘磁滞回线的方法；
4. 分析并研究不同材料基本磁化曲线的基本特性。

【实验仪器】

磁滞回线测绘实验仪。

【实验原理】

实验 38-1

1. 铁磁材料的磁化及磁导率

铁磁物质的磁化过程很复杂，这主要是由于它具有磁滞的特性。一般都是通过测量磁的磁场强度 H 和磁感应强度 B 之间的关系来研究其磁性规律的。没有磁化过的铁磁物质中不存在磁场，H 和 B 的值均为零，位于图 38-1 中 B-H 曲线的坐标原点 O。当磁化场 H 增加时，B 同时增加，两者为非线性关系。当 H 增加到一定值时，B 不再增加(或增加十分缓慢)，此时该物质磁化已达到饱和状态。H_m 和 B_m 分别为饱和时的磁场强度和磁感应强度(对应于图中 a 点)。使 H 逐渐退到零，同时 B 也逐渐减少，但 H 和 B 关系曲线并不沿原轨迹返回，而是沿另一曲线下降到 B_r，此时铁磁物质中仍保留一定的磁性，这种现象称为磁滞现象，B_r 称为剩磁，它的大小反映铁磁材料保持剩磁状态的能力。要消除剩磁，必须施加反向磁场 H_c，因此将原磁化场反向，并增大强度到 $H=-H_c$，此时磁感应强度 $B=0$。H_c 称为矫顽力，它的大小反映铁磁材料退磁所需磁化场的大小，与能量有关。如图 38-1 所示，当磁化场经一周期性变化时，其中铁磁材料的 B 同时经历的相应周期性变化，得到一条闭合的 B-H 曲线，称为磁滞回线。沿磁滞回线反复被磁化→去磁→反向磁化→反向去磁，在此过程中要消耗额外的能量，并以热的形式从铁磁材料中释放，这种损

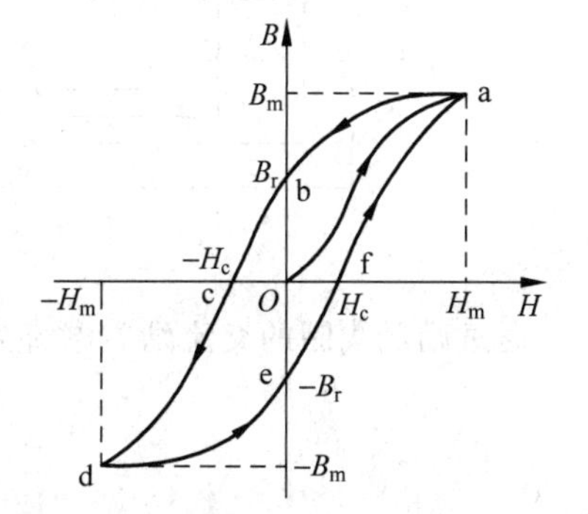

图 38-1　起始磁化曲线与磁滞回线

耗称为磁滞损耗。铁磁材料的磁滞损耗与磁滞回线所围面积成正比。

对于初始态 $H=0,B=0$ 的铁磁材料，在交变磁场强度由弱到强依次进行磁化的过程中，可以得到面积由小到大向外扩张的一簇磁滞回线，如图 38-2 所示。这些磁滞回线顶点的连线称为铁磁材料的基本磁化曲线。由此可近似确定其磁导率 $\mu=\dfrac{B}{H}$。其中 B 与 H 为非线性关系，因此铁磁材料的 μ 不是常数，而是随 H 大小不同而变化，如图 38-3 所示。在实际应用中，常使用相对磁导率 $\mu_r=\dfrac{\mu}{\mu_0}$，其中 μ_0 为真空中的磁导率。不同铁磁材料的相对磁导率不相同，可高达数千乃至数万，同时磁滞回线形状也各不相同，这一特点是它用途广泛的主要原因之一。

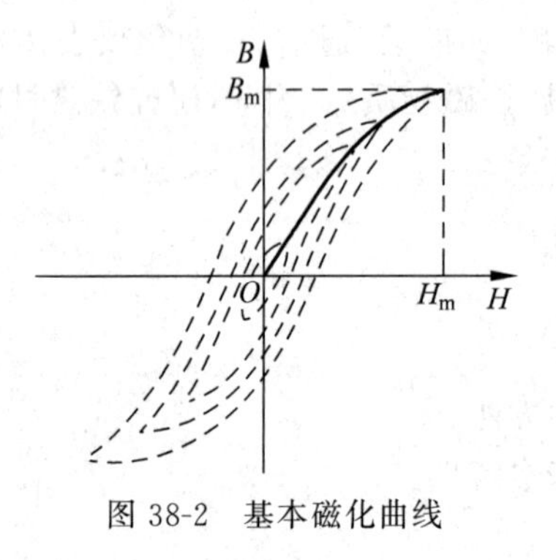

图 38-2　基本磁化曲线

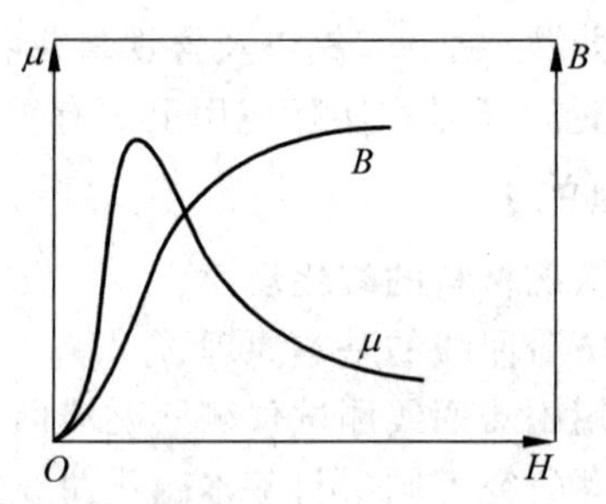

图 38-3　铁磁材料 μ 与 H 关系曲线

2. *B-H* 特性曲线的测绘

铁磁材料磁滞回线测量电路如图 38-4 所示。待测样品为 E_1 型矽钢片，励磁线圈匝数 $N_1=50$；用来测量磁感应强度 B 而设置的探测线圈匝数 $N_2=150$；R_1 为励磁电流取样电阻，阻值为 0.5～5.0Ω。

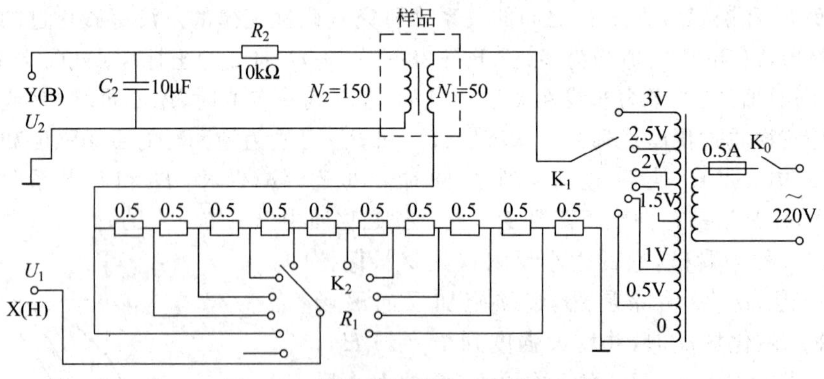

图 38-4　铁磁材料磁滞回线测量电路

通过励磁线圈的交流励磁电流为 I_1。根据安培环路定律，样品的磁化场强

$$H=\frac{N_1 I_1}{L} \tag{38-1}$$

式中 $L=60.0\text{mm}$ 为样品平均磁路长度。设 R_1 的端电压为 U_1，则 $I_1=\dfrac{U_1}{R_1}$，可得

$$H = \frac{N_1 U_1}{L R_1} \tag{38-2}$$

式(38-2)中的 N_1，L，R_1 均为已知常数，可通过测量 U_1 确定 H 大小。

样品的磁感应强度 B 的测量是通过探测线圈和 R_2C_2 组成的电路来实现的。根据法拉第电磁感应定律，在交变磁场下由于样品中的磁通量 Φ 的变化，在探测线圈中产生的感生电动势的大小

$$\varepsilon = N_2 \frac{\mathrm{d}\varphi}{\mathrm{d}t} \tag{38-3}$$

由式(38-3)可推导出 $\varphi = \frac{1}{N_2}\int \varepsilon \, \mathrm{d}t$，从而进一步得出

$$B = \frac{\varphi}{S} = \frac{1}{N_2 S}\int \varepsilon \, \mathrm{d}t \tag{38-4}$$

其中，S 为样品的截面积。

如果忽略自感电动势和电路损耗，则回路方程为 $\varepsilon = I_2 R_2 + U_2$。式中，$I_2$ 为感生电流，U_2 为积分电容 C_2 两端电压。

设在 Δt 时间内，I_2 向电容 C_2 的充电电量为 Q，则 $U_2 = Q/C_2$。因此，$\varepsilon = I_2 R_2 + Q/C_2$。如果选取足够大的 R_2 和 C_2，使 $I_2 R_2 \gg Q/C_2$，则 $\varepsilon \approx I_2 R_2$。又由于 $I_2 = \frac{\mathrm{d}Q}{\mathrm{d}t} = C_2 \frac{\mathrm{d}U_2}{\mathrm{d}t}$，可得

$$\varepsilon = C_2 R_2 \frac{\mathrm{d}U_2}{\mathrm{d}t} \tag{38-5}$$

由式(38-4)和式(38-5)可得

$$B = \frac{C_2 R_2}{N_2 S} U_2 \tag{38-6}$$

式中，C_2、R_2、N_2 和 S 均为已知常量(本实验中 $C_2 = 20\mu\mathrm{F}$，$R_2 = 10\mathrm{k}\Omega$，$S = 80\mathrm{mm}^2$)，所以只要 U_2 即确定 B。

【实验内容和步骤】

实验 38-2

1. 电路连接

选样品 1 或样品 2 按实验仪面板上的电路图连接线路(见图 38-5)，并令 $R_1 = 2.5\Omega$，“U 选择”置于 0 位。

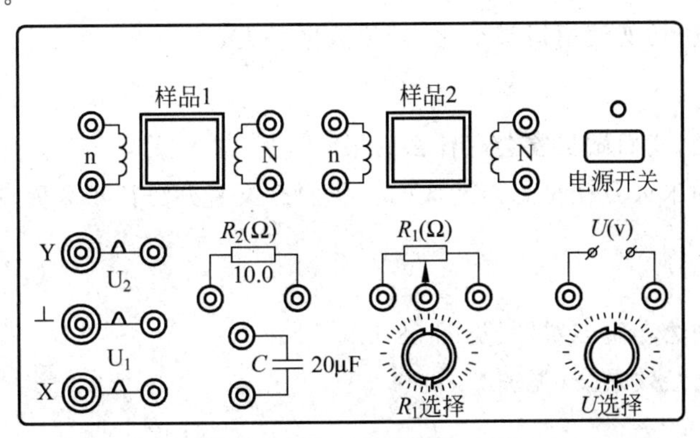

图 38-5 磁滞回线实验仪面板图

2. 样品退磁

开启实验仪电源，对样品进行退磁，即顺时针方向转动“U 选择”旋钮，令 U 从 0V 增至 3V，然后逆时针方向转动旋钮，将 U 从最大值降为 0V，其目的是消除剩磁，确保样品处于磁中性状态，即 $H=0$，$B=0$。

3. 测绘 B-H 曲线

磁滞回线测试仪面板图如图 38-6 所示。将实验仪与测试仪连接，开启电源，依次测定 $U=0.5\sim3$V 时样品的 B_m、H_m。令 $R_1=2.5\Omega$、$U=2.2$V，利用 PC 机绘制 B-H 曲线，并估算面积。

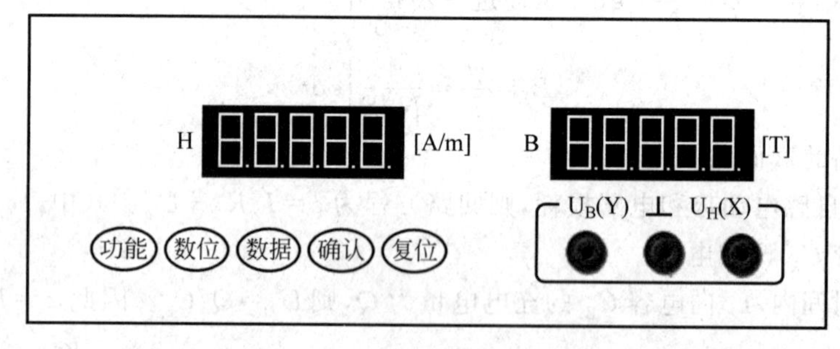

图 38-6　磁滞回线测试仪面板图

测试仪操作步骤：

(1) 开机后调节功能键至HBtest，按确认键后至视窗出现 Good 字样。

(2) 调节功能键至PCsHow，按确认键后用 PC 机上的软件开始数据采集，待采集完毕后抄录下实验数据。

【数据记录与处理】

1. 根据实验内容，自行设计数据记录表格，整理实验数据。
2. 在坐标纸上描绘 B-H 曲线，并估算面积。
3. 分析实验结果，完成实验报告(由于实验数据数量较多，可单独打印输出)。

【注意事项】

(1) 测试仪面板中的电路已连接好，实验开始时，可以按照电路图进行核对，但是连线且勿乱动！

(2) 实验过程中切勿使窗口最小化，避免数据丢失。

【思考题】

1. 如果不退磁，我们做实验会有什么后果？
2. 我们常用的永久磁铁是怎样造成的？我们有没有办法让永久磁铁失去磁性？

附录 R

1. 磁滞回线测绘实验装置图(见图 38-7)
2. 微机实验测绘效果图(见图 38-8)

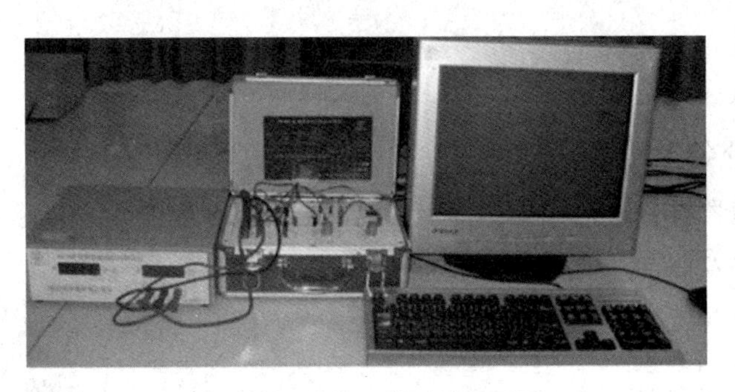

图 38-7　磁滞回线测绘装置图

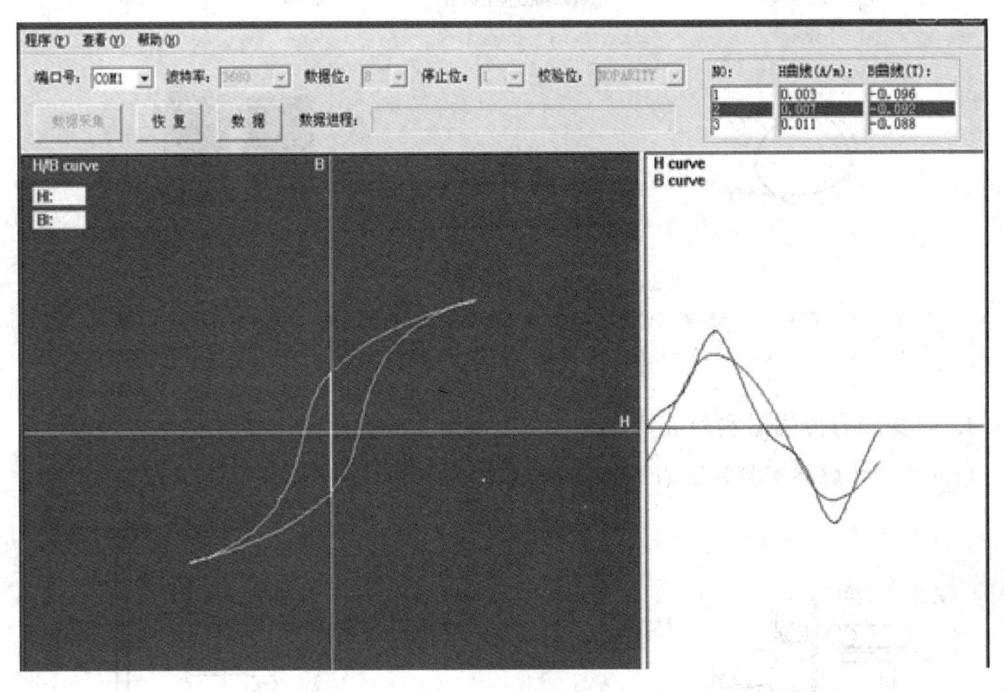

图 38-8　微机实验效果图

实验 39　应变测力传感器的应用

应变测力传感器是一种力电转换器件。它具有良好的线性，重复性，并且它的迟滞误差小，便于远距、快速测量。它可与显示仪表，电子计算机等配合使用，进行工业流程中力的测量分析，或各种构件物体称重，适用电子台秤、汽车衡等。

本实验通过对应变测力传感器分别用作压力和拉力传感器时的测试，展示出应变测力传感器的基本特性，并对其进行应用。

【实验目的】

1. 学习应变测力传感器的原理；
2. 应变测力传感器的应用。

【实验仪器】

应变测力传感器实验仪。

【实验仪器介绍】

应变测力传感器实验仪组成如图 39-1 所示,主要包括应变测力传感器实验装置和应变测力传感器测试单元两部分。

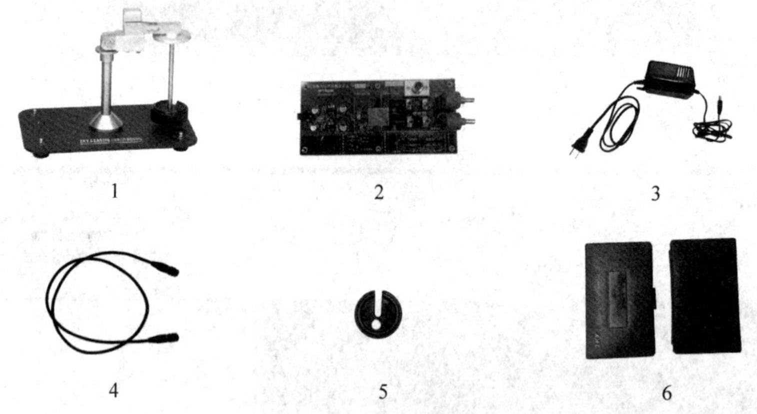

图 39-1 应变测力传感器实验仪组成

1—应变测力传感器实验装置；2—应变测力传感器测试单元；3—电源适配器；4—多芯连接线；5—秤砣(共 6 个,每个 250g)；6—收纳盒

1. 应变测力传感器实验装置

应变测力传感器实验装置如图 39-2 所示。

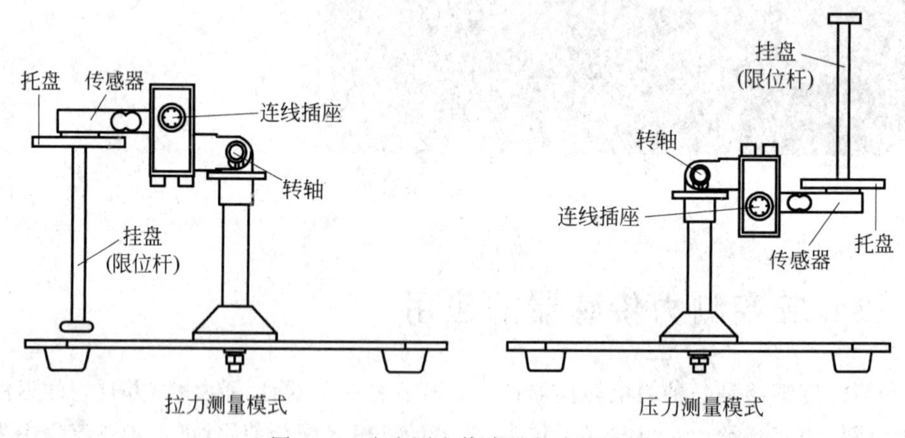

图 39-2 应变测力传感器实验装置图

应变测力传感器的测量模式有拉力测量模式和压力测量模式两种,通过翻转转轴,可改变测量模式。在测力端有托盘和挂盘,挂盘通过螺纹与托盘连接固定,可拆卸。在拉力测量模式中,挂盘向下,实验时可将测量用的秤砣放置于挂盘上。在压力测量模式中,挂盘向上,作为限位杆辅助托盘上的秤砣放置,也可取下以便在托盘上放置其他结构重物。

应变测力传感器最大载重为 5kg,各桥臂初始电阻为 1kΩ,额定工作电压 10V。传感器和横杆连接部分侧面有连线插座，用以连接应变测力传感器测试单元。

2. 应变测力传感器测试单元

本测试单元用应变测力传感器实验装置进行供电和测试。其中包括实验装置的稳压供电装置，可切换电桥，以及运算放大电路。

稳压供电装置：将测试单元接入 12V 稳压直流电源后，经过稳压供电装置向电桥提供稳定的 10V 直流电流。

可切换电桥：稳压供电装置的供电对象可以通过可切换电桥中的切换开关进行选择。

切换开关有三个触点，触点 1 连接应变测力传感器装置中的电阻应变片，触点 2 为电桥供电端，触点 3 连接阻值为 1kΩ 的定值电阻。选择切换开关挡位，使触点 2 和触点 1 相连，即将对应位置的应变电阻片接入电桥桥臂，供电端为应变电阻片供电。若触点 2 和触点 3 相连，即在对应的桥臂中接入 1kΩ 定值电阻，供电端为定值电阻供电。在电桥电压输入端，连接有多圈电位器，用于将电桥初始状态调零（粗调）。

运算放大电路：从电桥的测量点输出的电压信号较小，用常规的万用表无法进行测量，需对其进行放大。通过运算放大电路，输出电压放大 50 倍，再对其进行测量。在运算放大电路中，同样设有电位器用于将电桥初始状态调零（微调）。

【实验原理】

1. 应变测力传感器工作原理

应变测力传感器是把一种非电量（力）转换成电信号的传感器。

如图 39-3 所示，应变测力传感器对外力的测量，是在对传感器输入工作电压后，按电桥方式连接并粘贴于弹性体中的应变电阻片在外力 F 作用下产生形变（应变），发生电阻变化，导致电桥中的电位差 U_O 发生相应变化的过程。

实验 39-1

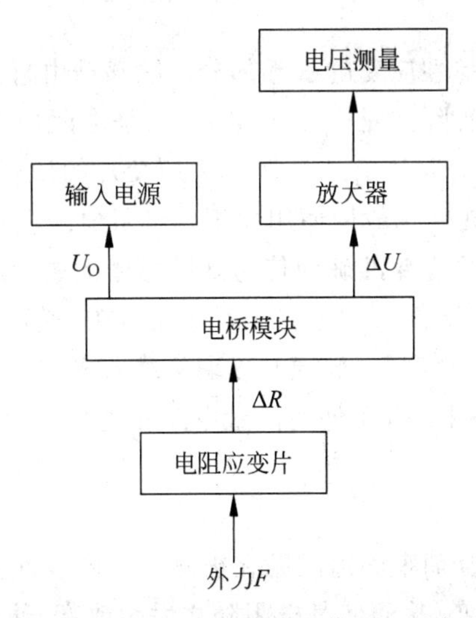

图 39-3　应变测力传感器工作原理示意图

应变测力传感器的主要指标是它的最大载重、灵敏度、输出输入电阻值、工作电压（激励电压）（U_{IN}）、输出电压（U_O）范围。

应变测力传感器是由特殊工艺材料制成的弹性体、电阻应变片、温度补偿电路组成；并采用非平衡电桥方式连接，最后密封在弹性体中。

(1) 弹性体

弹性体一般由合金材料冶炼制成，加工成S型、长条形、圆柱型等。为了产生一定弹性，挖空或部分挖空其内部。

(2) 电阻应变片

金属导体的电阻 R 与其电阻率 ρ、长度 L、截面 A 的大小有关，即

$$R=\rho\frac{L}{A} \tag{39-1}$$

导体在承受机械形变过程中，电阻率、长度、截面都要发生变化，从而导致其电阻变化。

$$\frac{\Delta R}{R}=\frac{\Delta\rho}{\rho}+\frac{\Delta L}{L}-\frac{\Delta A}{A} \tag{39-2}$$

这样就把所承受的应力转变成应变，进而转换成电阻的变化。因此，电阻应变片能将弹性体上应力的变化转换为电阻的变化。

(3) 电阻应变片的结构

电阻应变片一般由基底片、敏感栅、引出线及覆盖片用黏合剂黏合而成，结构如图 39-4 所示。

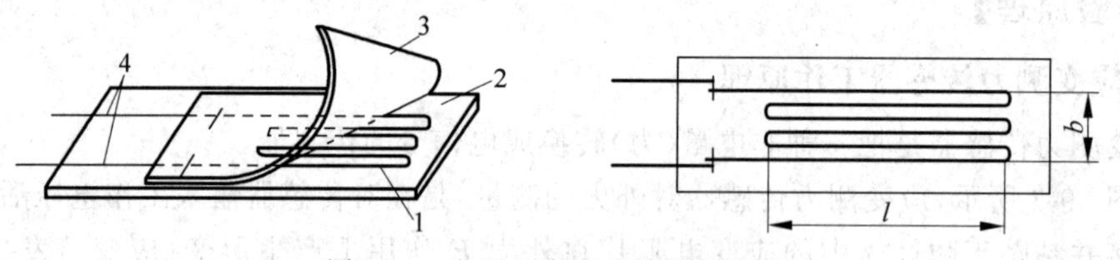

图 39-4　电阻丝应变片结构示意图

1—敏感栅(金属电阻丝)；2—基底片；3—覆盖层；4—引出线

敏感栅：敏感栅是感应弹性应变的敏感部分。敏感栅由直径约 0.01～0.05mm 高电阻系数的细丝弯曲成栅状，它实际上是一个电阻元件，是电阻应变片感受构件应变的敏感部分。敏感栅用黏合剂固定在基底片上。$b\times l$ 称为应变片的使用面积(应变片工作宽度为 b，应变片标距为 l)，应变片的规格一般用使用面积和电阻值来表示，如 $3\times10\text{mm}^2$，350Ω。

基底片：基底将构件上的应变准确地传递到敏感栅上去，因此基底必须做得很薄，一般为 0.03～0.06mm，使它能与试件及敏感栅牢固地黏结在一起。另外，它还具有良好的绝缘性、抗潮性和耐热性。基底材料有纸、胶膜和玻璃纤维布等。

引出线的作用是将敏感栅电阻元件与测量电路相连接，一般由 0.1～0.2mm 低阻镀锡钢丝制成。

覆盖层：起保护作用。

黏合剂：将应变片用黏合剂牢固地黏贴在被测试件的表面上，随着试件受力形变，应变片的敏感栅也获得同样的形变，从而使其电阻随之发生改变，通过测量电阻值的变化可反映出外力作用的大小。

本实验中使用的应变测力传感器是将电阻应变片贴于双孔平行梁式结构上，该传感器具有抗偏载的力学特性，弹性体的应变量只与作用在弹性体平面，且与轴线垂直的力分量有关，与其他方向的力分量无关。

如图 39-5 所示，对于双孔结构，应变梁悬臂端在向下的力作用下，电阻片 R_1 电阻增大，R_3 电阻减小，同时 R_2 电阻减小，R_4 增大。

若弹性梁所受外力反向，传感器各电阻值的变化与上述变化也完全相反。电阻片 R_1 电阻减小，R_3 电阻增大，同时 R_2 电阻增大，R_4 减小。

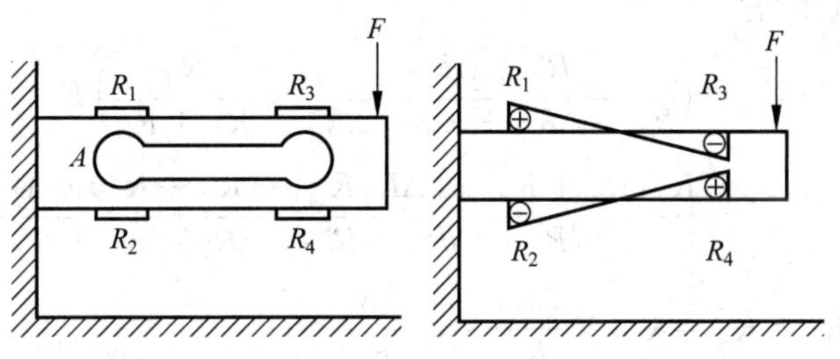

图 39-5　双孔平行梁式应变测力传感器示意图

2. 非平衡电桥

应变片可以把应变的变化转换为电阻的变化，为了显示和记录应变的大小，还需把电阻的变化再转换为电压或电流的变化。最常用的测量电路为电桥电路。

1）单臂接入时电桥的电压输出特性

图 39-6 是惠斯通电桥的基本电路。电源电动势为 E，令初始 $R_1=R_2=R_3=R_4=R_0$，电桥平衡，电路中 A、B 两点间的输出初始电位差 $U_O=0$，若此时使一个桥臂的电阻（如 R_1）增加很小的电阻 ΔR_1，即 $R_1'=R_1+\Delta R_1$，则电桥失去平衡，电路中 A、B 两点间存在一定的电势差 U_1，该电势差即为电桥不平衡时的输出电压。

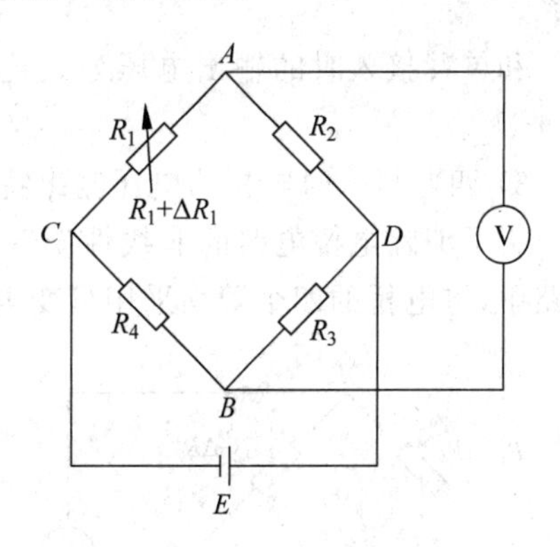

图 39-6　单臂电桥

若电桥供电电源的电压为 E，根据串联电阻分压原理，图 39-6 中的电路若以 C 点为零电势参考点，则电桥的输出电压为

$$U_1=V_A-V_B=\left(\frac{R_1+\Delta R_1}{R_1+\Delta R_1+R_2}-\frac{R_4}{R_3+R_4}\right)E$$

$$=\frac{\Delta R_1 R_3}{(R_1+\Delta R_1+R_2)(R_3+R_4)}E=\frac{\Delta R_1}{R_1\left(1+\frac{\Delta R_1}{R_1}+\frac{R_2}{R_1}\right)\left(1+\frac{R_4}{R_3}\right)}E$$

因 $R_1=R_2=R_3=R_4=R_0$，当 $\Delta R_1 \ll R_0$ 时，分母中的微小项 $\frac{\Delta R_1}{R_1}\approx 0$，有

$$U_1\approx\frac{\Delta R_1 E}{4R_0} \tag{39-3}$$

由式(39-3)可知，当 $\frac{\Delta R_1}{R_1}\ll 1$ 时，非平衡电桥输出电压 U_1 与 ΔR_1 呈线性关系。

若分别将传感器的另外三个应变电阻片接入电桥，可得 $U_2\approx\frac{\Delta R_2 E}{4R_0}$，$U_3\approx\frac{\Delta R_3 E}{4R_0}$，$U_4\approx$

$\frac{\Delta R_4 E}{4R_0}$。由于其中$U_1$、$U_2$、$U_3$、$U_4$变化方向不同，为计算方便，此处均取绝对值。

2）双臂接入时电桥的电压输出特性

在惠斯通电桥电路中，若在相邻臂内接入两个变化符号相反的可变电阻，如图39-7所示，则电桥的输出电压为

$$U_{12}=V_A-V_B=\left(\frac{R_1+\Delta R_1}{R_1+\Delta R_1+R_2-\Delta R_2}-\frac{R_4}{R_3+R_4}\right)E$$

$$=\frac{R_1(R_3+R_4)+\Delta R_1R_3-(R_1+R_2)R_4+\Delta R_2R_4}{(R_1+\Delta R_1+R_2+\Delta R_2)(R_3+R_4)}E \tag{39-4}$$

因初始$R_1=R_2=R_3=R_4=R_0$，且$\frac{\Delta R_1}{R_1}\approx 0$，$\frac{\Delta R_2}{R_2}\approx 0$，则式(39-4)可以简化为

$$U_{12}\approx\frac{\Delta R_1+\Delta R_2}{4R_0}E \tag{39-5}$$

由式(39-5)可知，U_{12}与$\Delta R_1+\Delta R_2$呈线性关系。

和单臂接入时的输出电压公式比较，可知$U_{12}=U_1+U_2$。

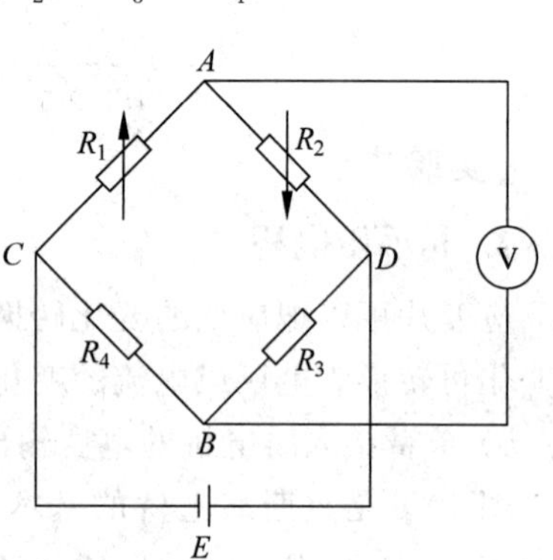

图39-7 双臂输入电桥

3）四臂接入时电桥的电压输出特性

为了消除电桥电路的非线性误差，在惠斯通电桥电路中，将电桥的四个臂均采用可变电阻，即将两个变化量符号相反的可变电阻接入相邻桥臂内，而将两个变化量符号相同的可变电阻接入相对桥臂内，传感器上的电阻R_1、R_2、R_3、R_4，且初始状态时$R_1=R_2=R_3=R_4=R_0$，接成如图39-8所示的直流桥路，CD两端接稳压电源E，AB两端为电桥电压输出端，则其输出电压

$$U=E\left(\frac{R_1}{R_1+R_2}-\frac{R_4}{R_3+R_4}\right) \tag{39-6}$$

所以当传感器不受外力作用时，电桥满足平衡条件，AB两端输出的电压$U=0$。

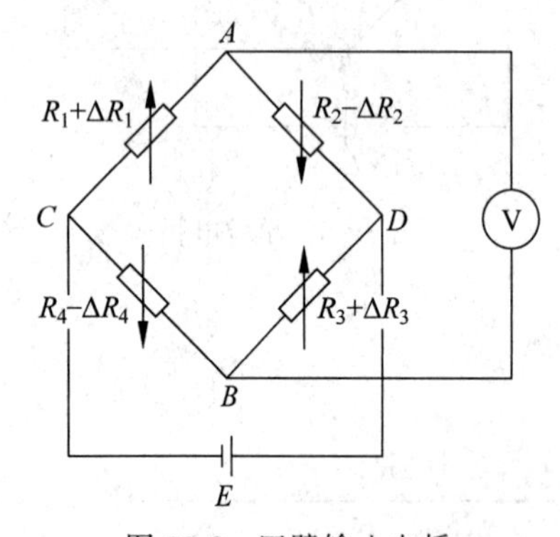

图39-8 四臂输入电桥

当梁受到载荷F的作用时，R_1和R_3增大，R_2和R_4减小，如图39-8所示，这时电桥不平衡，并有

$$U=E\left(\frac{R_1+\Delta R_1}{R_1+\Delta R_1+R_2-\Delta R_2}-\frac{R_4-\Delta R_4}{R_3+\Delta R_3+R_4-\Delta R_4}\right) \tag{39-7}$$

因初始$R_1=R_2=R_3=R_4=R_0$，且$\frac{\Delta R_1}{R_1}\approx 0$，$\frac{\Delta R_2}{R_2}\approx 0$，$\frac{\Delta R_3}{R_3}\approx 0$，$\frac{\Delta R_4}{R_4}\approx 0$，则式(39-7)可以简化为

$$U\approx\frac{\Delta R_1+\Delta R_2+\Delta R_3+\Delta R_4}{4R_0}E \tag{39-8}$$

由式(39-8)可知，U 与 $\Delta R_1+\Delta R_2+\Delta R_3+\Delta R_4$ 呈线性关系。与单臂接入的输出电压公式对比，可得 $U=U_1+U_2+U_3+U_4$。

综上可知，应变测力传感器输出的不平衡电压 U 与接入电桥电阻的总变化 ΔR 成正比，如测出 U 的大小即可反映外力 F 的大小。定义传感器灵敏度为 S，则有

$$S=\frac{\Delta U}{\Delta M}(\mathrm{mV/kg}) \tag{39-9}$$

对于未知质量物体的质量 M，有

$$M=\frac{\Delta U}{S} \tag{39-10}$$

需要注意的是，若电源电压 E 不稳定，将给测量结果带来误差，故必须确保电源电压的稳定性。

【实验内容和步骤】

1. 在拉力模式下应变测力传感器单臂接入时电桥的电压输出特性

实验 39-2

(1) 转动应变测力传感器实验装置横杆，使挂盘向下悬挂(请确认挂盘的螺纹已经旋紧，防止在悬挂重物时掉落)，此时实验装置为拉力测量模式。

(2) 连接实验装置与测试单元，将测试单元的切换开关 SW1、SW2、SW3、SW4 均切换至触点 3，连接测试单元电源，预热 15min 以上，将万用表切换到电压测量模式，接入测试孔。

(3) 将开关 SW1 切换至触点 1，使应变测力装置的应变片 Sensor1 接入电桥，使用调零旋钮进行调零，使在万用表 200mV 挡位下显示为 000.0mV。

(4) 按顺序增加秤砣(每次 1 个，共 5 次)，测量每次加载时的输出电压值 U_1，保留至 0.1mV。

(5) 将秤砣取下，将开关 SW1 切换至触点 3，SW2 切换至挡位 1 接入 Sensor2，重新调零，按顺序增加秤砣，测量输出的电压值 U_2。

(6) 重复以上操作，分别单独切换 SW3 和 SW4 至触点 1，测量 Sensor3、Sensor4 对应的 U_3、U_4。将以上所得数据记入表 39-1。

2. 在拉力模式下应变测力传感器双臂接入时电桥的电压输出特性

(1) 取下秤砣，将 SW1 和 SW2 均切换至触点 1，SW3 和 SW4 切换为触点 3，重新调零。

(2) 按顺序增加秤砣(每次 1 个，共 5 次)，测量每次加载时的输出电压值 U_{12}。

(3) 取下秤砣，将 SW3 和 SW4 均切换至触点 1，SW1 和 SW2 切换为触点 3，调零后重新进行上述测试，测量输出电压 U_{34}。

(4) 将以上所测数据记入表 39-2。计算前一组实验中对应的单臂输出电压之和与所测电压的相对误差。

3. 测定拉力模式下应变测力传感器的电压总输出特性

(1) 取下秤砣，将 SW1、SW2、SW3、SW4 均切换为触点 1，重新调零。

(2) 按顺序增加秤砣(每次 1 个，共 5 次)，测量每次加载时的输出电压值 U_L，将所测数据记入表 39-3。

(3) 计算 U_1、U_2、U_3、U_4 值之和与 U_L 的相对误差。

4. 测定压力模式下应变测力传感器的电压总输出特性，计算该模式下传感器的灵敏度

（1）取下秤砣，翻转横杆，切换为压力测量模式。

（2）确认 SW1、SW2、SW3、SW4 均位于为触点 1，重新调零。

（3）按顺序增加秤砣（每次 1 个，共 5 次），测量每次加载时的输出电压值 U_P，将所测数据记入表 39-4。

（4）比较 U_P 和 U_L 的数据，分析其异同。

（5）计算压力模式下传感器的灵敏度 S。

5. 用压力模式测量物体的重量

（1）取下托盘中心的限位杆，重新调零，将一个未知重量的物体放置于托盘上，测出电压 U'。

（2）根据计算得出的压力传感器灵敏度 S 求物体的重量。

【数据记录与处理】

1. 数据记录

表 39-1 拉力模式下应变测力传感器单臂接入时电桥的电压输出特性

秤砣数/个	U_1/mV	U_2/mV	U_3/mV	U_4/mV
1				
2				
3				
4				
5				

表 39-2 拉力模式下应变测力传感器双臂接入时电桥的电压输出特性

秤砣数/个	U_1+U_2/mV	U_{12}/mV	相对误差	U_3+U_4/mV	U_{34}/mV	相对误差
1						
2						
3						
4						
5						

表 39-3 拉力模式下应变测力传感器的电压总输出特性

秤砣数/个	$U_1+U_2+U_3+U_4$/mV	U_L/mV	相对误差
1			
2			
3			
4			
5			

表 39-4　压力模式下应变测力传感器的电压总输出特性

秤砣数/个	U_P/mV	U_L/mV
0		
1		
2		
3		
4		
5		

表 39-5　用压力模式应变测力传感器测量物体的重量

U'=________V,S=________mV/kg,未知质量物体的质量 M=________kg。

2. 数据处理

(1) 计算表 39-1 中对应的单臂输出电压之和与表 39-2 所测电压的相对误差。(如:以 U_{12} 为准,计算 U_1+U_2 与 U_{12} 的相对误差。)

(2) 计算表 39-3 中 U_1、U_2、U_3、U_4 值之和与 U_L 的相对误差。

(3) 比较表 39-4 中 U_P 和 U_L 的数据,分析其异同。

(4) 以表 39-4 中 U_P 的测量结果,用逐差法求出压力模式下传感器的灵敏度 S。(由于应变片变化方向与拉力状态相反,此时电压表显示电压为负值,为方便描述,可以去掉负号,直接取正值计算灵敏度。)

(5) 根据表 39-5 测得的电压 U' 和表 39-4 计算得出的压力传感器灵敏度 S,求物体的重量。

【注意事项】

1. 应变测力传感器实验仪最大量程:5kg。
2. 连接电源,不能实现开机(测试单元电源指示灯不亮),请检查测试单元是否完好。

【思考题】

1. 应变测力传感器实验仪主要由哪两部分组成?测量过程中分别起什么作用?
2. 简述应变测力传感器工作原理。
3. 什么是压力传感器灵敏度 S?如何计算?
4. 应变测力传感器有哪些应用?举例说明。

参 考 文 献

[1] 丁道滢,陈知前.大学物理实验指导[M].福州：福建教育出版社,2002.

[2] 付丽萍.大学物理实验[M].厦门：厦门大学出版社,2007.

[3] 王银峰,陶纯匡,汪涛,等.大学物理实验[M].北京：机械工业出版社,2005.

[4] 霍剑青,吴沛华,刘鸿图,等.大学物理实验[M].北京：高等教育出版社,2005.

[5] 钱锋,潘人培.大学物理实验[M].北京：高等教育出版社,2005.

[6] 杨述武.普通物理实验[M].北京：高等教育出版社,2004.

[7] 陈金太.大学物理实验[M].厦门：厦门大学出版社,2008.

[8] 李化平.物理测量的误差评定[M].北京：高等教育出版社,1994.

[9] 朱鹤年,肖志刚.新概念基础物理实验讲义[M].北京：高等教育出版社,2013.

[10] 马文蔚.物理学教程[M].北京：高等教育出版社,2004.

[11] 母国光,战元龄.光学[M].北京：人民教育出版社,1978.